四倍体刺槐研究

李 云等 编著

科学出版社

北 京

内 容 简 介

本书以国内多部门资助的系列有关四倍体刺槐的研究项目所取得的成果为主,并在此基础上吸收了国内外同行有关研究成果而进行的归纳总结,既有理论探索、实用技术研究,也有技术示范、推广科技成果转化等方面的内容,涉及木本植物多倍体育种与应用、木本植物无性繁殖、木本饲料植物营养价值评价、木本饲料植物高产栽培、木本饲料植物加工技术研究与饲料产品开发等领域。主要内容包括四倍体刺槐的诱导及生物学特性、四倍体刺槐育苗技术、四倍体刺槐营养价值评价、四倍体刺槐栽培与经营措施、四倍体刺槐加工利用技术、四倍体刺槐花序花器发育与变异、四倍体刺槐雌雄配子及胚珠的发育与变异、四倍体刺槐种子及种子胚变异、四倍体刺槐生物技术研究等方面。

本书可供高等院校、科研院所、种苗企业、饲料生产与经营企业、养殖企业,以及有关中小企业等科技工作者、生产经营者、个体创业者及学生参考。

图书在版编目(CIP)数据

四倍体刺槐研究 / 李云等编著. —北京:科学出版社,2016.2
ISBN 978-7-03-047290-8

I.①四… Ⅱ.①李… Ⅲ. ①洋槐–技术栽培–研究 Ⅳ.①S792.27

中国版本图书馆 CIP 数据核字(2016)第 026568 号

责任编辑:张会格 王 妍 / 责任校对:李 影
责任印制:徐晓晨 / 封面设计:北京铭轩堂广告设计有限公司

斜 学 出 版 社 出版

北京东黄城根北街 16 号
邮政编码:100717
http://www.sciencep.com

北京东华虎彩印刷有限公司 印刷
科学出版社发行 各地新华书店经销
*
2016 年 2 月第 一 版 开本:B5 (720 × 1000)
2016 年 2 月第一次印刷 印张:20
字数:404 000
定价:128.00 元

(如有印装质量问题,我社负责调换)

《四倍体刺槐研究》编著者名单

李　云　姜金仲　张国君　孙宇涵
路　超　孟丙南　黄禄君　程金新

本书先后得到了如下项目的资助，衷心感谢各级领导和同仁的鼎力帮助和支持!

1. 北京林业大学青年教师科学研究中长期项目：刺槐高效育种技术研究（2015ZCQ-SW-03）（2015.10~2020.12）
2. 国家自然科学基金项目：刺槐不去雄条件下实施控制授粉的花粉竞争与子代选择机制（31570677）（2016.01~2019.12）
3. 林业公益性行业科研专项：饲料型刺槐多倍体品种选育及产业化关键技术研究（201104013）（2011.1~2015.12）
4. 林业公益性行业科研专项：刺槐属种质资源收集保存与创新利用研究（201304116）（2013.1~2017.12）
5. 国家自然科学基金项目：刺槐杂交结实率低的机理研究(31170629)（2012.1~2015.12）
6. 国家自然科学基金项目：刺槐同源四倍体花序复化的分子遗传机理研究（30640036）（2007.1~2007.12）
7. 国际科技合作专项："高能效先进生物质原料林可持续经营技术合作研究"(2014DA31140) (2014.4~2017.4)
8. 国家"十二五"科技支撑项目：抗逆生态树种刺槐新品种选育技术研究（2012BAD01B0601）（2012.1~2016.12）
9. 国家"十一五"科技攻关子项目：刺槐多目标新品种选育（优质抗逆生态树种刺槐、泡桐新品种选育）（2006BAD01A1601）（2006.1~2010.12）
10. 国家"十一五"科技攻关子项目：能源林培育技术（商品林定向培育及高效利用关键技术研究）（2006BAD18B01-03）（2006.1~2010.12）
11. 林业标准制订项目：四倍体刺槐栽培技术规程（2008-LY-155）（2008.5~2009.12）
12. 北京市农委科技项目：四倍体刺槐新无性系推广及其生态饲料林培育示范（20080104）（2008.1~2009.12）
13. 国家林业局重点项目：四倍体刺槐优良新品种区域化试验（2004-04）（2004.1~2007.12）
14. 国家林业生态科技支撑项目：四倍体刺槐困难立地造林技术应用、示范建设项目（支撑2003-02）（2003.1~2007.12）
15. 国家科技成果转化项目：四倍体刺槐饲料林丰产栽培及饲料加工产业化示范（03EFN216700307）（2003.9~2005.11）
16. 国家林业局重点推广项目：四倍体刺槐繁育及栽培技术示范（2003-5-2）（2003.1~2006.12）
17. 国家林业局948引进项目：多倍体刺槐新品种及快繁技术引进（97-4-05）（1997.1~2002.12）

前　言

我国学者对刺槐育种做了大量的研究工作，取得了令人瞩目的成绩，但主要集中在用材林方面，在其他性状改良方面进行的相对较少，特别是在刺槐多倍体育种和饲料型刺槐良种选育方面，与当时在该领域研究较先进的韩国还有差距。在此背景下，田砚亭教授高瞻远瞩，发现了问题的关键所在，与罗晓芳教授一起带领科研团队及时收集有关方面的信息和资料，并充分准备申请文本，在 1996 年申请了国家林业局的 948 计划引进项目"多倍体刺槐新品种及快繁技术引进（97-4-05）"，该申请项目在 1997 年获得立项资助，从此，开始了多倍体刺槐的引种与相关研究工作。我作为该项目主要成员，与整个科研团队一起展开了刺槐多倍体引进、繁殖、区试等方面的研究工作，在引种、区试、离体快繁、饲用价值分析等方面取得了突破；两位教授先后退休后仍非常关心和支持四倍体刺槐的研究工作，鼓励我带领博士和硕士研究生等新的科研团队继续开展四倍体刺槐的研究。此后，恰巧得益于国家对生态建设和林业产业化方面研究工作的重视和支持，在北京林业大学各级领导的支持下，相继得到了国家发改委、科技部、国家自然科学基金委、国家林业局、农业部、北京市农委等部门的立项资助，经过多年的不懈努力，在四倍体刺槐区域性试验、硬枝扦插育苗、饲料营养价值评价、高产栽培模式建立、饲料加工模式及产业化技术、生物质能源探索、造纸特性、有关遗传改良基础研究，以及技术推广示范等方面取得了新的进展。同时国内许多学者也进行了有关四倍体刺槐的相关研究工作，同样也取得了研究成果。这些直接来源于研究与实践的知识和技术，需要系统地梳理和总结，以便读者容易借鉴和运用，以适应现代科学技术、生产发展和推广应用新形势的需要，为此，我们撰写了本专著。

本书共分 16 章，内容主要为四倍体刺槐概述（李云、孙宇涵、程金新）、四倍体刺槐繁殖技术（李云、孟丙南、程金新）、四倍体刺槐营养价值评价（李云、张国君、孙宇涵）、四倍体刺槐栽培与经营措施（李云、张国君）、四倍体刺槐加工利用技术（李云、张国君）、四倍体刺槐花序花器发育与变异（李云、姜金仲、路超、黄禄君、孙宇涵）、四倍体刺槐雌雄配子及胚珠的发育与变异（李云、姜金仲、路超）、四倍体刺槐种子及种子胚变异（李云、姜金仲、路超）、四倍体刺槐生物技术研究（李云、孟丙南、路超、程金新）等方面。

本书反映的研究成果是在国家 863 计划项目、国家科技支撑项目、国家科技成果转化项目、国家自然科学基金项目、国家林业局 948 计划项目、国家林业局重点和推广项目、国家林业局林业公益行业科研专项项目、农业部农业公益行业科研专项项目、北京市农委推广项目的持续资助下完成的，这些成果包含了两位教授的心血，以及我的博士、硕士研究生们的辛劳，部分成果还是与有关省市、课题协作组成员共同攻关的结晶，此外还有国内同行专家的研究成果。借本书出版之机，感谢国家发改委、科技部、国家自然科学基金委、国家林业局、农业部、北京市农委，以及北京林业大学的领导和同事，为我的研究提供的资助和条件保障及对我的信任和支持，使我的研究得以顺利实施；感谢我的导师田砚亭教授，给了我从事四倍体刺槐研究的机会，这是一份厚赐；感谢合作单位和课题协作组成员，是你们的团结互助和奉献精神，给我们的研究工作创造了良好的野外研究条件和科研实施环境；感谢所有支持和帮助四倍体刺槐研究事业的领导和同仁们，是你们的支持和厚爱，激励我不断克服困难和勇攀科学高峰。

本书力求做到深入浅出，图文并茂，限于作者水平，难免有不足之处，恳请同行和读者批评指正。

李 云

2013 年 8 月 26 日

目　　录

第一章 四倍体刺槐概述

由于刺槐具有较强的适应性、速生性，加之用途广泛而被许多国家引种栽培，与杨树、桉树一起被称为世界上引种最成功的三大树种。四倍体刺槐被引入我国以来，经广大科技工作者的不懈努力，已基本搞清了其生物学及生态学特性，肯定了其引种价值及其在我国西部开发中的重要地位，为西部干旱、半干旱地区增添了一个优良造林树种，对我国生态建设、环境美化、城市景观发展将起到积极的促进作用。特别是饲料型四倍体刺槐的饲料特性将会为西部干旱、半干旱地区农民，通过发展养殖业、饲料生产及加工业脱贫致富奔小康做出极大的贡献。

四倍体刺槐（tetraploid *Robinia pseudoacacia*）是韩国山林厅林木育种研究所应用植物倍性育种技术，通过人工诱变使刺槐体细胞染色体加倍选育成功的刺槐优良无性系，由于多倍体的巨大型特性，使该品系相对于普通二倍体刺槐表现出生长迅速，叶片肥大，生物量大，适应性强，茎叶中蛋白质、脂肪等营养物质含量高的特点，非常适宜营造优质饲料林，以及营造速生丰产用材林、薪炭林、防护林。除具有普通刺槐所有的优良特性外，与普通刺槐相比，无论其生长量、产叶量及适应环境的能力等方面都具明显优势。其根系发达、耐低温、耐干旱贫瘠，已成为退耕还林、水土保持、防风治沙的首选树种。其枝叶有效营养成分高，是牛、羊、兔等牲畜的优质饲料；枝杈粉碎后可用于食用菌培养，发展多种经营；同时它花量大，花期长，可发展养蜂业，经济效益高。四倍体刺槐分速生用材型和饲料型等多个类型。速生用材型与普通刺槐相似，但速生性更为明显，扦插苗当年高度可达 3 m，地径 3.5 cm；栽植 3 年时树高 5 m，胸径 6 cm。饲料型四倍体刺槐刺退化或少刺，呈灌木状，主干不明显，叶片大小为普通刺槐 2 倍及以上，叶片肥厚，叶片鲜重为普通刺槐的 2~3 倍。饲料型四倍体刺槐复叶中的粗蛋白、粗脂肪、灰分含量均较普通刺槐高 20%以上。四倍体刺槐热值高，生物量大，适合密植，可进行集约化规模栽种，也是一种优质的生物质能源树种。四倍体刺槐较普通刺槐具有更强的适应性，耐干旱瘠薄、耐烟尘、抗盐碱、成林快，是水土保持、防风固沙、退耕还林、发展畜牧和开发生物质能源的优良树种。

第一节 四倍体刺槐概述

四倍体刺槐是经人工诱导二倍体刺槐体细胞染色体加倍而成，分为饲料型、用材型、蜜用型等多个类型。饲料型四倍体刺槐具有速生、叶大、条粗、枝密等特点，其营养成分丰富，宜做动物饲料；用材型四倍体刺槐具有速生、抗烟、耐盐碱、木材坚韧、纹理细致、有弹性、耐水湿、抗腐朽等特点，是保持水土、防风固沙、改良土壤的先锋树种与重要的用材树种；蜜用型刺槐具有花大、花多、花期长等特点，是上等槐花蜜的花源。

因四倍体刺槐体细胞染色体数目加倍，与二倍体刺槐比，有明显的巨大性、速生性等特征。饲料型四倍体刺槐为乔木或小乔木，干性稍差，侧枝较粗。奇数羽状复叶，互生，叶轴长 40~55 cm；小叶 7~21 枚，全缘，椭圆或卵圆形，两面平滑无毛，长 8~15 cm，宽 5~8 cm；单叶大小为普通刺槐的 2~3 倍、干重为普通刺槐的 2~3 倍。复叶轴基部具托叶刺（随年龄的增加有渐小的趋势）。总状花序或复总状花序，每花序小花 20~100 朵不等；小花两侧对称，具典型的蝶形花特征。

饲料型四倍体刺槐叶片宽大肥厚、营养丰富、生长迅速，抗性强，特别适合作为西部干旱、半干旱地区荒山造林先锋树种和动物饲料树种。据测算，饲料型四倍体刺槐埋根苗的年高生长可达 3 m，当温度在 20℃以上、土壤持水量在 60%~70%时，生长最快，平均日增长可达 1~3 cm，为普通刺槐生长量的 1~2 倍。

四倍体刺槐花色洁白美观、花序硕大、流蜜量高，5 月盛花时，蜜惹蜂舞、香醉游人，又可作为蜜源树种和城市绿化或行道树种。特别是对于干旱缺水的北方城市，更能显现出其作为绿化首选树种的优越性。

四倍体刺槐引种是国家林业局 948 计划引进项目，由北京林业大学田砚亭和罗晓芳教授实施引进和推广工作。1997 年，北京林业大学首次将其由韩国引入我国。引种试验首先在河南、山东进行，后逐渐扩展到河北、甘肃、内蒙古、西藏、云南、陕西等 15 个省（市、区），目前已基本覆盖了其可能的潜在适生区域，在甘肃、宁夏、河南、河北及北京等地已有多年生林分。引种试验涉及饲料型四倍体刺槐的气候土壤适应性、枝叶营养与生物量评价、生物学特性及栽培管理措施等方面。引种试验证明：①饲料型四倍体刺槐耐低温、适应性强，在我国北自吉林长春，西至新疆石河子，南自云南、广东以北（北纬 23°~43°、东经 90°~124°）、年极端低温不低于–30℃的广大区域的平地、坡地、细沙地、沟谷、轻盐碱地、黄土高原、河滩、堤坝及草原都能正常生长而创造效益，青藏高原（林芝地区）也有引种成功的报道，但在年降水量 600~1200 mm、年平均气温 9℃左右的地区生长较好；②根系发达而耐旱，在年平均气温 7℃左右、年降水量 200~500 mm 的地区也能正常生长，但不耐水湿，根部积水则会烂根死亡；③饲料型四倍体刺槐对土壤要求不严，在沙土、壤土、黏土、轻盐碱地及多年的矿渣堆上都能生长，但在疏松、湿润、肥沃的细沙地及壤土地上生长最快；④喜光性强，不耐庇荫；⑤根具根瘤，具较强的固氮能力。

这些试验结果说明，饲料型四倍体刺槐均能不同程度地适应当地的生态环境条件，在当地的林牧业生产中发挥优势作用。根据引种成功的 3 个标准（与原产地相比没有降低使用价值；能安全越冬度夏；能用原来的繁殖方式大量繁殖）可以认为：四倍体刺槐在我国的引种是成功的。

四倍体刺槐的饲料特性决定了其具有特殊的引种栽培价值。由饲料型四倍体刺槐的饲料功能可以产生多个产业链：饲料型四倍体刺槐育苗及苗木产销产业链，饲料型四倍体刺槐提供富含营养的枝叶，由这些新鲜枝叶到饲料加工业、畜牧养殖业及畜产品加工业等构成产业链。这些产业链的共同基础是四倍体刺槐的枝叶营养价值高，适口性好，生物量大。据中国饲料测试中心测定结果表明：四倍体刺槐鲜枝叶粗蛋白含量高达 24.68%，且富含多种维生素、微量元素及多种氨基酸（表 1.1）。同是木本植物的沙棘叶粗蛋白含量为 17.1%，松针叶粗蛋白含量 10.18%，木麻黄粗蛋白含量为 8.31%，柠条的粗蛋白含量为 9.97%，均明显低于四倍体刺槐。

表 1.1 四倍体刺槐及苜蓿各有效成分比较（%）

有效成分	四倍体大叶(宽叶)饲料型刺槐	二倍体刺槐	苜蓿
水分	53.22	51.00	—
粗蛋白	24.68	17.82	17.2
粗脂肪	3.76	2.78	4.30
粗纤维	16.73	11.17	11.80
P	0.21	0.17	0.36
Ca	2.43	1.91	1.47
无氮浸出物	51.86	37.88	—
百叶干重	17.47	7.09	—

注：百叶干重为取 100 片叶片烘至恒重进行称量。

饲料型四倍体刺槐生物量大。试验结果表明：饲料型四倍体刺槐根蘖性极强，当年栽植经 2~3 次平茬后，可分蘖枝条 8~15 条，1 个生长季节北方可刈割 2~3 次，南方可刈割 3~4 次，能当年定植、当年获益；栽植密度为 33 000~45 000 株/hm^2 时，1 年生可产鲜饲料（茎叶）25 000~45 000 kg/hm^2，2 年生便可达到 45 000~60 000 kg/hm^2，为其他高产牧草的 1.5~3 倍。与其他木本饲料树种相比，其生物量优势更加明显：沙棘每年嫩枝叶产量为 15 945 kg/hm^2，4 年生柠条年产鲜饲料 6700.0 kg/hm^2。

造林与常规育苗技术的研究对于引种树木的成功快速推广具有重要意义。饲料型四倍体刺槐在西部半干旱地区荒山造林时 30~50 cm 的深植可明显提高造林成活率；雨季前整地成活率为 95.5%，秋季整地成活率为 82.4%，不整地成活率为 63.7%；截干苗造林成活率（留干高度 30 cm）94.7%，未截干苗成活率为 86.6%；利用蘸浆、抗旱造林粉、水浸等方式处理苗木，可提高成活率。

关于四倍体刺槐微体快繁技术方面，以北京林业大学良种繁育中心对组培快速育苗研究得最早且最全面。这些论文从外植体的选择与灭菌方法、启动培养基的种类与培养附加物、愈伤组织分化与不定根诱导、不定根起源、组培苗的炼苗与移栽等方面对四倍体刺槐微体快繁技术进行了全面研究。适宜的培养条件和培养基为：光照强度 2000 lx，光照时间 12 h/d，温度 25℃±2℃，pH 5.8；幼芽培养基 MS（WPM）+BA 0.5 mg/L+NAA 0.1 mg/L[①]，生根培养基 MS（WPM）+NAA 0.25 mg/L+IBA 0.4 mg /L。四倍体刺槐无性系试管苗不定根发育过程的解剖结果表明：试管苗嫩梢无潜伏根原基，不定根由诱生根原基发育形成，诱生根原基源于髓射线细胞的分裂和分化；不定根发育过程可划分为三个时期：初生髓射线细胞的分裂和分化期，不定根原基形成期与不定根形成期。处于炼苗过程中的组培苗叶片的解剖结果表明：叶片栅栏组织与海绵组织的比值按试管苗、蛭石苗和营养钵苗依次增加，这说明炼苗可使小苗抗逆性增强，从而为提高组培苗移栽成活率奠定了基础。试管苗适宜的移栽方法是：将完成生根并达到 1 cm 左右根长的试管苗，在 20℃、光强 3000 lx 左右的条件下闭口炼苗一周；在移栽前 1~2 d 将培养瓶的瓶塞打开；移栽时用清水洗去根部附着的培养基，将小苗在 0.1%~0.3%硫酸铜溶液或高锰酸钾溶液中浸泡 1~3 min，移栽到蛭石∶沃土∶河沙为 1∶1.3∶1 的营养钵或苗床上，喷透水，用塑料薄膜覆盖保湿防风，保持苗床温度 25℃，相对湿度 70%~80%，幼苗成活率可达 90%以上；小苗在苗床上长到 5 cm 左右高度时可移栽到苗圃。

关于常规育苗技术的研究论文较多，其内容涉及饲料型四倍体刺槐嫩枝扦插、硬枝扦插、嫁接与埋根等育苗技术，其中嫁接与埋根育苗技术已发展得比较成熟。嫁接苗培育：用 1 年生、地径 1 cm 以上的刺槐作砧木，选择一年生、芽子饱满的四倍体刺槐枝条作接穗，于 3~4 月用袋接或劈接等方法进行嫁接，当年苗高可达 2 m 以上，成活率可达 90%以上；埋根育苗：在春天化冻后，选择粗 0.5~2.0 cm、长 15 cm 的根段，分级后捆成捆，放入背风向阳的窖内，与湿沙交替分层放置，进行催芽，催芽时间为 3 月下旬，待根上部发出新芽后即可按一定株行距进行扦插，插穗与地面成 60°倾角，顶部与地面平，插后立即灌水，当年苗高可达 1 m以上。嫩枝与硬枝扦插技术也已经获得突破，为进行大规模产业化育苗、栽培、收割、饲料加工、饲养生产奠定了技术基础。

营林和栽培作业方式方面，经北京林业大学多年调查研究证明，以灌丛式作业方式效果较好，找到了灌丛栽植的适宜的密度、采割周期及农业管理技术措施等，总结出了四倍体刺槐的高产栽培模式。北京林业大学在枝叶青贮与饲料加工方面，已积累有多年的经验和技术，已找到了四倍体刺槐新鲜枝叶的最佳青贮条

---

① WPM 为木本植物专用培养基，woody plant medium；BA 为 6-苄基氨基腺嘌呤；NAA 为萘乙酸；IBA 为吲哚丁酸。

件和添加剂组合，在该条件下进行青贮，不仅可以增加贮料的有效成分及营养价值，而且还可以增进贮料的适口性，从而增加家畜的进食量。北京林业大学还研发了一系列的饲料揉搓、压块成型、制粒、收割技术和相应的机械设备，为产业化奠定了技术和设备基础。

四倍体刺槐不仅作为优良的造林树种有重要的研究价值，同时，四倍体刺槐还是一个不可多得的木本同源四倍体遗传研究材料，因而也具有重要的遗传学研究价值。北京林业大学四倍体刺槐课题组已就这方面做了大量的工作，并已取得初步成果，主要包括：刺槐同源多倍体的生殖特性研究、花药培养、实生后代表型变异特征与优良个体选育、同源四倍体刺槐表型变异与染色体（基因）加倍的关系及同源多倍体刺槐的基因沉默机理等。

应用转基因技术提高四倍体刺槐的抗逆能力对于拓宽四倍体刺槐适生区域、加快盐碱地开发步伐具有重要意义。夏阳等（2003）尝试了这方面的工作，据其报道，经 PCR 和 PCR-Southern blot 检测，已成功地将外源基因整合到组培苗基因组 DNA 中，获得了 15 株转基因植株，转化植株丛生芽的 NaCl 相对抗性提高了 0.2%~0.3%。

从四倍体刺槐的引种工作可以看出，我国科研人员进行了比较全面的研究和开发，多项技术已经成熟，这些技术为产业化奠定了基础。四倍体刺槐将会以其独特的优势在我国西部开发和生态建设中发挥更重要的作用。特别是饲料型四倍体刺槐，其独特的饲料性能和生态特性将会为西部饲料业和畜牧业的发展注入新的活力，为振兴西部经济打下良好基础。也促进了我国木本饲料事业的发展，充分利用非耕地发展饲料产业和畜牧养殖业，这对于改善我国耕地资源紧张的国情有着极大的战略意义和现实意义。

第二节　韩国四倍体刺槐选育

韩国山林厅林木育种研究所 Kim 和 Lee（1973）通过染色体加倍技术处理刺槐种子，培育出了四倍体刺槐，并且选育出了无刺刺槐新品种。

一、秋水仙素诱导获得四倍体刺槐的不同类型

在进行秋水仙素诱导刺槐多倍体试验中，处理的材料为刺槐种子。将刺槐种子分为两种处理：一种为直接处理，即不经过催芽，直接用不同浓度的秋水仙素溶液分别浸泡刺槐种子，结果见表 1.2；另一种处理方式是先将刺槐种子进行催芽处理，待种子长出新根时开始进行不同浓度的秋水仙素诱导试验，结果见表 1.3。

通过两种方式和不同浓度的秋水仙素处理组合，可以发现比较好的处理浓度和理想的种子状态。在以还未长出新根的种子为材料的处理中，秋水仙素浓度以

中低浓度的结果较好，0.5%浓度的秋水仙素处理后获得的变异率较低。同时发现随着处理时间的延长，均表现获得变异体概率下降的趋势，以 16~17 h 的处理时间为最好。

表 1.2　未生根种子经秋水仙素溶液处理获得的变异率（Kim，1973）

秋水仙素浓度/%	处理时间/h	种子数/粒	播种 24 d 时的调查结果		
			播种数/粒	变异数/株	变异率/%
0.1	16		30	20	66.7
	36		90	65	72.2
	60	181	20	6	30.0
	84		11	5	45.0
	106		5	1	20.0
0.3	17		25	22	88.0
	39		55	30	54.5
	61	181	24	12	50.0
	85		11	7	63.6
	107		11	4	36.4
0.5	17		28	21	75.0
	39		95	42	44.2
	62	181	25	11	44.0
	87		10	4	40.0
	107		5	1	20.0

表 1.3　生根种子经秋水仙素溶液处理获得的变异率（Kim，1973）

秋水仙素浓度/%	处理时间/h	种子数/粒	播种 24 d 时的调查结果	
			变异数/株	变异率/%
0.1	22	50	45	90.0
	44	110	91	82.7
	66	59	30	50.8
	90	56	7	12.5
0.3	22	56	40	71.4
	43	105	54	51.4
	66	56	6	10.7
	90	56	5	8.9
0.5	23	55	32	58.2
	43	105	40	38.1
	66	52	9	17.3
	89	52	8	15.4

在处理已经生根的种子中，发现秋水仙素浓度以低浓度的诱导结果较好，秋水仙素浓度越高，变异体获得比例（简称"得率"）越低。处理时间与获得变异体概率呈负相关关系，处理时间越长，变异体得率越低，均以 22~23 h 处理时间的变异体得率为最高。

在不同浓度秋水仙素诱导已经生根的刺槐种子 10 h 获得的变异体中，发现有 5 种变异类型，见表 1.4。这些变异的得率同样与秋水仙素浓度有关，较低浓度处理后获得的变异率较大些。

表 1.4 不同秋水仙素浓度诱导获得四倍体刺槐 5 种变异类型的得率（Kim，1973）

秋水仙素浓度/%	处理时间/h	生根种子/粒	变异类型									
			大叶型		无刺且枝下垂型		长刺型		灌木型		矮化型	
			数量/株	得率/%	数量/株	得率/%	数量/株	得率/%	数量/株	得率/%	数量/株	得率/%
0.2	10	79	12	15.2	5	6.3	13	16.5	4	5.1	9	11.4
0.4	10	72	3	4.2	3	4.2	6	8.3	1	1.4	11	15.3
0.6	10	74	3	4.1	2	2.7	6	8.1	2	2.7	8	10.8

注：表中评价生根种子的标准根系长度为 1~3 mm；研究调查时间为 1973.8.24。

从经过秋水仙素处理的刺槐中，选出了四倍体刺槐个体（选中个体号 56-6、59-1 四倍体刺槐）。秋水仙素的浓度不同，多倍体的得率也不同。采用不同浓度秋水仙素处理种子后得到 5 种变异类型的四倍体刺槐，具体结果见表 1.5。

表 1.5 3 种秋水仙素浓度处理获得的 5 种变异类型的四倍体刺槐（Kim and Lee，1973）

变异类型	选择的个体编号	染色体数	外部形态特征	不同浓度、不同处理时间四倍体得率/%		
				0.2% 10 h	0.4% 10 h	0.6% 10 h
大叶型	56-6	$2n=40$	复叶和小叶很大，枝多	15.2	4.2	4.1
	59-1	$2n=40$				
无刺且枝下垂型	59-2	$2n=40$	刺退化，枝扭曲而悬垂	6.3	4.2	2.7
	59-136	$2n=40$				
长刺型	59-142	$2n=40$	刺大而硬，枝密	16.5	8.3	8.1
	59-71	$2n=40$				
灌木型	57-26	$2n=40$	小枝多，小叶小，树矮小	5.1	1.4	2.7
	59-4	$2n=40$				
矮化型	57-3	$2n=40$	叶大而不规则，树干短小矮化	11.4	10.8	10.8
	59-157	$2n=40$				

获得的四倍体刺槐 4 种变异类型生长特性见表 1.6。其中长刺型四倍体刺槐的刺长为普通刺槐的 3 倍左右，而四倍体灌木型刺槐的刺长仅为普通刺槐的一半左右。

表 1.6　四倍体刺槐 4 种变异类型的刺长（Kim，1973）

变异类型	单株号	树龄/年	总数/株	平均值/mm	与对照的比率/%
二倍体对照树	2-1	10	200	4.48 ± 1.32	100.00
	2-2	10	170	4.24 ± 1.29	
四倍体大叶型	56-6	10	200	5.51 ± 1.80	110.09
	59-1	10	200	4.09 ± 0.96	
四倍体长刺型	59-142	10	208	12.21 ± 2.21	291.74
	59-71	10	200	13.22 ± 4.91	
四倍体灌木型	57-26	10	200	2.11 ± 0.69	49.08
	59-4	10	200	2.16 ± 0.66	
四倍体矮化型	57-3	10	200	6.66 ± 1.38	155.05
	59-157	10	200	6.85 ± 1.29	

注：± 符号后数字为标准差，全书下同；研究调查时间为 1973.3。

秋水仙素诱导的四倍体刺槐 4 种变异类型的小叶面积特征见表 1.7。大叶型、无刺且枝下垂型和长刺型四倍体刺槐的叶片面积均大于普通刺槐，分别是普通刺槐的 2.21、1.42 和 1.28 倍；叶片面积最小的是灌木类型四倍体刺槐，叶片面积大约是普通刺槐的 31%。

表 1.7　秋水仙素诱导的四倍体刺槐 4 种变异类型的小叶面积比较（Kim，1973）

变异类型	单株号	树龄/年	总数/株	平均值/cm²	与对照的比率/%
二倍体对照树	2-1	1	70	7.43 ± 2.34	100.00
	2-2	1	100	8.85 ± 1.81	
四倍体大叶型	56-6	1	100	21.39 ± 6.43	221.5
	59-1	1	100	15.27 ± 2.95	
四倍体无刺且枝下垂型	59-2	1	100	13.13 ± 2.07	141.9
	59-136	1	100	9.92 ± 2.09	
四倍体长刺型	59-142	1	100	11.31 ± 2.89	127.6
	59-71	1	100	10.29 ± 2.21	
四倍体灌木型	57-26	1	100	2.45 ± 0.26	30.9
	59-4	1	100	2.56 ± 0.21	

注：研究调查时间为 1973.3。

秋水仙素诱导四倍体刺槐的 5 种变异类型的木纤维长度特征见表 1.8。四倍体刺槐的纤维长度均比普通刺槐的要长，其中矮化型的最长，为普通刺槐的 1.43 倍，其他的依次为大叶型、长刺型、灌木型和无刺且枝下垂型，分别是普通刺槐的 1.21 倍、1.13 倍、1.07 倍、1.03 倍。

表 1.8　秋水仙素诱导的四倍体刺槐的 **5** 种变异类型的木纤维长度（Kim，1973）

变异类型	单株号	树龄/年	总数/株	平均值/μm	与对照的比率/%
二倍体对照树	2-1	1	310	497.35 ± 96.97	100.00
	2-2	1	300	413.40 ± 74.06	
四倍体大叶型	56-6	1	300	531.05 ± 99.95	121.2
	59-1	1	300	572.81 ± 141.15	
四倍体无刺且枝下垂型	59-2	1	320	433.93 ± 80.78	103.1
	59-136	1	330	505.23 ± 83.41	
四倍体长刺型	59-142	1	300	493.54 ± 101.66	113.2
	59-71	1	320	537.93 ± 104.90	
四倍体灌木型	57-26	1	300	433.98 ± 84.10	107.1
	59-4	1	300	541.56 ± 110.72	
四倍体矮化型	57-3	1	300	732.66 ± 183.32	143.3
	59-157	1	300	572.05 ± 110.70	

　　秋水仙素诱导的四倍体刺槐的 5 种变异类型的木纤维厚度特征见表 1.9。四倍体刺槐的木纤维厚度均明显大于普通刺槐，其中以矮化型的为最大，其次是大叶型的，分别是普通刺槐的 1.55 倍和 1.40 倍。

表 1.9　秋水仙素诱导的四倍体刺槐的 **5** 种变异类型的木纤维粗度（Kim，1973）

变异类型	单株号	树龄/年	总数/株	平均值/μm	与对照的比率/%
二倍体对照树	2-1	1	300	11.68 ± 2.36	100.00
	2-2	1	300	13.70 ± 2.74	
四倍体大叶型	56-6	1	300	17.40 ± 3.05	139.6
	59-1	1	300	18.04 ± 4.17	
四倍体无刺且枝下垂型	59-2	1	300	15.19 ± 2.36	133.7
	59-136	1	300	18.75 ± 2.95	
四倍体长刺型	59-142	1	300	17.65 ± 3.19	134.8
	59-71	1	310	16.56 ± 3.02	
四倍体灌木型	57-26	1	300	13.26 ± 2.41	115.1
	59-4	1	300	15.96 ± 2.70	
四倍体矮化型	57-3	1	300	20.09 ± 3.88	155.3
	59-157	1	300	19.33 ± 3.08	

二、大叶（宽叶）四倍体刺槐特性

　　树形同普通的刺槐相类似，但其叶大小为普通刺槐叶的 2 倍以上，复叶的干重及单株叶总干重分别都是普通刺槐的 1.5 倍以上；而且，同从匈牙利引进的刺槐的叶片相比，叶片粗蛋白含量为匈牙利刺槐叶片含量的 118%，粗脂肪为 126%，灰分含量为 180%。因此，大叶刺槐的叶片适宜做动物饲料。大叶刺槐的详细情况见表 1.10。

表1.10　大叶（宽叶）刺槐的特性（Kim, 1973）

比较指标	个体号	染色体数	树形	枝	刺	小叶	嫁接成活率/%	扦插成活率/%
普通刺槐（2n）	2-1	2n=20	正常	正常	一般	一般	100.00(100)	66.7(100)
四倍体大叶刺槐（4n）	56-6	2n=40	正常	枝较多、粗	明显、硬	宽	93.80(93.8)	50.0(75.0)
备注							2-1接穗母树1年生；56-6接穗母树8年生；接穗基部粗度均为7.8mm	

比较指标	花芽膨大期(月.日)	开花时间(月.日)	花粉育性%	花粉离体培养0.5h的萌发率/%	花粉离体培养1h可观察的花粉管数	异常花冠比率/%	正常花冠比率/%	控制授粉结实率/%	每朵小花的雌蕊数量	单个花序的结荚率/%	单个花序的小花数
普通刺槐（2n）	5.17~5.18	5.22~5.23	94.19(100)	76.00(100)	431(100)	2.62(100)	97.38(100)	11.11(100)	9.83(100)	1.82(100)	37.46(100)
四倍体大叶刺槐（4n）	5.10~5.19	5.22~5.23	81.40(86.4)	21.71(28.6)	63(14.6)	33.28(1270.2)	66.72(68.5)	0(0)	9.60(98.4)	2.15(118.1)	22.21(59.3)
备注			自由授粉					控制授粉			自由授粉

比较指标	单个豆荚的座果率%	豆荚长/mm	豆荚宽/mm	单个豆荚中的种子数	水中可下沉种子比率/%	复叶的小叶数量
普通刺槐（2n）	4.86(100)	58.08(100)	10.45(100)	5.50(100)	91.85(100)	16.60(100)
四倍体大叶刺槐（4n）	9.68(199.1)	50.71(87.31)	13.48(129.0)	3.01(54.73)	76.49(83.3)	16.71(100.7)
备注	自由授粉	自由授粉		自由授粉		自由授粉

比较指标	叶面积/cm²	叶长/mm	叶宽/mm	叶片长宽比	叶尖端到叶最宽处的长度/mm	叶柄长/mm	叶柄角度(°)
普通刺槐（2n）	7.43(100)	45.506(100)	20.32(100)	44.97(100)	26.88(100)	3.97(100)	55.82(100)
四倍体大叶刺槐（4n）	21.39(287.9)	72.31(158.9)	37.10(182.6)	51.76(115.1)	36.99(137.6)	7.10(178.8)	66.46(199.1)
备注							

续表

比较指标	表皮毛长/μm	表皮毛氮/μm	表皮细胞厚度/μm	栅栏组织厚度/μm	叶片厚/μm	叶片厚度与表皮细胞厚度比率	保卫细胞长/μm
普通刺槐（2n）	97.12(100)	10.26(100)	16.28(100)	45.03(100)	134.40(100)	12.26(100)	19.39(100)
四倍体大叶刺槐（4n）	136.68(140.7)	11.41(111.2)	19.65（120.7）	69.23(153.7)	175.87(130.8)	11.25(91.8)	25.25(130.2)
备注							

比较指标	气孔数	隐芽的细胞数	隐芽大小/μm	木纤维长/μm	木纤维粗度/μm	秋季叶色变化起始时间（月.日）	刺长/mm
普通刺槐（2n）	18.50(100)	4.78(100)	20.54(100)	497.35(100)	11.68(100)	10.21	4.48(100)
四倍体大叶刺槐（4n）	10.60(57.3)	4.65(97.3)	20.57（100.1）	531.05(106.8)	17.40(149.0)	10.15	5.51(123.0)
备注							

比较指标	叶片的水分含率/%	叶片粗蛋白含率/%	叶片粗脂肪含率/%	叶片粗纤维含率/%	叶片可溶性无机氮含率/%	叶片灰分含率/%
普通刺槐（2n）	9.92(100)	12.99(100)	4.68(100)	20.06(100)	48.69(100)	3.66(100)
四倍体大叶刺槐（4n）	9.86(99.4)	15.36(118.2)	5.90(126.1)	17.70(88.2)	44.59(91.6)	6.59(180.1)
备注						

比较指标	烘干叶片中N含率/%	单个复叶中N含量/g	当年茎2年根、叶中N含量/g	当年茎3年根、叶中N含量/g	0.5年生苗地茎/cm
普通刺槐（2n）	2.078(100)	0.047(100)	1.036(100)	3.765(100)	1.6(100)
四倍体大叶刺槐（4n）	2.458(118.3)	0.085(180.9)	1.867(180.2)	10.641(282.6)	1.9(118.8)
备注					

比较指标	单个复叶重/g		当年茎2年根、单株叶重/g		当年茎3年根、单株叶重/g	
	鲜重	干重	鲜重	干重	鲜重	干重
普通刺槐（2n）	4.75(100)	2.25(100)	101.90(100)	49.86(100)	399.1(100)	181.2(100)
四倍体大叶刺槐（4n）	9.10(191.6)	3.47(154.2)	197.47(193.8)	75.95(152.3)	1035.7(259.5)	432.9(238.9)
备注						

注：从大叶刺槐个体56-6和59-1中仅比较了56-6；括号内数据表示：设对照各指标均为100时，宽叶刺槐对应指标与对照的得率。

从表 1.11 中可以看出，四倍体刺槐在树高生长方面表现最好，其次是黄叶刺槐，排在第三的是大叶刺槐；在胸径生长方面四倍体刺槐有明显的优势，与黄叶刺槐一起排在了速生梯队，远远高于其他刺槐的胸径生长表现。

表 1.11　大叶刺槐及四倍体刺槐的生长（韩永昌等，1993）

比较	株数	生长情况		
		树高/m	胸径/cm	生长状况
大叶刺槐	3	4.90	6.2	良好
小叶刺槐	3	2.93	4.6	良好
黄叶刺槐	1	7.50	16.8	良好
变异刺槐	1	2.70	8.3	良好
四倍体刺槐	14	7.43	14.8	良好

注：研究调查时间为 1993.5.30。

三、由芽变获得的无刺刺槐

1961 年，从自然生长的刺槐树上，选择由于芽变后刺退化的变异个体，进行芽接后通过繁殖得到无刺刺槐品种。无刺刺槐的形态特征及生理学特性、生长特性均与普通刺槐不同，但是染色体数相同，它是通过基因突变而形成的一个品种。

无刺刺槐的生长速度及染色体数（$2n$）与普通刺槐相同，但其叶基部的开张程度和冬芽毛茸细胞数明显减少，而小叶的叶长和叶幅及木纤维的大小均得到增大；而且，由于没有刺，因而便于进行田间作业和管理。

无刺刺槐特性见表 1.12；无刺刺槐生长状况见表 1.13。

表 1.12　无刺刺槐的特性（Kim and Lee，1973）

比较指标＼树种	选中个体	染色体数	树形	枝	刺	一个复叶中的小叶数/个	小叶长/mm	小叶叶幅/mm
普通刺槐（对照）	—	$2n=20$	正常	一般	有	21.1（100）	57.11（100）	21.93（100）
无刺刺槐	T-1	$2n=20$	正常	一般	无	20.6（97.6）	61.14（107）	23.44（106.8）

比较指标＼树种	叶基部开张角/（°）	气孔径/μm	0.4 cm 直径处木纤维的大小/μm 长	0.4 cm 直径处木纤维的大小/μm 宽	冬芽毛茸细胞数/个	接穗成活率/%	材积生长（8 年生）/cm³
普通刺槐（对照）	106.88（100）	20.93（100）	362.84（100）	14.76（100）	5.3（100）	93.8（100）	3614（100）
无刺刺槐	93.07（87.0）	19.96（95.3）	431.80（119.0）	15.37（104.1）	2.9（54.7）	93.8（100）	3639（100.6）

| 比较指标 树种 | 开花时间（月.日） | 花瓣出现白色时间（月.日） | 花瓣展开时间（月.日） | 扦插生根率/% | | 扦插成活率/% |
				试验 1	试验 2	
普通刺槐（对照）	4.19	5.18	5.22	6.0	14.7	46.0~64.7
无刺刺槐	4.19	5.22	5.27	13.3（T-1）~24.7（T-3）	9.7（T-1）~14.0（T-3）	

注：选中个体号为 T-1；括号内数据表示设对照各指标均为 100 时，无刺刺槐对应指标与对照的得率。

表 1.13 无刺刺槐的生长状况（韩永昌等，1973）

选中个体号	树高/m	胸径/cm	单株材积/m³
T-1	19.4	24.4	0.3021
T-3	20.0	28.2	0.3985

注：选中个体号为 T-1，T-3。

第三节 速生用材型四倍体刺槐的光合速率日变化

光合作用是植物利用叶绿素，在可见光的照射下，将 CO_2 和水转化为葡萄糖，并释放出氧气的生化过程。光合作用是一个复杂的生物物理化学过程，受到外界环境条件和内部因素的限制，也是全球碳循环及其他物质循环的最重要环节。研究四倍体刺槐与普通刺槐光合特性日变化规律，旨在了解二者光合特性的差异，以及环境因子与光合特性之间的互作关系，揭示其光合作用的基本生理生态学特征和规律，为制定四倍体刺槐优质高产栽培技术措施和优良新品种选育提供科学理论依据。

试验材料为速生用材型四倍体刺槐和普通刺槐（宋庆安，2012），其苗高 150~180 cm。苗木生长在湖南省林业科学院试验林场，地理位置为东经 113°00′、北纬 28°11′，年平均气温 17.1℃，年平均日照时数 1496~1850 h，年平均降水量 1400~1900 mm，无霜期 264 d。

选择生长旺盛并具有代表性的植株，取其枝条生长良好的中部叶片进行光合指标测定。采用 LI-6400 光合测定系统红蓝光源叶室进行叶片瞬时光合速率测定，开放式气路。其直接记录的数据有，气温（T_a，℃）、叶温（T_l，℃）、光合有效辐射［PAR，μmol/(m²·s)］、空气相对湿度（RH，%）、大气 CO_2 浓度（C_a，μmol/mol）、胞间 CO_2 浓度（C_i，μmol/mol）、净光合速率［P_n，μmol/(m²·s)］、蒸腾速率［T_r，mmol/(m²·s)］、气孔导度［G_s，mol/(m²·s)］和叶片水压亏缺等（V_{pdl}，kPa）。日变化于 5 月 25 日进行，天气晴朗，测定时间从 7:30~18:00，每 1.5 h 测一个轮回，3 次重复，分析数据取平均值。

水分利用效率（WUE，μmol/mmol）＝净光合速率（P_n）/蒸腾速率（T_r）

所有数据均通过 Excel 2003 进行整理，并绘制图表，方差分析、相关性分析及其他统计分析处理均用 SPSS 13.0 软件。

一、净光合速率日变化

由图 1.1A 可以看出，普通刺槐的 P_n 日变化呈双峰型曲线，有明显的"午休"现象，第一个峰出现在 9:00 左右，第二个峰出现在 15:00 左右，第一个峰值明显高于第二个峰值，高出第二个峰值 30.3%。从早上开始，随着时间延续，PAR 不断升高，T_a 也开始逐渐升高，P_n 迅速增大，到 9:00 左右出现全天的第一个峰值，

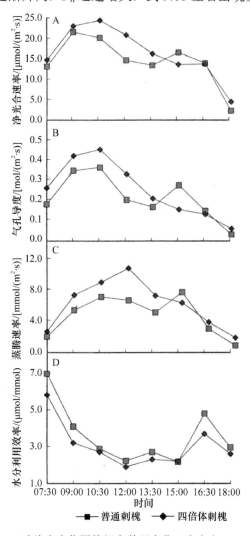

图 1.1　叶片光合作用特征参数日变化（宋庆安，2012）

此后，随着 PAR 的增强，T_a 也逐渐上升，RH 不断降低（图 1.1A），P_n 逐渐降低并开始出现"午休"，之后随着 PAR 的降低，P_n 又开始升高，到 15:00 出现全天的第二个峰值，15:00 之后随 PAR 的进一步减弱，温度降低，P_n 开始迅速减小，到 18:00 以后，P_n 降低接近于 0 以致负值。

四倍体刺槐的 P_n 日变化呈单峰型曲线，最高峰值出现在 10:30 左右。两个树种的 P_n 日平均值存在差异（表 1.14），四倍体刺槐的 P_n 明显高于普通刺槐，全天的 P_n 日变化过程中，除了在 15:00 普通刺槐出现第二个峰值时的 P_n 高于四倍体刺槐外，其余时间的 P_n 都是四倍体刺槐高于普通刺槐。四倍体刺槐的生长特点是比普通刺槐速生，其 P_n 也比普通刺槐高，光合作用为四倍体刺槐的生长提供了大量的能量。

表 1.14　净光合速率日变化值方差分析（宋庆安，2012）

时间	普通刺槐 /[μmol/（m²·s）]	四倍体刺槐 /[μmol/（m²·s）]	LSD$_{0.05}$	LSD$_{0.01}$
07:30	13.0	14.6	2.278	3.778
09:00	21.5	23.0	2.348	3.894
10:30	20.1	24.4	3.112	5.161
12:00	14.6	20.8	3.223	5.345
13:30	13.4	16.2	2.278	3.778
15:00	16.5	13.6	2.132	3.536
16:30	13.9	13.7	2.819	4.676
18:00	2.3	4.5	1.999	3.316
日平均	14.4	16.4	1.735	2.878

四倍体刺槐没有"午休"现象发生，而普通刺槐在 9:00~15:00 出现"午休"现象，四倍体刺槐比普通刺槐能积累更多的能量，以满足其速生的需要。在相同的强光和高温下，四倍体刺槐没有"午休"现象发生，这可能与四倍体刺槐的内部因素有关，染色体加倍可抵抗更高的光强和高温，光合能力也有所增强。这可能是四倍体刺槐比普通刺槐速生的原因。

二、气孔导度日变化

气孔是植物进行 CO_2 和水汽交换的主要通道，而 G_s 则是反映这种交换能力的一个极其重要的生理指标。从图 1.1B 可以看出，四倍体刺槐的 G_s 在早、晚比较低，在 10:30 出现一天中的最高峰。G_s 的日变化趋势与 P_n 基本一致，刺槐呈双峰型曲线，四倍体刺槐呈单峰型曲线。

三、蒸腾速率日变化

蒸腾作用失水所造成的水势梯度是植物吸收和运输水分的主要驱动力，同时也能降低植物叶片温度，以避免热害，更有利于 CO_2 的吸收和同化。T_r 全天日变化普通刺槐呈双峰型曲线（图 1.1C），在 15:00 时，由于气孔开放加大，G_s 突然增高，气流通畅，T_r 也随之升高并达全天的最高点，到 18:00 气孔基本关闭，G_s 降到最低，T_r 也随之降到最低。蒸腾速率的大小与苗木的生长特点有直接关系，蒸腾速率大的输导组织越发达，对植物的生长越有利，植物生长越快。四倍体刺槐的 T_r 高于普通刺槐，因此，四倍体刺槐比普通刺槐更速生。但是，在干旱胁迫条件下，蒸腾速率大的品种更容易受到伤害。

四、水分利用效率

WUE 是植物光合速率与蒸腾速率的比值。从图 1.1D 可以看出，在早晨 7:30 和下午 16:30 的 WUE 较高，四倍体刺槐与普通刺槐的 WUE 基本呈同步变化趋势，且相差无几，WUE 的大小可以反映植物对逆境适应能力的强弱。四倍体刺槐的水分利用效率小于普通刺槐，这与其本身的生理特性有直接关系。

四倍体刺槐的光合能力较强，蒸腾速率较大，这与四倍体刺槐的生理特性有直接关系，蒸腾速率大的输导组织越发达，对植物的生长越有利，植物生长越快。这也是四倍体刺槐比普通刺槐更速生的主要原因之一。同时，蒸腾速率越大，消耗水分越多，其水分利用效率越低，干旱胁迫条件下，蒸腾速率大的品种更容易受到伤害。

第四节　根系特性

根系是植被与土壤进行能量和物质交换的唯一渠道，对树木的生长具有决定性作用。四倍体刺槐生长迅速，耐干旱瘠薄，适应性强，这与其强大的根系系统通过代谢作用提供有机质和营养元素用以改良土壤环境有着一定的关系。研究结果表明，四倍体刺槐根际土壤内营养元素的含量和根系内营养元素的含量都受到植株种植密度、根系分布情况和根径的粗细度等条件的多重影响；而其根系分布情况和根系生物量会受外界环境条件，尤其是种植密度条件的显著影响。

一、根系分布特征

刺槐是浅根性树种，主根不明显，一般在 30~50 cm（山地一般在 0~30 cm）

发出数条粗壮侧根与地平面成 60°~80° 角向下伸展很长,据河南省林业科学研究院对内黄县沙地七年生普通刺槐林的调查,向下生长的粗侧根,可达 4.0~4.5 m 的长度,也有不少样株的粗大侧根水平伸展很远。刺槐的水平根系分布较浅,多集中于表土层的 5~50 cm,放射状伸展,交织成网状。据北京林业大学在北京市妙峰山对八年生普通刺槐林的调查,在 6000 cm³ 的土体中,刺槐根系重量为 3.46~15.91 g,在 10~30 cm 深的土层的根量占全根量的 34%~74% 以上（表 1.15）。

表 1.15　6000 cm³ 的土体中的普通刺槐根量

标准地号 取样深度/cm	IV	III	II	I	V
0~10	0.49	0.32	0.83	4.62	0.58
10~20	1.04	1.33	1.69	4.19	4.20
20~30	0.84	4.31	4.03	2.71	6.93
30~40	0.51	0.57	4.34	1.02	0.54
40~50	0.25	0.49	1.59	1.12	1.89
50~60	0.28	0.33	0.87	0.65	1.68
合计	3.46	7.35	13.35	14.31	15.91

根据北京林业大学刺槐研究课题组（2011）对甘肃省天水市山区阳坡立地的 4 种刺槐（普通刺槐、速生槐、四倍体刺槐和香花槐）在 3 种种植密度（0.5 m×1.0 m、1.0 m×1.0 m 和 1.5 m×1.0 m）条件下的根系生长情况调查结果表明,虽然不同品种和种植密度间的刺槐根系生长存在一定的差异,但其地下生物量大部分集中在 0~40 cm 深度的土壤中,在 0~40 cm 深度内的根系生物量所占根系总生物量的比例在 80% 左右（表 1.16）。

表 1.16　3 年生不同品种不同密度刺槐林的不同土壤深度根系生物量情况表

编号	品种	密度 /（m×m）	平均地下 生物量/g	根系生物量比例/%			
				0~20 cm	20~40 cm	40~60 cm	60~80 cm
1	香花槐	1.5×1.0	531.98	50.08	34.02	11.88	4.02
2	香花槐	1.0×1.0	498.90	24.65	56.20	14.06	5.10
3	香花槐	0.5×1.0	305.18	43.97	36.92	9.94	9.17
4	普通刺槐	1.5×1.0	574.41	63.96	23.25	7.56	5.22
5	普通刺槐	1.0×1.0	545.78	64.32	13.66	11.53	10.50
6	普通刺槐	0.5×1.0	346.73	49.44	40.38	8.01	2.17
7	速生槐	1.5×1.0	570.26	18.89	61.84	12.60	6.67
8	速生槐	1.0×1.0	560.72	55.22	27.21	10.19	7.38
9	速生槐	0.5×1.0	440.23	48.23	28.91	15.95	6.92
10	四倍体刺槐	1.5×1.0	589.65	52.36	33.80	11.69	2.16
11	四倍体刺槐	1.0×1.0	477.94	30.09	46.03	14.44	9.44
12	四倍体刺槐	0.5×1.0	468.76	48.61	34.86	15.31	1.23

二、根系的营养元素

（一）研究方法

试验地位于甘肃省天水市秦州区黄土丘陵沟壑区向阳坡地（北纬 34°36′，东经 105°42′），海拔 1180~1290 m。对完全随机区组试验设计林区中 0.5 m×1.0 m，1.0 m×1.0 m，1.5 m×1.0 m 三个密度下种植的香花槐、普通刺槐、四倍体刺槐、速生刺槐进行每木调查，测量记录林分因子及其参数。在标准样地内以 50.0 cm 为径级选择标准木进行挖掘。分土层（0~20 cm，20~40 cm，40~60 cm，60~80 cm）分段（每段 50 cm 长）取土。用 1 mm 孔径的筛子将各层土壤过筛，拣出所有根系。按 D_R（直径）≤0.2 cm、0.2 cm<D_R≤0.5 cm，0.5 cm<D_R≤1 cm 和 D_R>1 cm 的标准分为 4 级。测量每级所有根系鲜重，并从每个径级根系中取样称鲜重，根系样品带回实验室在 105℃恒温下烘干至恒重后测干重。将所有根系样品装入自封袋并标记，用于检测根系内氮、磷和钾含量。

（二）根系中氮的含量比较

研究结果表明，香花槐在该地区的氮吸收方面的能力为 7.436%±0.049%，强于其他三个树种；其氮的含量随着根系的深度而减小，在 0~20 cm 水平的氮含量较高（7.155%±0.045%）；在各种根径中 D_R≤0.2 的根系中氮含量最高（7.436%±0.049%），0.2<D_R≤0.5 cm 中最低（5.306%±0.047%）。

刺槐的品种、根系在土层的深度及根系直径大小对根系中氮含量都有极显著影响，品种×密度、品种×深度、品种×根径、密度×深度、密度×根径、深度×根径、品种×密度×深度、品种×密度×根径、品种×深度×根径、密度×深度×根径、品种×密度×深度×根径对氮含量也有极显著影响。而刺槐种植密度对氮含量影响不显著（表 1.17）。

（三）根系中磷的含量比较

甘肃天水的研究结果表明，4 个品种中香花槐在该地区的磷元素吸收能力比较强，其含磷量较高，为 0.155%±0.004%；同一刺槐品种在 1.0 m×1.0 m 密度下的磷含量最少（0.113%±0.003%）；4 个深度的根系中，40~60 cm 水平的磷含量最低（0.115%±0.004%）；在同等条件下，各根径中 D_R≥1 cm 的根系中磷含量最多（0.140%±0.049%）

刺槐的品种、种植密度及根系直径大小对根系中磷含量都有极显著影响，品种×密度、品种×深度、密度×深度、深度×根径、品种×密度×深度、品种×密度×根径、品种×深度×根径、密度×深度×根径、品种×密度×深度×根径对磷含量也有极显著影响。而刺槐根的深度、品种×根径、密度×根径对磷含量影响不显著（表 1.18）。

表 1.17　各因子对根系氮含量影响的方差分析

变异源	III型平方和	df	均方	F	P
品种	220.415	3	73.472	272.324	0.000
密度	1.044	2	0.522	1.935	0.146
深度	138.826	3	46.275	171.521	0.000
根径	27.922	3	9.307	34.497	0.000
品种×密度	43.273	6	7.212	26.732	0.000
品种×深度	21.714	9	2.413	8.943	0.000
品种×根径	50.424	9	5.603	20.766	0.000
密度×深度	16.543	6	2.757	10.220	0.000
密度×根径	15.121	6	2.520	9.341	0.000
深度×根径	31.450	9	3.494	12.952	0.000
品种×密度×深度	52.050	17	3.062	11.349	0.000
品种×密度×根径	51.845	18	2.880	10.676	0.000
品种×深度×根径	44.792	24	1.866	6.918	0.000
密度×深度×根径	38.427	16	2.402	8.902	0.000
品种×密度×深度×根径	114.159	36	3.171	11.754	0.000
误差	90.921	337	0.270	—	—
校正的总计	1108.417	505	—	—	—

表 1.18　各因子对根系全磷含量影响的方差分析

变异源	III型平方和	df	均方	F	P
品种	0.175	3	0.058	34.633	0.000
密度	0.071	2	0.036	21.070	0.000
深度	0.017	3	0.006	3.405	0.018
根径	0.121	3	0.040	23.877	0.000
品种×密度	0.503	6	0.084	49.748	0.000
品种×深度	0.143	9	0.016	9.445	0.000
品种×根径	0.036	9	0.004	2.364	0.013
密度×深度	0.040	6	0.007	3.934	0.001
密度×根径	0.023	6	0.004	2.244	0.039
深度×根径	0.070	9	0.008	4.621	0.000
品种×密度×深度	0.156	17	0.009	5.431	0.000
品种×密度×根径	0.112	18	0.006	3.687	0.000
品种×深度×根径	0.092	24	0.004	2.281	0.001
密度×深度×根径	0.093	16	0.006	3.451	0.000
品种×密度×深度×根径	0.146	37	0.004	2.335	0.000
误差	0.573	340	0.002	—	—
总计	10.299	510	—	—	—
校正的总计	2.716	509	—	—	—

（四）根系中钾的含量比较

结果显示，4 个品种的根系中，每个品种的钾含量均存在极显著性差异，其中普通刺槐的钾含量最高（2.0304%±0.017%）；同一品种在 0.5 m×1.0 m 密度下，刺槐根系中钾含量最高（1.845%±0.038%）；不同根系深度下，钾含量在 40~60 cm 深度得到最大值，为 1.8420%±0.004%；在同等条件下，根系中钾随着根径的变大而减小，最高为 2.0768%±0.049%，最低为 1.4013%±0.047%。

根据方差分析，刺槐的品种、密度、根系深度、根径大小及它们的交叉作用全部对根系中钾含量有极显著影响（表 1.19）。

表 1.19 各因子对根系全钾含量影响的方差分析

变异源	III 型平方和	df	均方	F	P
品种	13.936	3	4.645	139.161	0.000
密度	2.146	2	1.073	32.148	0.000
深度	2.036	3	0.679	20.334	0.000
根径	25.199	3	8.400	251.624	0.000
品种×密度	8.177	6	1.363	40.826	0.000
品种×深度	2.546	9	0.283	8.474	0.000
品种×根径	4.600	9	0.511	15.311	0.000
密度×深度	4.309	6	0.718	21.512	0.000
密度×根径	1.464	6	0.244	7.307	0.000
深度×根径	3.285	9	0.365	10.933	0.000
品种×密度×深度	9.781	17	0.575	17.236	0.000
品种×密度×根径	5.707	18	0.317	9.498	0.000
品种×深度×根径	4.235	24	0.176	5.285	0.000
密度×深度×根径	3.610	16	0.226	6.759	0.000
品种×密度×深度×根径	8.074	37	0.218	6.537	0.000
误差	11.350	340	0.033	—	—
总计	1713.257	510	—	—	—
校正的总计	124.175	509	—	—	—

三、根系生物量测定

根据北京林业大学刺槐研究课题组在甘肃天水地区的调查表明，种植密度对地下生物量有明显影响，表现为种植密度越大，单株苗木的地下生物量和地上生物量越小，说明过密种植会影响根系和地上部分的生长。而不同树种间的对比来看，四倍体刺槐表现最好。三个密度范围内种植越密集，单位面积总生物量越大。在 4 个品种中，四倍体刺槐单位面积总生物量最大（3522.26 g/m²），地上部分生物量与地下部分生物量的比值一般在 2.71~3.08（表 1.20）。

表 1.20　生物量情况调查表

编号	品种	密度 / (m×m)	平均单株地下 生物量/g	平均单株地上 生物量/g	单位面积总 生物量/ (g/m²)	地上生物量与 地下生物量比值
1	香花槐	1.5×1.0	531.98	1492.63	1349.74	2.81
2	香花槐	1.0×1.0	498.90	1401.40	1900.30	2.81
3	香花槐	0.5×1.0	305.18	819.06	2248.48	2.68
4	普通刺槐	1.5×1.0	574.41	1498.49	1381.93	2.61
5	普通刺槐	1.0×1.0	545.78	1128.22	1674.00	2.07
6	普通刺槐	0.5×1.0	346.73	958.77	2611.00	2.77
7	速生槐	1.5×1.0	570.26	1480.11	1366.91	2.60
8	速生槐	1.0×1.0	560.72	1128.34	1689.06	2.01
9	速生槐	0.5×1.0	440.23	906.35	2693.16	2.06
10	四倍体刺槐	1.5×1.0	589.65	1597.31	1457.97	2.71
11	四倍体刺槐	1.0×1.0	477.94	1470.08	1948.02	3.08
12	四倍体刺槐	0.5×1.0	468.76	1292.37	3522.26	2.76

四、根系对土壤作用

刺槐林地内，植株间的根系纵横交错，交织成网，侧根、须根与土壤紧紧结合在一起，有效地防止了表层土壤的流失。其根系有极强的穿透能力，束缚固定着土壤，使坡耕地及沙化地的水土流失得以有效控制。同时，其庞大的根系分泌物和残落物又为土壤微生物提供了丰富的营养物质，使土壤有机质含量提高，土壤得到改良。在 1957~2001 年模拟研究期间，长武和延安不同密度处理的刺槐林地 0~10 m 土层土壤湿度剖面分布均呈现出随林龄增长，林地土壤干层厚度逐年加深和加厚，林地密度越高，土壤干层加深速度越快。

（一）根系与土壤氮、磷、钾关系

有研究表明，与撂荒地相比普通刺槐林地对应土层土壤平均氮含量分别增加了 160.1%、88.07%、34.3%、46.34%、52.6%、41.7%，平均土壤速效磷含量分别增加 13.3%、17.8%、2.1%、8.3%、12.5%、24.1%，土壤速效钾含量分别增加了 92.7%、62.3%、35.1%、19.8%、21.7%、24.9%，说明营造刺槐林能够增加土壤氮、速效磷和速效钾的含量。在 0~20 cm 的表层土壤中，硝态氮的含量均高于以下各土层。研究显示距树干基部 30 cm 处的 0~30 cm 深土壤速效氮含量差异性最大，毛白杨林比刺槐林低 24.55%~36.52%。

对甘肃天水地区 3 年生不同品种、种植密度和土壤深度的刺槐林地根际土壤调查表明，不同品种在不同密度下对土壤的作用效果各有差异。品种、密度二因子虽不单独引起表层土壤碱解氮和速效磷含量的显著性差异，但二者交互作用对表层土壤碱解氮和速效磷有显著影响。在 $P_{0.05}$ 水平下，1.0 m×1.0 m 密度速生槐、1.5 m×1.0 m 密度香花槐表层土壤速效磷显著高于其他各组合；在 $P_{0.01}$ 水平下，1.0 m×1.0 m 密度速生槐表层土壤速效磷含量极显著高于 1.5 m×1.0 m 普通刺槐和 1.0 m×1.0 m 四倍体刺槐组合（表 1.21）。

表 1.21　品种×密度交互作用对表层土壤速效磷含量的多重比较

品种	密度/（m×m）	均值/（mg/kg）	$P_{0.05}$	$P_{0.01}$
速生槐	1.0×1.0	23.9600	a	A
香花槐	1.5×1.0	10.6800	ab	AB
四倍体刺槐	1.5×1.0	5.7000	b	AB
香花槐	0.5×1.0	4.6367	b	AB
速生槐	0.5×1.0	4.0350	b	AB
普通刺槐	0.5×1.0	3.9300	b	AB
普通刺槐	1.0×1.0	3.8150	b	AB
四倍体刺槐	0.5×1.0	3.4200	b	AB
香花槐	1.0×1.0	3.1950	b	AB
速生槐	1.5×1.0	2.8450	b	AB
普通刺槐	1.5×1.0	2.4400	b	B
四倍体刺槐	1.0×1.0	1.4350	b	B

注：多重比较结果中，不同大、小写字母分别表示在 $P=0.01$ 和 $P=0.05$ 水平差异显著，相同大、小写字母分别表示在 $P=0.01$ 和 $P=0.05$ 水平差异不显著，全书余同。

土壤碱解氮方面，香花槐在高密度下表层土壤碱解氮积累最多，低密度下碱解氮含量也处于较高水平，而中间密度碱解氮含量最低；普通刺槐和速生槐均表现为中密度下碱解氮含量水平最高，但普通刺槐的总体水平较速生槐高；四倍体刺槐表现为随密度增加表层土壤碱解氮含量减少，且其平均水平低于香花槐、普通刺槐和速生槐（图1.2）。土壤速效磷方面，速生槐在中密度下表层土壤含量极高，与之相比，香花槐、普通刺槐和四倍体刺槐无论何种密度下都处于较低水平。土壤速效钾方面，香花槐、普通刺槐、四倍体刺槐和速生槐普遍表现为中密度下速效钾含量低，只有普通刺槐随密度变化不明显。

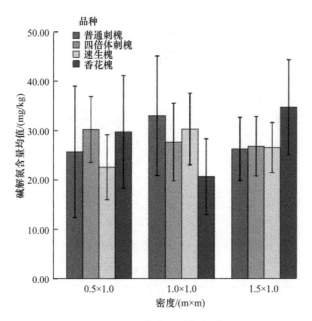

图 1.2 不同密度下碱解氮含量

研究结果表明，普通刺槐在 1.0 m×1.0 m 的密度下对提高有机质及速效养分作用最明显；香花槐则在 0.5 m×1.0 m 和 1.5 m×1.0 m 的密度下对土壤作用显著；四倍体刺槐只在 0.5 m×1.0 m 的密度下对提高土壤碱解氮含量有比较明显的作用，其他指标与前两品种（普通刺槐和香花槐）比较处于较低水平；速生刺槐只在 1.0 m×1.0 m 的密度下对表层土壤速效磷含量提高的作用大于其他三个品种，其他指标均处于较低水平。

（二）根系与土壤 pH

对甘肃天水地区 3 年生不同品种刺槐林地的调查表明，普通刺槐、四倍体刺槐、速生槐和香花槐的根际土壤 pH 均低于撂荒地，说明这 4 种刺槐的种植都可以降低土壤的 pH。普通刺槐、四倍体刺槐和速生槐在 1.0 m×1.0 m 的种植密度下降低土壤 pH 效果大于 0.5 m×1.0 m 和 1.5 m×1.0 m 两种密度，而香花槐则表现出相反趋势（图 1.3）。

（三）根系与土壤有机碳分布

对甘肃天水地区 3 年生不同品种、种植密度和土壤深度的刺槐林地的 144 份根际土壤有机碳含量进行分析，多重比较结果显示刺槐林地在 0~20 cm 深度的根际土壤有机碳含量与其以下三层根际土壤有机碳含量存在极显著差异，而 20~40 cm、40~60 cm、60~80 cm 的根际土壤之间有机碳含量无显著差异（表 1.22）。

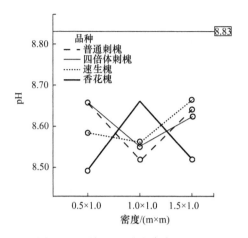

图 1.3 土壤 pH 随密度变化情况

表 1.22 不同深度土壤有机碳含量多重比较

土层深度/cm	土壤有机碳含量平均值/(g/kg)	$P_{0.05}$	$P_{0.01}$
0~20 cm	4.1303	a	A
20~40 cm	2.3011	b	B
40~60 cm	1.7117	b	B
60~80 cm	1.5793	b	B

刺槐林地土壤有机碳富集于表层，随土层深度的增加，有机碳含量逐渐减少。各品种根际土壤有机碳含量随深度变化规律基本一致，即随土层深度增加而含量减少（图 1.4）。表层土壤有机碳积累量由大到小依次为普通刺槐、香花

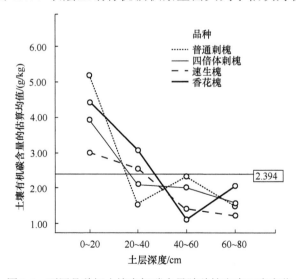

图 1.4 不同品种间土壤有机碳含量随种植密度深度变化

槐、四倍体刺槐、速生槐。普通刺槐和速生槐在中密度下固碳能力高于低密度和高密度，香花槐与之相反，四倍体刺槐虽在变化趋势上与香花槐相似，但此趋势并不明显（图 1.5）。

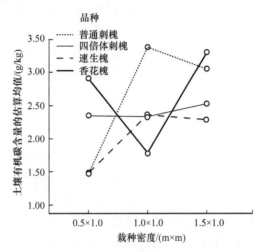

图 1.5　不同品种间土壤有机碳含量随种植密度变化

第五节　对环境的适应性与引种试验

四倍体刺槐引种我国后，首先在河南、山东、北京进行区域适应性对比试验，后逐渐扩展到河北、山西、天津、上海、浙江、安徽、湖南、湖北、江苏、江西、青海、贵州、西藏、云南、四川、甘肃、宁夏、新疆、陕西、内蒙古、辽宁、吉林等省（市、区），目前已基本覆盖了其可能的潜在适生区域，在甘肃、宁夏、河南、河北及北京等地已有多年生林分。许多学者的试验涉及四倍体刺槐的引种表现，以及对当地气候土壤适应性、枝叶营养与生物量评价、生物学特性及栽培等方面。

王秀芳和李悦（2003）在宁夏和甘肃的 7 个试验点进行了引种试验，四倍体刺槐无性系对西北环境的适应性较好，其生物量均超过了当地普通刺槐，说明作为再生型饲料，四倍体刺槐无性系在西北有一定的开发潜力。从试验地来看，四倍体刺槐无性系生物量在各地表现差异显著，这种表现与当地气候环境及植物本身遗传特性密不可分。相关性分析表明，灌溉条件对生物量有一定的影响，因此，可以通过人为灌溉来弥补西北当地气候和环境给植物生长带来的不适。在试验栽植密度较小时，使得植物能够充分吸收土壤中营养，营养竞争的现象较轻，这可能也是造成此地四倍体刺槐生物量较高的原因之一。

李春燕等（2003，2005）在西藏农牧学院花圃对四倍体刺槐进行引种栽培试验，结果表明：四倍体刺槐苗在高海拔寒冷地区引种栽培，平均成活率达 85%以上；从整体引种栽培情况来看，1 年生四倍体刺槐苗成活率达 95%，2 年生苗成活率为 76%，1 年生四倍体刺槐比 2 年生苗的适应能力强；1 年生苗的萌芽期、展叶期比 2 年生苗平均早 6~9 d；饲料型四倍体刺槐在本地的冠幅年生长量平均为 80.2 cm，用材型四倍体刺槐年高生长平均为 73.2 cm。对西藏林芝地区引种的四倍体刺槐叶片营养成分进行分析研究，结果表明：饲料型四倍体刺槐含水率比本地普通刺槐高 2.45%，全钾含量比普通刺槐高 0.0586%，粗蛋白比普通刺槐高 2.5488%；饲料型四倍体刺槐叶片营养元素钙、镁、铜、铁、锌的总量为 0.4670 mg/kg，而普通刺槐叶片营养元素总量为 0.2072 mg/kg，比普通刺槐的高 0.2598 mg/kg；引种栽培四倍体刺槐除了锌含量低于普通刺槐外，其他各项营养成分均高于普通刺槐，作为农牧区畜禽饲料，四倍体刺槐有较高的经济价值和社会效应。与普通刺槐相比较，四倍体刺槐的叶片大小是普通刺槐叶的 2 倍以上，叶色浓绿，叶肉肥厚，适宜在海拔 2970 m 的高寒地区生长，且越冬成活率达 100%。从引种栽培情况看，四倍体刺槐为喜光植物，移栽成活后，对水分要求不严，成林快，是水土保持、防风固沙、退耕还林的好树种。该树种可适应西藏林芝地区特殊的高寒气候条件，且生长旺盛，枝叶繁茂，成活率高，有较强的开发潜力。作为木本饲料，能适应西藏海拔高度近 3000 m 的环境条件，对解决西藏农牧区冬季畜禽饲料短缺意义重大。

常丽亚（2005a，2005b）在甘肃白银市的 4 个地点进行了引种试验。在适应性方面：四倍体刺槐在 3 个试验点的成活率都在 95.5%以上，只有在春季风沙很大、特别干旱的白银市刘家窑林场的较低，但也达到了 86%以上。保存率主要反应的是四倍体刺槐的抗旱性，都达到了 92.3%以上，说明四倍体刺槐具有非常强的抗旱性能。四倍体刺槐的抽条率都几乎为零。4 个试验点的保存率都达到了 95.3%以上。在有灌溉条件的试验点可达 100%。普通刺槐的抽条率都相当高，在风沙区高达 87.5%。在生长量方面的表现：树高、地径、新梢生长量和单叶面积调查的 4 个生长因子来看，无灌溉条件的会宁县东山林场的调查指标低于其他 3 个试验点，但是 2 年生四倍体刺槐 2 号的树高达到了 120 cm、地径 1.7 cm、新梢生长量 31 cm 和单叶面积 13.0 cm²；在条件较好的银光公司园林处，调查指标都很高，2 年生四倍体刺槐 2 号树高达到了 302 cm、地径 3.0 cm、新梢生长量 130 cm 和单叶面积 17.7 cm²。从中不难看出，四倍体刺槐适应白银地区的自然环境条件，其抗寒性和抗旱性都非常强，特别是在风沙区也表现出良好的适应性，可用来营造防风固沙林；普通刺槐冬季抽条是白银市及广大的干旱地区多年来难以解决的问题，四倍体刺槐的成功引进使这一问题迎刃而解，因此，在以后的绿化工程中，四倍体刺槐完全可以作为普通刺槐的替代品种而大力发展。

汪玉林等（2010）在云南昆明市进行了引种试验，结论为：①各类型四倍体刺槐适应性强、耐低温、耐干旱瘠薄，但立地条件不同，其树高、地径生长具有显著差异。饲料型组培苗 2 年生苗植于农耕地的平均树高和平均地径分别比植于荒草地的大 26.1%和 50.2%；树高、地径生长差异均极显著。饲料型 1 年生根繁苗植于撂荒地的平均树高和平均地径分别比植于荒坡地的大 45.1%和 12.9%，速生型根繁苗的平均树高和平均地径分别比植于荒坡地的大 36.9%和 19.2%；树高生长差异均极显著。故引种应尽可能植于立地条件较好的地方。②同一立地条件下，饲料型四倍体刺槐 1 年生组培苗平均树高和平均地径分别比饲料型根繁苗大 22.3%和 21.4%，平均树高与对照二倍体刺槐较为接近，平均地径比二倍体刺槐大 4.8%；树高生长差异极显著，地径生长差异显著。③树高、地径生长节律，饲料型四倍体刺槐组培苗、饲料型四倍体刺槐及速生型四倍体刺槐根繁苗的树高生长从 3 月上旬开始进入快速生长期。饲料型及速生型四倍体刺槐根繁苗的树高生长从 6 月上旬生长趋缓，6 月中、下旬树高生长逐渐停止；饲料型组培苗树高生长期较饲料型和速生型根繁苗延长 10 d 左右。各类型四倍体刺槐的地径生长从 3 月中旬开始一直快速生长，速生型根繁苗地径生长在 7 月中旬趋缓并逐渐停止，饲料型四倍体刺槐组培苗地径生长期较饲料型和速生型根繁苗延长 10 d 左右。④饲料型和速生型四倍体刺槐根繁苗 8 月上旬叶片逐渐开始发黄，10 月下旬叶片几乎全部脱落。饲料型四倍体刺槐组培苗及对照二倍体刺槐叶片开始发黄和几乎全部脱落时间较饲料型和速生型根繁苗晚 10 d 左右。⑤经各项生长指标综合比较，饲料型四倍体刺槐的生长优于速生型四倍体刺槐；组培苗的生长优于根繁苗和普通刺槐实生苗。四倍体刺槐叶片宽厚肥大，枝叶营养丰富，富含多种维生素和矿物质，非常适合做动物饲料；其花是上等的蜜源植物；根具根瘤，有较强的固氮能力，能增加土壤团粒结构和有机质。既是干旱、半干旱山区培植牛、羊、兔的饲料来源和蜜源植物的良好树种，又是营造改良土壤、水土保持、防风固沙林的优良树种，具有良好的推广应用前景。

孙广春等（2007）在青海的 3 个地点进行了引种试验，从树高、地径、叶面积和新梢生长量来看，生态条件最差的杨家山地区（乐都县引胜乡的杨家山地区的阳坡，海拔 2460 m）的指标均低于其他两个地区，但 2 年生四倍体刺槐的新梢生长量在杨家山地区也能达到 33.3 cm，地径可达 1.8 cm；立地条件最好的川口地区新梢生长达 118.2 cm，地径达 3.2 cm；高庙地区条件稍差，新梢生长量也能达 89.6 cm，地径 2.6 cm，居于两者之间。总之，①饲料型四倍体刺槐适应性强，在 3 个地区均能适应引种地区的气候条件，正常地发育生长，成活率均达 90%以上，并在没有任何越冬保护处理的条件下有较高的越冬率，可在当地栽植。②从引种的情况看，试验点海拔最高的杨家山地区已经达到四倍体刺槐生长的极限，气候条件优于杨家山的地区均可种植。确定青海省四倍体刺槐栽培区域的范围时，可以此为依据。③在 3 个试验地区，四倍体刺槐在川口地区的生长期最长，生长量最大，高庙次之，杨家山生长期最短，生长量最小；在 3 个地区，饲料型四倍体刺槐的冠幅速生期均早于地径速生期；从 3 个地区四倍体刺槐的生长情况看，随着立地条件的降低，四倍体刺槐的性状表现也是降低的，在川口刺槐新梢生长量最大，生长状况最好，高庙次之，杨家山由于条件较差，生长情况最差，但浅土层内根系发达，能有效防止水土流失，可以作为该地区很好的水土保持树种。④饲料型四倍体刺槐在川口、高庙等气候条件较好的地区既可作为饲用树种，也可作为水土保持树种引进；在杨家山等气候条件差的地区可作为水土保持树种推广。

温阳等（2006）在内蒙古中部的 3 个地点进行了引种试验，3 个试验地的情况是：呼和浩特市回民区攸攸板乡西乌素图作为试验Ⅰ区（属大青山前坡）；乌兰察布市凉城县永兴镇田纳苏为试验Ⅱ区（属黄土丘陵区）；达拉特旗白土梁林场解放滩作业区（盐碱覆沙地）为试验Ⅲ区。引进饲料型四倍体刺槐在内蒙古中部的半干旱区山地、黄土沟壑区、盐碱覆沙地等 3 种不同立地类型造林，进行了 4 年抗寒、抗旱、抗病虫害、生长适应性等一系列大田观察测定，并采用 PV 曲线对该树种进行了抗旱特性分析。结果表明：①饲料型生态树种四倍体刺槐引种到内蒙古中部半干旱的呼和浩特地区，苗木随着树龄的增加抗性也增强。春季植株抽梢现象逐年减轻。其生物学特性是生长快，生物量大。②饲料型四倍体刺槐在内蒙古中部三个不同的造林立地类型试验区造林试验中表现出具有一定的抗旱、抗寒、抗春季干旱风能力，对土壤和立地类型的适应性较强（山前堆积扇，黄土沟壑区、盐碱覆沙地），生长期内可忍耐土壤含水量为 3.5%~5.0% 的干旱胁迫，是一个很有推广价值的饲料型生态树种。饲料型四倍体刺槐具有较强的抗逆特性，在内蒙古半干旱区适宜的立地类型，采用抗旱造林技术，可以栽培。

这些初期的试验结果说明，饲料型四倍体刺槐均能不同程度地适应当地的生态环境条件，在当地的林牧业生产中发挥优势作用。根据引种成功的 3 个标准（与原产地相比没有降低使用价值；能安全越冬度夏；能用原来的繁殖方式大量繁殖）可以认为四倍体刺槐在我国大部分地区的引种取得成功。

第二章　四倍体刺槐组培快速育苗技术

四倍体刺槐无性系速生、叶宽、叶大，为普通刺槐叶宽的 2 倍以上，复叶干重、单重及叶总干重均是普通刺槐的 1.5 倍以上，叶中粗蛋白、粗脂肪、灰分含量均高于二倍体刺槐，且无刺或退化为极小刺，比普通刺槐发枝多，枝条粗，树体生长快，树冠茂密（王树芝，1999），是饲料型刺槐新无性系，因此，生产上需要大量的四倍体刺槐无性系苗木。

虽然，刺槐的形成层培养、茎培养、叶片培养、胚培养、未授粉子房的培养已获得了完整的植株，刺槐的原生质体培养获得了具细胞壁的愈伤组织，基因工程方面已建立了一种可重复的、快速的基因转化再生系统（王树芝，1999）。但是四倍体刺槐无性系的组织培养技术除有一个简报外尚未见其他报道，因此，在初步研究的基础上，对其进行更深入的研究，从 1997 年 3 月开始进行四倍体刺槐无性系的快速繁殖研究，获得了大量苗木。

通过茎的离体培养建立了四倍体刺槐无性系的微体繁殖体系。结果表明：4 月和 8 月取茎尖和茎段作外植体，外植体成活率无显著差异，而且根据外植体的幼嫩程度采用不同的氯化汞表面灭菌时间的方法对外植体的成功率有显著的影响。基本培养基用 MS 或 WPM 培养基效果最好。BA、NAA 影响芽的增殖生长，在一定的范围内，BA 对芽的增殖影响比 NAA 大，而 NAA 对芽的高生长影响比 BA 大，二者的比例对芽的增殖生长也有影响，芽增殖生长的最适 BA 和 NAA 组合应为 BA 0.5 mg/L +NAA 0.1 mg/L。对四倍体刺槐无性系生根来说，1/2 MS 优于 MS 培养基，NAA 0.25 mg/L+IBA 0.4 mg/L 是最适生根培养基。在 100 mg/L 的 NAA 溶液中速蘸后进行瓶外生根，生根率达 80%。栽培基质以疏松多孔的腐叶土∶沙土∶蛭石=1∶1∶1 为好。通过叶解剖观察和植株性状的研究，进一步证明了分步炼苗能提高移栽成活率。

第一节　无菌培养体系的建立

一、外植体的取材时间

4 月、8 月取大田嫁接苗当年萌发枝条的茎尖或带有腋芽的茎段作为外植体。培养温度 25℃±2℃、光照强度 2000 lx、辅助光照时间 12 h/d，培养基 pH 5.8，每

20 d 继代一次。

无菌培养体系的建立是建立快速繁殖体系的第一步。为探寻刺槐最适宜的取材时期，调查了 4 月、8 月不同接种时期的污染情况和存活率，试验结果见表 2.1。

表 2.1　外植体采集时期与存活率

时期	接种数/个	污染数/个	死亡数/个	存活数/个	存活率/%
4 月	50	1	5	44	88
8 月	50	2	5	43	86

注：琼脂 6 mg/L，糖 3.0%，取未木质化的茎段；（$U=0.84<U_{0.05}=1.96$）。

在表 2.1 中，存活数=接种芽数−污染数−死亡数；存活率=成活数/接种芽数；死亡数是指由于表面灭菌时间过长而引起的死亡，不包括由于污染而引起的死亡。

4 月和 8 月取旺盛生长的茎尖和茎段作外植体，各随机接种 50 个茎段外植体，存活率见表 2.1，虽然，4 月存活率为 88%，8 月存活率为 86%，但是通过两个平均数的比较，4 月与 8 月取外植体，存活率差异不显著。

二、茎尖和茎段的表面灭菌方法

根据组织的幼嫩程度和菌的多少选择适宜的氯化汞（$HgCl_2$）表面灭菌时间，用两种方法进行外植体表面灭菌比较。一种方法是将外植体茎段材料的幼嫩程度将其分成 4 段，然后 0.1%的氯化汞溶液依次进行表面灭菌 1.5 s、2.5 s、3.5 s、4.5 s；另一种处理方法为将外植体材料随机平均分为 4 份，分别用 0.1%的氯化汞溶液依次进行表面灭菌 1.5 s、2.5 s、3.5 s、4.5 s，试验结果见表 2.2。

表 2.2　氯化汞灭菌方法对外植体存活的影响

处理方法	接种芽数/个	污染数/个	死亡数/个	存活数/个	存活率/%
按幼嫩程度分组	50	2	5	43	86
将材料平均分组	50	16	12	22	44

注：琼脂 6 mg/L，糖 50 g/L，取未木质化的茎段。

通过两个平均数的比较，$U=4.40>U_{0.05}=1.96$，茎尖和茎段的氯化汞灭菌方法之间存在显著的差异。由于茎段梢部组织幼嫩、菌的含量低，因此，应该采用较短的 $HgCl_2$ 表面灭菌时间，而较下部枝段木质化程度较高、菌的含量较高，因此，应该采用较长的 $HgCl_2$ 表面灭菌时间。

第二节 不定芽的增殖

一、基本培养基选择

试验采用单因素完全随机区组试验设计，选用 MS、B_5、WPM、W 4 种培养基，附加 BA 0.5 mg/L+NAA 0.1 mg/L 做基本培养基对比试验，以求选出芽的增殖生长的最佳培养基，培养 20 d，嫩梢增殖结果见表 2.3。

表 2.3 四种培养基对嫩梢增殖的影响

培养基	有效芽数（>0.5 cm）										总数	平均值
MS	9	9	14	5	7	7	12	8	13	14	98	9.8
WPM	9	10	7	9	7	8	12	10	9	7	88	8.8
B_5	8	11	10	6	5	4	8	7	5	3	67	6.7
W	5	3	5	5	3	9	5	3	3	4	45	4.5
合计	31	33	36	25	22	28	37	28	30	28	298	—

经 F 检验结果表明培养基间差异极显著，多重比较可知，在 MS 培养基上，刺槐四倍体无性系芽的增殖最多，与 WPM 培养基上芽的增殖差异不显著，但是与 B_5、W 培养基上芽的增殖差异极显著。

嫩梢生长结果见表 2.4。

表 2.4 四种培养基对嫩梢生长的影响

培养基	嫩梢生物量/g								平均值/g
MS	0.88	2.84	1.10	1.57	1.46	1.31	1.20	3.29	1.71
WPM	1.42	1.12	2.28	1.80	1.87	2.40	1.41	0.52	1.60
B_5	0.97	0.79	1.29	0.53	0.84	1.53	0.87	0.65	0.93
W	0.43	0.48	0.38	0.55	0.77	0.45	0.44	0.53	0.50

从表 2.4 和图 2.1 可看出，MS 培养基上嫩梢生长量最大，其次，是 WPM 培养基上的嫩梢生长量。B_5、W 培养基上嫩梢生长量最小。

选择合适的培养基是刺槐四倍体无性系快速繁殖的关键，根据四种培养基的对比试验，方差分析表明，MS 培养基对嫩梢的增殖影响显著。在使用相同的植物生长调节物质的情况下，以MS、WPM 培养基效果最好。从图 2.1 可以看出，四倍体刺槐无性系在 MS、WPM 培养基上嫩梢上部枝量较大，同时，研究发现 WPM 培养基上的试

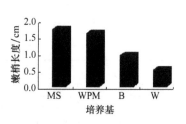

图 2.1 培养基对嫩梢生长的影响

管苗高生长一致，生长均匀，虽然嫩梢的增殖生长稍少于 MS 培养基上嫩梢的增殖生长，但是，试管苗的均匀度对转入生根培养和瓶外生根是非常有意义的，可以提高生产效率。因此，继代培养中可以采用 MS、WPM 培养基。

二、BA 浓度与嫩梢增殖生长

以 MS+NAA 0.1 mg/L 为基本培养基，加不同浓度 0.1 mg/L、0.5 mg/L、1.0 mg/L 的 BA，以未加 BA 的培养基为对照，结果如表 2.5 所示。

表 2.5　BA 对嫩梢增殖生长的影响

	BA 浓度/（mg/L）			
	0.0	0.1	0.5	1.0
嫩梢/个	3.44 ± 0.52	5.00 ± 1.83	10.20 ± 1.69	9.90 ± 2.51
嫩梢长度/cm	7.85 ± 1.49	10.30 ± 2.67	19.15 ± 3.00	18.8 ± 2.85
嫩梢生物量/g	0.35 ± 0.13	1.13 ± 0.42	1.52 ± 0.70	1.19 ± 0.52

从表 2.5 和图 2.2 可以看出，BA 浓度在 0.0~0.5 mg/L，随 BA 浓度的增高，嫩梢增殖量、嫩梢长度、嫩梢生物量都增加，但是，BA 浓度为 1.0 mg/L 时，嫩梢增殖生长量反而减少。

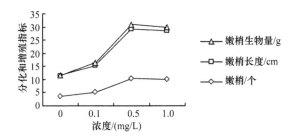

图 2.2　BA对分化和增殖的影响

三、NAA 浓度与嫩梢增殖生长

以 MS+BA 0.5 mg/L 为基本培养基，分别加入 0.01 mg/L、0.10 mg/L、1.00 mg/L 的 NAA，以不加 NAA 的培养基为对照，结果如表 2.6 所示。

表 2.6　NAA 对嫩梢增殖生长的影响

	NAA 浓度/（mg/L）			
	0.00	0.01	0.10	1.00
嫩梢/个	6.50 ± 1.41	6.75 ± 1.28	7.38 ± 1.18	4.75 ± 0.89
嫩梢长度/cm	9.88 ± 1.642	10.13 ± 3.36	11.38 ± 3.29	4.88 ± 0.99
嫩梢生物量/g	1.30 ± 0.43	1.53 ± 0.45	1.55 ± 0.60	0.68 ± 0.30

从表 2.6 和图 2.3 可看出，NAA 浓度在 0.00~0.10 mg/L，随 NAA 浓度的增高，嫩梢增殖量、嫩梢长度、嫩梢生物量都增加，但是，NAA 浓度为 1.00 mg/L 时，嫩梢增殖生长反而减少。

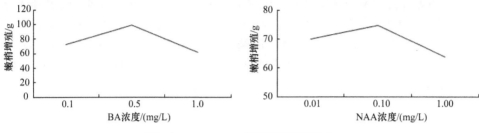

图 2.3　BA、NAA对嫩梢增殖的影响

四、BA 与 NAA 综合作用与嫩梢增殖生长

采用 $L_9(3^4)$ 正交表安排各试验内容，研究不同浓度 BA（0.10 mg/L、0.50 mg/L、1.00 mg/L）、NAA（0.01 mg/L、0.10 mg/L、1.00 mg/L）二因素对刺槐嫩梢增殖生长的影响，结果见表 2.7。

表 2.7　$L_9(3^4)$ 正交试验设计及结果

试验号\水平\因素	BA	NAA	BA×NAA		有效芽数(>0.5 cm)	嫩梢生物量/g
1	1	1	1	1	80	17.75
2	1	2	2	2	80	15.6
3	1	3	3	3	58	6.32
4	2	1	2	3	59	8.91
5	2	2	3	1	73	9.92
6	2	3	1	2	92	12.68
7	3	1	3	2	71	20.31
8	3	2	1	3	71	9.53
9	3	3	2	1	41	6.16
嫩梢增殖均值 1	72.7	70.0	81.0	64.7		
嫩梢增殖均值 2	98.9	74.7	60.0	81.0		
嫩梢增殖均值 3	61.0	63.7	67.3	62.7		
嫩梢增殖极差	37.9	11.0				
嫩梢生长均值 1	13.2	15.7				
嫩梢生长均值 2	10.5	11.69				
嫩梢生长均值 3	12.0	8.6				
嫩梢生长极差	2.7	7.1				

注：嫩梢增殖均值 1 为 BA、NAA、BA×NAA 处理的相同水平 1 的有效芽数和的均值；
　　嫩梢增殖均值 2 为 BA、NAA、BA×NAA 处理的相同水平 2 的有效芽数和的均值；
　　嫩梢增殖均值 3 为 BA、NAA、BA×NAA 处理的相同水平 2 的有效芽数和的均值；
　　嫩梢生长均值 1 为 BA、NAA 处理的相同水平 1 的嫩梢生物量和的均值；
　　嫩梢生长均值 2 为 BA、NAA 处理的相同水平 2 的嫩梢生物量和的均值；
　　嫩梢生长均值 3 为 BA、NAA 处理的相同水平 2 的嫩梢生物量和的均值。

从表 2.7 可以看到，对于嫩梢增殖来说，BA 的极差较大，对于嫩梢生长来说，NAA 极差较大。从平均值看，BA 在 0.5 mg/L，NAA 在 0.1 mg/L 时嫩梢增殖最多。BA 在 0.1 mg/L，NAA 在 0.01 mg/L 时嫩梢生长量最多。

经方差分析可知，BA 对嫩梢增殖有极显著的作用，NAA 对嫩梢增殖作用不显著，而二者的交互作用对嫩梢增殖有极显著的作用。细胞分裂素能抑制新枝顶端优势，促进嫩梢生长发育。进一步检验结果，BA 在 0.5 mg/L 嫩梢增殖效果最好。因此，嫩梢增殖培养基最适外源激素浓度组合应该为 BA 0.5 mg/L，NAA 0.1 mg/L。

从图 2.4 可看出对嫩梢生长培养基最适外源激素浓度组合应该为 BA 0.1 mg/L，NAA 0.01 mg/L。

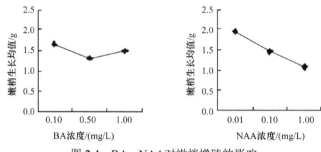

图 2.4　BA、NAA对嫩梢增殖的影响

BA 对嫩梢生长有极显著的作用，NAA 对嫩梢增殖作用不显著，而二者的交互作用对嫩梢增殖有极显著的作用。细胞分裂素能抑制新枝顶端优势，促进嫩梢生长发育。

生长物质 BA 和 NAA 的不同浓度及其不同浓度的组合，对四倍体刺槐无性系离体茎段的增殖生长有着明显的效应。

结果表明：①对嫩梢增殖而言，BA 的作用大于 NAA 的作用，而对嫩梢生长而言，NAA 的作用大于 BA 的作用。②嫩梢增殖和生长的最适 BA 和 NAA 组合应为 BA 0.5 mg/L+NAA 0.1 mg/L。两种外源激素对诱导培养组织的细胞分裂生长具有协同作用。Paal（1919）指出，生长素促进生长的作用在于它促进了细胞的纵向伸长。细胞分裂素也可以使细胞的组织加大，但和生长素不同的是，它的作用主要是使细胞扩大而不是伸长。NAA 对愈伤组织的形成比 BA 显著。③愈伤组织量与枝量成正相关，愈伤组织与芽数成正相关。④BA/NAA>50 白色疏松愈伤组织多，分化芽的比例低，BA/NAA<50 时，形成致密的愈伤组织，分化芽的比例较多，当 BA/NAA=5 时，则形成的愈伤组织能分化较多的芽，而且芽的生长较快，小植株生长健壮。

第三节　不定根的诱导

一、IBA、NAA 与试管苗生根

剪取 2 cm 茎段，接种到生根培养基上，叶子逐渐展开、变绿，茎生长开始加

快。从试验中看到，没有添加任何生长物质时，离体刺槐的生根率达56%，开始生根的时间较添加NAA、IBA的要晚，但在添加生长物质时，生根率均高于对照，IBA处理比NAA处理的生根早，6 d就看到白色粒状突起，根较细，随IBA浓度的升高，表现为新根更细、更长，也更易变褐。NAA的作用是先形成愈伤组织，随浓度升高，茎基部愈伤组织量增大，根表面疏松的白色组织增多，以致抑制根的正常发育，这是因为愈伤组织主要执行吸收和防御功能，愈伤组织形成的体积过大，会过多地消耗嫩梢插穗内的生根物质，导致嫩梢不能生根。因此，培养基中只需加入低浓度的生长素，如浓度过高时，不但会抑制根的形成，而且也抑制茎的生长。另外，根分化阶段后的根伸长阶段对生长素浓度相当敏感，高浓度的生长素会抑制根的伸长。离体小植株在移入适宜的生根培养基后再培养30 d，就可获得具有较发达根系的健壮小苗。

IBA、NAA对离体四倍体刺槐无性系生根的影响采用3^2析因设计，处理组合见表2.8。

表2.8　3^2析因设计

IBA/（mg/L）	NAA/（mg/L）		
	0	0.2	0.4
0.0	00	01	02
0.2	10	11	12
0.4	20	21	22

IBA、NAA与离体刺槐生根试验结果（生根率%）见表2.9。

表2.9　IBA、NAA析因设计的结果（生根率%）

组合	重复		
	Ⅰ	Ⅱ	Ⅲ
00	54	50	53
10	76	74	73
20	81	80	80
01	88	87	88
11	90	90	92
21	89	88	90
02	88	84	86
12	88	87	88
22	80	80	82

将生根率进行反正弦转换（$x \rightarrow \sin^{-1}\sqrt{x}$），见表2.10。

表 2.10   试验数据生根率的反正弦转换

组合	重复			处理总和	平均
	I	II	III		
00	47.29	45.00	46.72	139.01	46.34
10	60.67	59.34	58.69	178.70	59.57
20	64.16	63.44	63.44	191.04	63.68
01	69.73	68.87	69.73	208.33	69.44
11	71.57	71.57	73.57	216.71	72.24
21	70.63	69.73	71.57	211.93	70.64
02	69.73	66.42	68.03	204.18	68.06
12	69.73	68.87	69.73	208.33	69.44
22	63.44	63.44	64.90	191.78	63.93
合计	586.95	576.68	586.38	1750.01	583.34

方差分析表明，IBA、NAA 对成活率影响及它们的交互作用间，都达到了极显著差异（表 2.11）。于是，需要逐一进行多重比较。经多重比较，NAA 取 0.2 mg/L，IBA 取 0.2~0.4 mg/L 配合使用，四倍体刺槐无性系生根效果最好。NAA 与 IBA 交互作用的多重比较，采用 NAA 固定在某个水平上，考察 IBA 不同水平对成活率结果的影响（表 2.11）。

表 2.11   IBA 各个水平上，NAA 对成活率影响的显著性分析

IBA（0 mg/L）	IBA（0.2 mg/L）	IBA（0.4 mg/L）
NAA（0.2 mg/L）69.44[**]	NAA（0.2 mg/L）72.24[**]	NAA（0.2 mg/L）70.64[**]
NAA（0.4 mg/L）68.06[**]	NAA（0.4 mg/L）69.44[**]	NAA（0.4 mg/L）63.93[**]
NAA（0 mg/L）46.34[**]	NAA（0 mg/L）59.57[**]	NAA（0 mg/L）63.68[**]

检验结果表明，IBA 在各个水平上，NAA 为 0.2 mg/L 时嫩梢的生根率最高。从试验结果看，对生根率而言，NAA 的作用比 IBA 的作用显著，最佳组合是 NAA 0.2 mg/L+ IBA 0.2~0.4 mg/L，生根后根系生长很快。

利用二次回归正交设计，研究最佳的植物生长调节物质的浓度，从而确定 NAA 和 IBA 的最佳搭配组合时的最佳浓度，见表 2.12 和表 2.13。

经回归方程的显著性检验，回归方程极显著，各项回归系数的显著性检验 b_2、b_{11}、b_{22} 极显著，b_1 和 b_{12} 不显著。回归模型的拟合测验表明回归方程拟合良好，最后建立以浓度为自变量的回归方程为 $Y=55.61845+120Z_1+102.70125Z_2-150Z_1^2-204.5625Z_2^2$。从而求出获得最高生根率的处理组合为 IBA 0.4 mg/L，NAA 0.25 mg/L。

表 2.12 　IBA、NAA 与生根的二次回归正交设计的编码与浓度

编码	因素	
	IBA/（mg/L）	NAA/（mg/L）
$-\gamma$	0.20	0.10
-1	0.25	0.12
0	0.40	0.20
1	0.55	0.28
γ	0.60	0.30
Δ	$\Delta 1=（0.6-0.4）/1.32=0.1515$	$\Delta 2=（0.3-0.2）/1.32=0.08$

表 2.13 　二次回归正交设计的试验处理组合与生根率（%）

处理组合	X_0	X_1	X_2	X_1X_2	X_1	X_2	生根率/%
1	1	1	1	1	0.4654	0.4654	89.4
2	1	1	-1	-1	0.4654	0.4654	87.1
3	1	-1	1	-1	0.4654	0.4654	88.8
4	1	-1	-1	1	0.4654	0.4654	85.2
5	1	1.32	0	0	1.2078	-0.5346	84.9
6	1	-1.32	0	0	1.2078	-0.5346	86.5
7	1	0	1.32	0	-0.5346	1.2078	91.8
8	1	0	-1.32	0	-0.5346	1.2078	86.8
9	1	0	0	0	-0.5346	-0.5346	90.9
10	1	0	0	0	-0.5346	-0.5346	92.6
11	1	0	0	0	-0.5346	-0.5346	91.9
12	1	0	0	0	-0.5346	-0.5346	92.1
13	1	0	0	0	-0.5346	-0.5346	92.0
14	1	0	0	0	-0.5346	-0.5346	92.6
X_jY	152.6	0.388	12.5	-1.3	-20.4926	-7.9473	1252.6

二、大量元素与试管苗生根

采用单因素完全区组试验设计，研究大量元素对生根的影响，结果见表 2.14。

表 2.14 　大量元素对生根的影响

调查指标	培养基		
	MS	1/2MS	1/4MS
生根率/%	83	94	85
根数/个	6.18 ± 2.75	9.09 ± 2.95	8.64 ± 3.80
根长/cm	7.86 ± 4.24	11.63 ± 4.06	7.32 ± 2.90
枝长/cm	8.91 ± 1.22	8.73 ± 1.79	7.00 ± 1.09
枝生物量/g	0.50 ± 0.29	0.32 ± 0.11	0.16 ± 0.09

从试验中明显看到大量元素为 1/4 MS 的植株生长最差，叶色发黄，几乎没有高生长，由表 2.14 和图 2.5 可以看出当大量元素为 1/2MS 时生根率、根数、根长优于 MS 和 1/4 MS，只是枝长和枝生物量不如 MS。大量元素为 1/4 MS 时生根率、根数、根长虽优于 MS，但枝长和枝生物量最低，由此表明要获得发达的根系和较大的枝生长，应该用 1/2 MS 的大量元素。

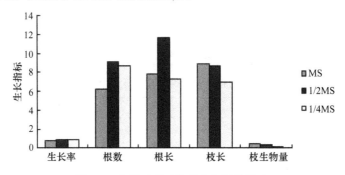

图 2.5　大量元素对生根和生长的影响

三、试管外生根

继代增殖达到一定规模后，将部分试管苗不断用于生根。为了降低生产成本和节省培养室空间，采用试管外生根。将继代的试管苗，在自然光下闭口炼苗，20 d 后取茎段用 500 mg/L 的 NAA 快速浸蘸试管苗基部，扦插于装有蛭石的盘内，放在温室内的塑料拱棚内，30 d 后长出小白根，生根率达 80%。与绿枝扦插不同的是，瓶外生根表现为生根数量多，根系发达。

四、试管苗不定根起源的解剖观察

对接入生根培养基前的试管苗嫩梢进行解剖观察，可见其横切面从外到内分别为周皮、5~7 层薄壁细胞组成的皮层、韧皮部、维管形成层及髓组成，未发现有潜伏根原基的存在。通常形成层细胞比较规则，偶尔看到维管束间的距离很大，这是否对不定根的形成有影响，有待以后的进一步研究。

8 月 15 日将四倍体刺槐试管苗，接种在 1/2MS+IBA 0.4 mg/L，1/2MS+ NAA 0.2 mg/L，1/2MS+IBA 0.4 mg/L+NAA 0.2 mg/L 三种生根培养基上，解剖观察的结果表明，三种培养基上的嫩梢的不定根都是由诱生根原基发育形成，诱生根原基源于初生髓射线细胞的分裂和分化。其不定根形成过程可划分为以下三个时期。

（1）初生髓射线细胞的分裂和分化期

由于植物生长调节物质的诱导，初生髓射线细胞开始旺盛分裂，连续平周分裂产生 5~7 层薄壁，胞质浓、核仁大、核仁呈现红色。

（2）不定根原基形成期

随着初生髓射线的分裂和分化，出现染色比其他区域较深的细胞团即分生点，而后分生细胞逐渐向活跃状态转变，这些细胞继续进行垂周分裂和平周分裂，形成圆球形根原基的轮廓。

（3）不定根形成期

根原基继续分裂、伸长，开始进行组织分化，根原基形态学上部细胞继续分裂，染色较深。形态学下部细胞分裂变慢，变成长柱型细胞，染色较浅。根原基形态学上部逐渐分层，出现根冠和生长点。形态学下部细胞分化形成维管组织，与插穗的输导组织结合在一起。由于生长点的继续分裂、分化，产生机械压力和根冠分泌物的作用，使根原基穿过皮层和表皮向外突起，形成不定根。不定根以内生向外发育，当不定根在插穗上出现时，它们与插穗已有完整的维管系统联系。

四倍体刺槐试管苗最适生根培养基为 1/2MS + IBA 0.4 mg/L + NAA 0.25 mg/L+蔗糖 2%+琼脂 0.6%，在该培养基上生长的植株生根率高，根系发达，主根粗壮，有侧根和须根；嫩梢生长量大，苗木健壮，并且移栽成活率可达 90%以上。刺槐不定根的产生是由诱生根原基发育而成，诱生根原基起源于初生髓射线细胞的分裂和分化。在试验中未发现潜伏根原基，也未发现愈伤组织内产生根原基。

不定根起源分析：植物解剖学家对植物扦插不定根起源部位很感兴趣。早在1758 年，法国树木学家 Duhamel du Manceau 就明确提出了该问题（哈特曼，1985），此后许多学者对不定根起源问题进行了广泛研究。有的学者认为木本植物的不定根往往从幼嫩的次生韧皮部、维管射线、形成层及髓部发生，其发生的部位也与叶迹、芽迹有关系（王涛，1989）。有的学者还认为根原基也可以在愈伤组织内发生，但愈伤组织的发育并不能保证根原基的形成（王涛，1989；郑均宝和蒋湘宁，1989；哈特曼，1985）。解剖观察结果表明四倍体刺槐优良无性系不定根起源于髓射线细胞的分裂和分化。

愈伤组织与不定根的关系：通过解剖学观察发现，在试管苗茎段生根过程中，茎段基部有愈伤组织产生，但在愈伤组织中未见根原基的发生，这些愈伤组织是髓射线细胞恢复分裂形成的。髓射线细胞在恢复分裂形成愈伤组织的同时，继续分裂产生球状根原基，根原基分化和生长到一定阶段才形成不定根。从表面看刺槐不定根是从嫩梢基部的愈伤组织中露出的，但从组织解剖结果看，愈伤组织的产生与根原基的发生没有直接关系。

五、根原基的形成对不同种类植物生长调节物质特有的反应

虽然诱生根原基源于初生髓射线，但是刺槐试管苗对不同种类植物生长调节物质的反应不同。从外部看，含 NAA 的培养基上的嫩梢产生较多的愈伤组织，产生较多的不定根，不定根表面有蓬松的愈伤组织。含 IBA 的培养基上的嫩梢产

生较少的愈伤组织，产生较少的不定根而且细。含 IBA 和 NAA 的培养基上的嫩梢产生的愈伤组织量居中，而且，IBA 和 NAA 的培养基上的嫩梢产生的不定根呈辐射状，每个嫩梢产生 4~8 条不定根。

解剖学观察表明,含 IBA 和 NAA 的培养基上的嫩梢经 IBA 和 NAA 诱导后，维管束之间的细胞几乎同时恢复分生能力，而且排列较规则，维管束排列成辐射状。此外，在同一横切面上，出现多个根原基，有的根原基发育一致，有的根原基发育迟一些。在含 NAA 的培养基上的嫩枝经 NAA 诱导后，纵切面有高位不定根发生现象。在含 IBA 的培养基上的嫩梢经 IBA 诱导后，有节部生根现象。

愈伤组织与不定根的关系：通过解剖学观察，在试管苗生根过程中有愈伤组织产生，这些愈伤组织是髓射线与形成层交界处的细胞恢复分裂形成的，在愈伤组织中未见根原基，髓射线与形成层交界处的细胞继续分裂产生球状根原基，根原基分化和生长形成不定根。从表面看刺槐不定根是从插枝基部愈伤组织中露出的，从组织解剖来看愈伤组织的产生与根原基的发生没有直接的关系，可能主要执行吸收和防御的功能。

不定根起源：植物扦插繁殖不定根起源的确切部位，历来是植物解剖学家所感兴趣的问题。第一个明确提出研究此问题的是 1758 年法国树木学家 Duhamel du Manceau，此后许多学者对此进行了广泛的研究。多年生木本植物，有一层或多层次生木质部和韧皮部，不定根往往从幼嫩的次生韧皮部、维管射线、形成层及髓部发生。它们发生的部位也与叶迹、芽迹有关。根原基也可以在愈伤组织内发生，但愈伤组织的发育并不能保证根原基的形成（邢友武，1998）。相关解剖观察结果表明四倍体刺槐无性系不定根起源于髓射线细胞的分裂。

第四节　生根苗的出瓶移栽

几批移栽苗的调查结果表明：嫩梢长为 3~4 cm 时转入生根培养基，1 个月后把生根的试管苗移到室外，在自然光下闭口练苗 2~3 周，然后将生根苗根部的琼脂洗净，移栽到经过 0.1%~0.2% 的高锰酸钾消毒的蛭石中，栽时浇一次透水，用塑料膜保湿，放于 23~28℃ 的温室中生长，经过 2~3 周，将苗栽于盛有轻松多孔的腐叶土：沙土：蛭石=1：1：1 栽培基质的营养钵中，生长适温 20~25℃，空气相对湿度 75% 左右。在雨季将小植株连同营养钵的土一块栽入大田中，移栽时注意遮阳和保湿，移栽成活率为 95% 以上。

四倍体刺槐无性系通过分步闭口炼苗，可以大大提高移栽成活率。从解剖角度看，试管苗、蛭石苗、温室苗、大田苗叶子的栅栏组织厚度、栅海比和栅栏组织密度依次增加。移栽过程中各阶段植株性状也发生变化，株高（cm）、单位叶面积（cm^2）增加，含水量（%）相对降低，见表2.15。

表 2.15 移栽过程的不同阶段中植株性状对比

	试管苗	蛭石苗	温室苗
株高/cm	8 ± 0.9	10 ± 1.1	11 ± 1.3
含水量/%	92.3 ± 5.3	89.2 ± 4.1	85.2 ± 3.2
单位叶面积/cm^2	4.8 ± 1.6	6.8 ± 1.9	7.3 ± 2.1
栅海比	1.322 ± 0.125	1.676 ± 0.164	1.747 ± 0186

注：表中株高和干湿重为 20 株测定的平均值；栅海比为栅栏组织与海绵组织的比值。

第五节　离体培养繁殖

通过茎的离体培养建立了四倍体刺槐无性系的微体繁殖体系。结果表明：4 月和 8 月取茎尖和茎段作外植体，外植体成活率无显著差异，而且根据外植体的幼嫩程度采用不同的氯化汞表面灭菌时间的方法对外植体的成功率有显著的影响。基本培养基用 MS 或 WPM 培养基效果最好。BA、NAA 影响芽的增殖生长，在一定的范围内，BA 对芽的增殖影响比 NAA 大，而 NAA 对芽的高生长影响比 BA 大，二者的比例对芽的增殖生长也有影响，芽增殖生长的最适 BA 和 NAA 组合应为 BA 0.5 mg/L +NAA 0.1 mg/L。对四倍体刺槐无性系生根来说，1/2MS 优于 MS 培养基，NAA 0.25 mg/L +IBA 0.4 mg/L 是最适生根培养基。在 100 mg/L 的 NAA 溶液中速蘸后进行瓶外生根，生根率达 80%。栽培基质以疏松多孔的腐叶土：沙土：蛭石=1：1：1 为好。通过叶解剖观察和植株性状的研究，进一步证明了分步闭口炼苗能提高移栽成活率。通过选择组织培养各阶段的最优培养基和技术，可成功地对四倍体刺槐无性系进行工厂化大批量生产。

（1）4 月和 8 月都可采集四倍体刺槐无性系外植体，而且根据外植体的幼嫩程度采用不同的氯化汞表面灭菌时间的方法是一个重要的技术环节。

（2）四倍体刺槐无性系不定芽增殖生长以 MS 或 WPM 作为基本培养基。MS 大量元素好于 1/2 MS、1/4 MS，10 mg/L 硝酸银对该刺槐无性系不定芽的增殖生长有利。BA 和 NAA 配合使用时选用 BA 0.5 mg/L＋NAA 0.1 mg/L 的组合可达到增殖和生长同步进行的效果。

（3）植物生长调节物质 BA 和 NAA 的不同浓度及其不同浓度的组合，对四倍体刺槐无性系离体茎芽的增殖生长有着明显的效应。对芽增殖而言，BA 的作用大于 NAA 的作用，而对芽生长而言，NAA 的作用大于 BA 的作用。芽增殖生长的最适 BA 和 NAA 组合应为 BA 0.5 mg/L+NAA 0.1 mg/L。两种外源激素对诱导培养组织的细胞分裂生长具有协同作用。

（4）对四倍体刺槐无性系生根来说，1/2MS 优于 MS、1/4 MS 培养基，NAA 0.25 mg/L +IBA 0.4 mg/L 是最适生根组合，生长的植株根系发达，嫩梢生长量大，并且有较高的移栽成活率。在 NAA 100 mg/L 溶液中速蘸后进行瓶外生根，生根率达 80%。

（5）嫩梢的双重选择法对不定芽的增殖和生长有极显著的影响。因此，对利用茎基部愈伤组织再生植株的植物可适当采用双重选择法。

（6）分步闭口炼苗是移栽成活与否的关键，移栽苗的调查结果表明，最优的移植介质为蛭石，移植组培苗成活率高，最佳的成苗基质以疏松多孔的腐叶土：沙土：蛭石=1：1：1为好，栽培基质适温20~25℃，空气相对湿度75%左右。

四倍体刺槐无性系离体培养优化繁殖程序如图2.6。

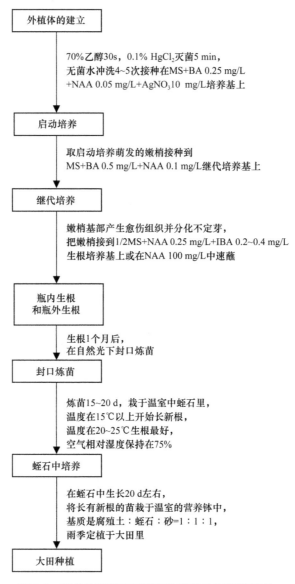

图 2.6　四倍体刺槐无性系离体培养优化繁殖程序

第六节　组培苗的遗传稳定性

饲料型四倍体刺槐作为一种生态型和经济型树种，具有极高的生态价值和经济价值，市场需求量也越来越大，但自然状态下饲料型四倍体刺槐自我繁殖能力较低，难以满足市场需求。采用组织培养方法获得四倍体刺槐组培苗，为其大规模的种植开发提供了可能。将饲料型四倍体刺槐组培技术应用于快繁，关键在于保持其遗传稳定性。采用 RAPD 分子标记技术对大量的组培苗进行遗传稳定性分析，方法简单、快速，可以直接从 DNA 水平检测遗传性状的变化，即从分子水平上阐明组培苗的遗传稳定性。目前，用于检测组培苗遗传稳定性的分子标记技术已在水稻、春兰、果桑等植物上广泛应用。周克夫等（2006）利用 SSR 标记技术，根据康奈尔大学的资料设计了 311 对 SSR 引物对早籼稻品种'佳禾早占'种植材料和组培材料进行分析，对两种材料进行 PCR 多态性扩增，结果发现两者间存在多态性的引物有 88 对，多态性比例达到 30.3%。并证明，'佳禾早占'水稻组培苗后代所表现出的矮秆性状与亲本在遗传物质上确有明显差别。除用来鉴定组培苗的遗传稳定性分子标记技术的方法以外，还有细胞学方法、同工酶法、形态学鉴定法等均有报道。

王疆江等（2009）利用 RAPD 技术检测其组培苗的遗传变异程度，以饲料型四倍体刺槐的常规无性繁殖苗木为对照，对利用组培技术繁殖苗木的变异情况进行 RAPD 分析，发现经 NAA 处理的组培苗未发生遗传变异，而经 IBA 培养的组培苗发生了一定程度的变异。为利用组培育苗技术获得稳定的无性系提供技术支持。

利用组培苗叶片作为提取 DNA 的材料。随机选取 10 株（1~5 号株采用 NAA 培养，6~10 号采用 IBA 培养）为分析材料，以常规无性繁殖的苗木作为对照，编号为 11 号。试验中所选用的 10 条 RAPD 随机引物，由上海生物工程公司合成。

DNA 的提取方法采用王关林和方宏筠（2002）的方法，稍加改动。在 20 μL 反应体系中 DNA 浓度为 20 ng，Mg^{2+}浓度为 0.5 mmol/L，引物浓度为 0.25 μmol/L，循环次数为 35 次。热循环条件：94℃，4 min；94℃，1 min；37℃，2 min；72℃，4 min；35 个循环后于 72℃延伸 10 min；4℃，1 h。

为了增强 RAPD 稳定性和重复性，并提高试验数据的可靠性，每次 PCR 反应重复 3 次，取可重复和清晰的条带进行记录，每一个 RAPD 扩增的条带记录为一个遗传位点，扩增条带的有无分别记录为"1"和"0"。用 NTSYS-pc2.1 软件中的 DICE 法计算植株之间的相似系数，用 UPGMA 法进行聚类分析，绘制树状聚类图。

利用 10 条扩增效果较好的引物对四倍体刺槐组培苗基因组 DNA 进行扩增，

扩增片段 DNA 长度在 200~2000 bp（图 2.7），共扩增出 49 条清晰可辨的谱带，各引物扩增出的谱带数为 3~7 条，平均每个引物扩增 4.9 条；出多态性谱带数为 12 条，平均每个引物为 1.2 条。10 个引物中扩增谱带数最多的是 S34，共扩增出 7 条谱带，扩增谱带数最少的是引物 S131，仅扩增出 3 条带，多态性最高的引物为 S130，多态性比例 75%，多态性最低的引物为 S33、S29、S100，多态性比例为 0%，所有引物的平均多态性比例为 26.3%（表 2.16）。

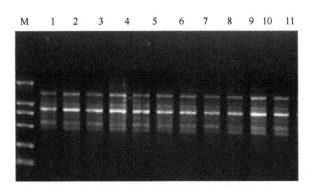

图 2.7　引物S100 扩增产物的电泳图

表 2.16　10 个引物的扩增图谱结果（王疆江等，2009）

引物	扩增带数	单态带数	多态带数	多态性比例/%
S34	7	6	1	14
S33	4	4	0	0
S8	5	5	2	40
S32	6	5	1	16
S29	6	6	0	0
S130	4	1	3	75
S131	3	2	1	33
S132	5	5	3	60
S100	5	5	0	0
S75	4	3	1	25
合计（平均值）	49（4.9）	42（4.2）	12（1.2）	263（26.3）

随机选取的 10 株组培苗的相似系数变化范围从 0.93~1.00，平均相似系数为 0.96，其中 1~5 号的相似系数为 1.00，7 号植株和 9 号植株、6 号植株和 7 号植株、6 号植株和 10 号植株、9 号植株和 10 号植株的遗传相似系数最小，为 0.93（表 2.17）。

表 2.17　遗传相似系数（王疆江等，2009）

植株代号	1	2	3	4	5	6	7	8	9	10	11
1	1.00	—	—	—	—	—	—	—	—	—	—
2	1.00	1.00	—	—	—	—	—	—	—	—	—
3	1.00	1.00	1.00	—	—	—	—	—	—	—	—
4	1.00	1.00	1.00	1.00	—	—	—	—	—	—	—
5	1.00	1.00	1.00	1.00	1.00	—	—	—	—	—	—
6	0.94	0.94	0.94	0.94	0.94	1.00	—	—	—	—	—
7	0.96	0.96	0.96	0.96	0.96	0.93	1.00	—	—	—	—
8	0.97	0.97	0.97	0.97	0.97	0.94	0.98	1.00	—	—	—
9	0.94	0.94	0.94	0.94	0.94	1.00	0.93	0.94	1.00	—	—
10	0.98	0.98	0.98	0.98	0.98	0.93	0.94	0.96	0.93	1.00	—
11	1.00	1.00	1.00	1.00	1.00	0.94	0.96	0.97	0.94	0.98	1.00

　　利用 UPGMA 方法进行聚类分析（图 2.8），在相似系数 1.00 处，利用外源激素 NAA 培养所获得的 1~5 号株与对照株 11 号被聚为一类未发生遗传变异。利用外源激素 IBA 培养所获得的 6~10 号株未与对照株聚为一类，其中 6 号株和 9 号株被聚为一类，其余植株均发生了一定程度的遗传变异，但与对照株的遗传相似系数均在 90%以上，变异幅度不大（表 2.17），总之，从总体聚类结果来看，经 NAA 和 IBA 培养的植株之间存在一定的遗传差异，但是经 NAA 培养的全部植株与对照株相比未发生变异，保证了母株的遗传稳定性，经 IBA 诱导的全部植株与对照株相比均存在一定程度的变异。

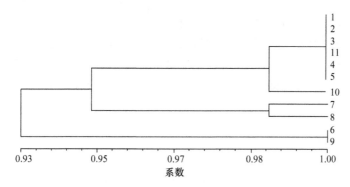

图 2.8　UPGMA聚类图（王疆江等，2009）

1~5 为 NAA 培养的组培苗；6~10 为 IBA 培养的组培苗；11 为对照

第三章 四倍体刺槐嫁接和根插育苗技术

第一节 嫁接育苗技术

引种初期，由于材料数量少，多采用微体快繁技术进行繁殖，通过组织培养育苗技术不断地扩大种苗基数，在此基础上建立采穗圃及与采穗相关的复壮圃等。为此，各地相继建立了采穗圃，为扦插和嫁接提供充足的穗条，使常规无性繁殖成为可能。生产上常用的育苗方法多为嫁接和扦插方法。

一、圃地选择及整地

（一）圃地选择

刺槐苗期怕雨涝积水，抗风能力弱，喜光，忌重盐碱。因此应选择地势较高、平坦、排灌方便，不易积水而又避风向阳，地下水位在 1 m 以下的沙壤土作为圃地。选择团粒结构发达的土壤最佳，盐碱地要选用含盐量在 0.2% 以下，pH 6.0~8.0。刺槐育苗不宜连作及隔年，否则易感染立枯病，苗木生长不良。

（二）整地

要根据育苗时间和土壤水分及肥力状况对育苗地进行整地。若春季育苗，可在前一年秋季雨水丰沛时或秋末冬初进行深耕，立春土壤解冻后，进行浅耕、耙平，整地作床；若夏季育苗，要在前茬作物收获后及时深耕、灌溉。每公顷施入腐熟农家肥 60 000~75 000 kg、西维因 30~45 kg、黑矾（硫酸亚铁）150~225 kg，以防地下害虫及立枯病，耙磨平整。

二、砧木苗培育

四倍体刺槐生长迅速，若用普通刺槐播种作砧木，培育成的嫁接苗会因砧木与接穗之间的生长差异而产生小脚病，造林后易造成风折，同时这种苗木砧木部分根系因吸收输导营养物质能力差，不能充分满足接穗部分的生长需要而影响四倍体刺槐的生长。故在条件允许的情况下，应尽可能选择目前国内选育成功的速生刺槐根插繁殖苗作砧木。

（一）根插砧木苗培育

选择砧木种根：种根选用 1~2 年生速生刺槐苗根，可利用出圃后剩余根系或修剪下来的苗根。种根采集时间为落叶后至发芽前。落叶后上冻前采集需要进行低温窖贮，方法是：先在窖内地面铺一层 10 cm 厚的湿沙，湿沙含水量标准以手握成团，一触即散。将成捆的根段戳齐，立放在沙面上，保证每条根段都能与湿沙接触，捆与捆之间用湿沙填充。贮存期间，窖温控制在 10℃以下，春季气温回升后，窖门要晚上敞开，白天盖上，保证根段不抽干、不霉烂、不发芽。

可结合苗木出土进行种根根段采集，一般在 2 月下旬至 3 月中旬土壤解冻，根系萌动前随采随埋。春季插根要选粗 0.5~1.5 cm 的根，截成 10~12 cm 长的小段，大小头分开，整成小捆（每捆 20~30 根），进行沙藏催芽。地点选择在避风向阳处，一层沙一层根，最上层沙的厚度 20 cm，埋后洒水，使沙子经常保持湿润，20~30 d 后插根即可形成愈伤组织。

（1）采集种根应结合当地自然条件和生长要求，结合起苗在圃地中挖出遗留在土壤中的断根及从出圃苗木上修剪下来的根条，也可在母树林内挖取根段。选择 1 年生直径为 0.5~2.0 cm 的根系，剪成 10~15 cm 的根段，按粗细不同分级后每 100 根捆成一捆，然后根据种根采集季节的不同进行混沙层积贮藏或直接根插。

（2）春季清明前后（3 月下旬至 4 月上旬），插根方式以斜插为好，行距 25 cm，条状开穴，株距 10~15 cm，种根与地面成 45°角，埋插在整好的圃地中，粗根斜插，大头向上，上端与地面平；细根平埋，根段分不清上下者平埋，覆土 1 cm 踏实，覆盖地膜，增温保墒催芽，立即引小水灌溉，灌水后，随即填封好埋根附近塌陷的土壤。

（3）幼苗出土前，如果土壤含水量可保证出苗，就不要灌水，以免造成土壤板结，地温降低等现象；若条件允许，进行地膜覆盖效果更好，幼苗出土后，及时对根段上的丛生萌芽按留强去弱的原则进行疏芽。当苗高达到 10~15 cm 时，选留 1 株壮苗，并定株培土。

（二）播种砧木苗培育

（1）在无法获得优良无性系根段或单纯用于建立采穗圃时，也可用播种苗作砧木。刺槐种子要来源于长势良好、无严重病虫害、树龄在 10~15 年或以上的壮龄刺槐林分。种子质量应达到二级以上标准，即净度≥90%，发芽率≥70%，含水率≤10%。用种量按 50~60 kg/hm^2 计算。

（2）种子处理：硬粒种子透水性能差，不经浸种催芽处理就会出苗不整齐。处理方法是：将种子放入容器中，达到容积的 1/3 时倒入 80~90℃的热水，边倒边搅拌，直至种子全部浸没为止，使温度降至室温，浸泡 24 h 后，除去漂浮在水面上的空瘪粒，捞出，用筛子把未膨胀的硬粒筛出。将已吸水膨胀的种子放在 25℃ 左右的地方，上以湿布、草帘或麻袋覆盖，其后每天翻动 2~3 次，并洒水保持湿润。经 3~5 d 催芽，30% 种子露白时即可播种。对筛出的硬粒种子，按上述方法重复处理，直到发芽为止。

（3）春播（3 月下旬至 4 月上旬）和夏播（6 月上旬）均可，按行距 30~40 cm 进行条播，覆土厚度 0.5~1.0 cm，播后及时振压保墒。

（三）砧木苗生长期管理

我国北方春季天气往往干旱，要及时灌溉。在插根萌芽前后到成活稳定的一段时间内，每 10~15 d 灌溉 1 次，天气特别干旱或苗木速生期，可适当增加灌溉次数。要及时抹去主杆上多余的萌芽和萌条。苗高达到 10 cm 时，按株距为 10~15 cm 选留壮苗定苗。6 月底至 8 月下旬，幼苗旺盛生长期，结合灌溉，进行追肥，每 20 d 追施 1 次速效化肥，每公顷用肥 150 kg 左右。8 月下旬后，不再灌水、施肥，防止苗木徒长。生长期除做好除草、施肥和病虫害防治之外，对要夏季嫁接的苗木及时去除侧枝，而要春季嫁接的苗木要抑制其高生长，促进主干加粗生长。

三、嫁接技术

根据砧木生长状况和对嫁接苗的规格要求，应选择不同的嫁接时间和方法。张颖等（2004）通过对四倍体刺槐嫁接繁育技术的试验研究，发现采用秋季"嵌"芽接法和春季带木质芽接法可明显提高嫁接成活率。

（一）秋季嫁接技术

嫁接的成活率与最佳时期有很大关系。芽接过早会引起接芽萌发，过晚则形成层活动停止，接芽不易剥取。

在嫁接当天采集接穗，接穗采下后马上摘去叶片，留叶柄，用湿布包裹，或插入水桶置于阴凉处备用。接穗随采随接，不要隔夜。在砧木基部距地面 10~20 cm 处选择光滑平整的节间部位进行芽接。

采用"T"形芽接法或"嵌"芽接法。将带皮层的芽剥离，使其长度为 1.5~2 cm。"T"形芽接时先将砧木切成"T"形切口，将三角形接芽垂直插入切口内；"嵌"芽接法是在砧木上切成方块状，将方形接芽嵌入方框切口内。嫁接后用塑料薄膜精心绑缚，从接芽下部向上绑缚，留出叶柄。

（二）春季嫁接技术

于冬季采集健壮、芽体饱满、无病虫害、直径 0.5~0.8 cm 的 1 年生种条作为接穗，在低温处沙藏备翌年用，嫁接前浸泡接穗。即将接穗从窖中取出，剪成接穗段，接穗段长度要保证接穗除削面外，留单芽或二芽。剪好后放入清水中浸泡6~12 h，接穗吸足水后再用于嫁接；也可在翌年春季嫁接时随采随接。从砧木树液开始流动至发芽前均可进行嫁接，与当地春季植树季节相符。

1. 劈接法

在开春砧木芽萌动至放叶之前进行劈接。

第一步是剪削接穗，将接穗段 10~20 根下端向下放入盛有干净清水的水杯（桶）中备用。先剪去种条上不饱满芽，再剪成 8~10 cm 长的接穗，使每个接穗有 3~4 个饱满芽，距接穗顶端 2.5 cm 处的芽必须完好无损；接穗的直径最好与砧木一致；在接穗最下端的芽两侧用利刀削成楔形，各削长约 3 cm 长的削面，使有芽一面较厚，另一面较薄，楔面长 2~3 cm。

第二步是切剪砧木，嫁接前 5~7 d，将砧木苗圃地灌一次透水，确保成活。选取 1 年生、直径为 1.5~2.0 cm 的普通刺槐作砧木，在砧木距地面 10 cm 处剪断，保持切口平滑，将砧木从剪口中央纵切一刀，切口深度 3 cm 左右，切口不宜过深。

第三步是将削好的接穗插入砧木切口中，使二者的形成层密切对齐接合，若接穗较细，使一边形成层对齐，并保证上面蹬空下面露白，接穗削面上端高出砧木剪砧面 0.3~0.5 cm 露白，以利愈合。用塑料条或无滴大棚膜条带将砧木与接穗扎紧绑严。接完后将接穗上切口用凡士林涂抹或清油漆涂抹封闭，减少水分蒸发。

2. 带木质芽接法

首先从芽的上方切入，深达木质部，然后向下竖切一刀，长约 2 cm，随后在芽的下方以 30°~40°切入木质部，取下芽片；然后在砧木距地面 15~20 cm 光滑处削与接芽大小相同或稍大的切口，将接芽放入砧木切口，使接芽一侧的形成层与砧木形成层对齐，最好使芽片上端露出一线宽砧木皮层；最后用 1 cm 宽塑料薄膜绑严即可，剪口用蜡封口处理。

（三）夏季嫁接技术

接穗采集。在嫁接的当天早晨，选取未木质化或半木质化、无病虫害、生长健壮的四倍体刺槐幼嫩新梢作为接穗，采后立即剪去叶片，仅留 1 cm 长的叶柄，用湿麻袋包裹，置阴凉处备用。

1. 芽接法

芽块刻取：选取健壮的接穗（最好当天剪取当天用完）备用。芽接采取方块芽接，用嫁接刀将接芽上方的复叶削去，留少许叶柄。在接穗上纵切两刀，深达木质部，然后将芽撬起取下。芽块长 2 cm、宽 1.5 cm。砧木处理：剪去顶梢，留 60~80 cm 主干，干上有 5~8 片复叶。选砧木树皮光滑距地面 5~10 cm 部位，用刀刻取与芽块大小相同的树皮。芽块嵌入：将待接芽块嵌入砧木取皮部位，然后用塑料薄膜绑严接口，但要露出接芽。松绑截干：嫁接 7~10 d 后，接口愈合，可解开绑带，在芽上方 5 cm 处将主干截去。抹芽除萌：刺槐是萌蘖性很强的树种，嫁接后，要及时抹去砧木上的萌芽，以便促进苗木生长。管理措施：嫁接前 2~3 d 浇一次透水，保持底墒充足。接后及时除萌，7 d 后即可愈合，10 d 即可萌发。待新梢长到 15 cm 长时，及时解绑，同时及时中耕除草，加强肥水管理，定期追肥。嫁接成活后至 8 月下旬嫁接苗高生长明显下降时为止，以追施氮肥为主；此后，停止追施氮肥，改追施磷钾肥 375 kg/hm², 促进苗木木质化，利于苗木安全越冬。

2. 皮下接法

砧木处理：选树皮光滑平整且接近地面 5~10 cm 的部位截断砧木上梢部，削平截口，在近风面一侧用嫁接刀从上向下切一刀，长约 3 cm，深达木质部，再用刀将接口的皮层撬开一裂缝。接穗削取：将接穗截成 15 cm 长，在主芽背面下侧削一片长 3~5 cm 的斜切面，过髓心，削面下部尽量薄些，在削面两侧轻轻刮两刀露出形成层即可，削好的接穗，保湿待用。接穗插入：将接穗斜面靠里，尖端对着切缝，用手按紧砧木切口将接穗慢慢插入，再用嫁接刀轻敲接口，使其紧固，削面稍露出接口为宜。绑扎：选韧性强、长 25 cm、宽 2~3 cm 的塑料薄膜，绑严接口和接穗基部。抹芽除萌：嫁接后要及时抹除砧木上萌生的嫩芽。解绑：当接穗苗长高 50 cm 左右时，将绑缚的塑料薄膜用小刀划开。

夏季嫁接技术具有操作简便、嫁接易成活、嫁接季节长、繁殖系数高等特点，可做到当年培育砧木、当年嫁接、当年出圃壮苗。6 月初至 7 月上旬进行四倍体刺槐嫩枝嫁接，接穗及砧木均部分木质化，嫁接操作方便，气温高且稳定，接后愈合速度快，嫁接成活率高。

四、嫁接苗管理

（一）检查成活、解绑、补接

接后半个月左右即可看出成活情况。若接穗保持新鲜状态，即为成活的标志。若接穗干缩，则没有接活，要及时补接。在嫁接后 45~60 d 时要及时解绑。以免影响接口愈合和缢伤枝条。

松绑要视下列情况而定：当砧木径生长受限于薄膜带的绑缚，在捆绑处发现有下陷迹象时；薄膜内的芽已进一步膨大，已见到受困于薄膜带的束缚时；芽接接口已经愈合时。松绑过早会因愈合不好造成芽体干枯而死；过晚会造成愈合过程受到限制，芽体会因高温窒息死亡。至少要等到嫁接 1 个月后，砧木径生长受限于薄膜带绑缚后才能解绑。故松绑日期必须选择正确。

（二）除萌、打杈

嫁接后，砧木上会发生大量的萌芽，影响接穗成活和生长，应经常检查，及时抹除。春季嫁接后 15~20 d 即可愈合萌发出新梢，管理时要及时抹除砧木上的萌芽，促进苗木生长。夏季嫁接的苗木经 7~10 d 也可愈合抽出，应注意保留砧木上嫁接口附近的 4~5 片羽状复叶，及时抹芽，使营养物质集中供应接穗生长。在接穗萌发后，选一生长健壮的直立枝条，抹去其余枝条。主干上发生的枝杈，也应及时抹除。

（三）立支柱

当苗木高度达到 60 cm 时，应及时培土并疏除上部侧枝，防止风折。当嫁接苗解除绑缚后，极易被风折断，要及时立支柱。方法是：紧贴砧木立一木棍，插入土中一定深度，分上下两道绑缚。下部在砧木中部用小绳绑紧系牢。上部接穗萌条与支柱松松绑缚在一起。支柱在秋后要及时去掉。

（四）灌水、施肥

嫁接后，如天气干旱，苗木失水，会影响嫁接成活率，所以要及时适当浇水，保持地表潮湿。为促使枝条充实，6 月结合灌水，追施尿素 300 kg/hm²，8 月每隔 7~10 d 喷一次磷酸二氢钾，共喷 3~4 次。芽接因嫁接时间晚，要控制水肥，以免造成枝叶徒长。

（五）松土除草

雨后或灌水后，需及时除草松土，至苗木枝叶遮严地面时停止。

（六）病虫害防治

四倍体刺槐抗病虫，一般除当年嫩梢有轻度蚜虫危害外，没有其他病虫害发生。可用 3%杀蚜净乳油 2000 倍液喷雾防治。

夏季嫁接的苗木当年生长高度可达 1.0~1.5 m，春季嫁接苗可达 2.0~3.5 m。一般当年嫁接苗胸径可达 2 cm，高 3.0 m 以上，当年秋季即可出圃。起苗前 5~7 d 圃地灌水，使苗木充分吸收水分。起苗后按标准进行分级、捆扎、包装并附上标签，即可造林。

五、嫁接时间对嫩枝嫁接成活率影响

嫩枝嫁接技术为林木、果树等优良品种的培育和快繁推广提供可行的方法。影响嫩枝嫁接成活率的影响因素很多，其中嫁接时间是一个非常重要的因素，为此尚忠海（2008）用刺槐当年生根插苗为砧木，用四倍体刺槐当年生夏初嫩枝为接穗，在 5 月 10 日至 8 月 10 日进行嫁接试验，探索四倍体刺槐的最佳嫩枝嫁接时间。

试验地设在河南省洛阳市洛宁县良种繁育苗圃场，地处东经 111°28′，北纬 34°06′，属暖温带大陆型季风气候，春旱多风，夏热多雨，秋爽日照时间长，冬长寒冷少雨雪，四季分明，雨热同季。年平均气温 13.7℃，最高气温 42.1℃，最低气温–21.3℃；年平均降水量 606 mm，多集中在 6~8 月，年蒸发量 1562.8 mm；早霜期 10 月上旬，晚霜期 4 月下旬，无霜期 216 d。该苗圃场地势平坦，排水、灌溉便利。土壤为褐土，土层深厚肥沃，透气性良好，有机质含量在 1.27%左右，pH 7.8。

试验设计：随机区组排列，5 次重复。苗木株行距 30 cm × 30 cm，四周设保护行。分别于 5 月 10 日、6 月 1 日、6 月 20 日、7 月 10 日、7 月 30 日、8 月 10 日进行嫩枝嫁接试验。嫁接 20 d 后调查成活率，秋季苗木落叶后调查苗木地径、高度等生长量指标。采用随机区组单因素方差分析，性状间差异用 Q 检验法（DPS 数据分析软件分析）检验。

接穗采集：在嫁接的当天早晨，选取未木质化或半木质化、无病虫害、生长健壮的四倍体刺槐幼嫩新梢作为接穗，采后立即剪去叶片，仅留 1 cm 长的叶柄，用湿麻袋包裹，置阴凉处备用。

采用劈接法：接穗长 2.5~3 cm，含 1 个饱满芽，上切口位于芽上方 1 cm，将砧木离地面约 10 cm 处剪去，保留接口以下叶片，接口位置粗度与接穗粗度基本一致。接后及时用薄塑料包扎带把除芽和叶柄以外的其他部位全部包严缠紧。

嫁接前 2~3 d 浇一次透水，保持底墒充足。接后及时除萌，7 d 后即可愈合，10 d 即可萌发。待新梢长到 15 cm 长时，及时解绑，同时及时中耕除草，加强肥水管理，定期追肥。嫁接成活后至 8 月下旬嫁接苗高生长明显下降时为止，以追施氮肥为主；此后，停止追施氮肥，追施磷钾肥 375 kg/hm²，促进苗木木质化，利于苗木安全越冬。

由表 3.1 可知，嫁接时间对成活率有明显影响，6 月 1 日~7 月 10 日嫁接成活率较高，均达 85%以上，其中 6 月 20 日嫁接成活率最高，达 93.6%，7 月 10 日

表 3.1 不同嫁接时间嫁接成活率及苗生长量调查统计分析（尚忠海，2008）

嫁接时间	平均成活率/%	平均地径/cm	平均苗高/m
5 月 10 日	76.4bB	2.12aA	2.900aA
6 月 1 日	88.8aA	1.60bB	2.158bB
6 月 20 日	93.6aA	1.26cC	1.570cC
7 月 10 日	85.2aA	0.72dD	0.752dD
7 月 30 日	50.0cC	0.32eE	0.244eE
8 月 10 日	20.0dD	0.20eE	0.090eE

注：表中数据为 5 次重复平均值。

为 85.2%，且成活稳定。5 月 10 日嫁接成活率为 76.4%，7 月 30 日以后嫁接成活率明显降低，均在 50%以下，差异显著。主要原因是 5 月初接穗、砧木组织幼嫩柔软，木质化程度低，加之气温较低，接口愈合速度慢，嫁接成活率低，且接穗接芽少，繁殖系数低。而 7 月 10 日以后，枝条木质化程度过高，加上气温高、蒸发量大，接穗在嫁接及日后的管理过程中，很容易失水、干枯，甚至死亡；且此时降水偏多，如嫁接操作不当，接口处进水，不利于接口愈合，嫁接成活率降低。6 月至 7 月上旬，接穗及砧木均部分木质化，嫁接操作方便，气温高且稳定，接后愈合速度快，嫁接成活率高。

由表 3.1 可知，嫁接时间对苗木当年生长量影响很大。5 月 10 日至 8 月 10 日，随时间的推移，苗高生长量和地径生长量均呈明显下降趋势。嫁接时间早，接芽萌发至落叶时间长，苗木生长期长，生长量大。5 月 10 日嫁接的苗木，当年平均苗高 2.900 m，最大苗高 3.30 m，平均地径 2.12 cm，最大地径 2.30 cm，远远超过国标刺槐埋根苗 I 级苗标准。随嫁接时间的推迟，苗木接穗生长期缩短，生长量逐渐减少。6 月 1 日嫁接的苗木，平均苗高生长量和平均地径生长量有所下降，当年生苗木平均高 2.158 m，最大苗高 2.400 m，平均地径 1.60 cm，最大地径 1.80 cm，也达到国标刺槐埋根苗 II 级苗标准。进入 7 月嫁接的苗木，苗高生长和地径生长第一次高峰期已过，7 月 10 日嫁接的苗木，平均苗高不足 1 m，平均地径不足 1 cm；8 月 10 日嫁接的苗木，平均苗高仅 0.090 m，平均地径仅 0.20 cm，差异显著，已失去栽培价值。

结果表明：6 月初至 7 月上旬进行四倍体刺槐嫩枝嫁接，接穗及砧木均部分木质化，嫁接操作方便，气温高且稳定，接后愈合速度快，嫁接成活率高。5 月和 7 月 30 日以后嫁接，成活率明显降低。从四倍体刺槐嫁接成活率和生长量综合分析，5 月底至 6 月中旬为四倍体刺槐嫩枝嫁接的最佳季节，不仅成活率高，且生长量大，能够满足生产上培养良种壮苗的需要。

第二节　根插育苗技术

根插繁殖是用地下根段进行扩繁，扦插方法简单易学，苗木性状稳定、生长量大，是四倍体刺槐后期扩繁的主要手段之一。每年在苗木出圃时截根储存，催芽后进行扦插，简便易行，繁殖系数可达 5~10 倍。

一、田间覆膜根插育苗技术

（一）根段插穗的采集及处理

1. 封冻前采根

四倍体刺槐在秋季停止生长后，可选择生长健壮、无病虫害的苗木进行采根处理。可人工掘土起苗，也可采取机械起苗（起苗犁），后者可获得大量的繁殖用根。对起出的苗木将直径 0.5~1.5 cm 侧根剪下，采根量不超过侧根的 1/2，以免影响苗木下年的生长。将起出的苗木进行假植，以备来年定植用；同时将剪下的根系按 30~50 根一捆捆好，立即进行沙藏或埋土，防止脱水。

2. 根段储藏

秋季采集的根段需用湿沙埋藏越冬，根段储藏的适宜温度是 0℃ 左右，沙的湿度以手握成团，松后散开为宜，切忌湿度过大。沙藏时间宜在大田上冻前，一般采用沟藏，沟宽 1~1.5 m，深 0.8~1.5 m，长度随根段数量而定，沟底先撒10~20 cm 湿沙，根段以竖放为好，捆与捆之间要填满沙土，根段也可多于一层摆放，但层间要有 5~10 cm 湿沙相隔，最上层的根段上先覆湿沙土 10~15 cm，随气温下降，逐渐分次覆土，总覆土厚度 30~40 cm。

3. 春季发芽前采根

利用每年春季苗木出圃的时机，截取 1~2 年生苗木多余根系（在保证苗木成活的前提下），边起苗边采根，同时可随采根随扦插。起苗时要把整株苗木的所有根系刨起，将粗度在 0.3 cm 以上的截成长 10 cm 左右的根段，剔除劈裂和伤皮的根段。将根段的形态学上端切口剪成平茬（上剪口剪成平口），形态学下端切口剪成斜马耳形（下剪口剪成斜口），不仅有利于生根，而且还有利于区分根段的上端和下端，便于管理，特别是可有效防止倒插。剪切时要求剪口平滑，不劈裂。剪切后将根段按粗细不同进行分级分组，分别将相同的级别的根段扎成一捆，每捆50 条，上下端整齐一致，以便于运输、保存和药剂处理。春季采集的种根可随采随用，要严格防止根段失水，以防降低生根率和成活率。

（二）根段的处理

1. 插穗剪制及处理

四倍体刺槐的根组织较致密，伤口愈合能力强，剪切捆扎后放在阴湿处一天左右剪口处伤流停止，此时即可进行存储、催芽。扦插前，将沙藏的种根剪成5.0~10.0 cm 长的根段，并按不同粗细进行分级、打捆。捆好的根段放入 0.1%的高锰酸钾水溶液池中浸泡 5~10 min，使其吸足水分并消毒。高锰酸钾溶液的浸泡处理，不但能提高根段的抗病能力，还能在一定程度上促进根段的生根。

2. 根段催芽

有温室的情况下，可在温室中挖深 20 cm、宽 80~100 cm，长随根的数量而定，底铺厚 10~20 cm 的细沙，将扎成捆的根插穗平口向上摆于沟内，上覆 5 cm 左右的细沙，洒少量清水保湿。若无温室，可在背风向阳处东西方向挖催芽窖，窖深50 cm，底铺 15 cm 厚的马粪等酿热物，然后覆 5 cm 细沙，将根插穗摆平，上面盖 5 cm 细沙，洒水后覆上塑料薄膜，夜间加盖草苫子保温。一般一个月左右切口愈合，新芽萌发，即可进行扦插。

（三）整地作畦

四倍体刺槐根段插穗经催芽后萌发的幼芽嫩弱，对苗圃的土壤条件要求较高。苗圃地最好为沙壤土，并进行精细整作，做到深耕细整，土壤疏松，施足基肥。一般每亩[①]施土杂肥 5000 kg 左右、磷肥 25 kg。为防地下害虫，整地时可施 2%辛硫磷颗粒剂 2 kg/亩，浇足底水。土壤耙细整平后，起垄作畦，垄宽 100 cm，垄距30 cm，垄高 20 cm。起垄后整平待播。

（四）适时催芽扦插

冬春季采集的根段插穗通常在 3 月下旬至 4 月上旬即可进行催芽，扦插时间可视插穗的芽情而定，一般掌握在 70%左右的插穗幼芽萌动，幼芽长 1 cm 左右时及时扦插，幼芽催出过长，扦插后幼芽容易失水枯萎，降低成活率。

扦插时可采用在垄上开沟或挖穴的方法，沟（穴）深 10 cm，一个垄上扦插两行，垄内行距 60 cm，两垄的相邻行间行距 70 cm，以便于田间管理操作。开沟（穴）后浇足水，施 N、P、K 三元复合肥 2.5 kg/亩做种肥，将插穗分档次（根据插穗的粗细、幼芽的大小）平口向上，斜口向下插埋于沟（穴）中，种根与地面成 45°

---

① 1 亩≈666.7 m²，下同。

角，株距 20 cm，要求插穗的上部与地面平，幼芽不要露出畦面，插后用细土覆平。

（五）覆地膜

四倍体刺槐插根繁殖由于根段插穗营养状况的差别，造成不同插穗间幼芽萌动的时间、幼芽的大小、生活力的强弱存在着较大差异，使得苗圃出苗过程的时间较长，加之扦插初期的 4 月、5 月北方天旱少雨，土壤干燥，不利于保墒和出苗。采用地膜覆盖、喷施除草剂的方法可以克服上述缺陷，提高出苗率，提早出苗期。具体做法是，扦插覆土后，再次整平垄面，喷施乙草胺或都尔 200 mL/亩，然后覆盖地膜。覆膜后四周压好，垄面上也要每隔一段距离压上一些湿土，以防春天风大鼓膜。苗圃地要求排水通畅，遇雨及时排水，避免积水。若垄底积水，天晴后膜下湿热，很容易造成插穗腐烂，使育苗失败。

（六）及时破膜

催芽扦插，插后 10 多天就会有少量幼苗长出土表顶膜，要每天不间断到田间观察，发现有顶膜的幼苗要及时进行破膜，破膜时注意不要破口太大，能让幼苗钻出即可。幼苗钻出后，再用湿土把开的膜口压上，以防灌风、鼓膜。破膜最好在每天下午进行，这样有利于幼苗对环境的适应，提高成活率。

（七）苗期管理

在覆膜条件下，根段扦插后在 1~2 个月内可基本齐苗。当幼苗出土长到 5 cm左右时，若一株上有多个幼芽，可选留 1 个壮芽，抹去其余的芽。至 6 月上中旬苗已出齐，幼苗的地下部分也长出了新根，6 月底至 8 月下旬，幼苗进入旺盛生长期。此时应加强田间管理，基肥足的苗圃要及时浇水；基肥不足的要结合浇水进行追肥。在苗情不匀的情况下可酌情追施"偏心肥"，促使苗齐、苗匀、苗壮。在旺盛生长期，结合浇水，可视苗情追施 2~3 次速效化肥，8 月下旬不再浇水、施肥，防止苗木徒长。生长过程中，若发生侧枝过多，可进行修剪，以免造成田间郁闭，同时也有利于翌春苗木出圃。

幼苗生长过程中易发生蚜虫、尺蠖及刺槐黑斑病的危害，要及时防治，否则会影响苗木的生长、成活率和苗木质量。根插繁殖的饲料型四倍体刺槐当年生苗株高可长到 150~200 cm、地径 2~3 cm。

二、营养袋（杯）育苗

（一）根段采集与沙藏

选用 1~2 年生苗木的侧根，直径 0.4~0.8 cm 为宜。种根过细出苗弱，过粗的老根生根困难。采集时间可在秋季或春季苗木出圃时进行。根段一般剪成 8~10 cm，扎成 50 根或 100 根 1 捆。春季采集的种根可随采随用。

（二）育苗地选择

一般采用低床育苗，苗床宽为 1~1.5 m，长度依苗的数量和地势而定，床深略高于装满土的育苗袋，同时修平并拍实苗床的底部，苗床四壁要垂直。如选在塑料大棚或温室内育苗，能提高温度和湿度，提早促进根段发芽。

（三）营养袋（杯）选择

在 4 月中下旬，选用高 12 cm、宽 8 cm 的聚乙烯薄膜营养袋，在袋的底部 1/5 处打小孔 4~6 个，以利于透气和渗水。也可选择塑料杯容器进行扦插，容器规格为 7 cm×11 cm（直径×高度）。

（四）营养土配比与装袋

营养土要求质地疏松，富含营养，通透性好，具有一定保水性能。用熟化的山皮土，筛去石块、草根等杂物。为消灭土壤中的细菌，每立方米山皮土拌硫酸亚铁 0.2 kg，掺和均匀。条件较好者，可以选择扦插基质，如选用国产草炭和珍珠岩（草炭∶珍珠岩=3∶2）。

装袋方法是，首先将袋斜放，用半圆形小铲将其装入育苗袋中，装入 1/3 营养土，放入根段，然后再装营养土，直立育苗袋，使根段处于袋的中央位置，用手将袋内的土压实，最后将袋内的育苗土装满，双手提袋轻轻敦实。将装好的育苗袋依次直立紧密地摆放在床内。根段插穗的上剪口与基质相平，插后即喷透水，使插段与土壤接触紧实。

（五）插后管理

插后即浇透水，以后视基质墒情及时补水，一般每 10 d 浇 1 次水（要浇透），保持育苗袋或塑料杯容器内适宜的土壤湿度，按照不旱不浇的原则，等育苗容器内土壤有七八分干时开始浇水，浇水时不能过急，要小水慢灌。在浇水管理中应注意让其见干见湿，保持基质的透气性，以防其烂根；温室温度保持 18~25℃，以利生根，并及时将育苗容器内的杂草拔除。扦插 10 d 后，所插根段开始萌动、发芽，并有少量生出新根，至 45 d 时基本结束，此时的平均生根率为 95%。90 d 调查根插成活率为 91.5%。采用根插进行种苗生产，育苗成本低，育苗速度较快，所培育的种苗不但能保持其良好的遗传性，而且具有较好的一致性。

（六）整地定植

栽植圃地应设在地势平坦，排灌条件良好，水肥管理一致，pH 6.5~7.5 的壤土或沙壤土。春天土壤完全解冻后，用重耙将试验地耙 1 遍，然后将膨化鸡粪按 2 m³/亩均匀撒于试验地，再用旋耕机旋耕 2 遍，以使基肥与土壤充分混合。平整后不留洼坑，不留高埂，保证栽植后能够顺利浇水和排水。为防止地下害虫，在整地时用 50%辛硫磷乳油 0.5 kg，兑水 0.5 kg，再与 125~150 kg 细沙土混拌均匀，制成毒土，每亩施 15 kg。为预防真菌性病害的发生，可用 75%的无氯硝基苯可湿性粉剂 3~5 g/m² 与 200 倍的细沙土混合均匀制成毒土，施用时将毒土翻入土中。

（七）苗木定植

整地结束后，及时对苗木进行移栽。移栽时，对有病虫害和机械损伤的苗木进行清除，其余苗木按长度和粗细进行分级。对苗木根系进行修剪，剪除病根、残根和机械损伤根，根系长度保留 20~25 cm。定植株行距为 50 cm×100 cm。移栽后，距地面 5 cm 左右平茬。平茬时做到切口平滑、不破皮、不劈裂。

（八）苗期管理

移栽后连灌 2 次透水，以后视土壤墒情及时灌水。适时中耕除草，以减少土壤水分损失，提高地温。待苗长到 15 cm 左右时，留一个健壮的枝条，去掉其余的枝条，扦插苗长到 50 cm 左右时，去除主枝上的侧枝，以防过分消耗枝体的营养。为增加苗木营养，可在 6 月下旬、7 月中旬追施 2 次尿素，每公顷用量 750 kg。8 月中旬追施人粪尿，9 月停止追肥灌水，并喷 1 次 800 倍液磷酸二氢钾，以促进苗木木质化。为预防蚜虫和透翅蛾，在 6 月初，每隔 7 d 喷一次氧化乐果（增效氧化乐果效果更佳），连续喷药 3 次。7 月中旬喷多菌灵或托布津等药剂防治真菌病害。在 10 月末进行根部培垄，11 月初灌足冻水。第 2 年 3 月中旬，及时浇返青水。

三、温室大棚阳畦育苗

按根径粗细分 3 级：即 0.2~0.4 cm、0.4~0.6 cm、0.6~0.8 cm。每个粗度级按长度分 3 级：小于 10 cm、10~15 cm、15~20 cm。插穗上端剪成平口，下端剪成马耳形，并每 30 株扎成一捆，在室内用湿沙贮藏备用。

在塑料温室大棚内，将普通沙壤土粉碎、过筛，混入少量有机肥，充分混匀后装入营养袋或营养钵中，用多菌灵、呋喃丹或高锰酸钾消毒，用少量的水浇湿，置于宽 1 m 的插畦内，装好的营养袋或营养钵最好通风或晒几天，以改善其通透性。扦插前用水将其浇至松软为宜。插根上留 1 cm 左右，插后覆上 1~2 cm 的薄土，保温湿以利于出芽。

大棚阳畦营养钵根段扦插的塑料薄膜的透光度为 90% 以上，应选择遮阳网的遮阳率 60%~70%。棚内温度控制在 25~33℃ 为宜，扦插前期湿度控制在 85%~95%，中后期 65%~80%。主要采用微喷雾化装置、盖土及覆薄膜等措施维持扦插根段水分平稳及保温增湿，同时，喷雾系统还有显著的降温作用。根段保湿是根插成活的关键。出芽后，及时除草、防治病虫。

出芽时间大致可分为 3 个时期：始发期、盛发期和发芽末期。始发时间为插根后 10 d 左右，盛发期为插根后 15~20 d，20 d 以后为发芽末期。

平均发芽率与生根率都在 85% 以上。根段无论粗细均能生根发芽，且发芽率差异不明显，只是发芽时间有差异。根段径级越细，发芽时间越晚。

根径的大小对发芽时间有一定的影响，径级在 0.6~1.0 cm 的根段出芽时间最早，插后 10 d 就有部分发芽；其次为在 0.4~0.6 cm 的根段，插后 12~15 d 部分发芽；在 0.2~0.4 cm 的根段发芽时间最晚，插后 17~20 d 才见芽露出。采用阳畦营养钵根插法宜在 3 月底气温明显回升之后进行。否则，乍暖还寒的气温不但起不到催芽作用，反而会造成部分根段霉腐而影响出芽率与生根率。刺槐虽属较易生根树种，枝插出芽率也高，但生根率低，出芽前期具有"假活"现象，而根插却能克服这一缺点，出芽及生根率都较高，基本无"假活"现象，出芽后若注意防治病害还可大大提高成苗率。

芽苗高度表现为根段最粗，即径级在 0.6~1.0 cm 的生长最快，芽苗最高，芽苗健壮；其次为在 0.4~0.6 cm 的根段，在 0.2~0.4 cm 的根段芽苗生长高度最小。芽苗移栽高度在 10 cm 左右为宜，机械损伤小，移栽后缓苗期短；在根段长度基本相同的情况下，宜选择较粗的根段进行扦插，以缩短出圃时间。不同径级在根段长度大致相同的条件下，根径级的大小与芽苗高度呈正相关关系。

插穗粗度 0.6~1.0 cm、长度 15~20 cm 根段斜插所培育的苗木生长最大，质量最好，出苗率为 95% 以上。以上对各无性系根段根插均未用植物生长调节物质处理，若用植物生长调节物质处理后扦插，出芽率与生根率还会有所提高。

第四章　四倍体刺槐硬枝扦插育苗技术

硬枝扦插指使用已经木质化的一年生或以上的成熟化枝条进行的扦插，是林木无性系繁殖的一种重要方法。硬枝扦插较嫩枝扦插环境条件要求相对宽松。硬枝扦插可分为冬季扦插和春季扦插。若春季扦插，需对硬枝枝条采取冬季低温沙藏处理，可以提高扦插成活率。硬枝扦插的成活率与林木插穗品系、枝条年龄、着生部位、长短、粗细都有密切关系。经低浓度长时间的植物生长调节物质溶液处理的插穗，可明显提高硬枝扦插的成活率。硬枝扦插因为具有环境设备要求低、操作简易、成本低廉的特点，而在林木无性繁殖中被广泛应用。

一般而言，刺槐硬枝扦插生根率低（潘红伟等，2003；森下义郎等，1988）。而随着各类促生根物质的应用和扦插技术的改进，刺槐的扦插成活率得以提高。植物生长调节物质、稀土、高锰酸钾溶液和流水等促生根物质的处理，以及沙藏、抹芽和覆膜等技术措施在一定程度上提高了刺槐的硬枝扦插成活率（刘长宝等，2008；杨兴芳等，2007；韦小丽等，2007；李海民，2004；周全良等，1996；赵兰勇等，1996），但刺槐不同无性系扦插成活率存在差异，其中四倍体刺槐的硬枝扦插成活率还是较低（刘长宝，2008；姚占春，2007）。

利用组织培养繁殖需要特殊的实验室、仪器等物质和技术条件，在基层单位广泛应用存在较大难度。以嫁接和根插技术育苗，往往存在接穗和插穗数量少、繁殖速度慢、育苗成本高等问题，特别是嫁接苗因接穗与砧木的生长速度不同，往往形成"小脚树"，不利于饲料林经营，特别是每次刈割作业，很可能会割掉砧木以上的接穗组织和其上的枝条，造成嫁接失败。因此，有必要对四倍体刺槐进行硬枝扦插试验，为四倍体刺槐的扦插繁殖提供理论依据和实践经验。

第一节　硬枝扦插育苗技术

一、无性系、插条和生长调节物质对硬枝扦插生根能力的影响

孟丙南等（2010a）以四倍体刺槐的优良无性系和当地普通刺槐的硬枝为材料，研究常规的硬枝扦插方法能否解决生根率低和品系间是否存在生根能力差异等问题，主要研究内容为不同无性系之间、同枝条中不同剪切部位，以及不同生长调节物质处理对生根的影响，以期为扦插技术的优化提供参考。

试验地选在河南省洛宁县吕村林场苗圃，地处东经 111°40′、北纬 34°23′，属暖温带大陆性季风气候，年平均气温 13.7℃，最高气温 42.1℃，极端最低气温 −21.3℃；年平均降水量 606 mm，多集中在 6~8 月；年蒸发量 1562.8 mm，无霜期 216 d。气候特点是春旱多风，夏热多雨，秋爽日照长，冬长寒冷少雨雪，四季分明，雨热同季。该苗圃地势平坦，土壤为褐土，土层厚度 63 cm，通透性好，肥力中等，有机质含量 0.85%，pH 7.2，灌溉便利。

（一）材料的冬季沙藏

试验材料为四倍体刺槐 K2、K3、K4、YD 无性系的一年生硬枝条，取自河南省洛宁县吕村林场苗圃，以当地普通刺槐种子实生苗为对照（CK），进行刺槐品系扦插对比试验。选背风向阳处挖约深 1 m、宽 1 m 的土坑建沙藏池，长度依据枝条数量而定，土坑一端修成 45°角的斜坡面。土坑最下层铺碎石块 5 cm，再铺一层 10 cm 厚的湿粗沙，斜坡面上亦铺 5 cm 厚湿粗沙。于 10 月末，待刺槐各无性系落叶后，剪取其地上部分枝条，剪去枝条上的侧枝，按无性系打捆埋入沙藏池中。具体为将修剪好的枝条基部朝下、梢部朝上斜摆放于斜坡面上，枝条铺约 15 cm 厚时覆盖 5 cm 厚湿粗沙，然后如上继续摆放枝条，直至沙藏池摆满，枝条梢部稍露出地面，可与外界通气，防止枝条发热造成霉烂，最上层铺 20 cm 厚的湿粗沙并压实、保湿，进行沙藏，所用粗沙皆用 2000 倍多菌灵溶液均匀搅拌消毒处理。

（二）插穗处理及管护

枝条经沙藏池储藏整个冬季后，第二年春季 4 月上旬，取出经沙藏处理的 5 个无性系枝条修剪成插穗。插穗修剪成长 15 cm 左右，下端马蹄形斜切面，上端为平切面，上、下切口在距芽 0.5 cm 处。每 30 根插穗绑成一捆，插穗下端 2 cm 以下浸泡于一定浓度生长调节物质溶液中，然后将插穗分别扦插于准备好的沙床上。植物生长调节物质采用国产吲哚丁酸（IBA）、萘乙酸（NAA）和中国林业科学研究院的生根粉 1 号（ABT）。

试验温室为水泥骨架，单面坡向南，温室内建扦插池，扦插池上铺设自动喷雾装置，温室外顶部架设喷水设施用于降温。在温室内布置扦插沙床，最下层铺碎石块 5 cm 厚，然后铺 5 cm 厚生牛粪，上层铺 25 cm 厚粗沙。扦插前基质用 2000 倍多菌灵均匀搅拌处理。4 月上旬扦插后，沙床及时喷透水，盖好塑料薄膜。此后，根据床内基质湿度每隔 2~3 d 浇水 1 次，保持基质湿润。同时，注意棚内温度变化，当棚内温度超过 28℃时，及时进行两端通风降温。为防止杂菌污染，每隔 5~7 d 喷一次 2000 倍多菌灵溶液。待扦插 60 d 左右进行扦插成活率调查。利用 EXCEL 和 SPSS 13.0 统计软件进行数据分析（百分率先进行反正弦转化）。

（三）3 种类型插穗与扦插成活率的关系

5 个刺槐品系各自按其枝条生理部位的上部、中部、下部 3 种类型插穗，各插穗基部经 IBA 200 mg/L 浸泡处理 30 min。每处理 3 个重复，每重复扦插 30 根插穗，完全随机区组试验设计。

5 个刺槐品系不同部位硬枝插穗扦插 60 d 后成活率多重比较分析见表 4.1。

表4.1 刺槐无性系不同部位插穗硬枝扦插成活率多重比较

部位	K2 成活率/%	K3 成活率/%	K4 成活率/%	YD 成活率/%	普通刺槐成活率/%
上部	20.00c	35.55c	7.78b	54.45b	42.22b
中部	43.33b	66.67b	17.78a	62.56b	70.00a
下部	61.11a	78.89a	23.33a	80.00a	78.89a

由表 4.1 的结果可知，四倍体刺槐 K2 无性系不同部位硬枝插穗扦插成活率存在显著差异，下部插穗扦插成活率最高为 61.11%；四倍体刺槐 K3 无性系 3 个部位硬枝插穗的扦插成活率存在显著差异，下部插穗扦插成活率最高为 78.89%；四倍体刺槐 K4 无性系下部、中部硬枝插穗的扦插成活率不存在显著差异，但都显著大于上部插穗的成活率，下部插穗扦插成活率最高为 23.33%；YD 无性系下部硬枝插穗的扦插成活率显著高于中部和上部插穗的成活率，中部和上部插穗的成活率不存在显著差异，下部插穗扦插成活率最高为 80.00%；普通刺槐的下部、中部硬枝插穗的扦插成活率不存在显著差异，但都显著高于上部插穗的成活率，下部插穗扦插成活率最高为 78.89%。

5 个刺槐品系的硬枝插穗都以枝条的下部插穗的扦插成活率最高，中部次之，上部最低。5 个刺槐品系的硬枝下部插穗扦插平均成活率存在差异，YD 无性系的成活率最高（80.00%），其他依次为 K3（78.89%）、普通刺槐（78.89%）、K2（61.11%）、K4（23.33%）。

（四）不同生长调节物质种类和浓度对 5 个刺槐无性系硬枝扦插成活率的影响

5 个刺槐品系硬枝插穗分别进行 3 种植物生长调节物质（IBA、NAA 和 ABT）及其 3 种浓度（100 mg/L、200 mg/L 和 500 mg/L），共 9 个处理和清水处理作对照（CK），以整枝条的下部和中部插穗为材料，对硬枝插穗下端 2~3 cm 进行生长调节物质处理 30 min。每处理 3 个重复，每重复扦插 30 根插条，完全随机区组试验设计。扦插成活率的多重比较分析见表 4.2。

表4.2　刺槐无性系生长调节物质不同处理成活率多重比较

种类	浓度/（mg/L）	K2 成活率/%	K3 成活率/%	K4 成活率/%	YD 成活率/%	普通刺槐成活率/%
CK	0	20.00d	21.11e	5.57c	56.67f	36.67c
IBA	100	33.33bc	44.44d	7.78c	67.11e	64.45b
	200	57.78a	78.89ab	23.33a	78.89bc	77.78a
	500	51.11a	74.44abc	13.33bc	75.56cd	74.44a
NAA	100	26.67cd	41.11d	8.91c	57.78f	60.00b
	200	56.67a	68.89bc	17.78ab	77.78bcd	75.55a
	500	53.33a	67.78c	8.89c	71.11de	72.22a
ABT	100	38.89b	47.78d	12.22bc	73.33cde	64.44b
	200	63.33a	80.00a	22.22a	87.78a	77.78a
	500	60.00a	71.11abc	17.78ab	84.44ab	73.33a

由表 4.2 的结果可知，经不同种类和浓度植物生长调节物质处理 K2、K3、K4、YD 无性系和普通刺槐的硬枝扦插成活率存在显著差异；各品系的最佳硬枝扦插生长调节物质种类和浓度存在差异；各品系都以清水处理的 CK 成活率最低。

四倍体刺槐 K2 无性系不同种类、不同浓度生长调节物质处理硬枝插穗基部后扦插成活率存在显著差异，ABT 200 mg/L 处理扦插成活率最高为 63.33%，其次 ABT 500 mg/L 处理的扦插成活率为 60.00%，CK 处理的扦插成活率最低为 20%；四倍体刺槐 K3 无性系的硬枝插穗各处理间扦插成活率存在显著差异，ABT 200 mg/L 的处理扦插成活率最高为 80.00%，其次 IBA 200 mg/L 处理的扦插成活率为 78.89%，CK 处理的扦插成活率最低为 21.11%；四倍体刺槐 K4 无性系的硬枝插穗各处理间扦插成活率存在显著差异，IBA 200 mg/L 处理扦插成活率最高为 23.33%，其次 ABT 200 mg/L 处理的扦插成活率为 22.22%，CK 处理的扦插成活率最低为 5.57%；YD 无性系的硬枝插穗各处理间扦插成活率存在显著差异，ABT 200 mg/L 处理扦插成活率最高为 87.78%，其次 ABT 500 mg/L 处理的扦插成活率为 84.44%，CK 处理的扦插成活率最低为 56.67%；普通刺槐的硬枝插穗各处理间扦插成活率存在显著差异，IBA 200 mg/L 处理扦插成活率最高为 77.78%，同样高的还有 ABT 200 mg/L 处理的扦插成活率为 77.78%，CK 处理的扦插成活率最低为 36.67%。

在 5 个刺槐品系的硬枝扦插中，扦插成活率存在差异，YD 品系的成活率最高 87.78%，依次 K3 为 80.00%、普通刺槐为 77.78%、K2 为 63.33%、K4 为 23.33%；清水处理的 CK 扦插成活率都表现最低，YD、普通刺槐、K3、K2、K4 的清水处理扦插的成活率依次为 56.67%、36.67%、21.11%、20.00%、5.57%；5 个品系的扦插成活率都表现为 3 种生长调节物质浓度 100 mg/L 处理较 200 mg/L 和 500 mg/L

的扦插成活率低，ABT 200 mg/L 和 IBA 200 mg/L 处理的插穗成活率都较高。

对 5 个刺槐品系硬枝扦插的多个影响因子进行了研究，结果表明，下部插穗扦插成活率高，不同品系间扦插成活率存在差异，不同品系的最佳生长调节物质处理的种类和浓度也不同。①四倍体刺槐 K2、K3、K4、YD 和普通刺槐 5 个品系不同部位硬枝插穗的扦插成活率存在显著差异，都以下部插穗的成活率最好，分别为 61.11%、78.89%、23.33%、80.00% 和 78.89%。不同品系对扦插成活率也存在显著影响，YD 的生根能力最高，成活率最高为 87.78%；K4 无性系的生根能力最差，成活率仅 23.33%。②K2、K3、K4、YD 无性系和普通刺槐的硬枝经不同种类和浓度植物生长调节物质处理的扦插成活率存在显著差异，5 个品系的最佳处理分别是，K2 无性系在 ABT 200 mg/L 处理 30 min 成活率为 63.33%，K3 无性系在 ABT 200 mg/L 处理 30 min 成活率为 80.00%，K4 无性系在 IBA 200 mg/L 处理 30 min 成活率为 23.33%，YD 无性系在 ABT 200 mg/L 处理 30 min 成活率为 87.78%，普通刺槐经 ABT 或 IBA 200 mg/L 处理 30 min 成活率为 77.78%。③研究表明，生产中四倍体刺槐 K3、YD 和普通刺槐可以采用沙藏和生长调节物质处理的方法进行扦插，而四倍体刺槐 K2 扦插效果略差，且此方法不适合四倍体刺槐 K4 的硬枝扦插。

二、生长调节物质、插条质量及环境条件对四倍体刺槐硬枝扦插生根能力的影响

杨兴芳等（2007）探讨了生长调节物质处理、插条质量和扦插环境等因素对四倍体刺槐硬枝扦插繁殖效果的影响，探索了提高硬枝扦插成活率的方法。

选择健壮、发育充实、无病虫害、再生能力强的优质苗干做插穗，并随采集随处理，插穗长 12~20 cm，粗 0.8~2.5 cm，插穗上端距上芽 1 cm 处剪成平口，下端距下芽 0.5~0.8 cm 处剪成马蹄形。将剪截的插穗按照不同的长度、粗度分级，每 50 株为 1 捆，放入 0.2% 的高锰酸钾溶液中浸泡 12 h 后进行沙藏。扦插基质采用蛭石。

（一）不同生长调节物质处理对硬枝扦插的影响

4 月，分别用 200 mg/L 的 NAA、IBA、ABT、清水（CK）4 种溶液浸泡插穗 5 h，扦插后覆盖小拱棚进行保温保湿，定时浇水。

通过表 4.3 可以看出在硬枝扦插中，4 种不同的溶液处理对插条愈伤组织的形成影响差异不显著（F=3.67<$F_{0.05}$=5.14）。但 CK 处理下，愈伤组织形成慢，需时间长。同时，200 mg/L 的 IBA、NAA、ABT 的使用提高了四倍体刺槐的硬枝扦插成活率，其中 IBA 效果最好，提高了 22.1%，与对照差异极显著（F=74.45<$F_{0.01}$=

10.92），但 3 种处理间无显著差异（F=3.27<$F_{0.05}$=5.14）。这说明四倍体刺槐在硬枝扦插过程中低浓度生长调节物质处理能促进其生根，但成活率还是比较低，这与四倍体刺槐的树种生根特性有很大关系。

表4.3　不同生长调节物质处理对硬枝扦插的影响（杨兴芳等，2007）

生长调节物质	愈伤组织形成率/%	成活率/%
NAA	79.3	26.3
IBA	82.1	30.7
ABT	80.5	28.5
CK	78.0	8.6

（二）不同浓度处理的影响

分别采用不同浓度的 IBA、NAA、IBA 与 NAA 混合，对插条进行不同时间（200 mg/L 处理 5 h，500 mg/L 处理 5 min，1000 mg/L 处理 1 min）的处理，对比成活率。

通过试验可以看出（表 4.4），IBA、NAA、IBA+NAA 3 种处理对愈伤组织形成率均有一定的影响，3 种处理对插条成活率也有影响，其中 500 mg/L 处理 IBA 比 NAA 处理成活率高 8.1%；而 1000 mg/L 处理 NAA 比 IBA 处理成活率高 6.9%，这说明高浓度的 NAA 有利于提高插穗的成活率。从药剂浓度来看，低浓度的药剂处理下的成活率与高浓度处理下的成活率相差较大，高浓度的药剂处理成活率提高了大约 30%，IBA 与 NAA 混合使用，效果明显。

表4.4　不同浓度处理对硬枝扦插的影响（杨兴芳等，2007）

生长调节物质	处理浓度/（mg/L）	处理时间/min	愈伤组织形成率/%	成活率/%
IBA	200	300	82.5	28.5
	500	5	88.9	44.3
	1000	1	88.6	50.4
NAA	200	300	78.9	19.3
	500	5	84.3	36.2
	1000	1	90.8	57.3
IBA+NAA	200	300	86.7	26.3
	500	5	85.2	57.6
	1000	1	88.9	69.0

（三）插条长度对硬枝扦插的影响

采当年生枝条截取插穗，按照插条长度 12~15 cm、15~20 cm 分为两级，在 1000 mg/L 的 NAA 中速蘸 1 min 后扦插。试验结果表明（表 4.5），插条长度对愈伤组织形成率影响不显著（$F=0.27<F_{0.05}=7.71$），对插条成活率的影响差异显著（$F=15.6>F_{0.05}=7.71$），15~20 cm 的插条成活率提高了 5.9%，插条长度对苗木的生长量影响较大。

表4.5　插条长度对硬枝扦插的影响（杨兴芳等，2007）

插条长度/cm	愈伤组织形成率/%	成活率/%
12~15	88.3	42.4
15~20	89.6	48.3

（四）插条粗度对硬枝扦插的影响

采用 1 年生枝条截取插穗，按照插穗粗度 0.8~1.5 cm、1.5~2.5 cm 分级（插穗长 15 cm 左右），插穗用 1000 mg/L 的 NAA 处理 1 min 进行扦插，结果见表 4.6。插条粗度对硬枝扦插成活率影响显著（$F=12.54>F_{0.05}=7.71$），粗度 1.5~2.5 cm 的硬枝扦插成活率提高了 11.4%；插条粗度对苗木的生长量也影响较大。这与插条长度的影响有一定差别。这是因为插条粗度较插条长度对插穗本身储存营养物质多少的影响更大，这对于插穗先发芽长叶后生根的四倍体树种尤为重要。受插条粗度的影响，插条成活后，无论是根的数量还是长度，粗的插条比细的插条多，在栽培过程中就表现出比较好的生长势。

表4.6　插条粗度对硬枝扦插的影响（杨兴芳等，2007）

插条粗度/cm	愈伤组织形成率/%	成活率/%
0.8~1.5 cm	86.1	43.5
1.5~2.5 cm	90.2	54.9

（五）扦插环境对硬枝扦插的影响

将沙藏好的插条用 1000 mg/L 的 NAA 处理 1 min，扦插基质为壤土和蛭石混合物（1∶1）。分别于 4 月上旬进行露地扦插，3 月初在温室内进行扦插。温床催根在 2 月初进行，将插条成捆放入电热线铺成的温床中，使地温保持在 20℃左右，外界气温 15℃，经过 40 d 催根后将插条在营养钵中扦插（为保护插条，先在营养钵底部放入 2 cm 厚的混合土，然后放入插条，再用基质覆盖，然后用水浇透），放入温室中，保持温室温度大约在 25℃。

从表 4.7 中可看出，3 种扦插环境，以温床催根法成活率最高，达 78.9%，由于根部加温，使根的产生先于叶芽生长或保持同步，有益于减缓生根前叶芽生长所带来的水分平衡矛盾。通过插条基部加温，降低了插条内源生长抑制物质含量，增加了生长物质含量和芽的活动能力。温室扦插虽然插条发芽率较高，但由于温室中气温高于地温、昼夜温差过大，部分插条只形成愈伤组织还未生根就因为缺乏养分和水分枯死，成活率最低，仅为 25.8%；露地扦插通过作垄也提高了土壤温度，一定程度上有利于插条成活。

表4.7　扦插环境对硬枝扦插的影响（杨兴芳等，2007）

扦插环境	愈伤组织形成率/%	成活率/%
露地	72.9	38.1
温室	78.5	25.8
温床催根	91.3	78.9

外源生长调节物质的使用可以提高四倍体刺槐硬枝扦插成活率，本试验中采用 1000 mg/L 的 NAA+IBA 混合处理插条下切口，可以使成活率达到 60%以上；对插条在秋季进行沙藏，春季采用温床进行催根，通过插条基部加温，降低了插条内源生长抑制物质含量，催根后插入营养钵中，采用拱棚保湿，使成活率可以达到 80%左右。插条的粗度在 1~2 cm、长度在 15 cm 左右最为合适。扦插最好采用保温性好的蛭石作基质，有利于提高地温，提高扦插成活率。

第二节　硬枝越冬沙藏催根扦插育苗技术

低温越冬沙藏和倒催根方法一般应用于难生根树种的硬枝扦插，冷杉、落叶松、毛白杨、悬铃木和红瑞木等树种的越冬低温沙藏硬枝扦插试验都取得了良好的生根效果（王华荣，2008；何文林等，2007；李忠等，2003；Hinesley et al.，1981；John A，1979），裴保华和郑钧宝（1984）证实毛白杨沙藏时结合生长调节物质处理明显改善了其生理过程，显著提高了硬枝扦插成活率。

孟丙南等（2010a）针对四倍体刺槐 K4 无性系硬枝扦插困难的问题，采用越冬沙藏催根法对其进行硬枝扦插优化研究。

一、材料与方法

试验地选在河南省洛宁县吕村林场苗圃，地处东经 111°40′、北纬 34°23′，属暖温带大陆性季风气候，年平均气温 13.7℃，最高气温 42.1℃，极端最低气温 −21.3℃；年平均降水量 606 mm，多集中在 6~8 月；年蒸发量 1562.8 mm，无霜期 216 d。气候特点是春旱多风，夏热多雨，秋爽日照长，冬长寒冷少雨雪，四季分明，雨热同季。该苗圃地势平坦，土壤为褐土，土层厚度 63 cm，通透性好，肥力中等，有机质含量 0.85%，pH 7.2，灌溉便利。试验温室为钢筋骨架，东西走向，单面坡向南，内铺设自动喷雾装置。

插穗冬季处理：试验材料为四倍体刺槐 K4 无性系一年生健壮、无病虫害枝条，取自该苗圃的四倍体刺槐采穗圃。10 月末，待一年生四倍体刺槐落叶后，剪取其地上部分枝条作插穗。插穗修剪成长 15 cm 左右，下端马蹄形斜切面，上端为平切面，上、下切口在距芽 0.5 cm。每 30 根插穗绑成一捆。插穗下端 2 cm 以下浸泡于一定浓度生长调节物质溶液中，浸泡时间为 0.5 h。插穗浸泡处理后，垂直放置在沙藏池的湿粗沙上，上端覆盖粗湿沙，务必充分接触不留空隙。

沙藏池的准备及沙藏：选背风向阳处挖约 1 m 的深土坑，面积根据插穗数量而定，土坑最下层铺碎石块 5 cm，再铺一层 10 cm 厚的湿粗沙，处理好的插穗摆放于粗沙上面，上层盖 20 cm 厚湿粗沙，最上层覆盖塑料薄膜，可保温保湿。土坑中央和四角各放置一束玉米秆，使埋藏的插穗可以与外界通气，防止插穗发热造成霉烂。所用粗沙皆用 2000 倍多菌灵均匀搅拌处理。

插穗春季处理：插穗经沙藏池储藏一冬季后，第二年春季 3 月上旬，揭开沙藏池上部的塑料薄膜，去除上层约 10 cm 厚粗沙。待 4 月上旬把已形成愈伤的插穗从储藏池中取出，再次用同种类同浓度生长调节物质溶液浸泡插穗下端 2 cm 以下部位 0.5 h 后，扦插于准备好的沙床上。

扦插沙床的准备：在温室内布置扦插沙床，最下层铺 5 cm 厚牛粪，上层铺 25 cm 厚粗沙。扦插前基质用 2000 倍多菌灵均匀搅拌处理。

扦插后管理和调查：4 月上旬扦插后，沙床及时喷透水，盖好塑料薄膜保湿。此后，根据床内基质湿度每隔 2~3 d 浇水 1 次，保持基质湿润。同时，注意棚内温度变化，当棚内温度超过 28℃ 时，及时进行两端通风降温。为防止杂菌污染，每隔 5~7 d 喷 1 次 2000 倍多菌灵。

二、不同处理方式下硬枝插穗的扦插成活率比较

插穗分别进行如下不同方式处理。

处理 1：春季扦插时直接采取田间生长的枝条修剪成插穗，用 500 mg/L 的 IBA 溶液浸泡插穗下端 2 cm 以下部位 0.5 h 处理后作扦插。

处理 2：插穗冬季室外沙藏池沙藏，扦插时用 500 mg/L 的 IBA 溶液浸泡插穗下端 2 cm 以下部位 0.5 h 处理。

处理 3：插穗冬季室外沙藏池沙藏时进行 500 mg/L 的 IBA 溶液浸泡插穗下端 2 cm 以下部位 0.5 h 处理，春季直接用来扦插。

处理 4：插穗冬季室外沙藏池沙藏时进行 500 mg/L 的 IBA 溶液处理，扦插时第二次用 500 mg/L 的 IBA 溶液处理。

每组处理重复 3 次，每次扦插 30 根插穗，完全随机区组试验设计。待插穗扦插 60 d 进行扦插成活率调查。利用 EXCEL 和 SPSS13.0 统计软件进行数据分析（百

分率先进行反正弦转化）。四倍体刺槐硬枝插穗经 4 种不同处理方式处理后扦插成活率的多重比较分析见表 4.8。

表4.8　不同处理方式插穗成活率多重比较

序号	处理方式	成活率/%
处理 1	不沙藏扦插时用 IBA500 mg/L 处理一次	23.33c
处理 2	沙藏后扦插时 IBA500 mg/L 处理一次	43.33b
处理 3	沙藏时 IBA500 mg/L 处理一次	40.00b
处理 4	沙藏和扦插时分别用 IBA500 mg/L 处理	62.22a

由表 4.8 可知，四倍体刺槐 K4 硬枝插穗经不同处理方式处理后扦插成活率表现出显著差异。沙藏结合两次 IBA 500 mg/L 处理的插穗平均生根率 62.22%，显著高于其他三种处理方式；不做冬季沙藏处理仅扦插时作 IBA 500 mg/L 处理的成活率为 23.33%，显著低于其他三种处理方式；沙藏结合扦插经过二次的 IBA 500 mg/L 处理的插穗扦插平均成活率高于仅沙藏时经过一次 IBA 500 mg/L 处理的插穗，达到显著差异。可见，生长调节物质处理结合冬季低温沙藏方法显著提高了四倍体刺槐的扦插成活率。

三、不同放置方式的沙藏对插穗扦插成活率影响

在落叶后剪切插穗，然后将插穗下端 2 cm 以下部位用 IBA 500 mg/L 浸泡处理后进行沙藏越冬处理，沙藏时按常规的插穗基部垂直向下正置和插穗基部垂直向上的倒置两种不同放置方式放置于室外沙藏池中。春季从沙藏池中取出，第二次用 IBA 500 mg/L 处理后进行扦插试验。每组处理重复 3 次，每重复扦插 30 根插穗，完全随机区组试验设计。

硬枝插穗经过两种沙藏放置方式和两次 IBA 500 mg/L 处理后，其成活率表现出明显差异。硬枝插穗冬季倒置沙藏，在沙藏时和扦插时分别进行生长调节物质处理后，其扦插平均成活率 65.56%，而沙藏时插穗正置处理的平均成活率为 58.9%。方差分析表明，倒置处理的插穗成活率显著大于正置处理的插穗（$P < 0.05$）。

插穗倒置后成活率提高与愈伤组织的形成有关，春季随着温度升高，地温也渐渐回升，此时地表的上层温度高于下层温度。插穗基部朝上倒置，插穗基部处温度高，有利于愈伤组织的形成和不定根的发育；插穗顶部则由于温度较低，抑制了芽的萌发，这对插穗成活是十分有利的；同时，基部温度较高也可能导致内源激素向插穗基部运输集中，促进不定根的形成。

四、不同种类、不同浓度生长调节物质处理对插穗扦插成活率的影响

3 种生长调节物质分别为 IBA、NAA 和 ABT，分别采用 100 mg/L、500 mg/L 和 1000 mg/L 3 种处理浓度。每处理 3 个重复，每重复扦插 30 根插穗，完全随机区组试验设计。在插穗扦插 60 d 后，进行扦插成活率调查，成活率见表 4.9。

表4.9　生长调节物质不同种类、不同浓度处理的扦插成活率多重比较

种类	浓度/（mg/L）	成活率/%
ABT	500	71.11a
IBA	500	67.78ab
NAA	500	66.67ab
ABT	1000	52.22c
IBA	1000	47.78c
NAA	1000	44.44c
ABT	100	41.11c
IBA	100	36.67c
NAA	100	33.33c

从表 4.9 可知，生长调节物质不同种类、不同浓度处理插穗的扦插成活率存在显著差异。ABT 500 mg/L 处理的成活率最高，为 71.11%，NAA 100 mg/L 处理的插穗成活率最低，仅为 33.33%；NAA 500 mg/L 处理的插穗成活率高于 1000 mg/L 和 100 mg/L 处理过的插穗；相同浓度的情况下，ABT 处理过的插穗扦插成活率高于 IBA 和 NAA 处理过的插穗。

3 种外源激素 1000 mg/L 处理过的插穗成活率低于 500 mg/L 处理过的插穗，可能与经过 1000 mg/L 处理过的部分插穗基部出现皮部腐烂有关，表明四倍体刺槐硬枝插穗不适合高浓度的生长调节物质长时间浸泡。

五、室外沙藏与温室沙藏插穗的成活率

四倍体刺槐硬枝插穗用 IBA 500 mg/L 处理，分别在室外沙藏和温室沙藏，两种方法的扦插成活率方差分析存在显著差异。室外沙藏的插穗扦插平均成活率为 58.89%，温室沙藏的插穗扦插平均成活率为 67.78%，后者扦插成活率显著高于前者（$P < 0.05$）。这可能与温室内沙藏池的温度和湿度都明显高于室外沙藏池，有利于插穗沙藏期的发育和愈伤组织的形成。

越冬沙藏催根法应用于四倍体刺槐 K4 无性系的硬枝扦插取得显著效果。沙藏结合扦插时和生根前两次生长调节物质处理的四倍体刺槐 K4 硬枝插穗扦插成

活率比常规硬枝扦插显著提高，也显著高于扦插时或生根前的一次生长调节物质处理的扦插成活率。越冬沙藏催根结合沙藏时插穗倒置（倒催根）法能显著提高K4无性系的硬枝扦插成活率，扦插成活率由61.11%提高到71.11%。不同种类、浓度的生长调节物质处理对本研究扦插成活率的影响显著，其中，ABT 500 mg/L处理的成活率最高为71.11%。

生长调节物质处理结合越冬沙藏，提高了插穗的含水率，促进了糖、氮化合物的转化，有利于消除插穗体内的生根抑制物质，呼吸强度明显提高，促进愈伤组织的形成和不定根原基的分化，进而促进插穗生根成活。不同种类、不同浓度的生长调节物质处理的插穗中，ABT 100 mg/L 、NAA 100 mg/L 处理插穗扦插效果最差。可见，适宜种类、浓度的生长调节物质处理是难生根树种生根的重要技术手段。沙藏时插穗倒置（倒催根）比沙藏时正置处理扦插成活率显著提高，可能与地表存在温差，沙藏时插穗基部朝上倒置，比较接近地表，插穗基部的昼夜温差较大，在白天阳光照射下地表温度升高，夜间地表温度随气温降低而较低，有利于物质转化和愈伤组织的形成，从而促进不定根的形成。在同样的生长调节物质处理下，温室沙藏处理插穗比室外储藏池沙藏处理效果好。

第三节　硬枝埋杆黄化催芽扦插育苗技术

插穗黄化处理，是促进插穗生根的措施之一，可使多数原来扦插繁殖困难的品种经处理后能生根成活。嫩枝黄化扦插生根技术被应用于难生根树种的扦插繁殖，取得了良好的效果（史玉群，2001；森下义郎等，1988；李继华，1987）。

黄化处理是把要扦插的枝条在未切离原株之前，放在黑暗或半黑暗的环境让其生长发育一段时间。黄化处理不仅能够抑制生根阻碍物质的生成，增强植物生根激素的活性，而且还可以使插穗木质化速度减慢，保持组织的幼嫩性（森下义郎等，1988；李继华，1987）。黄化处理结合生长调节物质处理可使难生根树种获得生根能力（郭素娟，1997）。

常见的插穗黄化处理方法如图4.1所示。发芽前先用黑塑料袋套住枝条（图4.1A），待新芽长出后，去掉塑料袋，随即用黑布缠绕新枝基部（图4.1B），枝叶变绿后剪下插穗扦插。但这种嫩枝黄化方法操作复杂，效率较低，并不适合于生产中规模化推广。

裴东等（2004）在核桃无性系繁殖中采用硬枝埋杆黄化催芽嫩枝扦插生根的方法，催芽嫩枝基部黄化效果好，扦插成活率大大提高，且操作方法比常规的方法简易。孟丙南等（2010a）对此方法改进并应用于四倍体刺槐难生根无性系的硬枝扦插，以期进一步优化其扦插技术。试验中发现埋杆黄化催芽嫩枝扦插方法应

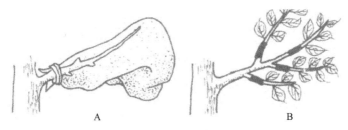

图4.1 黄化处理示意图（引自李继华，1987）

用于四倍体刺槐扦插取得了良好的效果。在四倍体刺槐无性系黄化催芽嫩枝扦插生根的过程中，以黄化嫩枝和未黄化嫩枝作比较研究，分析其生根过程的形态结构、生理生化指标氧化酶活性和内源激素水平的变化，为黄化催芽扦插技术的改进提供了依据。

试验地选在河南省洛宁县吕村林场苗圃，地处东经 111°40′、北纬 34°23′，属暖温带大陆性季风气候，年平均气温 13.7℃，最高气温 42.1℃，极端最低气温 –21.3℃；年平均降水量 606 mm，多集中在 6~8 月；年蒸发量 1562.8 mm，无霜期 216 d。气候特点是春旱多风，夏热多雨，秋爽日照长，冬长寒冷少雨雪，四季分明，雨热同季。该苗圃地势平坦，土壤为褐土，土层厚度 63 cm，通透性好，肥力中等，有机质含量 0.85%，pH 7.2，灌溉便利。

试验材料为四倍体刺槐 K4 无性系，选取一年生健壮、无病虫害枝条，采自吕村林场苗圃的四倍体刺槐采穗圃。试验在温棚中进行，分为催芽温棚和扦插温棚。催芽温棚水泥骨架，单面坡向南，棚内建催芽池，铺设自动喷雾装置；扦插温棚为毛竹骨架小棚，棚内铺设自动喷雾装置，棚外顶部架设喷水降温设施。

一、试验方法

枝段处理：于当年 10 月末，待四倍体刺槐停止生长、落叶后，剪取一年生健壮、无病虫害枝条，修剪除去枝条上的侧枝，剪成 10~20 cm 的枝段，并将枝段的下端修剪成马蹄形斜切面，上端为平切面，上、下切口距芽 0.5 cm，其中，枝段的直径为 10~20 mm。将修剪后的枝段绑成捆放置于沙藏池中。

准备沙藏池：在试验地温室外，选择背风向阳的地方，挖土坑作为沙藏池，其中沙藏池池深 1 m，面积根据枝段数量而定，沙藏池的最下层铺厚度为 5~10 cm 的经多菌灵灭菌的碎石块；然后在碎石层的上面再铺一层厚度为 10 cm 的经多菌灵处理的灭菌湿粗沙，备用。

冬季沙藏处理：将修剪好的枝段的上端朝上、下端朝下垂直放于沙藏池的湿粗沙的上面，在沙藏池的四个角上和沙藏池的中央分别垂直放置一束灭过菌的玉米秸秆，使埋藏的枝段可以与外界通气，防止枝段穗发热造成霉烂。在枝段的上面覆盖一层经多菌灵处理的灭菌湿粗沙，湿粗沙表面用铁锨拍打压实，不留空隙，湿粗沙层的厚度为 20 cm，然后在沙藏池的最上层覆盖塑料薄膜，以保温保湿，其中，沙藏池的温度保持在 0~7℃，相对湿度为 70%~80%。

准备催芽池：在试验地催芽温棚内的地面上挖宽 2 m、深 0.4 m 的催芽池，催芽池的长度根据枝段数量而定；催芽池上部铺设自动喷雾装置，催芽池的底部铺上 5~10 cm 厚的经过多菌灵灭菌的碎石块，在碎石块上面铺 10 cm 厚的经过多菌灵灭菌的湿粗沙。

催芽处理：第二年 3 月初，取出沙藏枝段，在温室内催芽池中进行催芽处理。枝段摆放前用 2000 倍多菌灵均匀喷洒处理。然后均匀平躺摆放于湿粗沙上，枝段之间间隔 2~3 cm，上层覆湿粗沙。催芽过程中定时观测温室温度与床畦温度，使温棚内温度保持在 15~30℃，适时喷水保持相对湿度 75%~80%。

扦插：在催芽扦插处理 4 月初，待催芽池中催芽嫩枝生长至 12 cm 左右时，将嫩枝带芽基瓣下，用一定浓度生长调节物质溶液速蘸插穗基部 2 cm 范围，处理时间为 30 s，在温棚内用混合土（牛粪与生黄土体积比为 2∶1）作基质的营养杯中进行扦插育苗。

扦插后管理：4~5 月，在温棚内扦插，插后第一周可加遮阳网，利用自动喷雾装置保持叶面湿度。中午勤喷，以保持叶面湿润为原则（10 min 左右喷一次，每次喷 10 s 左右），早晨、下午少喷，晚上停止喷雾。待 11 d 左右观察到催芽嫩枝开始生根后，逐渐减少喷水次数。扦插苗生根 15 d 后，开始炼苗，主要措施是通风、减少喷水量、增强光照强度等。

二、黄化催芽扦插试验设计

硬枝埋杆催芽覆沙试验：将枝条平铺于催芽池的沙面上，用细沙覆沙枝条，覆沙厚度分别为 0 cm、2 cm、4 cm、6 cm，然后进行催芽处理，并调查催芽情况。

基部黄化和基部未黄化嫩枝插穗的扦插生根比较：硬枝埋杆催芽时，根据枝条上部覆沙厚度不同，催生出的嫩枝可分为基部黄化催芽嫩枝与基部未黄化催芽嫩枝（简称"黄化嫩枝"与"未黄化嫩枝"），分别采取两种嫩枝用 IBA 2000 mg/L 处理插穗，每处理重复 3 次，每次处理 30 个插穗。

生长调节物质筛选试验：取黄化嫩枝插穗，分别用 IBA 500 mg/L、IBA 1000 mg/L、IBA 2000 mg/L、ABT 2000 mg/L 和 NAA 2000 mg/L 的生长调节物质溶液处理插穗，以清水处理做对照。按照完全随机区组试验设计，每处理重复 3 次，每组重复 30 个插穗。

扦插 20 d 后调查生根率、愈伤率、腐烂率、总根条数、根长度等指标。利用 EXCEL 和 SPSS 13.0 统计软件进行数据分析和多重比较（百分率先进行反正弦转化）。

三、不同覆沙深度对硬枝埋杆催芽的影响

硬枝埋杆催芽的覆沙厚度不同造成出芽早晚不同，覆沙越厚出苗时间越晚。覆沙 0 cm 出芽时间在埋杆后的 8~10 d，催芽嫩枝基部没有黄化现象发生；覆沙 2 cm、4 cm 厚度的处理出芽时间在 12~14 d，催芽嫩枝基部黄化；覆沙埋杆厚度 6 cm 出芽在 16~20 d，催芽嫩枝基部黄化；覆沙 8 cm 时很少出芽或不出芽。

四、黄化嫩枝与未黄化嫩枝形态比较

黄化嫩枝（如图 4.2A 和图 4.2C）与未黄化嫩枝（如图 4.2B 和图 4.2D）外部形态观察比较发现如下情况。

（1）基部黄化嫩枝节间距离长于基部未黄化嫩枝；

（2）基部黄化嫩枝复叶分枝角度小于基部未黄化嫩枝；

（3）基部黄化嫩枝每复叶含单叶数量少于基部未黄化嫩枝；

（4）基部黄化嫩枝叶片颜色嫩黄，叶面积小于基部未黄化嫩枝的叶片。

图4.2　黄化嫩枝插穗与未黄化插穗形态比较

A和C为黄化嫩枝插穗，B和D为未黄化嫩枝插穗

五、黄化嫩枝与未黄化嫩枝扦插生根率的比较

黄化嫩枝与未黄化嫩枝插穗都用 IBA 2000 mg/L 浸泡处理基部 30 s 后，在温室内进行扦插对比试验。扦插的生根效果见表 4.10。

表4.10　K4无性系黄化嫩枝与未黄化嫩枝扦插的生根情况

插穗类型	种类	浓度/（mg/L）	生根率/%	平均生根数/条	平均生根长度/cm
黄化嫩枝	IBA	2000	89.4	9.3	13.56
未黄化嫩枝			76.2	6.2	11.86

由 t 检验可知，K4 无性系黄化嫩枝与未黄化嫩枝扦插在生根率、平均生根数和生根长度存在显著差异，黄化嫩枝的生根率、平均生根数和生根长度大于未黄化嫩枝，其分别为 89.4%、9.3 条和 13.56 cm。

从表 4.10 可以看出，四倍体刺槐的黄化嫩枝与未黄化嫩枝的插穗经 IBA 2000 mg/L 处理后，扦插生根率、生根数和生根长度都存在显著差异，黄化嫩枝插穗的扦插生根效果明显优于未黄化嫩枝的插穗。可见，黄化嫩枝结合植物生长调节物质处理能够明显提高四倍体刺槐的扦插生根率。这同前人的结论一致，生长调节物质对经过黄化处理的插穗刺激作用最为明显，插穗黄化处理与生长调节物质配合能使许多难生根树种生根。

六、生长调节物质对黄化嫩枝扦插生根率的影响

将黄化嫩枝插穗和未黄化的对照插穗，分别用 IBA 500 mg/L、1000 mg/L、2000 mg/L，ABT 2000 mg/L 和 NAA 2000 mg/L 的生长调节物质溶液处理后，扦插 20 d 后调查。

从表 4.11 可知，K4 无性系黄化嫩枝经 IBA 不同浓度处理之间的扦插在生根率、平均生根数和生根长度存在显著差异，以 IBA 2000 mg/L 处理 30 s 的生根效果最佳，其生根率 89.4%、平均生根数 9.2 条和生根长度 13.56 cm；在各处理中以 ABT 2000 mg/L 处理 30 s 的生根效果最佳，其生根率 90.6%、平均生根数 9.9 条和生根长度 13.27 cm；对照即不做生长调节物质处理的生根效果最差。

表4.11　K4无性系黄化嫩枝不同生长调节物质处理的生根的多重比较

生长调节物质	浓度/（mg/L）	生根率/%	生根数量/条	生根长度/cm
CK	0	31.5c	4.5c	8.35c
IBA	500	79.8b	7.3b	10.85b
	1000	82.1b	7.5b	11.27ab
	2000	89.4a	9.2a	13.56a
ABT	2000	90.6a	9.9a	13.27a
NAA	2000	79.8b	8.3b	10.85b

从表 4.11 可知，四倍体刺槐的黄化嫩枝插穗用 IBA 2000 mg/L 处理后的生根率效果较好，但在调查中也发现，IBA 2000 mg/L 处理的插穗下部变黑，推测与黄化嫩枝插穗的耐受性较差有关，因此未采用更高浓度 IBA 处理插穗扦插。在试验中，未经过生长调节物质处理的黄化嫩枝插穗，扦插生根效果最差，而经过生长调节物质 IBA 各浓度处理后的黄化插穗扦插生根率均比未经过 IBA 处理的黄化插穗显著提高。

七、扦插过程插穗外部形态观察

采取插穗基部黄化嫩枝插穗和未黄化嫩枝插穗各 300 个，经 IBA 2000 mg/L 浸泡处理 30 s，在温室内进行扦插对比试验。生根过程中，扦插后 1 h（记为 0 d），24 h（记为 1 d），72 h（记为 3 d），依次 5 d、7 d、9 d、11 d 直至插穗大部分生根。每次随机各抽取 30 个插穗，观察插穗外部形态及时记录，并收集试验材料。

对四倍体刺槐黄化嫩枝插穗扦插过程中外部形态观察发现：扦插后 1 d 插穗部分出现轻微萎蔫现象，2 d 或 3 d 全部恢复；3 d 时插穗基部切口处出现愈伤组织；5 d 时愈伤大量出现并且有部分继续膨大；9 d 时，插穗的愈伤组织处出现不定根，有插穗下部的韧皮部颜色变黑甚至脱落，在插穗基部 2 cm 处再次出现愈伤组织；11 d 时插穗出现大量不定根，插穗基部 2 cm 以下的皮层也出现不定根。李云等（2004）在四倍体刺槐组培苗不定根发育过程中进行解剖观察发现，四倍体刺槐不定根发育可分为 3 个阶段：初生髓射线细胞的分裂与分化期（愈伤组织诱导期）；不定根原基形成期（不定根诱导期）；不定根形成期（不定根伸长期）。因此，根据上述观察结果，可以认为扦插后 0~3 d 为愈伤组织诱导期；3~9 d 为不定根原基形成期；9~11 d 为不定根伸长期。

未黄化嫩枝插穗的扦插生根过程大致相似，未黄化嫩枝插穗的愈伤组织明显多于基部黄化嫩枝的插穗，且部分插穗只出现愈伤组织不形成不定根，未黄化嫩枝插穗的基部未出现颜色变黑或脱落的现象，可能其对生长调节物质的耐受性较强有关。

八、黄化催芽扦插过程氧化酶活性变化

扦插后 0 d、1 d、3 d、5 d、7 d、9 d、11 d，从抽取的 30 个插穗中随机选取 10 个用锋利刀片剥取基部 2 cm 韧皮部，万分之一天平称取鲜重后，迅速投入液氮罐中，带回实验室放入 –80℃ 冰箱中保存。用比色法测定样品的 IAAO（吲哚乙酸氧化酶）、POD（过氧化物酶）、PPO（多酚氧化酶）含量，每次重复测定 3 次。

黄化嫩枝插穗和未黄化嫩枝插穗扦插过程中 POD 的活性变化如图 4-3。

由图 4.3 可见，四倍体刺槐黄化嫩枝和未黄化嫩枝扦插 POD 活性变化趋势基本一致，整个过程中黄化嫩枝的 POD 活性高于未黄化嫩枝。在扦插后的 1~3 d 即愈伤组织诱导期，POD 活性均上升；在扦插后 3~9 d 即不定根原基形成期，POD 活性先升高至最高点，然后降低；在扦插后 9~11 d 即不定根伸长期，POD 活性上升。可见，POD 活性的变化随扦插生根时期的不同发生着有规律的变化。已有

研究发现：POD 活性在扦插生根过程中会出现 2 个高峰（宋金耀等，2001），分别参与根的诱导及表达，POD 作用的某些产物可能是不定根发生和发展所必需的辅助因子，促进不定根的形成。本试验中 POD 活性变化与前人的结果相似。

黄化嫩枝插穗和未黄化嫩枝插穗扦插过程中 IAAO 的活性变化如图 4.4。

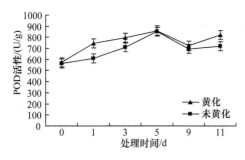

图4.3　扦插生根过程中POD活性变化

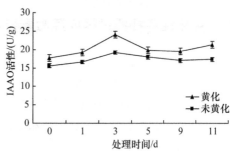

图4.4　扦插生根过程中IAAO活性变化

由图 4.4 表明，四倍体刺槐黄化嫩枝和未黄化嫩枝扦插 IAAO 活性变化趋势基本一致。在四倍体刺槐黄化嫩枝扦插后的 1~3 d 即愈伤组织诱导期，IAAO 活性均上升；在扦插后 3~9 d 即不定根原基形成期，IAAO 活性逐渐降低；在扦插后 9~11 d 即不定根伸长期，黄化嫩枝插穗 IAAO 活性略微上升，而未黄化嫩枝 IAAO 活性变化不明显。IAAO 是分解 IAA 的专一性酶，该酶利用 O_2 对 IAA 进行氧化，在 3~9 d 时未黄化嫩枝体内的 IAAO 活性低于黄化嫩枝的 IAAO 活性。

黄化嫩枝扦插和未黄化嫩枝扦插过程中 PPO 的活性变化如图 4.5。黄化嫩枝插穗 PPO 活性明显高于未黄化嫩枝，在愈伤组织诱导期，两处理插穗中 PPO 活性逐渐上升；在不定根原基形成期，黄化插穗和未黄化插穗 PPO 活性均有明显升高；在不定根伸长期，各处理 PPO 活性均有所下降。可见，PPO 活性随着扦插生根时期的不同发生有规律的变化。愈伤组织膨大和皮孔生根的交错期，PPO 活性的增加参与合成生根辅助因子，有利于根原基的发育和不定根的诱导，促进不定根的形成。PPO 活性下降，促进不定根伸长。而未黄化嫩枝插穗中 PPO 活性

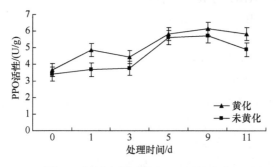

图4.5　扦插生根过程中PPO活性变化

在扦插初期升高较低，合成的生根辅助因子少，不利于根的诱导，在不定根表达期（9 d）达到了高峰，愈伤组织越来越多，大量的愈伤组织抑制了插穗生根，在不定根伸长期（9~11 d），PPO 活性下降，愈伤组织逐渐老化、腐烂，从而抑制不定根的表达。

九、黄化催芽扦插过程内源激素变化

扦插后 0 d、1 d、3 d、5 d、7 d、9 d、11 d，从抽取的 30 个插穗中随机选取 10 个，用锋利刀片剥取插穗基部 2 cm 韧皮部，万分之一天平称取鲜重后，迅速投入液氮罐中，带回实验室，用间接酶联免疫法（ELIAs）测定吲哚乙酸（IAA）、脱落酸（ABA）、赤霉素（GA$_3$）和玉米素核苷（ZR），每样品重复测定 3 次。

（一）样品中激素的提取

①称取 0.5~1.0 g 新鲜植物材料（若取样后材料不能马上测定，用液氮速冻半小时后，保存在–20℃的冰箱中），加 2 mL 样品提取液，在冰浴下研磨成匀浆，转入 10 mL 试管，再用 2 mL 提取液分次将研钵冲洗干净，一并转入试管中，摇匀后放置在 4℃冰箱中。②4℃下提取 4 h，3500 r/min 离心 8 min，取上清液。沉淀中加 1 mL 提取液，搅匀，4℃下再提取 1 h，离心，合并上清液并记录体积，残渣弃去。上清液过 C-18 固相萃取柱。③具体步骤是：80%甲醇（1 mL）平衡柱→上样→收集样品→移开样品后用 100%甲醇（5 mL）洗柱→100%乙醚（5 mL）洗柱→100%甲醇（5 mL）洗柱→循环。将过柱后的样品转入 5 mL 塑料离心管中，真空浓缩干燥或用氮气吹干，除去提取液中的甲醇，用样品稀释液定容（一般 1 g 鲜重用 2 mL 左右样品稀释液定容，测定不同激素时还要稀释适当的倍数再加样）。

（二）样品测定

①竞争：即加标准样、待测样和抗体。加标准样及待测样：取适量所给标准样稀释配成：IAA、ABA、ZR 标准曲线的最大浓度为 100 ng/mL，GA 的最大浓度为 10 ng/mL，JA-ME 的最大浓度为 200 ng/mL。然后再依次 2 倍稀释 8 个浓度（包括 0 ng/mL）。将系列标准样加入 96 孔酶标板的前两行，每个浓度加 2 孔，每孔 50 μL，其余孔加待测样，每个样品重复两孔。②加抗体：在 5 mL 样品稀释液中加入一定量的抗体（最适稀释倍数见试剂盒标签，如稀释倍数是 1∶2000，就要加 2.5 μL 的抗体），混匀后每孔加 50 μL，然后将酶标板加入湿盒内开始竞争。竞争条件 37℃左右 0.5 h。③洗板：将反应液甩干并在报纸上拍净，第一次加入洗涤液后要立即甩掉，然后再接着加第二次。共洗涤 4 次。④加二抗：将适当的酶标二抗，加入 10 mL 样品稀释液中（比如稀释倍数 1∶1000 就加 10 μL），混匀后，

在酶标板每孔加 100 μL，然后将其放入湿盒内，置 37℃下，温育 0.5 h。⑤加底物显色：称取 10~20 mg 邻苯二胺（OPD）溶于 10 mL 底物缓冲液中（小心勿用手接触 OPD），完全溶解后加 4 μL 30% H_2O_2。混匀，在每孔中加 100 μL，然后放入湿盒内，当显色适当后（肉眼能看出标准曲线有颜色梯度，且 100 ng/mL 孔颜色还较浅），每孔加入 50 μL 2 mol/L 硫酸终止反应。⑥比色：在酶联免疫分光光度计上依次测定标准物各浓度和各样品 490 nm 处的 OD 值。

（三）结果计算

用于 ELISA 结果计算最方便的是 Logit 曲线。曲线的横坐标用激素标样各浓度（ng/mL）的自然对数表示，纵坐标用各浓度显色值的 Logit 值表示。Logit 值的计算方法如下：

$$Logit(B/B_0)=lnB/(B-OB)$$

式中，B_0 是 0 ng/mL 孔的显色值，B 是其他浓度的显色值。

待测样品可根据其显色值的 Logit 值从图上查出其所含激素浓度（ng/mL）的自然对数，再经过反对数即可知其激素的浓度（ng/mL）。求得样品中激素的浓度后，再计算样品中激素的含量（ng/g·FW）。

对黄化嫩枝插穗和未黄化嫩枝插穗扦插生根过程中的插穗基部韧皮部四种内源激素含量变化进行研究，包括生长素 IAA、脱落酸 ABA、赤霉素 GA_3 和细胞分裂素 ZR。黄化嫩枝插穗和未黄化嫩枝插穗扦插过程中插穗基部韧皮部 IAA 的含量动态变化如图 4.6。

从图 4.6 可看出，黄化嫩枝插穗 IAA 含量高于未黄化嫩枝，在扦插后的 1~3 d 即愈伤组织诱导期，IAA 含量均急剧下降；在 3~9 d 即不定根原基形成期，IAA 含量先升高，然后下降；在扦插后 9~11 d 即不定根伸长期，IAA 含量变化不明显。扦插插穗中 IAA 含量的变化趋势大体表现出降低–升高–降低–升高的趋势。许多研究证实内源生长素对不定根的形成有促进作用，愈伤组织诱导过程中，大量消耗体内的生长素，导致生长素 IAA 含量下降；在根原基形成期，IAA 含量有所回升，接着随着不定根的形成和伸长，生长素消耗而含量下降。这与前人的扦插过程中 IAA 变化规律都为脱离母株后先下降，形成根原基期间上升，然后生根后又下降的趋势基本一致（王金祥等，2004；詹亚光等，2001；徐继忠等，1989；Berthon et al.，1989）。

生根过程中 ABA 含量的变化如图 4.7 所示，黄化嫩枝插穗 ABA 含量低于未黄化嫩枝，在扦插后的 1~3 d 即愈伤组织诱导期，ABA 含量先上升然后缓慢下降；在 3~9 d 即不定根原基形成期，ABA 含量急剧降低；在扦插后 9~11 d，缓慢下降。扦插中 ABA 含量，都呈先上升后下降的趋势。这与长白落叶松、白桦和珍珠黄杨的扦插过程 ABA 含量变化趋势相似（黄焱，2007；詹亚光，2001；刘关君等，2000）。即扦插初期插穗由于不定根未形成，随着蒸腾作用的进行，插穗遭受干旱胁迫，致使插穗中 ABA 含量增多以增强插穗的抗逆性，当插穗愈伤组织达到一定程度时，插穗所遭受的干旱胁迫减轻，此时插穗中 ABA 的含量开始下降，有利于愈伤组织和不定根的诱导形成。

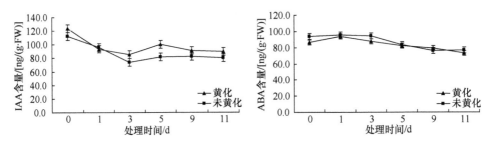

图4.6　扦插生根过程中插穗内部IAA含量的变化　图4.7　扦插生根过程中插穗ABA含量的变化

如图 4.8 所示，黄化嫩枝插穗 ZR 含量明显高于未黄化嫩枝，在扦插后的 1~3 d 即愈伤组织诱导期，ZR 含量均下降；在 3~9 d 即不定根原基形成期，ZR 含量先上升至最高点，然后下降；在扦插后 9~11 d，ZR 含量下降。ZR 含量的变化规律都呈先下降后上升再下降的趋势。ZR 对细胞的延伸生长起重要作用。这与刘桂丰等（2001）对长白落叶松生根过程 ZR 变化趋势相似。扦插初期，插穗脱离母株使得 ZR 正常的供应路线被切断，而且插穗内愈伤组织的形成又消耗 ZR，因此，在 1~3 d 时其含量逐渐下降。当扦插一段时间后，插穗自身合成 ZR 使其含量增加，在不定根的形成和伸长期含量又消耗而减少。

扦插生根过程中 GA_3 含量的变化如图 4.9 所示，GA_3 含量总体呈下降趋势，黄化嫩枝中的 GA_3 含量与未黄化嫩枝无明显差异。在扦插后的 1~3 d 即愈伤组织诱导期，GA_3 含量急剧下降然后升高；在 3~9 d 即不定根原基形成期，GA_3 含量缓慢降低；在扦插后 9~11 d，不定根伸长期，GA_3 含量缓慢上升。在愈伤组织和根原基形成期都表现出 GA_3 含量上升，表明 GA_3 对根原基形成有重要作用（刘桂丰，2001）。

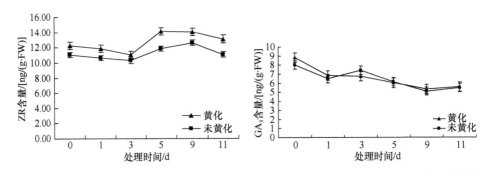

图4.8　扦插生根过程中插穗ZR含量的变化　图4.9　扦插生根过程中插穗GA_3含量的变化

如图 4.10 所示，在整个过程中，黄化嫩枝插穗的 IAA/ABA 值都比未黄化嫩枝插穗高，其 IAA/ABA 值总体都呈先下降后上升的趋势。一般来说，IAA 具有促进生根的作用，而 ABA 对不定根的形成具有抑制作用，然而 ABA 也被认为可以拮抗赤霉素抑制生根而具有促进生根的效应。可见不定根的形成更可能是两种激素相互影响和共同作用达到的平衡，IAA/ABA 的比值被认为是衡量生根能力一个重要指标，而且 IAA/ABA 的比值高的情况下更有利于不定根的诱导、发生（许晓岗等，2005；郑均宝等，1999，1991）。

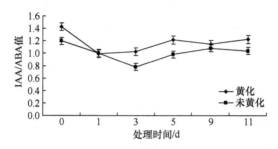

图4.10　扦插生根过程中插穗内部IAA/ABA值含量的变化

黄化催芽扦插生根技术应用于刺槐难生根无性系扦插取得了良好的生根效果，不仅提高了生根率，而且缩短了生根时间。催芽过程中，枝条覆沙厚度以 2~4 cm 效果最好，催芽嫩枝生长时间短，基部黄化效果好。四倍体刺槐 K4 无性系的埋杆黄化催芽嫩枝经 ABT 2000 mg/L 处理 30 s 后扦插生根效果最好，生根率 90.6%，平均生根数 9.9 条和生根长度 13.27 cm。黄化嫩枝扦插比未黄化嫩枝扦插生根率显著要高。催芽嫩枝扦插生根过程依据外部形态结构，可以确立其生根过程的 3 个时期即愈伤组织诱导期、不定根原基形成期和不定根伸长期。在四倍体刺槐扦插过程中，IAAO、PPO 和 POD 活性与生根时间相对应不断发生变化，它们在生根过程中愈伤组织形成和不定根原基诱导中其表现为上升的峰值，POD 的积累有利于愈伤组织的形成，PPO 和 IAAO 的积累既有利于愈伤组织的诱导又有利于不定根原基形成，说明这些指标与插穗不定根的产生和发育存在密切的关系。在扦插生根过程中内源激素 IAA、IAA/ABA、ZR 的积累有利于不定根原基的形成，GA_3 的积累有利于愈伤组织的形成，ABA 的积累对扦插生根表现抑制作用。内源激素 IAA、ABA、GA_3 和 ZR 水平在生根过程中随着时间发生相应的变化，证明其与不定根的形成有密切关系。

第五章　四倍体刺槐嫩枝扦插育苗技术

嫩枝扦插，又称绿枝扦插，指利用当年生半木质化带叶片的幼嫩枝条进行的扦插（李继华，1987；哈特曼，1985）。嫩枝扦插繁殖期长，根据各地气候条件不同而略有变化，大致从春季3月林木发芽至9月林木停止生长，期间都可以从母株采取幼嫩枝条作插穗进行扦插繁殖。随着温室育苗、全光喷雾等技术的应用，扦插繁殖期延长。嫩枝扦插对温度、湿度和光照等环境条件要求严格。母树年龄和插穗的部位、木质化程度、长短、粗细等都直接影响扦插成活率。外施植物生长调节物质和营养物质对嫩枝扦插生根有显著的效果。嫩枝扦插繁殖系数高，繁殖时期长，操作简单易行，成本低廉，适合于林木大规模生产中应用推广。

随着四倍体刺槐的大面积推广，苗木需求日益增加，现在四倍体刺槐以组织培养、嫁接或根插的繁殖方式为主（孟丙南等，2010a）。但是上述几种繁殖方式都存在一定局限性。其中，组织培养繁殖的设备环境条件要求高，不适宜基层单位大范围推广；嫁接繁殖苗木易形成"小脚树"，且不利于饲料型刺槐的刈割作业；根插繁殖只可在春季进行，并且会对母株生长产生一定影响。扦插繁殖，尤其嫩枝扦插具有简便易行、材料丰富、繁殖速度快、繁殖效率高、成本低廉的优点，是林木无性繁殖中应用较广泛的方法。刺槐属于枝插生根困难树种，特别是四倍体刺槐生根更难，为此，以四倍体刺槐嫩枝为研究材料，从插穗部位、植物生长调节物质种类和浓度、处理时间、基质和扦插时期等方面对其进行嫩枝扦插育苗技术研究。

第一节　嫩枝扦插的影响因子

一、嫩枝全光喷雾扦插

胡兴宜等（2004）利用不同的剪切方式及不同的外源激素处理对四倍体刺槐进行了夏季带叶嫩枝扦插试验，同时与普通刺槐和速生刺槐进行了对比，发现插穗基部径切方式能明显促进插穗生根，外源激素IBA的处理效果较ABT和911生根素（专利产品，简称"911"）好，而且四倍体刺槐本身的生根能力较普通刺槐和速生刺槐差。为四倍体刺槐的扦插繁殖提供了实践经验和技术支持。

扦插床：扦插床规格依实际地形和易于操作而定，有条件的地方安装好喷雾设施，以蛭石或珍珠岩作为基质，扦插前进行深翻，并用 1000 倍高锰酸钾溶液消毒，然后覆盖塑料薄膜。

插穗：插穗质量是影响育苗成活率的主要内在因素。因此，要选择健壮、发育充实、无病虫害、再生能力强的优质苗干做插穗，并随采集随处理，插穗长 15~20 cm，上切口离芽 0.5~1.0 cm，下切口采用基部径切（在基部横断面沿直径部位，用小刀向上纵切一刀或按十字形向上纵切两刀，简称"径切"）或基部平切（简称"平切"），插穗截好后捆好，然后用外源激素处理。

扦插与管理：插前揭开插床薄膜，并将基质抹平，用稍粗于插穗的小棍在插床上按株行距 2 cm×5 cm 打洞，然后将处理好的插穗插入洞内直至插床底部，插穗外露不超过其长度的 1/3，最后用手压实并淋透水 1 次。由于是夏季带叶扦插，蒸腾作用强，因此必须加强管理，特别是保持足够的水分，进行全光喷雾管理，为了减少水分和养分的消耗，扦插后对萌发的新芽还要进行适当的抹芽和打杈，并在扦插 2 周后进行叶面施肥，1 周 2~3 次，以低浓度的磷肥为主。

不同品种的扦插生根能力比较：利用基部径切和基部平切 2 种剪切方式，在相同处理条件下，对速生刺槐、普通刺槐和四倍体刺槐的扦插生根情况进行比较（表 5.1）。结果表明：无论是径切还是平切，速生刺槐与普通刺槐的生根率差异不大，但两者皆明显高于四倍体刺槐的生根率。而且在扦插生根过程中，速生刺槐生根最快、根最壮、须根多，普通刺槐次之，这两者在夏季高温高湿下 10 d 左右即开始生根，但四倍体刺槐生根慢、根较纤细、须根少，而且需 20 d 左右才开始生根。这些说明了四倍体刺槐本身的生根能力较速生刺槐和普通刺槐差。

表5.1　不同品种与剪切方式对比试验结果（胡兴宜等，2004）

品种	生根率/%		插穗平均生根数/条		插穗平均根总长度/cm	
	径切	平切	径切	平切	径切	平切
速生刺槐	95.4	88.7	8.7	5.3	252.3	100.7
普通刺槐	93.8	86.9	7.6	4.4	212.8	79.2
四倍体刺槐	61.3	38.5	5.4	1.7	151.2	30.6

基部径切与基部平切对刺槐扦插生根的影响：在相同条件下，对速生刺槐、普通刺槐和四倍体刺槐分别进行径切和平切扦插。结果表明：径切与平切比较，径切能显著提高扦插生根率。从表 5.1 可以看出：径切在生根率、插穗平均生根数和插穗平均根总长度上均明显高于平切。径切对于较易生根的速生刺槐与普通刺槐，能获得早愈合、早生根、生根多的效果，对于较难生根的四倍体刺槐，径切与平切相比生根率也可提高 22.8%，平均生根条数可增加 3.7 条，根总长度可增加 120.6 cm，证明径切促进生根的作用非常明显。

不同外源激素处理对四倍体刺槐扦插生根的影响：将四倍体刺槐的插穗径切

截好后，分别用 ABT 生根粉、911 生根素和 IBA 溶液 3 种外源激素，快蘸和浸泡 2 种方式进行处理。结果表明：浸泡处理的生根率比快蘸高 3.8%~5.3%，这是因为浸泡的时间远远长于快蘸，能使插穗吸收足够的水分，在一定程度上保证了插穗对水分的需求。比较 ABT 生根粉、911 生根素和 IBA 溶液 3 种外源激素对生根的影响，与对照相比，外源激素处理能有效提高四倍体刺槐的扦插生根率，在 3 种外源激素中则以 IBA 的效果最好，ABT 生根粉与 911 生根素基本没有差别，但 IBA 的成本较高（表 5.2）。

表5.2　不同外源激素与处理方式对四倍体刺槐生根的影响（胡兴宜等，2004）

	快蘸（1000 mg/L）				浸泡（150 mg/L）			
	ABT	911	IBA	对照	ABT	911	IBA	对照
扦插株数	60.0	60.0	60.0	20	76.0	75.0	75.0	28.0
生根株数	34.0	33.0	40.0	0	46.0	45.0	54.0	2.0
生根率/%	56.7	55.0	66.7	0	60.5	60.0	72.0	7.1

扦插时间和穗条老嫩程度对生根的影响：分别于 5 月 26 日、6 月 26 日、8 月 16 日扦插了 3 批四倍体刺槐，扦插 40 d 后调查其生根率，发现前两批扦插的生根情况相近，但 8 月 16 日扦插的生根率明显降低，这是因为扦插时间过晚，扦插后的气温和扦插床的地温均大大降低，不能满足其生根所需温度所致。分别取四倍体刺槐的老枝与嫩枝，采用径切方式和 IBA 快蘸方式处理，其生根率、根长与根量均无明显差别，说明插穗的老嫩程度对其生根影响不大。

四倍体刺槐与速生刺槐和普通刺槐相比，在不进行处理情况下其扦插生根的能力明显不足，但通过采用径切技术和外源激素处理、全光喷雾管理等一系列配套技术，可显著提高扦插生根率和生根质量，说明对于难生根的树种，进行一定的处理和插后精细管理，可明显促进其生根。对于难生根树种的扦插繁殖，外源激素处理虽然很重要，但扦插后的管理更是关键，特别是夏季高温，既要保证足够的水分，但又不能喷水过多，以免基质过于潮湿而引起插穗腐烂。

二、嫩枝扦插母树和生根药剂选择

姚占春等（2007）用不同浓度的生根粉处理不同年龄的四倍体刺槐和匈牙利刺槐的嫩枝，开展了全光喷雾扦插试验，发现 1 年生苗的嫩枝较 2 年生苗的嫩枝易生根，匈牙利刺槐较四倍体刺槐易生根；用甘霖 1 号速蘸发根剂处理的效果最好，生根率可达 60%~88%。为四倍体刺槐嫩枝扦插选择合适的嫩枝母树以及药剂选择奠定了基础。

四倍体刺槐和匈牙利刺槐（芽接苗，砧木为华北地区栽培的刺槐）均从北京林业大学引进。于 7 月 12 日分别从 1 年生根插壮苗、2 年生移栽壮苗上截取无机械损伤和病虫害的嫩枝并剪成插穗，插穗长度 12~15 cm。

剪取 1 年生苗四倍体刺槐、匈牙利刺槐嫩枝各 1200 个，2 年生苗嫩枝各 600 个，每个嫩枝上部保留 3~5 枚叶片，随剪随将嫩枝放入盛有清水的苗木桶中，以防插穗失水。在同等条件下，分别用 ABT 1 号生根粉、甘霖 1 号速蘸发根剂（辽宁省干旱地区造林研究所教授级高级工程师张连翔研制发明）处理，清水对照。其中 1 年生苗四倍体刺槐及匈牙利刺槐嫩枝每区组每种处理各 100 段，2 年生苗嫩枝每区组每种处理各 50 段，分别用 ABT 1 号生根粉 25mg/L 处理 2 h、100mg/L 处理 1 h，甘霖 1 号速蘸发根剂 500mg/L 处理 1/15 h，各区组重复 3 次。扦插密度为 2 cm×5 cm，扦插深度 3~4 cm。基质选用珍珠岩，扦插前用 0.1%高锰酸钾溶液消毒 1 h 然后进行扦插。利用全光喷雾控制仪控制喷雾次数，苗床下部铺设鹅卵石和粗河沙，以使基质不积水，保持良好的通透性。

嫩枝扦插生根状况：在延吉市的自然条件下，1 年生、2 年生的四倍体刺槐插穗在扦插后 20 d 左右大部分开始生根，匈牙利刺槐插穗较之早 1 周左右。不同处理的生根率见表 5.3 和表 5.4，从表中可以看出，在 1 年生苗上剪取的嫩枝生根

表5.3 不同外源激素处理对1年生苗嫩枝生根的影响（姚占春等，2007）

品种	激素	处理插穗数/条	处理时间/h	生根插穗数/条	生根率/%
四倍体刺槐	ABT 1 号 25mg/L	300	2	87	29
	ABT 1 号 100mg/L	300	1	96	32
	甘霖 1 号 500mg/L	300	1/15	261	87
	对照	300	0	30	10
匈牙利刺槐	ABT 1 号 25mg/L	300	2	185	57
	ABT 1 号 100mg/L	300	1	159	51
	甘霖 1 号 500mg/L	300	1/15	264	88
	对照	300	—	51	17

表5.4 不同外源激素处理对 2 年生苗嫩枝生根的影响（姚占春，2007）

品种	激素	处理插穗数/条	处理时间/h	生根插穗数/条	生根率/%
四倍体刺槐	ABT 1 号 25mg/L	150	2	21	14
	ABT 1 号 100mg/L	150	1	24	16
	甘霖 1 号 500mg/L	150	1/15	90	60
	对照	150	0	15	10
匈牙利刺槐	ABT 1 号 25mg/L	150	2	69	46
	ABT 1 号 100mg/L	150	1	57	38
	甘霖 1 号 500mg/L	150	1/15	117	78
	对照	150	—	18	12

率为29%~88%，在2年生苗上剪取的嫩枝的生根率为14%~78%，可见，在1年生苗上剪取的嫩枝较在2年生苗上剪取的嫩枝易生根；用ABT1号生根粉处理的生根率变动于14%~57%，而用甘霖1号速蘸发根剂处理的生根率为60%~88%，因此，甘霖1号速蘸发根剂处理的效果最好。当嫩枝的根系基本形成后，即可进行移栽。首先将生根的嫩枝移栽到装有营养土的营养钵中，然后再移栽到圃地。在这个过程中仍然要注意防治病虫害。

在1年生苗上剪取的嫩枝较在2年生苗上剪取的嫩枝易生根；匈牙利刺槐较四倍体刺槐易生根；用甘霖1号速蘸发根剂处理的效果最好，生根率可达60%~88%。该试验为四倍体刺槐低成本规模化生产提供了繁殖方法。在扦插的后期要控制水分，即生根后应适当减少喷雾次数，以增加基质温度，促进新生根的生长；水源必须保持清洁，最好使用经过晾晒的深井水。扦插不宜过深，以免影响呼吸和导致插穗腐烂；扦插10 d后，苗床应进行第二次消毒，以减少病原菌侵染的机会，保证插穗顺利生根。

第二节　嫩枝扦插生根过程的解剖学观察

四倍体刺槐无性系离体繁殖生根率达85%以上，而现有试验表明其绿枝扦插生根率只有43%，这就在一定程度上限制了无组培条件地区优良刺槐无性系的发展，因此，如何提高扦插生根率乃是刺槐苗木生产上急需解决的关键问题。近20年来，人们对刺槐扦插生根特性进行了大量的研究，主要集中在提高刺槐扦插繁殖成活率的技术措施，如扦插的环境条件、扦插材料处理方法、扦插材料本身、插穗采集时间、扦插时间和管理措施对生根率的影响。而在刺槐扦插繁殖的组织解剖学研究方面还是一个空白。

为了提高四倍体刺槐的繁殖数量和质量，为其无性繁殖技术提供理论依据，李云等（2003，2004）试图从组织解剖学角度比较四倍体刺槐无性系绿枝扦插与组培离体繁殖不定根形成过程中的异同，从而为提高刺槐四倍体无性系扦插生根率提供技术支持。试验以嫩枝为研究材料，以无菌试管苗瓶内生根为对照，研究了嫩枝扦插生根过程中的解剖学特征，为提高四倍体刺槐嫩枝扦插生根能力奠定了技术基础。

从1年生四倍体刺槐无性系嫁接苗上采集外植体和半木质化枝条。1998年8月15日和25日把半木质化枝条剪成15 cm左右，留2个复叶，每一个复叶留2片叶子，上下端切口平剪，插穗在1000 mg/L的IBA中速蘸5 s，扦插在以蛭石为基质的苗床上搭拱棚，人工喷水管理。每5 d从插穗基部剪0.5 cm茎段，用FAA固定液固定24 h以上，经系列乙醇脱水，再用石蜡包埋，用转动式切片机切片，切片厚度横切17 μm、纵切8 μm，然后粘片，番红-固绿液对染，再经乙醇脱去浮色，二甲苯透明。用 OLYMPUS BH-2 型显微系统观察不定根的形成过程，同时拍照。

对照：以茎尖组织培养的大叶刺槐、四倍体刺槐无性系试管苗为试材，接种在 1/2MS+IBA 0.4 mg/L，1/2MS+IBA 0.4mg/L+NAA 0.2 mg/L，1/2MS+NAA 0.2 mg/L 三种生根培养基上，每天从基部剪 0.5 cm 茎段，以后的处理方法同绿枝扦插。

一、嫩枝插条不定根起源的解剖观察

半木质化枝条插入苗床前对其进行解剖学观察。结果表明，其横切面是由周皮、5 层薄壁组织、5 层厚壁组织环、韧皮部、维管形成层、木质部、髓组成。未见潜伏根原始体存在。而对照处理也得到了同样的结论，即对接入生根培养基前的试管苗嫩梢进行解剖观察，可见其横切面从外到内分别为周皮、5~7 层薄壁细胞组成的皮层、韧皮部、维管形成层及髓，未发现有潜伏根原基的存在。

8 月 15 日将半木质化枝条插入苗床，10 d 后在基部切口处看到白色的愈伤组织，25 d 后插穗基部表皮由绿色变为淡黄色，皮孔突起、明显，部分皮孔裂开，但未见不定根从皮孔中长出。刺槐茎段插穗不定根由诱生根原基发育形成，诱生根原基起源于初生髓射线细胞的分裂和分化，最后伸出体外，其过程可以分为以下几个时期。

（1）根原基形成前期：插后 5 d，髓、形成层、薄壁细胞没有明显的变化。第 10 d 初生髓射线细胞纵向、横向分裂，形成愈伤组织。

（2）根原基形成、发育期：初生髓射线细胞继续进行分裂，形成根原基。第 25 d，已明显观察到根原基的轮廓，根原基纵向迅速加长，横向加宽，体积增大，能明显看到细胞核。

（3）根原基突出期：根不断加粗加长，伸出体外。

另外，还发现初生髓射线细胞的分裂和分化产生大量的愈伤组织，后期有的分化形成木质化加厚壁的细胞团。

一般插穗的不定根原基按形成时间分为潜伏根原基和诱生根原基两种。大量研究表明，不定根发源于插穗内一些变成分生组织的细胞群，即根原始体，根原始体进一步分化成根原基而形成不定根。潜伏根原基不定根的根原始体在发育早期未离体时就已经产生，即在采条时就已经存在，扦插前它一直处于休眠状态，直至插穗离体以后在适宜的环境条件下继续发育成根原基和不定根。潜伏根原始体多产生于维管系统内的韧皮组织、形成层或髓射线中，芽隙、枝隙或叶隙常常是它发生的部位。

本项观察研究发现四倍体刺槐嫩枝没有潜伏根原基存在，也就是说在母树的正常生长过程中没有产生根原基，不定根由扦插后形成的诱生根原基发育形成的，诱生根原基源于髓射线细胞的分裂和分化，试验结果表明，四倍体刺槐嫩枝扦插生根类型应为诱导生根型。

二、根原基的形成对植物生长调节物质的特有反应

虽然，诱生根原基源于初生髓射线，但是，刺槐试管苗对不同种类植物生长调节物质的反应不同，从外部看，含 NAA 的培养基上的嫩梢产生较多的愈伤组织和不定根，且不定根表面有蓬松的愈伤组织。含 IBA 的培养基上的嫩梢产生较少的愈伤组织和不定根，且不定根较细，含 IBA 和 NAA 的培养基上的嫩梢产生的愈伤组织居中，而且，IBA 和 NAA 的培养基上的嫩梢产生的不定根呈辐射状，多为 4~8 条根。

解剖学观察表明含 IBA 和 NAA 的培养基上的嫩梢经 IBA 和 NAA 诱导，维管束之间的细胞几乎同时恢复分生能力，而且排列较规则，为 5 层 6 列，维管束排列成辐射状。此外，在同一横切面上，出现多根原基，有的根原基发育一致，有的根原基发育迟一些。 含 NAA 的培养基上的嫩枝经 NAA 诱导，纵切面有高位不定根现象。含 IBA 的培养基上的嫩梢经 IBA 诱导，有节部生根现象。

茎段插穗和试管苗不定根由诱生根原基发育形成，诱生根原基起源于髓射线与细胞的分裂和分化。刚离体的茎段插穗有 5 层厚壁组织环。试管苗生根过程对不同的植物生长调节物质种类和搭配有特有的反映，含 IBA 和 NAA 的培养基上的嫩梢产生的不定根呈辐射状，根量大，生长良好。因此，推断很有希望通过采用合适的植物生长调节物质种类和搭配的方法提高绿枝扦插生根率。

愈伤组织与不定根的关系：通过解剖学观察，在绿枝扦插和试管苗生根过程中，都有愈伤组织产生，这些愈伤组织是髓射线与形成层交界处的细胞恢复分裂形成的，在愈伤组织中未见根原基，髓射线与形成层交界处的细胞继续分裂产生球状根原基，根原基分化和生长形成不定根。从表面看刺槐不定根是从插枝基部愈伤组织中露出的，但从组织解剖来看愈伤组织的产生与根原基的发生没有直接的关系，可能主要执行吸收和防御的功能。

不定根起源：植物扦插繁殖不定根起源的确切部位，历来是植物解剖学家所感兴趣的问题。第一个明确提出研究此问题的是 1758 年法国树木学家 Duhamel du Manceau，此后许多学者对此进行了广泛的研究。多年生木本植物，有一层或多层次生木质部和韧皮部，不定根往往从幼嫩的次生韧皮部、维管射线、形成层及髓部发生，发生的部位也与叶迹、芽迹有关。根原基也可以在愈伤组织内发生，但愈伤组织的发育并不能保证根原基的形成（邢友武，1998）。解剖观察结果表明四倍体刺槐无性系不定根起源于髓射线细胞的分裂。

绿枝扦插生根率低可能的原因：四倍体刺槐无性系扦插繁殖不定根的形成是

一个复杂的生理过程，是枝条的内部因子和外界环境共同作用的结果。

有些植物在插穗茎的皮层和韧皮部之间有连续的厚壁组织环，在不定根之外，可能影响插穗不定根的发生和生长（王涛，1989；哈特曼，1985）。例如，1965年 Giampietai 在油橄榄上，发现皮层厚壁纤维的细胞层数与扦插成活率有直接关系，枣树、板栗上也发现了连续的厚壁组织环（刘勇等，1997；张淑莲和左永忠，1994）。根据试验结果，绿枝插穗与试管苗虽然根原基都起源于髓射线，但其厚壁细胞在皮层中大量聚集形成不甚连续的厚壁韧皮纤维带，因此，绿枝扦插不易生根。

用植物生长调节物质处理是促进难生根树种插穗生根的重要技术手段，不仅有利于根原始体的诱导，而且能够促进不定根的生长。植物生长调节物质使插穗基部变成吸收养分的中心，起着促进物质交换、调配插穗养分的作用，植物生长调节物质还可能解除基因的抑制，提高 mRNA 的合成，从而促进多种酶的合成，诱导根原始体的发端（郭素娟，1997）。试管苗生根过程的解剖观察结果表明，不同外源激素种类和浓度处理的试管苗，根原基的数量不同，只有 0.2 mg/L 的 IBA 和 0.4 mg/L 的 NAA 组合诱导，产生的不定根很理想，由此推测，绿枝扦插不易生根的原因，可能是由于施加的外源激素种类和浓度不合适，使其内源激素种类和比例并没完全利于生根。如果是这样，就有希望通过采用施加不同外源激素种类和浓度的方法解决生根率低的难题。银杏扦插繁殖具有明显的时间性，随着年生育期采条时间的推移，枝条中内源激素、酚类化合物等生理物质含量减少，氧化酶、过氧化物酶等酶系统的活性降低，而生长抑制剂的含量增加，枝条的扦插生根率逐渐降低。另外，从茎的横切面上可以看出，随着年生育期采条时间的推移，枝条形成层细胞分裂减慢，形成层区域分生组织细胞层数减少，枝条的皮层部位从零散分布的厚壁组织细胞，逐渐形成一个不甚连续的环状，最后形成一个环状的厚壁韧皮纤维带（邢友武，1998）。如果四倍体刺槐也有此规律，那么，绿枝扦插生根率低，可能是由于采条时间晚的原因。

总而言之，四倍体刺槐无性系绿枝插穗扦插生根率低，除其易腐烂外，可能的原因是由于其内部结构不利于生根，其次是由于未能选择适宜的采条时间和合适的植物生长调节物质种类及比例。

第三节 嫩枝扦插生根过程中氧化酶活性变化

刺槐属于难生根树种，一般认为扦插成活困难，成活率不稳定，因而多采用嫁接、埋根的方法繁殖，但上述两种方法产苗量小、成本高。因此，为了提高刺槐的扦插成活率，人们一直在研究刺槐的扦插技术，但对刺槐扦插过程中插穗内部的生理生化反应、促进和抑制生根的机制、内部各种激素水平和酶水平的变化及生根过程中的解剖构造变化研究较少。吲哚乙酸氧化酶（IAAO）、多酚氧化酶（PPO）和过氧化物酶（POD）是高等植物体内普遍存在的 3 种酶，这些酶与植物不定根的发生和发育具有密切关系。植物不定根发生虽受多种内外因素影响，但内源激素和外源激素可能在根原基形成中起关键作用，特别是与内源 IAA 的含量及变化关系密切，而内源 IAA 含量的变化又受 POD、IAAO 和 PPO 等的调节。IAAO 能降解 IAA，调节植物体内 IAA 含量，从而影响植物的生长发育。马振华等（2007）用吲哚丁酸浸泡四倍体刺槐嫩枝插穗后进行扦插，研究和探讨生根过程中插穗体内酶水平的变化与生根的关系，以期为提高四倍体刺槐扦插成活率奠定基础。

试验采用全光照喷雾扦插育苗技术，自然光照充足，排水性能良好，苗床为直径 6 m 的圆形大池，四周用砖墙砌高 50 cm，床内底层铺厚 20 cm 的卵石，上层铺 25 cm 厚的干净河砂，用 3 g/L 的高锰酸钾溶液喷淋基质灭菌。

在 8 月剪取四倍体刺槐无性系嫁接苗的当年生嫩枝，插穗长度 12~15 cm，上端距上芽 1 cm 处剪成平口，下端距下芽 0.5 cm 处剪成马蹄形，留 2 个复叶，每个复叶留两片单叶。插穗基部 1~2 cm 用 IBA 浸泡处理，IBA 质量浓度分别为 300 mg/L、400 mg/L 和 500 mg/L，浸泡时间 2 h，以清水浸泡为空白对照，每个处理 100 株。插穗处理后插于沙床上，扦插深度 3~5 cm。扦插后全光照喷雾扦插苗床自动工作，从 8:00~18:00 夏季每隔 5 min 喷雾 1 次，每次 30 s，雨天停喷；秋季间歇 10~15 min 喷雾 1 次，使苗木叶片始终保持一层水膜，阴天减少喷水次数，夜间停喷。生根后逐渐减少喷水次数，炼苗期为 2 周，保持扦插苗床基质湿润。

扦插后每隔 5 d 进行一次形态观察并采样，每处理 3 个重复，每重复 3 株。采样时将每个插穗迅速用清水冲洗干净，擦去水珠，然后剥下韧皮部作为酶活性测定样品，并将采得的样品立即用液氮冷冻保存，带回实验室测定酶活性。IAAO 活性测定用比色法，于 530 nm 波长下测定其吸光度，并计算酶活性，IAAO 活性以每毫克蛋白质在 1 h 内分解破坏 IAA 的质量（μg）表示，单位为“μg/（mg·h）”。POD 活性测定也采用比色法，以每分钟每 mg 蛋白质改变一个 OD_{470} 值为 1 个酶活性单位（U）。PPO 活性测定参照文献的方法，以每分钟每 mg 蛋白质改变一个 OD_{525} 值为一个酶活力单位（U）。

一、生根过程中愈伤组织的变化

本试验观察结果表明，四倍体刺槐扦插后 15 d 时，在插穗基部环绕韧皮部与木质部夹层有乳白色幼嫩组织形成，即为愈伤组织，此时愈伤组织面积占插穗基部面积的 1/4 左右；至扦插 20 d 时，大约 50% 以上的插穗形成愈伤组织，愈伤组织形成面积占插穗基部面积的 1/3~2/3；25 d 时，有愈伤组织形成的插穗数量继续增加，愈伤组织形成面积占插穗基部的2/3左右；在扦插33 d时有不定根形成，其中500 mg/L IBA处理的插穗不定根形成率为7%，其他各处理几乎为0%。此时愈伤组织已不再生长，相反有部分插穗愈伤组织出现褐化现象。李云等（2003，2004）在四倍体刺槐组培苗不定根发育过程中进行解剖观察发现，四倍体刺槐不定根发育可分为3个阶段：初生髓射线细胞的分裂与分化期，即愈伤组织诱导期；不定根原基形成期，即不定根形成期；不定根诱导期，即不定根伸长期。因此，根据上述观察结果，认为扦插后0~15 d为四倍体刺槐愈伤组织诱导期，15~30 d为不定根形成期，30 d以后为不定根伸长期。

二、生根过程中IAAO活性的变化

用不同浓度IBA处理的四倍体刺槐插穗，其IAAO活性随扦插时间而发生规律性变化：在整个扦插生根过程中IAAO活性呈波动上升趋势，但在生根后期有所下降。其中各质量浓度IBA处理和对照插穗活性在扦插后前15 d呈上升趋势，即在愈伤组织诱导期IAAO活性呈上升趋势。在15~30 d即不定根形成期，各处理IAAO活性变化不同，其中300 mg/L和500 mg/L IBA处理的插穗，IAAO活性在扦插后15~20 d时下降，在扦插后20~30 d时先上升后又缓慢下降；而对照和400 mg/L IBA处理的IAAO活性，在15~25 d时下降，25~30 d时缓慢上升。在扦插30 d以后，300 mg/L和400 mg/L IBA处理的插穗IAAO活性下降，而对照和500 mg/L IBA处理的插穗IAAO活性稍有上升。可见，IAAO活性随着扦插生根时期的不同而发生有规律的变化。方差分析结果显示，不同生根阶段的IAAO活性差异显著，说明IAAO活性变化与四倍体刺槐生根具有密切关系；不同处理之间的IAAO活性也存在极显著差异，说明不同浓度的IBA处理对IAAO活性影响效果明显。另外，对各处理插穗之间平均IAAO活性进行比较，以500 mg/L IAAO活性为最高，达242.24 μg/（mg·h），其次是对照、400 mg/L和300 mg/L IBA处理。其中500 mg/L IBA处理的插穗IAAO活性比对照高1.01倍，虽然二者相差不明显，但由于外源激素处理对植物生根具有明显效果，因此认为500 mg/L IBA处理对四倍体刺槐生根更有效。

三、生根过程中PPO活性的变化

在愈伤组织诱导期，各处理插穗中PPO活性变化很小；在不定根形成期，除对照插穗PPO活性有所下降外，其他各处理PPO活性均有明显升高；在不定根伸长阶段，各处理PPO活性均有所下降，以对照插穗PPO活性下降最为明显。可见，PPO活性随着扦插生根时期的不同发生有规律的变化。对各处理间平均PPO

活性进行比较，结果以 300 mg/L IBA 处理为最高，达 5790 U，其次是 400 mg/L 和 500 mg/L IBA 处理和对照。PPO 活性变化趋势与 IAAO 正好相反，这说明 IAAO 活性提高的同时 PPO 活性下降。方差分析结果显示，不同生根阶段的 PPO 酶活性差异显著，说明 PPO 酶活性变化与四倍体刺槐生根具有密切关系；不同处理之间平均 PPO 活性也存在极显著差异，说明不同浓度的 IBA 处理对 PPO 活性影响效果明显，其中 500 mg/L IBA 处理的 PPO 活性增幅最明显，其次是 300 mg/L 的处理。

四、生根过程中 POD 活性的变化

各处理的四倍体刺槐插穗中 POD 活性变化趋势基本一致，在扦插后的前 15 d 即愈伤组织诱导阶段，POD 活性均迅速上升；在 15~30 d 即不定根形成阶段，POD 活性先降低至最低点，然后升高再降低；在扦插后 30 d，300 mg/L 和 400 mg/LIBA 处理的 POD 活性变化规律相同，POD 活性均下降，而对照和 500 mg/L IBA 处理活性呈上升趋势。可见，POD 活性的变化随扦插生根时期的不同发生着有规律的变化。POD 活性的变化规律与 IAAO 活性相似。对各处理之间平均 POD 活性的比较结果表明，500 mg/L IBA 处理的最高，达 574.61 U，其次是对照、400 mg/L 和 300 mg/L IBA 处理。POD 与 IAAO 有相同的作用，均可调节植物体内 IAA 含量，从而影响植物的生长发育。500 mg/L IBA 处理后高活性的 POD 降低了体内的 IAA 含量，使 IAA 保持较低水平，从而促进了根的诱导和形成。另外，300 mg/L 和 400 mg/L IBA 处理的插穗，POD 活性总体变化呈下降趋势，而 500 mg/L IBA 处理和对照总体表现为上升趋势。方差分析结果显示，不同生根阶段的 POD 活性差异显著，说明 POD 活性变化与四倍体刺槐生根具有密切关系；不同 IBA 处理之间的 POD 活性也存在极显著差异，说明不同浓度的 IBA 处理对 POD 活性影响效果明显。

IAAO 能降解 IAA，调节植物体内 IAA 含量，从而影响植物的生长发育。宋丽红等（2005）在光叶楮扦插生根研究中发现，愈伤组织形成期 IAAO、POD 和 PPO 3 种酶活性均呈上升趋势，在根诱导期 IAAO 和 POD 的活性达到高峰，而根伸长期 IAAO 和 POD 活性下降，PPO 活性上升。黄卓烈等（2001）在桉树扦插试验中发现，不同桉树无性系 IAAO 活性变化趋势较为一致，即呈现愈伤组织诱导期 IAAO 活性上升，不定根形成期活性稍有下降，进入根伸长期活性又复上升。本试验中，用 IBA 处理四倍体刺槐插穗，其 IAAO 活性在整个扦插生根过程中表现为上升趋势，但总体活性值上升不明显。在愈伤组织诱导期 IAAO 活性上升，说明高活性 IAAO 降低了体内 IAA 含量，符合低水平 IAA 有利于诱导生根的特点，从而促进了愈伤组织的大量形成。但在不定根形成阶段，IAAO 活性是先降低，

然后升高再降低，分析认为 IAAO 活性下降影响了不定根的形成。在不定根伸长期，不同处理 IAAO 活性有升高也有下降，同样分析认为这是影响四倍体刺槐生根率的主要原因，因为随着 IAAO 活性的降低，其调节 IAA 水平的能力下降，使得在不定根伸长期 IAA 含量处于较高水平，从而影响了不定根的形成和生长。本研究还发现，四倍体刺槐插穗在生根过程中 POD 活性变化规律与 IAAO 很相似。Bagatharia 和 Chanda（1998）用 NAA 处理菜豆的胚根，发现胚根生长与 POD 活性有一定的联系，且 POD 与 IAAO 活性变化呈相似规律。因此认为，IAAO 和 POD 也共同调节着四倍体刺槐插穗体内的 IAA 水平，从而影响着四倍体刺槐的生根。

在插条生根过程中，酚类物质对不定根的发生和发育起着极其重要的作用，而 PPO 的一个重要生理功能就是催化酚类物质和 IAA 形成"IAA-酚酸复合物"，这种复合物是一种生根的辅助因子，具有促进不定根形成的功能。本试验发现，PPO 活性与 IAAO 和 POD 活性变化趋势恰好相反。在愈伤组织诱导期 PPO 活性较低，说明此阶段 PPO 催化形成的"IAA-酚酸复合物"较少，这与愈伤组织诱导期不需要大量的生根辅助因子，从而有利于愈伤组织的形成相符合；在不定根形成期，PPO 活性开始升高很快，之后又迅速下降，说明 PPO 活性在此阶段很不稳定；在不定根伸长期，PPO 活性有所下降，这说明在不定根形成期和不定根伸长期，没有生成大量有利于生根的"IAA-酚酸复合物"，从而影响到四倍体刺槐的生根。四倍体刺槐在整个生根期间 PPO 活性呈上升趋势，但上升趋势不明显并且在生根后期下降。黄卓烈等（2003）在桉树插条试验中发现，不定根发生和发育过程中，PPO 活性大幅度提高，其扦插成活率也很高。据此推测，PPO 活性较低在很大程度上限制了四倍体刺槐的生根。

总之，IAAO、PPO 和 POD 与植物不定根的发生发展具有密切联系。这些酶在植物生根时并非独立存在和起作用的，它们之间相互作用，共同调节着植物不定根的生长。刺槐无性系扦插繁殖成功与否及效果好坏，受多因素制约，有内因也有外因，因此，采用适当的综合措施是提高扦插成活率和苗木质量的关键，所以在插穗年龄、插穗粗度、插穗长度和药物处理时间等措施上，都应严格注意。

第四节　嫩枝扦插技术优化

孟丙南等（2010b）以四倍体刺槐 K4 和 K2 无性系为材料，在经过组织培养幼化苗木建立的采穗圃中采取嫩枝插穗，从插穗部位、生长调节物质种类、处理浓度、处理时间、扦插时期和扦插基质等方面进行嫩枝扦插优化研究。

试验地选在河南省洛宁县吕村林场苗圃，地处东经 111°40′、北纬 34°23′，属暖温带大陆性季风气候，年平均气温 13.7℃，最高气温 42.1℃，极端最低气温 −21.3℃；年平均降水量 606 mm，多集中在 6~8 月；年蒸发量 1562.8 mm，无霜期 216 d。气候特点是春旱多风，夏热多雨，秋爽日照长，冬长寒冷少雨雪，四季分明，雨热同季。该苗圃地势平坦，土壤为褐土，土层厚度 63 cm，通透性好，肥力中等，有机质含量 0.85%，pH 7.2，灌溉便利。试验温室为水泥骨架，单面坡向南，温室内建扦插池，铺设自动喷雾装置，温室外顶部架设喷水设施。

试验材料为取自该林场四倍体刺槐 K2 和 K4 无性系采穗圃的嫩枝。采穗圃由一年生四倍体刺槐 K2 和 K4 无性系的组培苗建成。分别采集四倍体刺槐 K2 和 K4 无性系的枝条，按上、中、下三部位剪成 3 种类型插穗：上部插穗带顶芽且基部半木质化，中部插穗不带顶芽且基部半木质化，下部插穗的木质化程度较深。除不同部位插穗扦插处理外，其他试验处理均用上部插穗。插穗长度 13 cm 左右，各插穗上部的 2~3 对叶片保留，基部的 2~3 对叶片去掉，下切口修剪成斜面。

扦插前 1 d，用 1∶1000 高锰酸钾对扦插基质进行消毒。扦插选择在早晨进行，插入基质约 2.5 cm 深处。扦插后及时喷水使基质踏实利于生根，每 5 d 以 800~1000 倍的百菌清喷洒一次，以控制杂菌、防止枝条腐烂。扦插后，前 3 d 每天喷雾 4~6 次，4~10 d 每天喷雾 4 次，11~20 d 每天喷雾 3 次，阴雨天时适当减少喷雾次数。扦插后的前 15 d 用塑料薄膜密封保湿，棚内相对湿度 90% 以上，16 d 至 20 d 逐渐通风锻炼。

植物生长调节物质采用国产 IBA、NAA 和中国林业科学研究院研制的生根粉 1 号（ABT）。扦插 20 d 后调查生根率、愈伤率、腐烂率、总根条数、根长度等指标来评价处理的好坏。利用 EXCEL 和 SPSS 13.0 统计软件进行数据分析和多重比较（百分率先进行反正弦转化）。

一、不同部位嫩枝插穗生根效果的比较

在 6 月初采集插穗，把枝条按上部、中部和下部剪切成三种类型插穗，将插穗的基部（2 cm 左右）浸泡在 IBA 1500 mg/L（K2 无性系）和 IBA 2000 mg/L（K4 无性系）的溶液中，浸蘸时间为 30 s，在蛭石为基质的营养杯中进行扦插。试验为完全随机区组试验设计，重复 3 次，重复内每处理插穗 30 根。

扦插 20 d 后调查，四倍体刺槐 K2 和 K4 无性系不同部位插穗生根效果及多重比较分析见表 5.5。

表 5.5 分析可知，四倍体刺槐 K2 和 K4 无性系嫩枝不同部位插穗之间扦插生根率存在显著差异，以上部插穗扦插生根率最高，中部次之，下部最低；不同部位插穗在插穗基部愈伤率、腐烂率、平均生根数和平均根长方面也存在显著差异。

表5.5　插穗部位对生根影响的多重比较

品种	部位	基部愈伤率/%	腐烂率/%	平均生根/条	平均生根长度/cm	生根率/%
K2 无性系	上部	91.11a	6.67c	8.3a	11.6a	86.67a
	中部	84.55a	13.33b	8.0a	11.2ab	76.67b
	下部	63.33c	17.77b	8.0a	10.7b	73.33b
K4 无性系	上部	74.44b	13.33b	8.1a	11.0ab	74.44b
	中部	66.67b	15.55b	7.6b	10.5b	60.00c
	下部	42.33c	35.55a	7.5b	8.3c	31.11d

四倍体刺槐 K2 嫩枝上部带顶芽插穗的生根率为 86.67%，显著高于中部插穗的 76.67% 和下部插穗的 73.33%（$P<0.05$），而中部和下部的插穗生根率不存在显著差异。四倍体刺槐 K4 嫩枝插穗上部带顶芽插穗的生根率为 74.44%，显著高于中部插穗的 60.00% 和下部插穗的 31.11%（$P<0.05$），中部插穗生根率也显著高于下部插穗。

K2 和 K4 无性系之间相同部位插穗的扦插生根率也存在差异，愈伤率、腐烂率、生根数量和生根长度也存在差异。K2 无性系的上部、中部插穗愈伤率和生根率显著高于 K4 无性系，腐烂率低于 K4 无性系；K2 无性系的下部插穗生根率显著高于 K4 无性系。

二、植物生长调节物质种类和浓度对扦插生根效果的影响

在 6 月初采取插穗，选用 IBA、NAA 和 ABT 生根粉进行试验，设置生长调节物质种类和浓度的组合为 IBA 500 mg/L、IBA 1000 mg/L、IBA 1500 mg/L、IBA 2000 mg/L、IBA 3000 mg/L、NAA 1000 mg/L、NAA 1500 mg/L、NAA 2000 mg/L、ABT 1000 mg/L、ABT 1500 mg/L、ABT 2000 mg/L，并以清水处理对照，共 12 个处理组合，在蛭石为基质的营养杯中扦插。试验为完全随机区组设计，每组重复 3 次，重复内每处理插穗 30 根。

四倍体刺槐 K2 和 K4 无性系经植物生长调节物质不同种类和浓度处理后，扦插后的愈伤率、腐烂率、平均生根数、平均根长和生根率结果见表 5.6 和表 5.7。

由表 5.6 和表 5.7 分析可知，经不同种类和浓度植物生长调节物质处理 K2 和 K4 无性系的扦插生根率存在显著差异，K2 无性系最佳处理浓度为 ABT 1500 mg/L，最高生根率 86.67%，清水处理的对照生根率最低仅 36.67%，K4 无性系的最佳处理浓度为 ABT 2000 mg/L，最高生根率 77.78%，清水处理的对照生根率最低仅 27.78%；同时，不同种类和浓度植物生长调节物质处理使得插穗基部愈伤率、腐烂率、平均生根数和平均根长方面也存在差异。

表5.6 K2无性系不同植物生长调节物质处理生根效果的多重比较

种类	浓度/（mg/L）	基部愈伤率/%	腐烂率/%	平均生根数/条	平均生根长度/cm	生根率/%
对照	—	57.89f	21.11bc	5.2e	7.9d	36.67g
IBA	500	66.78ef	22.22b	7.6d	10.6c	43.33g
	1000	82.22bc	4.44g	8.1cd	11.1bc	72.22e
	1500	91.11a	6.67g	8.3c	11.6b	84.44ab
	2000	81.11bc	15.67cde	8.3c	12.1a	78.89cd
	3000	76.67cde	28.89a	8.5bc	10.8c	61.11f
NAA	1000	84.55abc	13.33def	8.6bc	10.5c	76.67cde
	1500	85.67ab	10.00efg	10.1a	11.1bc	81.11bc
	2000	72.22de	18.89bcd	8.6bc	11.6b	73.33de
ABT	1000	85.67ab	13.33def	8.4bc	11.2b	77.89cde
	1500	88.89a	8.89fg	8.5bc	11.7ab	86.67a
	2000	81.11bc	14.44def	9.1b	11.5b	81.11bc

表5.7 四倍体刺槐K4无性系不同植物生长调节生根效果的多重比较

种类	浓度/（mg/L）	基部愈伤率/%	腐烂率/%	平均生根数/条	平均生根长度/cm	生根率/%
对照	—	24.45e	13.33b	5.0e	7.1d	27.78e
IBA	500	35.56d	15.56b	6.9d	9.6c	35.56d
	1000	66.67c	10.00b	8.1cd	11.1bc	64.44c
	1500	66.67c	11.11b	8.1c	11.4b	67.78c
	2000	75.89b	12.22b	8.0c	12.0a	76.67ab
	3000	74.44b	25.55a	8.2bc	10.5c	65.56c
NAA	1000	67.78c	8.88b	8.4bc	10.3c	63.33c
	1500	83.33ab	10.00b	10.0a	10.8bc	63.33c
	2000	85.57a	8.89b	8.4bc	11.4b	67.78c
ABT	1000	66.67c	12.22b	8.2bc	11.0b	70.00bc
	1500	70bc	11.11b	8.3bc	11.5ab	68.89c
	2000	81.13ab	15.55b	8.9b	10.9b	77.78a

四倍体刺槐 K2 无性系的扦插生根率从 IBA 500 mg/L 处理的 43.33%提高到最高的 IBA 1500 mg/L 处理的 84.44%，然后下降到 IBA 3000 mg/L 处理的 61.11%。四倍体刺槐 K4 无性系的扦插生根率从 IBA 500 mg/L 处理的 35.56%提高到最高的 IBA 2000 mg/L 处理的 76.67%，然后下降到 IBA 3000 mg/L 处理的 65.56%。可见，生长调节物质浓度增加可提高扦插生根率，但达到一定浓度后，浓度增加会对插穗产生毒害。K2 无性系的 NAA 和 ABT 的 1500 mg/L 浓度处理的插穗生根率显著高于 1000 mg/L 和 2000 mg/L 浓度处理的插穗。K2 无性系除 IBA 500 mg/L 处理的插穗外，其他经过植物生长调节物质处理的插穗在愈伤率、生根率和生根条数、生

根长度上都显著高于未经处理的对照插穗（$P<0.05$），说明植物生长调节物质处理对插穗生根有明显效果。K$_2$ 无性系的 NAA 1500 mg/L 处理的生根条数最多为 10.1 条，IBA 2000 mg/L 处理的平均根长度最长为 12.1 cm，而对照在生根条数和生根长度上都显著低于处理（$P<0.05$）。在 K$_2$ 无性系的处理中，ABT 1500 mg/L 的生根效果最佳，其生根率为 86.67%，平均生根数 8.5 条，平均生根长度 11.7 cm，其次为 IBA 1500 mg/L，生根率为 84.44%。但考虑到 ABT 的价格较高，生产中可以用 IBA 1500 mg/L 处理。

四倍体刺槐 K4 无性系嫩枝扦插生根规律与 K2 无性系类似，但 K4 无性系的生根更困难，生长调节物质的耐受性也更强，其 ABT、IBA 和 NAA 的 2000 mg/L 浓度处理的插穗生根率显著高于 3000 mg/L 和 1500 mg/L 浓度处理的插穗。K4 无性系嫩枝扦插的最佳处理是 ABT 2000 mg/L。

三、基质对嫩枝插穗扦插生根的影响

6 月初采取插穗，用 IBA 1500 mg/L（K2 无性系）和 IBA 2000 mg/L（K4 无性系）的溶液浸蘸 30 s，分别选用蛭石、细沙和黄土三种基质扦插，进行扦插基质试验。试验为完全随机区组试验设计，每组重复 3 次，重复内每处理插穗 30 根。

以四倍体刺槐 K2 和 K4 无性系为材料，分别研究了蛭石、细沙和黄土这 3 种基质对插穗扦插生根率的影响（表 5.8）。

表5.8 基质对插穗生根影响的多重比较

品种	基质	基部愈伤率/%	腐烂率/%	平均生根数/条	平均生根长度/cm	生根率/%
K2 无性系	蛭石	81.11a	11.11b	9.1a	11.3a	82.22a
	细沙	73.33a	32.22ab	7.3b	8.6b	75.67b
	黄土	73.33a	34.45a	7.1bc	8.0b	61.11c
K4 无性系	蛭石	75.56a	12.23d	9.2a	11.2a	75.55b
	细沙	63.33b	23.33bc	7.5b	8.3b	62.22c
	黄土	61.11b	25.56b	6.9c	7.0c	55.56d

由表 5.8 可知，不同扦插基质的嫩枝扦插生根率存在显著差异，以蛭石作基质成活率最高，细沙次之，黄土最低；扦插基质对插穗的基部愈伤率、腐烂率、平均生根数和平均生根长度有一定的影响。

四倍体刺槐 K2 无性系以蛭石为扦插基质，其平均生根率达 82.22%，显著高于以细沙、黄土作为基质的插穗的生根率 75.67% 和 61.11%（$P<0.05$），黄土基质的插穗生根率最低。蛭石作基质的插穗基部愈伤率为 81.11%、平均生根数 9.1 条、平均生根长度 11.3 cm，其中生根数和生根长度高于以细沙、黄土作为基质的插穗。插穗腐烂率方面，蛭石作基质的插穗腐烂率显著低于以细沙、黄土作为基质的插

穗，黄土的腐烂率最高为 34.45%。

3 种基质对四倍体刺槐 K4 无性系扦插生根效果的影响与四倍体刺槐 K2 无性系类似。蛭石作基质的插穗在生根率、愈伤率、平均生根数和平均生根长度 4 项指标上显著优于以细沙、黄土作为基质的插穗，其生根率为 75.55%、愈伤率 75.56%、平均生根数 9.2 条，平均生根长度 11.2 cm，腐烂率 12.23%，显著低于细沙的 23.33%和黄土的 25.56%。

四、处理时间对嫩枝插穗扦插生根的影响

在 6 月初采集插穗，用 IBA 1500 mg/L（K2 无性系）和 IBA 2000 mg/L（K4 无性系）浸泡插穗基部 5 s、30 s 和 180 s，在蛭石为基质营养杯中扦插，进行处理时间试验。采用完全随机区组试验设计，每组重复 3 次，重复内每处理插穗 30 根。

不同处理时间插穗扦插生根率存在显著差异，以插穗处理 30 s 扦插生根率最高；不同处理时间在插穗基部愈伤率、腐烂率、平均生根数和平均生根长方面也存在显著差异。

通过四倍体刺槐 K2 无性系的插穗 IBA 1500 mg/L 3 种不同浸泡时间的多重比较分析（表 5.9），速蘸时间为 30 s 的处理扦插成活率最高 80.0%，其次处理 5 s 的生根率为 77.8%，处理时间 180 s 的生根率最低，为 63.3%；同时处理时间长的插穗腐烂率也显著提高（$P < 0.05$），处理时间 180 s 的腐烂率达 26.7%。

表5.9　不同处理时间生根效果的多重比较

品种	处理时间/s	基部愈伤率/%	腐烂率/%	生根率/%
	5	82.2a	10.0b	77.8a
K2 无性系	30	81.1ab	10.0b	80.0a
	180	76.7b	26.7a	63.3b
	5	65.56c	7.8b	62.22b
K4 无性系	30	78.89ab	10.01b	74.44a
	180	74.44b	22.22a	60b

四倍体刺槐 K4 无性系的插穗经 IBA 2000 mg/L 不同处理时间生根效果差异显著，处理时间为 30 s 时，生根率最高 74.44%，处理时间 180 s 时，生根率最低 60%，且腐烂率（22.22%）也显著高于 5 s 和 30 s 的处理。

五、扦插时期对嫩枝插穗扦插生根的影响

6 月至 9 月每月月初分别采集嫩枝插穗，用 IBA 1500 mg/L（K2 无性系）和 ABT 2000 mg/L（K4 无性系）的溶液浸蘸 30 s，在蛭石为基质营养杯中扦插，进

行扦插时期试验。试验为完全随机区组设计，每组重复 3 次，重复内每处理插穗30 根。

由表 5.10 可知，不同扦插时期生根率总体上存在差异，6 月的插穗扦插生根率最高；不同扦插时期的插穗基部愈伤率、腐烂率、平均生根数和平均根长方面也存在差异。

表5.10 不同扦插时期生根效果的多重比较

品种	时期	基部愈伤率/%	腐烂率/%	平均生根数/条	平均生根长度/cm	生根率/%
K2 无性系	6 月	90.0a	3.33e	9.3ab	11.6b	90.00a
	7 月	84.3ab	12.33c	9.4a	12.3b	82.23ab
	8 月	83.3a	16.67bc	9.8a	13.1a	80.00abc
	9 月	87.8a	6.67d	8.7b	10.8cd	85.67ab
K4 无性系	6 月	75.89bc	12.22c	8.3b	11.0bc	75.56bc
	7 月	70.00c	15.55bc	9.3ab	12.4b	68.89c
	8 月	76.67bc	23.33a	9.5a	12.8ab	63.33c
	9 月	28.89d	20.00ab	7.8d	9.7d	16.67d

6 月四倍体刺槐 K2 嫩枝扦插生根率最高为 90.00%，7 月和 8 月逐渐降低，分别为 82.23%、80.00%，9 月有所升高为 85.67%。7 月和 8 月扦插的腐烂率分别为12.3%和 16.7%，显著高于 6 月和 9 月插穗的腐烂率（$P<0.05$），这可能因为 7 月和 8 月温度过高，导致了插穗腐烂率升高从而影响了生根率。而 8 月的插穗平均生根长度为 13.1 cm，显著高于其他月的插穗平均生根长度，这与 8 月气温较高，形成不定根的时间相对较短有关。

而四倍体刺槐 K4 无性系嫩枝扦插生根率 6 月最高为 75.56%，高于 7 月和 8月扦插的生根率，都显著高于 9 月 16.67%的扦插成活率。四倍体刺槐 K4 无性系嫩枝扦插生根率显著降低，可能与其特有生长物候特点有关。与 K2 无性系嫩枝扦插同期比较，K4 无性系在愈伤率、腐烂率和生根率方面存在显著差异，表明刺槐不同无性系间扦插生根特性上存在差异。

植物生长调节物质的种类和浓度是影响扦插生根的重要因素，它影响到插穗内部养分的分配，而且有效地刺激形成层细胞的分裂，促进细胞伸长，从而影响插穗的生根率、生根数和根长度。四倍体刺槐 K2 无性系的嫩枝扦插中发现，它有愈伤组织生根型、皮部生根型和二者兼有型。研究结果表明，扦插过程中愈伤组织的形成有利于不定根的形成，降低插穗腐烂率在一定程度上可以提高生根率。四倍体刺槐 K2 嫩枝扦插以带顶芽的上部插穗愈伤组织形成率较高，腐烂率低，生根效果最好，可能与四倍体刺槐的生根过程仅为 11~15 d 生根时间相对较短有关。综合考虑，IBA 1500 mg/L 处理的带顶芽的四倍体刺槐嫩枝插穗生根率达84.44%，平均生根数 8.3 条，平均生根长度 11.6 cm，生根效果最好。

扦插基质直接影响到插穗基部的温度和湿度，因此不同的扦插基质对插穗的生根效果影响显著。本研究中采用蛭石作基质的生根效果明显优于细沙和混合土。蛭石作为扦插基质插穗的腐烂率也极低，可能与蛭石的通气性较好和持水力较弱有关系，因此，蛭石可以作为四倍体刺槐嫩枝扦插的首选基质。这也印证了刺槐不耐水湿的特性，所以在刺槐枝插育苗过程中，控制水分非常重要：含水量低时，插穗会失水而死，含水量高时，插穗会腐烂而死。

嫩枝扦插时插穗失水是影响插穗生根的重要因素，嫩枝扦插采取高浓度速蘸也是重要的一个处理措施。扦插时，插穗处理时间太短则药品浸蘸不充分；插穗处理时间长，容易造成插穗叶子失水萎蔫，最终造成腐烂，影响了扦插生根。嫩枝扦插最好选取在阴天早晨进行，做到插穗随采随插。对四倍体刺槐 K2 无性系的嫩枝扦插以 IBA 1500 mg/L 处理时间为 30 s 以内较合适。

扦插的时期不同，扦插环境对生根的影响有很大区别，插穗的生根状况也有差异。本研究中不同扦插时期，四倍体刺槐 K2 无性系的生根率表现差异明显。6月和 9 月的扦插生根率较高，而研究中发现，9 月扦插生根的插穗当年不能移栽，只能在大棚内过冬，从而延长了大棚内苗木的管理期。综合考虑，6 月是四倍体刺槐 K2 无性系嫩枝扦插的最佳时期，以枝条上部半木质化带顶芽的插穗为材料，选择蛭石作扦插基质，植物生长调节物质 IBA 1500 mg/L 速蘸处理 30 s 生根效果最佳；四倍体刺槐 K4 无性系扦插生根困难，其嫩枝扦插的最佳时期为 6 月初，以枝条上部半木质化带顶芽的插穗为材料，选择蛭石作扦插基质，植物生长调节物质 ABT 2000 mg/L 速蘸处理 30 s 生根效果最佳。

第六章　四倍体刺槐营养价值评价

饲料蛋白源的粗蛋白含量是衡量其作为饲料蛋白源价值的重要指标，但是，仅凭蛋白质含量的高低评价饲料蛋白源的优劣还不能完全反映其实际的营养价值，因为其粗蛋白的氨基酸组成是否符合饲养对象的要求也直接影响到饲养效果。由此，Mitchell 和 Block（1946）提出了从氨基酸组成来进行定量评价蛋白质的评分方法；Oser（1951）设计出通过整合计算所有必需氨基酸的几何平均值的方法来评价蛋白质。为了科学地评价四倍体刺槐叶粉的营养价值和饲用价值，本章分析了四倍体刺槐无性系叶粉的粗蛋白、纤维、钙、磷等常规成分含量及其抗营养成分单宁含量，并在分析氨基酸组分的基础上，依据世界卫生组织和粮农组织（FAO/WHO，1973）提出的氨基酸评分模式及 Penaflorida（1989）的计算方法，利用必需氨基酸分及必需氨基酸指数对其营养价值和饲用价值进行评定；同时采用模糊最优局势决策法（胡建忠和闫晓玲，2000）对四倍体刺槐的营养价值进行了综合评价。随后，进行了反刍动物的牛瘤胃降解试验；瘤胃动物奶牛和山羊，以及单胃动物蛋鸡的饲喂试验，对四倍体刺槐的营养价值进行系统评价（Zhang et al.，2013a，2012；张国君等，2007b）。

第一节　化 学 评 价

采样地在廊坊地区香河县，北纬 39°36′~39°51′，东经 116°52′~117°11′，燕山山脉南麓，潮白河冲洪积平原扇缘向冲积平原过渡的交接地带，土壤以褐土和潮土为主，典型暖温带大陆性气候，年平均气温 11.1℃，总降水量为 905.1 mm，年蒸发量 1681.9 mm，平均相对湿度 58%，全年平均日照时数 2870 h，年平均无霜期183 d。

测试的四倍体刺槐叶片于 2004 年生长旺盛时期 7 月 15 日（Ⅰ）、7 月 30日（Ⅱ）、8 月 15 日（Ⅲ）和叶片开始变色期 10 月 5 日（Ⅳ）采集。试验林为 2002 年 4 月初定植，并于 2003 年和 2004 年 3 月初平茬后萌生的林分。在试验林内每次随机取 5 个小区，每个小区 6 株；离地面 10 cm 剪取小区内植株，摘取其叶片混匀，用四分法分别取 500 g 鲜叶，预先干燥处理后得风干样品备用。另外，在 7 月 15 日取茎秆和整株样品用于矿质元素和维生素的测定。

一、测定方法

水分：直接干燥法（AOAC，2000）；粗蛋白：凯氏法（AOAC，2000）；粗脂肪：索氏抽提法（AOAC，2000）；粗纤维：酸碱洗涤法（GB/T 6434—1994）；粗灰分：干灰化法（GB/T 6438—1992）；有机物（AOAC，2000）；酸性洗涤纤维（Van Soest et al.，1991）；中性洗涤纤维（Van Soest et al.，1991）；氨基酸：氨基酸自动分析仪法（GB/T 18246—2000）；钙：高锰酸钾滴定法（GB/T 6436—2002）；总磷：分光光度法（GB/T 6437—2002）；能量：以苯甲酸为标准用隔热弹式量热计测量；单宁：磷钼酸-钨酸钠（F-D）比色法（朱燕和夏玉宇，2003）；砷：GB/T 13079—1991《饲料中总砷的测定方法》；铅：GB/T 13080—1991《饲料中铅的测定方法》；铁、铜、锰、锌、镁：GB/T 13085—1992《饲料中铁、铜、锰、锌、镁的测定方法：原子吸收光谱法》；碘：GB/T 13882—1992《饲料中碘的测定方法：硫氰酸铁–亚硝酸催化动力学法》；硒：GB/T 13883—1992《饲料中硒的测定方法：2,3-二氨基萘荧光法》；钴：GB/T 13884—1992《饲料中钴的测定方法：原子吸收光谱法》；维生素 B_1：GB/T 14700—1993《饲料中维生素 B_1 的测定方法》；维生素 B_2：GB/T 14701—1993《饲料中维生素 B_2 的测定方法》；维生素 E：GB/T 17812—1999《饲料中维生素 E 的测定：高效液相色谱法》；维生素 A：GB/T 17817—1999《饲料中维生素 A 的测定：高效液相色谱法》；维生素 D_3：GB/T 17818—1999《饲料中维生素 D_3 的测定：高效液相色谱法》。

二、计算方法及数据分析

氨基酸分（AAS）＝（受验蛋白质第一限制氨基酸含量）/（WHO/FAO 评分模式要求的相应氨基酸含量）＝1 g 受试蛋白质中氨基酸的毫克数×100%/评分模式中的氨基酸毫克数。

$$必需氨基酸指数（EAAI）= \sqrt[n]{\prod_{i=1}^{n} \frac{aa_i}{AA_I}}$$

式中，aa_i 为受验蛋白质中某必需氨基酸占必需氨基酸总量的百分数；AA_I 为参比蛋白中该必需氨基酸占必需氨基酸总量的百分数；n 为比较的必需氨基酸数目。

用统计软件 SPSS 16.0（SPSS Inc.，Chicago，IL，USA）的 GLM 对四倍体刺槐不同时期的营养含量数据进行了如下分析：

$$Y_{ij} = \mu + R_i + C_j + \varepsilon_{ij}$$

式中，Y_{ij} 为待检测的因变量；μ 为总平均值；R_i 为重复效应（i=1，2，3，4，5）；

C_j 为时期效应（$j=1$，2，3，4）；ε_{ij} 为残差。

三、概略营养

（一）粗蛋白

粗蛋白含量在不同生长时期之间的差异极显著（表 6.1，表 6.2）。多重差异比较的结果（表 6.3）表明，Ⅰ（7 月 15 日）、Ⅱ（7 月 30 日）、Ⅲ（8 月 15 日）3个时期叶片的粗蛋白含量之间无显著差异，而这 3 个时期均与Ⅳ（10 月 5 日）时期的粗蛋白含量达到了极显著差异。由此可以看出，在旺盛生长时期的 7 月 15日、7 月 30 日和 8 月 15 日，其粗蛋白含量均比较高，且变化幅度不大，在叶片开始变色期（10 月 5 日）的粗蛋白含量较低，仅为 162.4 g/kg；这主要是因为在旺盛生长时期内，叶片的光合作用较强，从而有利于蛋白质的合成；而到叶片变色期时，叶片的叶绿素含量减少，光合作用减弱，因此影响其蛋白质的合成。

表6.1　不同生长时期四倍体刺槐叶片的营养成分（g/kg）

时期	干物质	粗蛋白	粗脂肪	粗纤维	粗灰分	中性洗涤纤维	酸性洗涤纤维
Ⅰ	876.0	211.3	46.0	160.7	83.1	433.9	291.2
Ⅱ	878.7	195.9	49.5	144.4	74.6	471.9	315.2
Ⅲ	881.9	199.0	47.2	152.1	78.2	476.5	319.8
Ⅳ	910.4	162.4	47.4	155.0	94.5	478.7	329.1

表6.2　不同生长时期四倍体刺槐叶片营养成分的方差分析

变异来源	df	粗蛋白	粗纤维	中型洗涤纤维	酸性洗涤纤维	粗脂肪	粗灰分	$F_{0.05}$	$F_{0.01}$
区组	4								
时期	3	25.35**	2.65	4.09*	0.97	0.34	6.32**	3.49	5.95
误差	12								

注：数据经过了 $\theta = \arcsin p^{1/2}$ 转换。

（二）纤维

四倍体刺槐不同生长时期叶片的粗纤维含量方差分析结果（表 6.2）不显著。对于反刍动物来说，单用常规营养成分来评价粗饲料的营养价值是远远不够的。这是因为饲料的消化率与纤维类物质关系密切，而粗纤维并不能完全代表所有的纤维类物质。近年来，人们用中性洗涤纤维（NDF）和酸性洗涤纤维（ADF）取代了粗纤维（CF），从而能更好地评价饲料营养价值。

不同生长时期之间的中性洗涤纤维差异显著，而酸性洗涤纤维差异不显著（表 6.2）。中性洗涤纤维多重比较的结果（表 6.3）表明，Ⅳ（10 月 5 日）显著地高于Ⅰ（7月15日），而Ⅱ（7月30日）、Ⅲ（8月15日）、Ⅳ（10月5日）之间无显著差异。这是因为在7月15日，植株大部分叶片处于生长期，而随着生长时期的推移，到了7月30日之后，大部分叶片趋于成熟或衰老，所以其纤维含量逐渐增加。饲草中粗蛋白、中性洗涤纤维和酸性洗涤纤维含量是反映牧草营养价值高低的重要指标。其中粗蛋白含量高，中性洗涤纤维和酸性洗涤纤维含量低，营养价值则高，反之，粗蛋白含量低，中性洗涤纤维和酸性洗涤纤维含量高，营养价值则低。从表6.1中可以看出，四倍体刺槐叶片生长时期越长，其粗蛋白含量越低，而中性洗涤纤维和酸性洗涤纤维含量则越高，尤其是在10月5日叶片开始变色期，变化幅度明显。

表6.3　不同生长时期四倍体刺槐叶片营养成分的多重比较

粗蛋白				中性洗涤纤维			粗灰分			
时期	均值/（g/kg）	$P_{0.05}$	$P_{0.01}$	时期/（g/kg）	均值	$P_{0.05}$	时期	均值/（g/kg）	$P_{0.05}$	$P_{0.01}$
Ⅰ	211.3	a	A	Ⅳ	478.7	a	Ⅳ	94.5	a	A
Ⅲ	199.0	a	A	Ⅲ	476.5	ab	Ⅰ	83.1	ab	AB
Ⅱ	195.9	a	A	Ⅱ	471.9	ab	Ⅲ	78.2	b	AB
Ⅳ	162.4	b	B	Ⅰ	433.9	b	Ⅱ	74.6	b	B

（三）粗脂肪

植物的粗脂肪包括可以溶于乙醚的所有成分，通常被认为是能量的代表，粗脂肪含量越高意味着饲料的能量越高。然而在反刍动物日粮中，一般含20~50 g/kg的脂肪，过多的脂肪则会影响瘤胃营养物质的消化作用（董世魁等，2000）。由表6.2可以看出，四倍体刺槐不同生长时期之间叶片的粗脂肪含量的方差分析结果不显著。另由表6.1可知，四倍体刺槐不同生长时期叶片的粗脂肪含量均在40~50 g/kg，符合反刍动物的日粮要求。

（四）粗灰分

四倍体刺槐叶片粗灰分的方差分析结果表明，其不同生长时期之间达到了极显著水平（表6.2）。经多重比较（表6.3）得知，Ⅳ（10月5日）显著高于Ⅲ（8月15日），极显著高于Ⅱ（7月30日），Ⅰ（7月15日）、Ⅱ（7月30日）、Ⅲ（8月15日）之间粗灰分含量无显著差异。粗灰分的含量与材料所含的矿物质有关。

四、氨基酸营养

（一）氨基酸含量

饲料蛋白质问题归根到底是氨基酸问题。饲料蛋白质是由哪些氨基酸组成的，以及这些氨基酸的比例如何,这是评定饲料蛋白质营养价值的关键。从表 6.4 可以看出,四倍体刺槐叶粉含 18 种氨基酸,氨基酸总量为 18.55%,E/T = 0.43,E/N = 0.74,接近 WHO/FAO 提出的 E/T 应为 0.40、E/N 应在 0.6 以上的参考蛋白模式。

表6.4 四倍体刺槐叶粉的常规营养和氨基酸含量

项 目	含量/%	项 目	含量/%	项 目	含量/%
干物质	91.57	脯氨酸	0.63	赖氨酸*	1.39
粗蛋白	27.27	甘氨酸	1.00	组氨酸	0.56
粗脂肪	5.02	丙氨酸	1.12	精氨酸	1.14
粗纤维	16.47	胱氨酸	0.25	色氨酸*	0.32
粗灰分	8.23	缬氨酸*	1.28	总氨基酸(T)	18.55
无氮浸出物	34.58	蛋氨酸*	0.40	必需氨基酸(E)	7.91
天冬氨酸	2.01	异亮氨酸*	0.84	非必需氨基酸(N)	10.64
苏氨酸*	0.90	亮氨酸*	1.66	E/T	0.43
丝氨酸	0.91	酪氨酸	0.81	E/N	0.74
谷氨酸	2.21	苯丙氨酸*	1.12		

*:必需氨基酸。

(二)四倍体刺槐叶粉的必需氨基酸含量与常见饲料的比较

四倍体刺槐叶粉的 12 种必需氨基酸含量(表 6.5)为 10.67%,较大豆饼和白三叶草粉低 42.94% 和 5.49%,较玉米蛋白饲料、苜蓿草粉及甘薯叶粉高 33.88%、37.15% 及 64.15%。由此可见,四倍体刺槐叶粉的蛋白营养高于玉米蛋白饲料、苜蓿草粉及甘薯叶粉,与白三叶草粉相当,低于大豆饼。

表6.5 四倍体刺槐叶粉与常见饲料必需氨基酸含量的比较

饲料名称	刺槐叶粉	大豆饼	白三叶草粉	玉米蛋白饲料	苜蓿草粉	甘薯叶粉
中国饲料号	—	5-10-0241	1-05-0073	5-11-0003	1-05-0074	5-06-0005
∑AA/%	10.67	18.70	11.29	7.97	7.78	6.50

注:必需氨基酸总和:∑AA = 精氨酸 + 组氨酸 + 异亮氨酸 + 亮氨酸 + 赖氨酸 + 蛋氨酸 + 胱氨酸 + 苯丙氨酸 + 酪氨酸 + 苏氨酸 + 色氨酸 + 缬氨酸;常见饲料资料来源于文献(中国饲料数据库情报中心,2000)。

(三)四倍体刺槐叶粉的必需氨基酸含量与动物营养需求量的比较

四倍体刺槐叶粉的必需氨基酸含量(表 6.6)高于或非常接近于鸡、鸭、鹅、兔动物饲养标准(中国饲料数据库情报中心,2000)中的营养需求量;蛋氨酸+

胱氨酸（含硫氨基酸）的含量接近或稍低于参比动物标准中的营养需求量；异亮氨酸的含量明显高于鸡、鸭、鹅、兔动物饲养标准中的营养需求，仅略低于猪的营养需求量。另外，刘涛等（2004）研究表明四倍体刺槐叶片营养高于普通刺槐，而普通刺槐叶粉已被国内外众多学者证明了其作为畜禽饲料的适宜性（Tiwari et al.，1996；Barrett，1993；Bencat，1992）和较其他饲料的优越性（Ainalis and Tsiouvaras，1998）。因此，只需添加适量的某种氨基酸，四倍体刺槐叶粉就能像精心勾兑的复合饲料一样，完全能够满足动物生长的营养需要。

表6.6 四倍体刺槐叶粉的必需氨基酸含量与动物营养需求量的比较（%）

氨基酸名称	异亮氨酸	亮氨酸	赖氨酸	蛋氨酸+胱氨酸	苯丙氨酸+酪氨酸	苏氨酸	色氨酸	缬氨酸	精氨酸	组氨酸
1	0.84	1.66	1.39	0.65	1.93	0.90	0.32	1.28	1.14	0.56
2	0.90	—	1.40	0.80	—	0.80	—	—	0.36	—
3	0.60	1.00	0.85	0.60	1.00	0.68	0.17	0.62	1.00	0.26
4	0.60	1.19	1.00	0.63	1.31	0.63	0.22	0.73	1.02	—
5	0.55	0.80	0.62	0.52	0.73	0.55	0.13	0.62	0.66	—
6	—	—	0.80	0.70	—	—	—	—	0.80	—

注：1. 四倍体刺槐叶粉；2. 中国瘦肉型生长肥育猪饲养标准（1~5kg）；3. 中国蛋鸡营养需要量（0~6 周）；4. 台湾省建议蛋鸭营养需要量（0~4 周）；5. 美国 NRC 建议的种鹅营养需要量；6. 中国安哥拉毛兔营养需要量（断奶 3 月龄）。

（四）四倍体刺槐叶粉的氨基酸分和氨基酸指数

从营养学的观点来看，评价一种食物或饲料的营养价值时，除了应对其粗养分含量、氨基酸组分及动物营养需求量进行分析评价外，还应对其必需氨基酸的平衡程度、必需氨基酸组成与饲养对象的必需氨基酸组成的拟合程度进行分析评价。

四倍体刺槐叶粉和几种植物性蛋白源的必需氨基酸分（AAS）见表 6.7。从表6.7 可以看出：四倍体刺槐叶粉的 10 种必需氨基酸和半必需氨基酸含量中有 7 种氨基酸或接近于或高于模式谱，蛋氨酸+胱氨酸和异亮氨酸低于模式谱；蛋氨酸+胱氨酸（含硫氨基酸）为第一限制氨基酸，异亮氨酸为第二限制氨基酸；必需氨基酸分为 68.1，明显高于白三叶草粉、甘薯叶粉、玉米蛋白饲料，与苜蓿草粉相当，仅低于大豆饼。而苜蓿素有"牧草之王"之美称，是国内外公认的优质饲料（田瑞霞等，2005；王成章等，2005；Raharjo et al.，1990；Cheeke et al.，1984）。由此可见，四倍体刺槐叶粉的蛋白品质较优，氨基酸组成较平衡，若与含硫氨基酸饲料合理搭配，可作为优质的蛋白饲料。

表6.7　四倍体刺槐叶粉必需氨基酸的构成与WHO/FAO建议模式的比较（mg/g）

氨基酸名称	异亮氨酸	亮氨酸	赖氨酸	蛋氨酸+胱氨酸	苯丙氨酸+酪氨酸	苏氨酸	色氨酸	缬氨酸	氨基酸分	第一限制氨基酸	第二限制氨基酸
1	40.0	70.0	55.0	35.0	60.0	40.0	10.0	50.0	100	—	—
2	30.8	60.9	51.0	23.8	70.8	33.0	11.7	46.9	68.1	Met+Cys	Ile
3	46.2	69.3	42.6	11.2	78.3	37.2	5.1	57.4	32.0	Met+Cys	Trp
4	31.2	51.2	30.2	15.1	55.6	33.7	—	48.3	43.2	Met+Cys	Lys
5	32.1	94.3	32.6	32.1	62.2	35.2	7.3	48.2	59.3	Lys	Trp
6	35.6	62.8	42.9	22.5	73.3	38.7	22.5	47.6	64.3	Met+Cys	Lys
7	37.6	65.8	58.1	29.2	79.4	34.4	15.3	40.7	81.3	Val	Met+Cys

注：1. WHO/FAO 建议模式；2. 四倍体刺槐叶粉；3. 白三叶草粉；4. 甘薯叶粉；5. 玉米蛋白饲料；6. 苜蓿草粉；7. 大豆饼。

Cowey 和 Tacon（1983）与 Wilson 和 Poe（1985）的研究表明，饲养动物对饲料中氨基酸的需要与其自身的氨基酸组成显著相关。引用 Penaflorida（1989）采用的公式计算 EAAI 值。由于必需氨基酸指数（EAAI）反映了饲料蛋白源的必需氨基酸组成的平衡程度与饲养对象必需氨基酸组成的拟合程度，因而，可以更加准确、科学地评价蛋白源的营养价值（冯东勋和赵保国，1997；Hayashi et al.，1986；Murai et al.，1984）。四倍体刺槐叶粉的必需氨基酸指数与几种畜禽的拟合程度见表 6.8。根据冯东勋和赵保国（1997）标准，当 n 为 6~12 时（n 为比较的必需氨基酸数目）：EAAI > 0.95 为优质蛋白源，0.86 < EAAI ≤ 0.95 为良好蛋白源，0.75 ≤ EAAI ≤ 0.86 为可用蛋白源，EAAI < 0.75 为不适蛋白源。由此可知，四倍体刺槐叶粉饲养牛、猪、鸡、鸭、鹅、草鱼和对虾时均属优质饲料，仅饲喂羊时为良好。

表6.8　四倍体刺槐叶粉的EAAI值

动物名称	牛[*]	猪[*]	鸡[*]	鸭[*]	鹅[*]	草鱼[*]	对虾[*]	羊[*]
资料编号	B12067	B12050	B13005	B13018	B13003	B17003	B19001	B12104
EAAI	1.002	1.004	1.010	1.005	0.995	1.026	1.058	0.924
结　论	优质	优质	优质	优质	优质	优质	优质	良好

[*]其所含氨基酸数据来源于文献（杨月欣等，2002）。

（五）四倍体刺槐叶粉与其他常见饲料营养价值的综合比较

综合评价饲料营养价值的方法很多，如饲料分析、消化试验法、物质与能量代谢试验法、比较屠宰试验法等。综合分析诸家的优缺点，结合刺槐叶粉营养评价的实际，本文采用了模糊最优局势决策分析法（胡建忠和闫晓玲，2000），选取了概略养分中的粗蛋白及纯养分中的赖氨酸、蛋氨酸+胱氨酸、钙、磷五大因子作为决策分析的基础因子（表 6.9），对刺槐无性系叶粉的营养价值进行综合评价。

表6.9　四倍体刺槐叶粉与常见饲料营养价值的综合比较（%）

饲料名称	中国饲料号	粗蛋白	赖氨酸	蛋氨酸+胱氨酸	钙	磷
四倍体刺槐叶粉	—	27.27	1.39	0.65	0.76	0.10
大豆饼	5-10-0241	41.8	2.43	1.22	0.31	0.50
苜蓿草粉	1-05-0074	19.1	0.82	0.43	1.40	0.51
米糠	4-08-0041	12.8	0.74	0.44	0.07	1.43
玉米蛋白饲料	5-11-0003	19.3	0.63	0.62	0.15	0.70
小麦麸	4-08-0069	15.7	0.58	0.39	0.11	0.92
次粉	4-08-0104	15.4	0.59	0.6	0.08	0.48
大麦皮	4-07-0277	11.0	0.42	0.36	0.09	0.33
玉米	4-07-0278	9.4	0.26	0.41	0.02	0.27

注：常见饲料资料来源于文献（中国饲料数据库情报网中心，2008）。

由于五大因子对总体营养的贡献不同，其中以粗蛋白最为重要。在饲料营养综合评价时，通常用 Delphi 法求算各指标的权重。四倍体刺槐叶粉各项指标的权重如下：

{粗蛋白：赖氨酸：蛋氨酸+胱氨酸：钙：磷}={0.3：0.2：0.2：0.15：0.15}

用模糊最优局势决策元法对四倍体刺槐叶粉的营养价值进行综合评价。

（1）计算效果测度：因这 5 个指标均为正极性指标，故可用上限效果测度公式进行计算：

$$r_{ij} = \frac{u_{ij}}{u_{max}}$$

式中，r_{ij} 为效果测度值；u_{ij} 为实测值（表中数字）；u_{max} 为某一类实测值中的最大值。

（2）确定各指标的权重：上面已求出，即：

$$w_j = \{0.3：0.2：0.2：0.15：0.15\}$$

（3）计算综合决策元：

$$\delta_i = \sum_{j=1}^{n} r_{ij} w_j$$

（4）最优局势决策：根据 $\delta = \{\delta_j\}$ 中的具体数值大小进行排序，并确定最大决策元。

经过以上步骤（具体计算从略）得出：

$$\delta^T = \{\delta_i\}^T = \{0.79, 0.52, 0.48, 0.38, 0.38, 0.33, 0.32, 0.22, 0.19\}$$

按综合决策元从大到小排列，则表 6.9 中各种饲料的排序为：大豆饼 > 四倍体刺槐叶粉>苜蓿草粉>米糠=玉米蛋白饲料>小麦麸>次粉>大麦皮>玉米。

由综合决策元的排序可以看出，四倍体刺槐叶粉的综合营养价值比苜蓿草粉、米糠和玉米蛋白饲料等饲料均高，只低于大豆饼，在上述 9 种对比饲料中排列第2。

五、矿质元素

钙和磷是家畜矿物营养中两个重要的元素，在家畜的骨骼发育和维护方面有着特别的作用。家畜日粮中钙、磷的最佳比值为2∶1，反刍家畜可通过腮腺和唾液分泌再循环重复利用大量的磷，所以反刍家畜可耐受钙、磷比达7∶1（东北农学院，1982）。四倍体刺槐不同生长时期叶片的钙、磷比值处于4∶1至5∶1，较适合作为反刍动物的饲料来源。

四倍体刺槐叶片不同生长时期内钙、磷含量均无显著差异（表6.10）。理论上，在树木生长所需的营养元素中，磷属于易在树木体内移动的元素，而钙则属不易移动的元素。因此，叶片随着生长时期的推移，钙含量应呈递增趋势，而磷含量可能变化不定。这是因为，难以移动的营养元素钙被林木地上部分吸收后，分配并被固定于植株叶部，而易于移动的营养元素磷则随着根系的吸收能力、植株光合作用和养分消耗的变化而变化。该试验钙、磷含量变化趋势与理论预测相近，但其变化规律还需进一步深入研究。

表6.10 不同生长时期四倍体刺槐叶片的矿质营养成分（g/kg）

时期	钙	磷	单宁	变异来源	df	钙	磷	单宁	$F_{0.05}$	$F_{0.01}$
I	7.1	1.7	19.5a							
II	6.7	1.6	16.2a	区组	4					
III	7.5	1.5	11.5b	时期	3	0.42	2.84	17.62**	3.49	5.95
IV	7.4	1.4	10.7b	误差	12					

植物样品的矿物元素含量受土壤条件的影响较大，本文所测定的刺槐样品生长于河北廊坊地区，属于缺硒地带，硒的含量较低，若需要可以考虑在土地施肥的时候，增加硒肥，使所生长牧草的含硒量增加。铁含量较低，碘和钴的含量均比较高（表6.11）。重金属中铅的含量较高，未检出砷。因此从矿物元素角度，采用四倍体刺槐制作动物日粮时，与苜蓿不同的是需要考虑日粮微量元素的平衡。

表6.11 四倍体刺槐与苜蓿草粉的部分矿质元素和重金属含量对照表

饲料原料	镁/%	铁/(mg/kg)	锰/(mg/kg)	铜/(mg/kg)	碘/(mg/kg)	硒/(mg/kg)	钴/(mg/kg)	铅/(mg/kg)	砷/(mg/kg)
四倍体刺槐叶粉	0.35	100	20.56	17.89	2.2	0.26	4.84	7.94	未检出
四倍体刺槐茎秆粉	0.14	30	6016	12.67	1.55	0.25	4.72	5.10	未检出
四倍体刺槐全株茎叶混合物	0.22	50	14.23	15.77	2.88	0.70	14.4	5.01	未检出
苜蓿草粉[1]	0.30	370	30.7	9.1	—	0.5[3]	—	—	—
苜蓿草粉[2]	0.36	360	30.7	9.1	—	0.6[3]	—	—	—

注：1. NY/T1级，1茬，盛花期，烘干；2. NY/T2级，1茬，盛花期，烘干；3. 美国Feedstuffs饲料成分分析表（2002版）中脱水苜蓿草粉（CP20.0和17.0）。

六、维生素

植物样品的各种维生素含量不等，尤以维生素 D 含量丰富，其他维生素含量则较少。各种粗饲料，特别是日晒的豆科干草含有大量维生素 D_2。本文测定的四倍体刺槐叶粉维生素 D 含量较高，茎叶混合物的各种维生素的测定含量均较低（表 6.12），可能与烘烤的工艺有关。动物对维生素 D 的需要量也仅有 100~300 IU/kg（N R C），所以四倍体刺槐系列产品是维生素 D 的良好来源。四倍体刺槐叶粉的维生素 E 含量相当高，而动物对维生素 E 的需要量仅为 10~20 IU/kg，在日粮中添加 10%以上的四倍体刺槐系列产品，其所含维生素 E 足以保证动物的营养需要，而无需在日粮中额外添加维生素 E。四倍体刺槐产品中的维生素 A 的含量也相当高。

表6.12 四倍体刺槐与苜蓿草粉的部分维生素含量对照表

饲料原料	维生素 A / （IU/kg）	维生素 D_3 / （IU/kg）	维生素 E / （IU/kg）	维生素 B_1 / （mg/kg）	维生素 B_2 / （mg/kg）
四倍体刺槐叶粉	2740	10 400	1840	162	12.4
四倍体刺槐茎秆粉	764	4060	642	30.6	13.6
四倍体刺槐全株茎叶混合物	842	3160	210	70.3	9.6
苜蓿草粉 [1]	248	—	147	3.9	15.5
苜蓿草粉 [2]	123	—	128	3.5	12.3

注：1. 美国 Feedstuffs 饲料成分分析表（2002 版）中脱水苜蓿草粉（CP20.0）；2. 美国 Feedstuffs 饲料成分分析表（2002 版）中脱水苜蓿草粉（CP17.0）。

干草中含有一定量的 B 族维生素，其中豆科干草（如苜蓿干草）的核黄素含量相当丰富，秸秆类中缺乏 B 族维生素。本文测定的四倍体刺槐系列产品中的维生素 B_1 和维生素 B_2 的含量均较高，采用四倍体刺槐的日粮无需额外添加即可满足动物快速生长的需要。作为草食动物日粮的重要组成成分，四倍体刺槐可以满足动物对维生素 D、E、B_1 和 B_2 的需要，而无需在动物日粮中额外添加这些维生素产品，从而可以节省成本。

七、单宁

饲草中单宁含量较高时，会影响动物对蛋白质、纤维素、淀粉及脂肪的消化，降低食物的营养价值，甚至引起动物中毒。但是少量的单宁却可以对动物消化道起到收敛的作用，具有轻微的止泻作用（郭彦军，2000）。国内外众多学者的研究表明，利用单宁能结合蛋白质的特性，其可使瘤胃内蛋白质的降解率增加，干物质消化率提高（Puchala et al.，2005；Kabasa et al.，2004；Hassan et al.，2003；Khazaal et al.，1996；牛菊兰和马文生，1995）。Robbins 等（1987）、Makkar 等（1989）、Jackson 等（1996）、Gebrehiwot 等（2002）对热带树木、灌木和豆科牧草叶片中单宁的含量进行了研究，发现单宁含量不足 55 g/kg（干质量）的植物可以作为动物饲料；而单宁含量高达 60～90 g/kg 的植物，动物一般拒食其叶子。

四倍体刺槐不同生长时期之间叶片中单宁含量之间方差分析极显著（表6.10）。Ⅰ（7 月 15 日）和Ⅱ（7 月 30 日）均显著地高于Ⅲ（8 月 15 日）和Ⅳ（10月 5 日），而Ⅰ（7 月 15 日）和Ⅱ（7 月 30 日）之间及Ⅲ（8 月 15 日）和Ⅳ（10月 5 日）之间无显著差异。由此不难看出，随着生长时期的推移，叶片逐渐老化，四倍体刺槐单宁含量从 19.5 g/kg 降到 10.7 g/kg，表现出从高到低的变化趋势；其含量变化范围为 10~20 g/kg，均低于上述标准，完全适合作为动物饲料。远低于文献中的普通刺槐叶片单宁含量（66~104 g/kg，Unruh Snyder et al.，2007）。然而，Unruh Snyder 等（2007）研究称，单宁对反刍动物有利还是有害取决于其在饲料中的浓度。反刍动物饲粮中的单宁浓度在 20~40 g/kg（DM）时已经表明了其有利性，因为他们能通过形成蛋白–单宁复合体来减少多余蛋白的瘤胃降解。其他关于低浓度单宁的有利性是其能够控制寄生线虫和防止肿胀（Min and Hart，2003）。相反，饲粮中单宁浓度在 50~100 g/kg（DM）时就会对采食量和消化率产生抑制作用（Barry et al.，2001）。

本文发现在四倍体刺槐不同生长时期叶片的营养成分中，粗蛋白、中性洗涤纤维、粗灰分及单宁含量存在显著或极显著差异，粗纤维、酸性洗涤纤维、粗脂肪、钙及磷含量无显著差异；且生长时期的粗蛋白含量极显著高于叶片变色期，中性洗涤纤维在 7 月 15 日显著低于 10 月 5 日（叶片变色期）。

本试验用四倍体刺槐叶粉含有 18 种氨基酸，氨基酸总量为 18.55%，E/T=0.43，E/N=0.74，接近 WHO/FAO 提出的 E/T（0.40）及 E/N（0.6 以上）参考蛋白模式。四倍体刺槐叶粉的必需氨基酸之和均高于苜蓿草粉、玉米蛋白饲料及甘薯叶粉，与白三叶草粉相当，低于大豆饼。四倍体刺槐叶粉的必需氨基酸含量高于或非常接近于鸡、鸭、鹅、兔动物饲养标准中的营养需求量，蛋氨酸+胱氨酸（含硫氨酸）的含量接近或稍低于动物标准中的营养需求量，异亮氨酸略低于猪饲养标准中的营养需求量。在四倍体刺槐叶粉的 10 种必需氨基酸和半必需氨基酸含量中，有 7 种氨基酸或接近于或高于模式要求，只有蛋氨酸+胱氨酸、异亮氨酸低于WHO/FAO 模式要求；必需氨基酸分为 68.1，明显高于白三叶草粉、甘薯叶粉，与苜蓿草粉相当，低于大豆饼；必需氨基酸指数表明其作为牛、鸡、鸭等 7 种动物的饲料时均为优质，仅对羊为良好。综合决策元的排序表明，四倍体刺槐叶粉的综合营养价值均比苜蓿草粉、米糠和玉米蛋白饲料高，只低于大豆饼。综合各项指标可知，四倍体刺槐叶粉的蛋白质品质较优，氨基酸组成较平衡，不失为一种优良的高蛋白资源，若适当补以含硫氨基酸，完全可作为优质的蛋白饲料。

四倍体刺槐的粗蛋白、粗脂肪、钙、磷等常规营养指标和苜蓿接近，具备优质牧草的营养素含量；四倍体刺槐的5种维生素含量均高于苜蓿干草，维生素E、维生素D的含量可以达到动物对饲料需要量的10倍以上，由此推论出，四倍体刺槐可以作为富含维生素的动物饲料；四倍体刺槐的微量元素含量很丰富，其不同部分的含量和苜蓿干草持平，所测定的微量元素可以满足动物正常生长发育的需要；四倍体刺槐的单宁含量仅为1%~2%，不足以产生抑制消化代谢的作用，对牛羊的生长性能不会产生负面的影响。

第二节　瘤胃降解评价

采样地设在廊坊地区香河县，北纬39°36′~39°51′，东经116°52′~117°11′，燕山山脉南麓，潮白河冲洪积平原扇缘向冲积平原过渡的交接地带，土壤以褐土和潮土为主，典型暖温带大陆性气候，年平均气温11.1℃，总降水量为905.1 mm，年蒸发量1681.9 mm，相对湿度平均为58%，全年日照时数平均为2870 h，年平均无霜期183 d。

试验林为2005年春天定植的一年生苗，并分别在2006年和2007年春天平茬后萌生林分中的植株，栽培密度为0.5 m×1.0 m（株距×行距）。试验为完全随机区组度验设计，重复4次，16株小区。在2005年和2006年的5月30日到9月30日每15 d（9个时期）摘取叶片备用，并于2007年的9个时期分别称量小区内单株的总重和叶重，然后随机选取8株分别取茎秆和叶片样品，另外8株取整株样品，同一小区内每月两次不同时期的样品混合后用于瘤胃分析（Zhang et al., 2012; Jiang et al., 2009）。

一、测定方法

3头装有永久瘤胃瘘管的成年杂种肉牛，体重550~600 kg。试验牛的日粮组成为稻草、玉米、麦麸、豆粕、食盐等，喂量分别为5 kg、2 kg、0.5 kg、0.09 kg。每天两次等量饲喂，供水一次，试验牛舍饲、栓系饲养；瘤胃尼龙袋法测定饲料中常规成分的动态降解率。

（一）不同部位的瘤胃方法

将9月取样的叶片、茎秆和整株各5 g（干物质）粉碎过2 mm筛，然后分别放到378个尼龙袋内（每个瘤胃处理时间54个=3个部位×3个重复×3个动物×2

个平行测定），一端固定在 50 cm 长的塑料管上。尼龙袋选用孔径 50 μm 的尼龙布，裁成 17 cm×13 cm 的长方块（Vanzant et al.，1998），对折，用涤纶线缝双道，制成尼龙袋。袋底部、两角呈圆形，散边用烙铁烫平。所有尼龙袋在放入瘤胃前要在 39℃的水中温育 20 min，以确保微生物及时作用于样品。随后将所有尼龙袋（瘤胃处理时间为 0 h 除外）在早晨饲喂前同时放置在 3 头牛瘤胃的腹囊部进行培养 6 h、16 h、24 h、48 h、72 h 和 96 h。尼龙袋取出后和 0 h 处理的尼龙袋一起立即放在冷水中用自来水冲洗至水的颜色不变为止。

（二）不同时期的瘤胃方法

不同时期的叶片、茎秆和整株各 5 g（干物质）样品粉碎过 2 mm 筛后，放入 576 个尼龙袋内（每个瘤胃处理时间 288 个=4 个时期×3 个部位×4 个重复×3 个动物×2 个平行测定）进行 0h 和 24h 瘤胃处理。其他程序和不同部位的瘤胃方法相同。

（三）计算方法

营养物质的瘤胃消失量为未冲洗之前袋内的营养含量与瘤胃降解后残余物的营养含量之差，然后根据 Ørskov 和 McDonald（1979）的公式分别计算出样品的干物质（DM）、粗蛋白（CP）、中性洗涤纤维（NDF）、酸性洗涤纤维（ADF）和有机物（OM）的瘤胃降解率参数：

$$P = a + b(1 - \exp^{-ct})$$

式中，P 为时间 t（h）的瘤胃消失量；a 为可溶性物质部分（g/kg）；b 为不溶性但潜在能被降解的部分（g/kg），$a+b$ 为潜在能被降解的部分（g/kg）；c 为 b 部分物质的降解速率常数 [g/(kg·h)]。

$$瘤胃有效降解率（ED）= a + b \times c/(k + c)$$

式中，a、b、c 定义如上；k 为瘤胃内物质的通过率，本文采用 Singh 等（1989）研究中的 25 g/(kg·h)。

瘤胃内物质达到与计算出的有效降解率（ED）相同的培养时间 T^* 计算如下：

$$T^* = 1/c \times \ln[(k + c)/k]$$

（四）数据分析

瘤胃降解参数 a、b、c 在 SPSS 16.0（SPSS Inc.，Chicago，IL，USA）中的 NLR（非线性回归）程序中通过最小平方法由公式 $P = a + b(1 - \exp^{-ct})$ 计算得出，并且限制 $a+b$ 不能超过 1000 g/kg。9 月不同部位的样品瘤胃参数 a、b、c、$a+b$ 和有效降解率 ED 用统计软件 SPSS 16.0 中的 GLM 进行了分析，模型如下：

$$Y_{ijk} = \mu + R_i + P_j + A_k + P.A_{jk} + \varepsilon_{k(ij)}$$

式中，Y_{ijk} 为待检测的因变量；μ 为总平均值；R_i 为重复效应（i=1，2，3）；P_j 为植物部位效应（j=1，2，3）；A_k 为动物效应（k=1，2，3）；$P.A_{jk}$（j=1，2，3；k=1，2，3）为部位和动物的相互作用；$\varepsilon_{k(ij)}$ 为残差。

不同时期及部位的瘤胃消失量数据用 SPSS 16.0 中的 GLM 进行了分析，模型如下：

$$Y_{ijkl} = \mu + R_i + D_j + P_k + A_l + D.P_{jk} + D.A_{jl} + P.A_{kl} + D.P.A_{jkl} + \varepsilon_{l(ijk)}$$

式中，Y_{ijkl} 为待检测的因变量；μ 为总平均值；R_i 为重复效应（i=1，2，3，4）；D_j 为时期效应（j=1，2，3，4）；P_k 为植物部位效应（k=1，2，3）；A_l 为动物效应（l=1，2，3）；$D.P_{jk}$，$D.A_{jl}$ 和 $P.A_{kl}$（j=1，2，3，4；k=1，2，3；l=1，2，3）为时期、部位和动物的两两相互作用；$D.P.A_{jkl}$ 为时期、部位和动物的三项相互作用；$\varepsilon_{l(ijk)}$ 为残差。

二、不同部位的瘤胃中营养物质降解

四倍体刺槐 9 月三个不同部位材料的瘤胃降解率（表 6.13）中干物质的可溶性部分（a）在叶片中最高，其次是整株，茎秆最低（$P < 0.05$）；而干物质的可降解部分（b）在叶片中最低，其次是整株，茎秆最高（$P < 0.05$）；干物质的降解速率（c），潜在降解部分（$a+b$）和有效降解率（ED）均在叶片、茎秆和整株间无显著差异。

有机物的可降解部分和降解速率在叶片中最低，其次是整株，茎秆最高（$P < 0.05$）；而有机物的可溶性部分与干物质相似；且有机物的潜在降解率和有效降解率在叶片、茎秆和整株间也无显著差异。

茎秆（373.0 g/kg）粗蛋白的可降解部分最高，其次是整株（151.2 g/kg），然后是叶片（84.5 g/kg）（$P < 0.05$）；潜在降解部分和有效降解率的结果相似；然而，粗蛋白的可溶性部分在 3 个不同部分材料间无显著差异；降解速率在整株和茎秆间无显著差异，但是两者均显著高于叶片（$P < 0.05$）。

中性洗涤纤维的有效降解率（ED）在 3 个不同部分材料间无显著差异；叶片中性洗涤纤维的可溶性部分、可降解部分和潜在降解部分均显著高于（$P < 0.05$）整株和茎秆；然而，叶片的降解速率显著低于（$P < 0.05$）整株和茎秆。

酸性洗涤纤维的可溶性部分、潜在降解部分和有效降解率（ED）在叶片中最高，然后依次是整株和茎秆（$P < 0.05$）；叶片中的可降解部分最高，然后依次是

茎秆和整株（$P < 0.05$）；而叶片酸性洗涤纤维的降解速率最低，然后依次是整株和茎秆（$P < 0.05$）。

表6.13　四倍体刺槐9月不同部位营养物质的瘤胃降解参数

参数	部位	a /（g/kg）	b /（g/kg）	c /[g/（kg·h）]	$(a+b)$ /（g/kg）	ED /（g/kg）	T^* /h
干物质	叶片	240.7a	189.7c	58a	430.4a	373.4a	20.6
	整株	188.4b	234.8b	57a	423.2a	351.9a	20.8
	茎秆	154.4c	285.2a	67a	439.5a	362.1a	19.4
	SE	4.1	3.9	2	8.0	8.3	
有机物	叶片	262.0a	182.2c	27c	444.3a	357.0a	27.0
	整株	159.8b	247.3b	56b	407.2a	331.1a	20.9
	茎秆	111.1c	314.7a	80a	425.7a	350.4a	18.0
	SE	3.4	3.2	1	6.6	7.2	
粗蛋白	叶片	211.6a	84.5c	58b	296.1c	270.4c	20.7
	整株	235.6a	151.2b	89a	386.8b	353.6b	17.0
	茎秆	221.9a	373.0a	98a	594.8a	519.0a	16.2
	SE	6.2	5.9	4	12.1	12.3	
中性洗涤纤维	叶片	131.2a	342.3a	7b	473.5a	204.9a	35.0
	整株	0.0b	274.3b	57a	274.3b	191.0a	20.8
	茎秆	0.0b	276.4b	62a	276.4b	196.8a	20.1
	SE	1.2	4.8	2	5.5	9.4	
酸性洗涤纤维	叶片	233.1a	472.3a	3c	705.3a	285.5a	37.8
	整株	99.4b	144.0c	61b	243.4b	201.7b	20.0
	茎秆	0.0c	201.7b	102a	201.7c	162.0c	15.9
	SE	2.0	8.4	2	9.5	7.2	

三、不同部位不同时期的瘤胃营养物质消失

四倍体刺槐不同部位及不同时期的24 h瘤胃消失量见表6.14。选择24 h瘤胃培养时间是由于此瘤胃处理时间能得到合适的瘤胃降解率（表6.13中的T^*）。

不同的时期对3个不同部位材料的瘤胃消失量有显著影响，均在6月高于（$P < 0.05$）其他月。叶片干物质（DM）的瘤胃消失量最高和最低（$P < 0.05$）分别出现在6月和9月，而7月和8月之间无显著差异；整株和茎秆的酸性洗涤纤维（ADF）瘤胃消失量具有相似的结果。整株的干物质和粗蛋白（CP）消失量，以及叶片的酸性洗涤纤维消失量均在6月最高（$P < 0.05$），然后依次是7月、8月、9月，而8月和9月之间无显著差异。茎秆的干物质瘤胃消失量在7月和8月，7月和9月之

表6.14 四倍体刺槐不同时期营养物质的24 h瘤胃消失量

部位	时间/月	干物质 / (g/kg)	有机物 / (g/kg DM)	粗蛋白 / (g/kg DM)	中性洗涤纤维 / (g/kg DM)	酸性洗涤纤维 / (g/kg DM)
叶片	6	506.1a	518.5a	405.4a	268.5a	298.2a
	7	418.3b	399.2c	285.9b	188.5b	270.1b
	8	431.2b	426.0b	252.5c	155.7c	253.6c
	9	393.4c	368.8d	266.2bc	179.1b	249.1c
整株	6	456.6a	447.7a	423.6a	247.5a	265.3a
	7	425.4b	415.3b	391.4b	223.4b	248.2b
	8	336.0c	340.2c	352.8c	162.1d	246.6b
	9	339.8c	321.2d	340.1c	190.6c	191.0c
茎秆	6	410.4a	393.5a	657.8a	237.1a	286.3a
	7	332.4bc	320.1c	559.9b	199.6b	208.4b
	8	322.1c	289.1d	373.3d	180.1c	197.3b
	9	345.8b	344.8b	483.2c	191.9bc	172.3c
	SE	5.5	5.9	9.1	5.0	4.9

间均无显著差异，但是均显著低于6月（$P < 0.05$）。叶片的中性洗涤纤维消失量在7月和9月之间无显著差异，但两者均低于6月（$P < 0.05$），高于8月（$P < 0.05$）。

叶片粗蛋白的瘤胃消失量在6月最高（$P < 0.05$），然后依次是7月、9月，8月，但是7月和9月、8月和9月之间均无显著差异；茎秆的中性洗涤纤维（NDF）瘤胃消失量具有相似的变化趋势。茎秆粗蛋白和整株中性洗涤纤维的瘤胃消失量在6月最高，然后依次是7月、9月、8月（$P < 0.05$）。3个不同部位材料的4个时期的有机物（OM）瘤胃消失量之间均存在显著差异（$P < 0.05$）。

除了酸性洗涤纤维和粗蛋白外，四倍体刺槐其他营养物质具有相似的茎秆降解率和叶片降解率；四倍体刺槐茎秆粗蛋白的瘤胃降解率高于叶片；另外，通过比较中性洗涤纤维和有机物的有效降解率可以表明细胞内含物的有效降解率也是茎秆高于叶片（茎秆 ED = 820 g/kg = (OM × ED_{OM} − NDF × ED_{NDF})/(OM − NDF)，叶片 ED= 620 g/kg）。这可能是由于叶片单宁含量（1.2 g/kg，未发表报告）高于茎秆（0.7 g/kg，未发表报告）中的含量。以往对刺槐的研究表明，单宁尤其干涉叶片的消化（Ayers et al.，1996；Cheeke，1992），因为去除单宁能增加瘤胃消失量，且添加 PEG（聚乙二醇）可以提高消化率。而且，Baertsche 等（1986）用尼龙袋法研究苜蓿和10种阔叶树（刺槐、臭椿、山杨、黑桤木、桦树、榆树、绿白腊树、皂荚木、杨树和柳树）的消化率表明，刺槐的干物质和氮消化率均低于苜蓿，但是刺槐在10种测试的阔叶树中具有最高的瘤胃降解率和氮利用率。此外，

Repetto 等（2003）研究表明，干物质的降解率分别与纤维含量成负相关，与粗蛋白含量成正相关。而且，Kamalak 等（2005）也发现，叶片的酸性洗涤纤维含量与一些瘤胃参数存在负相关关系。

尽管李云等（2006）发现刺槐叶片的单宁含量随着叶片成熟度的增加而减少，且与农林数据库中（agroforestry database）对刺槐的描述一致（World Agroforestry Center，2009），但是随着生长季节的推迟，刺槐的粗蛋白含量减少，而纤维含量增加，这就降低了生长季节晚期其作为饲料的降解率。因此，相比之下显然嫩枝叶的消化率较高，而且由于茎秆营养物质的高消化率，其具有被开发为反刍动物饲料的潜力。

第三节　瘤胃动物奶牛的饲喂评价

本试验所用的材料为四倍体刺槐叶和茎两部分，其中茎经过揉搓机加工成细丝状。饲喂时，将四倍体刺槐添加于全混合日粮搅拌车，充分混合，饲喂试验奶牛（张国君，2010）。

本试验选用初产泌乳奶牛 50 头。所有试验奶牛均采用敞篷棚、散栏饲养方式，饲喂全混合日粮[①]（total mixed rations）TMR，每天分别于 7：00、13：00、20：00投料三次，奶牛自由采食，每天挤奶三次。试验奶牛 TMR 日粮组成及营养成分含量见表 6.15。

表6.15　试验奶牛TMR日粮组成及营养成分含量

原料	用量	营养成分	营养含量
精料	11.50/（kg/d）	干物质/%	21.62
青贮	20.00/（kg/d）	NND/%	47.04
干草	1.50/（kg/d）	DCP/(g/kg)	23.82
苜蓿	3.00/（kg/d）	粗脂肪/%	9.76
啤酒糟	6.60/（kg/d）	钙/%	1.76
胚芽饼	1.00/（kg/d）	磷/%	1.18
绵籽	1.00/（kg/d）	NDF/%	78.60
干甜菜渣	0.60/（kg/d）	ADF/%	44.76
合计	45.20/（kg/d）	—	—

注：该 TMR 日粮中精料为三元公司统一配制，其营养成分含量为粗蛋白：18.04%、奶牛能量单位（NND）：2.24、钙：0.83%、磷：0.45%。

---

①全混合日粮是一种将粗料、精料、矿物质、维生素和其他添加剂充分混合，能够提供足够的营养以满足奶牛需要的饲养技术。

按配对试验设计原则，选用产奶量、产犊日期及体重相近的初产奶牛 50 头，进行两两配对，分为 2 组，即试验组、对照组。每组 25 头奶牛。对照组奶牛按照奶牛场原有的 TMR 饲料饲养管理进行。试验组用 1 kg 的四倍体刺槐（茎叶比＝1∶1）代替 1 kg 的苜蓿颗粒饲料，其他均不作变动。试验预饲期 10 d，正式试验期 30 d。分别于试验正试期开始和结束时记录产奶量，同时取奶样，做 DHI（牛奶生产性能 dairy herd improvement）测定。试验动物分组情况见表 6.16。

表6.16　试验动物分组情况

	头数	平均产奶天数/d	胎次	日均奶量/kg	乳脂率/%
试验组	25	93.48±33.34	1	32.85±3.90	3.49±0.34
对照组	25	77.24±40.47	1	32.50±4.22	3.42±0.41

试验开始连续 2 d 测定参试奶牛的产奶量及相关的牛奶成分（如乳脂率、乳糖、乳中的体细胞数、干物质等）含量，试验期间，每 5 d 测定一次相同的产奶指标和乳品质指标，同时观察奶牛的采食状况、疾病情况等。

所有试验数据均采用 GraphPad Prism4.0 的 Paired t test 方法进行检验。

一、奶牛对四倍体刺槐的适口性及采食情况

试验期内饲喂四倍体刺槐的试验组奶牛对四倍体刺槐的适应性较好，整体采食状况良好，奶牛精神状况良好，粪便排出正常。没有出现异常情况。

二、四倍体刺槐对奶牛产奶量的影响

四倍体刺槐对奶牛产奶量的影响见表 6.17。经过 30 d 的饲喂试验，试验组与对照组奶牛产奶量均有不同程度的下降，对照组下降了 0.79 kg，试验组下降了 0.96 kg，相比对照组，试验组奶牛产奶量下降了 0.17 kg，下降幅度为 0.52%。经统计分析，组间差异不显著（$P>0.05$）。表明用四倍体刺槐代替紫花苜蓿饲喂泌乳奶牛不会影响产奶量。

表6.17　四倍体刺槐对奶牛产奶量的影响（kg）

	试验前	试验后	变化
试验组	32.85±3.90	31.89±3.50	−0.96±2.64
对照组	32.50±4.22	31.70±4.16	−0.79±3.33

三、四倍体刺槐对奶牛乳成分的影响

四倍体刺槐对奶牛乳成分的影响见表 6.18。由表中可以看出，试验组和对照

组奶牛乳脂率均有不同程度下降，试验组奶牛的下降幅度略大于对照组；但是与试验前相比，均无显著差异（$P>0.05$）。经统计分析，试验组与对照组乳脂率差异也不显著（$P>0.05$）。

表6.18　四倍体刺槐对乳成分的影响（%）

		试验组	对照组
乳脂率	试验前	3.49±0.34	3.42±0.41
	试验后	3.45±0.28	3.40±0.37
	变化	−0.05±0.24	−0.02±0.47
乳蛋白	试验前	2.97±0.19	2.87±0.16
	试验后	2.99±0.15	2.93±0.15
	变化	0.02±0.13	0.06±0.15
乳糖	试验前	5.03±0.09	4.88±0.09
	试验后	4.99±0.10	4.99±0.09
	变化	−0.04±0.12	−0.10±0.11
乳干物质	试验前	12.18±0.48	11.90±0.48
	试验后	12.09±0.43	12.00±0.48
	变化	−0.10±0.32	0.10±0.50

试验组和对照组奶牛乳蛋白均有不同程度提高，对照组奶牛乳蛋白提高幅度略高于试验组，与试验前相比，差异不显著（$P>0.05$），试验组与对照组相比，差异也不显著（$P>0.05$）。

试验组和对照组奶牛乳糖含量均有不同程度下降，试验组奶牛的乳糖含量的下降幅度略大于对照组；但是与试验前相比，均无显著差异（$P>0.05$），试验组与对照组相比，差异也不显著（$P>0.05$）。

试验组奶牛乳干物质含量由试验前的 12.18%下降为 12.09%，而对照组奶牛乳干物质含量由试验前的 11.90%提高为 12.00%，与试验前相比，差异不显著（$P>0.05$），试验组与对照组相比，差异也不显著（$P>0.05$）。

综合以上乳成分的变化，四倍体刺槐代替苜蓿饲喂奶牛，整体上对奶牛乳成分无显著影响，四倍体刺槐可以代替苜蓿干草饲喂奶牛。

四、四倍体刺槐对奶牛体细胞的影响

试验前后对照组和试验组奶牛体细胞的变化均不显著（表 6.19，$P>0.05$）。

表6.19　四倍体刺槐对奶牛体细胞的影响（千单位）

	试验前	试验后	变化
试验组	48.92±32.98	47.09±36.15	−0.65±47.70
对照组	39.44±34.13	40.20±29.16	0.76±40.16

本试验以饲喂 TMR 日粮的初产泌乳奶牛为试验动物，用四倍体刺槐代替紫花苜蓿饲喂奶牛，结果表明，四倍体刺槐对奶牛产奶量、体细胞的影响不显著，对乳成分中乳脂率、乳蛋白、乳糖、乳干物质含量也无显著影响。综合考虑试验结果，认为使用四倍体刺槐代替苜蓿干草饲喂奶牛完全可行。

第四节　瘤胃动物山羊的饲喂评价

本试验所用的四倍体刺槐为香河种植的 2 年生无性系，将其分成叶和茎两部分，其中茎经过揉搓加工成细丝状，然后自然晾干。四倍体刺槐样品及苜蓿草粉的营养成分见表 6.20。

表6.20　四倍体刺槐与苜蓿草粉营养含量（g/kg）

原料	水分	粗蛋白	粗脂肪	中性洗涤纤维	酸性洗涤纤维	粗灰分
刺槐叶粉	154.6	227.9	22.2	555.4	505.1	89.1
刺槐茎秆	129.8	101.8	7.4	680.4	486.6	39.8
刺槐茎叶混合物	139.1	180.6	16.7	602.3	498.2	76.9
苜蓿草粉	130	172	26	480	375	83

注：1. 刺槐茎叶混合物营养值由叶粉和茎秆计算所得；2. 苜蓿草粉（中国饲料号 1-05-0075）资料来源于文献（中国饲料数据库情报网中心，2008）。

饲喂时，将四倍体刺槐的叶和茎按照 1：0.6~1：0.5 的比例混合，然后放入料槽，让羊自由采食。所有参与试验的羊均采用舍饲养殖方式。试验羊每天分别于 6：00、10：00、15：00、20：00 饲喂四次，其中 6：00 与 15：00 分别饲给青贮玉米 1.0 kg/只和精料补充料 0.125 kg/只，10：00 与 20：00 分别饲给干草（苜蓿或刺槐）0.5 kg/只。合计每只羊每天饲给青贮玉米 2.0 kg、精料补充料 0.25 kg、干草 1.0 kg。所有试验羊均采用自由饮水，并有运动场。试验所用精料补充料配方见表 6.21。

表6.21　精料补充料配方及营养成分含量

原料	配比/%	营养成分	含量/（g/kg）
玉米	55.10	粗蛋白	181.3
麸皮	10.00	粗脂肪	39.9
豆粕	24.00	粗纤维	41.7
干啤酒糟	6.00	钙	9.9
磷酸氢钙	1.40	磷	6
石粉	1.50	消化能/(MJ/kg)	12.53
盐	1.00	—	—
预混料	1.00	—	—
合计	100.00	—	—

注：每千克预混料中含有：维生素 A：20 万 IU；维生素 D₃：4 万 IU；维生素 E：4000 IU；烟酸：40 mg；镁：8 g；铁：14 g；铜：1.6 g；锰：12 g；锌：12 g；碘：120 mg；硒：60 mg；钴 50 mg。

按照单因素对比试验设计原则，将试验羊（41.84 kg±7.21 kg）随机分为两组，分别为试验组和对照组，每组 19 只。对照组饲喂青贮玉米、苜蓿干草、精料补充料，试验组饲喂青贮玉米、四倍体刺槐、精料补充料，试验持续 60 d（张国君，2010）。

数据用 SPSS 16.0 的 compare means 中的两个独立样本的 t 检验进行分析。

一、试验羊采食情况

试验期内饲喂四倍体刺槐的试验组羊只经过 5 d 的过渡期，逐渐表现出对四倍体刺槐的适应性，整体采食状况良好，羊只精神状况良好，粪便排出正常。由于试验用四倍体刺槐由叶和茎两部分组成，试验过程中羊只表现出对叶片具有非常好的适口性和采食性，而茎的适口性稍差，有少量的剩料。

二、四倍体刺槐对羊体重的影响

经过 60 d 的饲喂试验，刺槐对羊的体重的影响见表 6.22。由表中可以看出，试验开始时，对照组与试验组羊的平均体重分别为 41.68 kg 和 42.00 kg，经 t 检验分析，组间差异不显著；经过 60 d 后对照组和试验组分别增重 8.89 kg 和 9.11 kg。从表现值来看，试验组增重高于对照组，比对照组多增重 0.22 kg，但是差异不显著。对照组和试验组全期日增重分别为 148.25 g 和 151.75 g。这与马红彬和李爱华（2007）用四倍体刺槐叶代替紫花苜蓿饲喂育肥绵羊的结果一致。

表6.22　四倍体刺槐对羊的体重的影响

组别	初始体重/kg	30 d 体重/kg	60d 体重/kg	全期增重/kg	全期日增重/g
对照组	41.68±6.73	46.00±8.62	50.58±9.19	8.89±4.18	148.25±69.59
试验组	42.00±7.70	46.89±9.40	51.11±9.76	9.11±2.73	151.75±45.44

应用四倍体刺槐饲喂布尔山羊，适口性好，羊的日增重速度可达到 151.75 g，与苜蓿干草的饲喂效果相近。因此，使用四倍体刺槐代替苜蓿干草饲喂肉羊是完全可行的，并且增重速度不低于苜蓿干草。

第五节　单胃动物蛋鸡的饲喂评价

采样试验地位于延庆县风沙源育苗中心，位于北纬 40°27′，东经 115°50′，土壤为沙壤土，属大陆性季风气候，属温带与中温带、半干旱与半湿润带的过渡带，年平均气温 8.5℃，年降水量 450~520 mm，光照充足，无霜期 180 d 左右。

2008 年 7 月 25 日至 8 月 5 日采摘四倍体刺槐叶片，林分为 2005 年定植一年生截干苗，并于 2006 年和 2007 年春平茬。

按照单因素试验设计进行，将 1920 只 300 日龄海兰褐试验鸡分成 80 组，每 20 组随机分成同一个日粮处理。在其日粮中分别加入 0 g/kg（对照）、20 g/kg（处理 1）、40 g/kg（处理 2）、60 g/kg（处理 3）的四倍体刺槐叶粉，平衡营养后饲喂；饲料配方及营养成分含量见表 6.23（Zhang et al.，2013a）。

表6.23　饲料配方及营养成分含量（g/kg）

饲料成分	对照	处理 1	处理 2	处理 3
四倍体刺槐叶粉（RLM）	0	20	40	60
玉米	600.0	592.5	583.9	577.9
小麦麸	30	27	25	19
大豆粕	200	192	184	177
棉籽粕	50	50	50	50
石粉	89	87	85	84
磷酸氢钙	14.0	14.5	15.0	15.0
盐	3	3	3	3
预混料	10	10	10	10
胆碱（维生素 B_4 500 g/kg）	1	1	1	1
赖氨酸	2	2	2	2
蛋氨酸（DL-Met）	1.0	1.0	1.1	1.1
营养成分	—	—	—	—
粗蛋白	166.4	166.4	166.4	166.4
粗纤维	27.9	29.6	31.4	33.0
粗脂肪	26.8	26.7	26.6	26.5
钙	35.0	35.0	35.0	35.2
磷	5.9	5.9	6.0	5.9
可利用磷	3.6	3.6	3.7	3.6
赖氨酸	9.50	9.50	9.51	9.52
蛋氨酸	3.63	3.63	3.65	3.61
蛋氨酸+胱氨酸	6.61	6.55	6.42	6.33
代谢能（kcal/kg）	2577	2577	2575	2577

注：每千克预混料中含有：维生素 A：200 万 IU；维生素 D：40 万 IU；维生素 E：4000 U；维生素 K_3：200 mg；维生素 B_1：200 mg；维生素 B_2：800 mg；维生素 B_6：200 mg；维生素 B_{12}：2 mg；泛酸钙：2000 mg；烟酸：6000 mg；叶酸：2 mg；生物素：6 mg；铁：12g；铜：3g；锰：15g；锌：16g；碘：160 mg；硒：80 mg。

一、生产性能及蛋品质试验

试验预饲期 7 d，正试期 30 d。正式试验期每天记录总产蛋个数、产蛋重量、破蛋数、耗料量及鸡群的死淘汰数，观察鸡的采食情况和精神状态。分别于正式试验第 30 d 收集每个重复的鸡蛋样品 6 枚用于测定鸡蛋的蛋品质。蛋重用电子秤逐日对商品蛋、破蛋进行称重；蛋壳颜色使用 QCR 仪测定；蛋壳厚度使用蛋壳厚度测定仪测定；蛋壳强度使用 MODEL-II 蛋壳强度测定仪测定（Hammerle，1969）；蛋形指数使用 FHK 蛋形指数测定仪测定；蛋白高度、哈夫单位、蛋黄颜色使用 Egg

Multi Tester（EMT-500）测定；料蛋比是每只鸡每天产 1 g 蛋所消耗的饲料克数。

二、代谢试验

预试期 4 d，试验期 3 d。预试期每天供给鸡只 140 g 日粮，分 2 次定时饲喂，记录每天的给料量、剩料量，统计出每天每只鸡的采食量。试验期间按每只鸡每天的采食量提供试验日粮，准确记录首次喂料的时间，记录每天的给料量、剩料量，统计出每天每只鸡的采食量。试验期间采用全收粪法分别收集每只鸡 72 h 内的粪便，捡出粪中的羽毛、体屑和抛洒料，在每 100 g 粪尿中加入 10% 盐酸（或硫酸）10 mL，然后立即将粪尿保存于−40℃冰箱内；收粪 72 h 后，将粪尿置于65℃烘箱内烘干至恒重，然后于室温下回潮 24 h，称重并记录每只鸡的风干排泄物重；将同一试验组的风干排泄物混合均匀、粉碎，过 60 目筛后测定干物质、粗蛋白、粗脂肪、能量、中性洗涤纤维和酸性洗涤纤维及 15 种氨基酸的含量，计算蛋鸡日粮中这些营养物质的表观消化率。

三、实验室分析

水分：直接干燥法（AOAC，2000）；粗蛋白：凯氏法（AOAC，2000）；粗脂肪：索氏抽提法（AOAC，2000）；酸性洗涤纤维（Van Soest et al.，1991）；中性洗涤纤维（Van Soest et al.，1991）；能量：以苯甲酸为标准用隔热弹式量热计测量；氨基酸：氨基酸自动分析仪法（GB/T 18246—2000）。

营养物质和氨基酸的表观消化率（g/g）计算如下：

$$表观消化率 = \frac{每天食入量 - 每天排泄量}{每天食入量}$$

蛋鸡饲喂数据用 SPSS 16.0 中的 GLM 进行了完全随机分析，模型如下：

$$Y_{ij} = \mu + D_j + \varepsilon_{ij}$$

式中，Y_{ij}（i=1，2，3，…，20；j=1，2，3，4）为待检测的因变量；μ 为总平均值；D_j 为食物效应；ε_{ij} 为残差。并在 0.05 水平对日粮的一次（Linear）和二次（Quadratic）效应进行了对比分析。所有结果用平均值和标准误差来表示，并在 0.05 水平进行了多重差异（Duncan）比较。

四、生产性能评价

添加四倍体刺槐叶粉对蛋鸡的产蛋率、采食量、料蛋比、蛋畸形率和死亡率均无显著影响（表 6.24），但添加 40 g/kg 处理 2 的产蛋量显著高于对照（$P<0.05$）。

表6.24　四倍体刺槐叶粉对蛋鸡生产性能的影响

性能参数	对照	处理1	处理2	处理3	标准差	主效应	对比	
							直线效应	二次效应
产蛋率/%	85.80a	85.74a	83.83a	84.32a	0.70	0.161	0.064	0.702
产蛋量/[g/(hen·d)]	57.2b	58.0ab	59.0a	58.2ab	0.38	0.043	0.035	0.063
采食量/[g/(hen·d)]	128.7a	131.5a	130.1a	129.7a	1.74	0.729	0.864	0.383
料蛋比/(g/g eggs)	2.63a	2.65a	2.64a	2.64a	0.02	0.930	0.692	0.794
蛋畸形率/%	0.33a	0.20a	0.42a	0.32a	0.12	0.658	0.733	0.882
鸡死亡率/%	0	0	0	0				

五、鸡蛋品质

添加刺槐叶粉对鸡蛋的品质指标蛋壳颜色、蛋壳强度、蛋壳厚度、蛋白高度、哈夫单位、蛋黄颜色和蛋形指数均无显著影响（表 6.25），但对蛋重影响显著（$P<0.05$）。添加 40 g/kg 四倍体刺槐叶粉处理 2 的蛋重显著高于添加 20 g/kg 和 60 g/kg 的处理（$P<0.05$）。

表6.25　四倍体刺槐叶粉对蛋鸡蛋品质的影响

品质指标	对照	处理1	处理2	处理3	标准差	主效应	对比	
							直线效应	二次效应
蛋重/g	60.42ab	58.35b	61.50a	58.85b	0.78	0.050	0.659	0.713
蛋壳颜色	30.20a	34.06a	33.85a	33.79a	1.46	0.235	0.130	0.203
蛋壳强度/（kg/cm)	3.933a	3.984a	4.338a	4.102a	0.165	0.354	0.267	0.402
蛋壳厚度/mm	0.352a	0.347a	0.354a	0.357a	0.006	0.723	0.463	0.479
蛋白高度/mm	7.36a	7.20a	6.76a	7.10a	0.21	0.285	0.221	0.267
哈夫单位	85.50a	85.18a	81.95a	84.27a	1.31	0.266	0.261	0.334
蛋黄颜色	7.92a	7.42a	7.92a	7.63a	0.21	0.313	0.700	0.632
蛋形指数	1.28a	1.30a	1.31a	1.32a	0.02	0.404	0.111	0.787

六、常规营养消化率

四倍体刺槐叶粉不同的添加量对蛋鸡的粗蛋白（CP）、能量（Energy）、中性洗涤纤维（NDF）和酸性洗涤纤维（ADF）消化率影响显著（$P<0.05$），而对干物质（DM）和粗脂肪（EE）无显著影响（表 6.26）。粗蛋白、能量和酸性洗涤纤维的消化率在添加 20 g/kg 刺槐叶粉处理 1 时升至最高，随后下降。而中性洗涤纤维的消化率在添加 40 g/kg 处理 2 时下降至最低，随后回升。蛋鸡日粮中添加 20 g/kg 和 40 g/kg 四倍体刺槐叶粉处理的粗蛋白和酸性洗涤纤维消化率显著高于对照和

添加 60 g/kg 刺槐叶粉的处理（$P<0.05$），而添加 20 g/kg 四倍体刺槐叶粉处理的能量消化率显著高于其他 3 个处理（$P<0.05$）。

表6.26 四倍体刺槐叶粉对蛋鸡营养表观消化率的影响

营养成分	对照	处理1	处理2	处理3	标准差	P		
						主效应	对比	
							直线效应	二次效应
DM	0.697a	0.720a	0.687a	0.681a	0.010	0.081	0.104	0.176
CP	0.431b	0.626a	0.565a	0.449b	0.028	0.001	0.957	<0.001
EE	0.619a	0.713a	0.656a	0.579a	0.046	0.257	0.402	0.089
Energy	0.736b	0.768a	0.732b	0.716b	0.007	0.001	0.009	0.005
NDF	0.668a	0.625b	0.529b	0.620a	0.016	<0.001	0.007	0.002
ADF	0.446b	0.661a	0.652a	0.449b	0.021	<0.001	0.997	<0.001

七、氨基酸消化率

除甘氨酸外，添加四倍体刺槐叶粉对蛋鸡的其他 14 种氨基酸的消化率均有显著（$P<0.05$）影响（表 6.27）。随着四倍体刺槐叶粉添加量的增加，脯氨酸的消化率呈直线下降趋势（$P<0.05$）；而其他 13 种氨基酸的消化率在添加 20 g/kg 四倍体刺槐叶粉处理 1 时升至最高，随后下降；而且组氨酸、亮氨酸、异亮氨酸、精氨

表6.27 四倍体刺槐叶粉对蛋鸡氨基酸表观消化率的影响

氨基酸	对照	处理1	处理2	处理3	标准差	P		
						主效应	对比	
							直线效应	二次效应
赖氨酸	0.786b	0.822a	0.814ab	0.756c	0.009	0.001	0.040	<0.001
苏氨酸	0.805ab	0.826a	0.796b	0.745c	0.008	<0.001	<0.001	0.001
组氨酸	0.742a	0.764a	0.731a	0.675b	0.013	0.003	0.002	0.012
亮氨酸	0.863a	0.877a	0.862a	0.821b	0.006	<0.001	<0.001	0.001
异亮氨酸	0.830a	0.851a	0.825a	0.762b	0.009	<0.001	<0.001	0.001
苯丙氨酸	0.873ab	0.885a	0.869b	0.835b	0.005	<0.001	<0.001	0.001
精氨酸	0.916a	0.919a	0.898b	0.861c	0.006	<0.001	<0.001	0.006
缬氨酸	0.814a	0.835a	0.809a	0.761b	0.011	0.003	0.002	0.008
甘氨酸	0.461a	0.418a	0.489a	0.515a	0.027	0.106	0.070	0.209
天冬氨酸	0.845b	0.867a	0.843b	0.804c	0.007	<0.001	<0.001	0.001
丝氨酸	0.848ab	0.859a	0.836b	0.804c	0.006	<0.001	<0.001	0.006
谷氨酸	0.898ab	0.908a	0.890b	0.855c	0.005	<0.001	<0.001	<0.001
丙氨酸	0.793bc	0.827a	0.813ab	0.770c	0.010	0.007	0.074	0.002
酪氨酸	0.840a	0.849a	0.839a	0.808b	0.009	0.029	0.019	0.037
脯氨酸	0.858a	0.840a	0.841a	0.778b	0.012	0.003	0.001	0.087

酸、缬氨酸、酪氨酸和脯氨酸的消化率在对照和四倍体刺槐添加量 20 g/kg 及 40 g/kg 之间均无显著差异，但是这 3 个处理均显著高于添加 60 g/kg 四倍体刺槐叶粉的处理 3（$P<0.05$）。另外，添加 20 g/kg 四倍体刺槐叶粉处理 1 的天冬氨酸消化率显著高于对照和添加 40 g/kg 刺槐叶粉的处理 2（$P<0.05$），而它们均高于添加 60 g/kg 的处理 3（$P<0.05$）。

　　整个蛋鸡饲喂试验中无死亡报告，表明日粮中添加四倍体刺槐叶粉不会危及蛋鸡的身体健康。因为影响饲料消耗的几个因素［营养含量（特别是热量）、鸡舍温度、产蛋率、鸡蛋大小和蛋鸡体重；Hy-Line International，2009］一致，所以所有试验鸡的采食量相似。而且，添加四倍体刺槐叶粉 20~60 g/kg 的处理对蛋鸡的生产性能（产蛋率、料蛋比和蛋畸形率）和蛋品质指标（蛋壳颜色、蛋壳强度、蛋壳厚度、蛋白高度、哈夫单位、蛋黄颜色和蛋形指数）均无负面影响；但是添加四倍体刺槐叶粉 40 g/kg 时的产蛋量和蛋重明显增加。这与冉玉娥等（1996）用普通刺槐叶粉饲喂蛋鸡的研究结果相似，然而，该研究也发现在日粮中添加 30~50 g/kg 的刺槐叶粉提高了蛋鸡产蛋率和料蛋比。Dancea 等（2005）也发现添加 63 g/kg 的刺槐叶粉可以明显改善蛋鸡的健康状况、产蛋量和蛋黄颜色，蛋重和蛋鸡代谢也更一致。Paterson 等（2000）也建议在家禽日粮中添加高蛋白木本饲料来降低饲喂成本，并提供充足的色素使鸡蛋更加美观和富有营养。

　　此外，本研究表明，除了干物质、中性洗涤纤维和甘氨酸外，其他参试常规营养和氨基酸的蛋鸡表观消化率随着四倍体刺槐叶粉添加量的变化成先升后降的曲线变化。到目前为止，还没有四倍体刺槐叶粉对蛋鸡营养物质和氨基酸消化率的报道。而且，添加少量的四倍体刺槐叶粉可以提高常规营养和氨基酸的消化率的原因也不清楚。但是，添加四倍体刺槐叶粉降低消化率的结果却在预期之中。众所周知，刺槐含有抗营养成分单宁，当其在兔和羊的日粮中达到 60 g/kg 以上时就可以抑制采食量和消化率（Unruh Snyder et al.，2007）。Takada 等（1981）也有相似的报道，但也发现在家禽日粮中添加 50 g/kg 的苜蓿草粉和刺槐叶粉对其体重和死亡率无明显影响。然而，Cheeke 等（1983）在肉鸡日粮中添加高含量（200 g/kg）的苜蓿草粉和刺槐叶粉后发现，刺槐叶粉明显地抑制了肉鸡的生长。单宁和其他抗营养成分可能是降低营养利用率的原因，尤其是对兔和羊日粮中的蛋白利用率（Cheeke，1992），因为，去除单宁和添加聚乙二醇醚均可增加瘤胃营养物质消失量和消化率（Horigome et al.，1984）。除了单宁，D'Mello（1992）猜测豆科叶粉中的高纤维成分也能导致营养物质的低消化率和利用率。先前也有对鸡饲喂 200 g/kg 纤维素对其体重影响的相似报道（Cheeke et al.，1983）。上述研究结果表明，四倍体刺槐叶粉可能会抑制家禽饲粮中蛋白质和有机物的消化，仅能作为低含量的蛋鸡饲料添加剂，浓度不能超过 40 g/kg。

第七章　四倍体刺槐栽培与经营措施

由于刺槐较其他木本饲料树种在生物量和营养价值方面的优越性（Papanas-tasis et al.，2008；Papachristou et al.，1999），其饲料林的栽培技术（种植密度、刈割高度和刈割次数等）在国外已被广泛研究（Burner et al.，2006；Unruh Snyder et al.，2004，2007；Platis et al.，2004；Addlestone et al.，1999），但尚有许多问题亟待解决，尤其在栽培技术同时对生物量和营养价值的影响方面研究不足。我国的刺槐研究多集中在用材林的品种选育上（兰再平等，2007；朱延林等，1998；顾万春等，1990），其饲料用林的品种选育研究较为薄弱（毕君等，1997；毕君和王振亮，1995；宋希德等，1995）。为丰富我国刺槐饲料林优良品种资源，北京林业大学1997年从韩国引进了四倍体刺槐优良资源，并在全国15个省（市、区）进行了引种试验。

四倍体刺槐引种以来，王秀芳和李悦（2003）及刘涛等（2004）分别从生物量及其叶片粗蛋白和矿质营养方面证明了其优于普通刺槐；李云等（2006）对四倍体刺槐不同生长时期及不同部位的叶片营养成分和不同生长时期的氨基酸营养进行了分析研究；张国君等（2006，2007b）在分析四倍体刺槐叶粉的粗蛋白、钙、磷等常规成分含量及氨基酸组分的基础上，依据世界卫生组织和粮农组织（WHO/FAO）提出的氨基酸评分模式，利用必需氨基酸分及必需氨基酸指数对其营养价值和饲用价值进行评定，同时采用模糊最优局势决策法对其营养价值进行综合评价；进而以一年刈割四倍体刺槐林分1次的营养含量和生物量为基础，初步确定了其每年刈割1次的最佳时期。然而，上述营养分析是以整个生长季节和整株叶片为基础的，是将叶片的叶龄、生长发育及物候期影响混合在一起考虑的。而Jérôme等（2002）已在其他植物中证明了叶龄、生长发育及物候期对叶片营养存在重要影响（Lin et al.，2007；Burner et al.，2005；Oliveira et al.，1996；Robert et al.，1996）。因此，张国君等（2009b）探索了四倍体刺槐在生长季不同叶龄叶片的营养价值、叶层生物量、叶绿素含量和叶形生长发育的变化规律及他们相互之间的关系，从而为确定其最佳采摘或饲料林刈割周期提供更准确的理论依据，以期合理指导饲料生产。

另外，Barrett（1993）对普通刺槐的研究发现，刺槐饲料林种植当年刈割会严重地降低其以后的生产能力和存活率。而且，Papanastasis等（1997）研究表明，种植后第二年开始刈割，在随后的几年内，11种落叶饲料树种中，刺槐的年生物量最大。此外，刺槐的株高和地径生长速率与树龄存在典型正相关关系（Niklas，1995）。因此，为了更好地了解四倍体刺槐生物量和叶片营养含量的变化规律，需要测定四倍体刺槐不同根龄的生物量及叶片的营养成分，从而为指导实际生产提供理论依据。

刺槐作为生态饲料树种，其林分的经营管理既要考虑其生物质（饲料）产量，又要考虑其生态效益。据研究，刺槐饲料灌木林不仅生物质产量是乔林作业模式的 1.4 倍（毕君等，1997），而且可以增强根部的水土保持能力。由于刺槐饲料林的推广区主要在"三北"地区，所以，其饲料林的适宜栽培与经营措施应该是可以反复刈割的灌木林模式。但生产实际中，1 年刈割 1 次的模式是否最佳、1 年刈割 1 次以上的适宜刈割周期、栽培密度和留茬高度等问题还亟需进一步研究解决。

不同留茬高度不仅影响林分根桩的再生能力，而且在减少扬沙和水土流失，解决沙尘暴治理及土地沙漠化问题方面有重要的作用；大量研究表明，作物的留在土壤表面的残茬和留在土壤中的根茬可以吸收一部分风力，减少风对土壤的作用力，保护土壤颗粒不被风力移动（常旭虹等，2005；Fryrear 和 Lyles，1997）。因此，张国君等（2010）以一至多年生的四倍体刺槐林分为对象，探索了刈割方法、刈割周期、栽培密度及根龄等因素对四倍体刺槐生物质产量的作用；并从生物量和营养两方面对每年刈割 2 次、每年刈割 1 次且春天不平茬和每年刈割 1 次但春天平茬的 3 种不同栽培与经营措施进行了比较研究；并对刈割 1 次模式下的四倍体刺槐等 3 个四倍体刺槐无性系和普通刺槐的生物量与刈割 2 次模式下不同刺槐无性系的生物量进行了比较，以期获得四倍体刺槐饲料林高产高质的最佳栽培与经营措施。

第一节　采样时期和部位对生物量和营养的影响

试验为完全随机区组设计，重复 4 次，16 株小区。试验林为 2005 年春天定植在廊坊香河基地的 1 年生苗，并分别在 2006 年和 2007 年春天平茬后萌生林分中的植株，栽培密度为 0.5 m×1.0 m（株距×行距）。在 2005 年和 2006 年的 5 月 30 日到 9 月 30 日每 15d（9 个时期）摘取叶片备用，并于 2007 年的这 9 个时期分别称量小区内单株的总重和叶重，然后随机选取 8 株分别取茎秆和叶片样品，另外 8 株取整株样品，同一小区内每月两次不同时期的样品混合后用于营养分析。

一、不同时期叶片和茎秆的生物量

四倍体刺槐叶片生物量从 5 月 30 日到 6 月 25 日增加迅速，而在 6 月 25 日至 8 月 10 日几乎停止生长，然后从 8 月 10 日到 9 月 25 日再次快速生长（图 7.1）。茎秆生物量与叶片生物量具有相似的变化趋势。叶重在 9 月 10 日前的生长时期高于茎重。叶茎比从 5 月 30 日到 6 月 25 日逐渐增加，随后慢慢减小。叶茎比在 5 月 30 日到 9 月 30 日的变化范围为 0.83~1.79，最大的比值出现在 6 月 25 日。

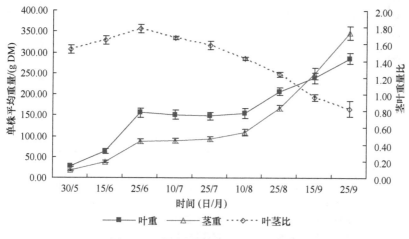

图7.1　四倍体刺槐不同时期的生物量

如果生物量用作动物饲料，那么品质性状（如叶茎比）也应该被考虑。当动物以生长季节的四倍体刺槐为饲料时，他们仅采食叶片和嫩枝这些有效的营养来源（Papachristou et al.，1999）。因此，高叶茎比在一定程度上表示了高饲用价值（Dini-Papanastasi，2004）。四倍体刺槐的叶茎比在 9 月 10 日后小于 1，这说明其饲用价值在生长季节均较高。然而，四倍体刺槐的生物量在 6 月下旬至 8 月上旬几乎停止增长，这可能与叶龄和高温引起的低光合作用有关。Shirke（2001）和 Muraoka 等（2002）也证明了光合作用受叶龄和温度影响。

二、不同时期不同部位的营养

四倍体刺槐不同生长时期不同部位和不同年份的营养含量变化如图 7.2 和图 7.3 所示。除中性洗涤纤维外，其他的营养成分含量连续三年具有相似的变化趋势。不同部位的粗蛋白含量从 6 月到 9 月呈下降趋势，其中叶片的粗蛋白从 240 g/kg 下降到 160 g/kg，而整株的粗蛋白含量从 210 g/kg 下降到 80 g/kg，茎秆的粗蛋白含量从 130 g/kg 下降到 70 g/kg。不同部位的干物质，中性洗涤纤维和酸性洗涤纤维含量在生长时期均逐渐增加，并且这些营养成分在叶片中含量最高，在茎秆中含量最低（叶片中性洗涤纤维含量为 540~580 g/kg，整株和茎秆的中性洗涤纤维含量分别为 570~700 g/kg 和 640~740 g/kg）。不同部位的有机物含量变化不大，叶片、茎秆和整株的有机物含量分别为 930~940 g/kg，900~980 g/kg 和 920~960 g/kg。

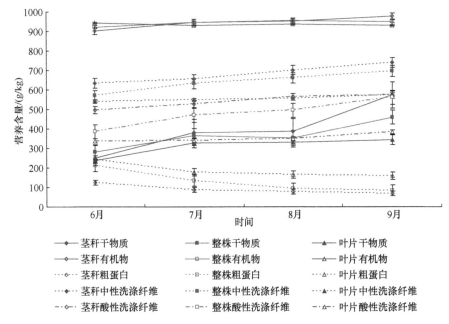

图7.2　四倍体刺槐不同时期不同部位（叶片、茎秆和整株）的营养含量

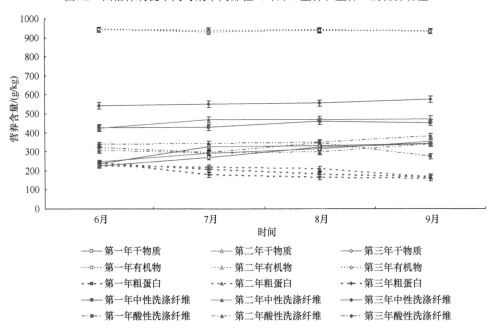

图7.3　四倍体刺槐不同年份的叶片营养含量

四倍体刺槐生长季节的粗蛋白含量在叶片中最高，其次是整株，在茎秆中最低，而干物质、中性洗涤纤维和酸性洗涤纤维含量与之相反。Karachi（1998）在

银合欢的研究中发现了相似的结果。四倍体刺槐的嫩枝叶中粗蛋白含量高，其他学者也报道了相似的粗蛋白含量季节变化趋势（Peiretti and Gai，2006；Papachristou et al.，1999；Mandal，1997；Estell et al.，1996；Khosla et al.，1992）。干物质，中性洗涤纤维和酸性洗涤纤维含量与预期的一致，随着植株的成熟而增加（Dini-Papanastasi and Papachristou，1999；Papachristou and Papanastasis，1994）。

　　由于四倍体刺槐叶片中的单宁含量相对高于茎秆，所以茎秆粗蛋白较叶片粗蛋白容易消化。除酸性洗涤纤维外，在其他营养成分方面，茎秆和叶片具有相似的消化率。因此，四倍体刺槐的茎秆具有作为反刍动物饲料的潜力。另外，尽管嫩枝叶单宁含量较高，但是成熟枝叶的消化率仍较之低。

三、不同时期的叶片生物量和叶片粗蛋白

　　理论上，最佳刈割时期应是较高营养和较高生物量的交叉时期。但实际生产中，还应考虑其刈割后第二茬到秋末的生长情况，避免刈割时期太晚使其生长势减弱，影响营养回流养根，从而影响来年生长。四倍体刺槐不同时期的叶片生物量及粗蛋白变化曲线如图 7.4 所示。由图中曲线可以看出，在廊坊地区，四倍体刺槐叶片的粗蛋白变化曲线在 7 月下旬至 8 月上旬与叶片生物量曲线相交。依此分析并结合当年秋末和来年春天观测情况得出，其最佳刈割时期为 7 月中下旬，实际时期与理论时期较为一致。

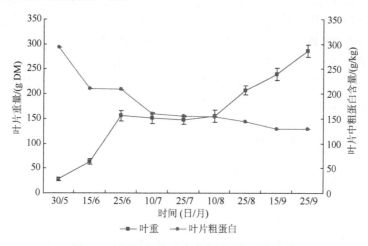

图7.4　不同时期的叶片生物量和粗蛋白变化

第二节　叶龄对叶片生物量和营养的影响

试验林为 2005 年 4 月初定植的延庆基地一年生四倍体刺槐苗，并于 2006 年 3

月初平茬后萌生的林分。在试验林内随机取 60 株于 2006 年 7 月 7 日再次平茬，并从 7 月 22 日开始在植株主干生长部位顶端处挂牌作标记（不同叶龄叶片的叶绿素含量是从 7 月 12 日开始挂牌标记），至 9 月 25 日植株生长末期止，期间每间隔 10 d 挂一次牌同时测量并采样，其中叶绿素和叶层生物量试验重复 3 次，叶片营养平行测定 2 次取平均值。具体调查和采样方法如下：将 60 棵试验株根据长势配对，其中 30 棵作为调查株，另外 30 棵作为采样株；并在 30 棵调查株的 7 月 22 日至 8 月 2 日时期叶层中上部标记 2 片叶，每次测量其叶长、叶宽和叶厚；同时每次在 30 棵采样株内随机选取 3 棵植株，分别采取本次叶龄全部叶片后混匀，并于 9 月 25 日分别单株（3 棵）采取各个叶龄叶层（相邻两次挂牌标记日期内的全部叶片为一叶层）的全部叶片，立即称鲜质量，然后用四分法分别取单株各个叶龄叶层的 50 g 鲜叶，用于叶绿素的测定，将每个处理剩下的所有叶片分别干燥处理后用于营养测定。

在叶绿素、营养成分和生物量的试验中，叶片的叶龄是以叶层标记时间为起点到采样时间 9 月 25 日为止之间的天数，具体时间段分别为：0~25 d 叶龄叶片是 8 月 31 日至 9 月 25 日时期的叶片；25~35 d 叶龄叶片是 8 月 22 日至 8 月 31 日时期为起点到 9 月 25 日时期为止的叶片；35~45 d 叶龄叶片是 8 月 12 日至 8 月 22 日时期为起点到 9 月 25 日时期为止的叶片；45~55 d 叶龄叶片是 8 月 2 日至 8 月 12 日时期为起点到 9 月 25 日时期为止的叶片；55~65 d 叶龄叶片是 7 月 22 日至 8 月 2 日时期为起点到 9 月 25 日时期为止的叶片。

不同形状叶片的叶龄是从标记时间 7 月 22 日开始算起，具体时间段分别为：0~10 d 叶龄叶片是 7 月 22 日至 8 月 2 日时期的叶片；10~20 d 叶龄叶片是从 7 月 22 日为起点到 8 月 2 日至 8 月 12 日时期的叶片；20~30 d 叶龄叶片是从 7 月 22 日为起点到 8 月 12 日至 8 月 22 日时期的叶片；30~40 d 叶龄叶片是从 7 月 22 日为起点到 8 月 22 日至 8 月 31 日时期的叶片；40~55 d 叶龄叶片是从 7 月 22 日为起点到 8 月 31 日至 9 月 15 日时期的叶片。

一、不同叶龄叶层的营养

四倍体刺槐在同一时期内（9 月 25 日），随着叶龄的增长，叶片粗蛋白不断增高，在 36~45 d 叶龄时达到最大值，含量高达 172.0 g/kg，随后随叶龄的增长叶片粗蛋白降低，在 56~65 d 叶龄时其含量降低为 147.7 g/kg；叶片中性洗涤纤维和酸性洗涤纤维含量的变化趋势近乎一致，均从 26~35 d 叶龄开始升高，在 46~55 d 叶龄时达到高峰，然后再转而降低（表 7.1）。表中测定结果也表明，叶片的粗脂肪、粗灰分和钙含量均随着叶龄的增长而增加，而磷含量在不同叶龄之间变化不大。其中，粗脂肪在 56~65 d 叶龄的含量为 0~25 d 叶龄的近 1.6 倍；进一步计算不同叶龄叶片的钙磷比得出，其比值也随着叶龄的增长而增加，并在 46~55 d 叶龄时钙磷比（质量比）超过了 7∶1，即超出了动物饲料允许的范围。由于叶片的粗蛋白含量越高，纤维含量越低，钙磷比越低，其营养价值就越高，所以综上所述不难得出，当叶片在 36 d 至 55 d 叶龄时，其营养价值较好。这就为四倍体刺槐叶片的采摘周期和饲料林的刈割周期提供了理论依据。

表7.1　不同叶龄叶片的营养含量（g/kg）

叶龄/d	干物质	粗蛋白	中性洗涤纤维	酸性洗涤纤维	粗脂肪	粗灰分	钙	磷
0~25	320.6	162.7	314.4	168.3	33.6	51.2	6.9	2.1
26~35	327.7	162.8	285.9	164.4	39.7	53.4	10.5	1.9
36~45	320.3	172.0	299.3	174.6	42.7	56.5	10.3	1.9
46~55	323.9	164.6	321.9	200.0	47.5	65.6	13.7	1.9
56~65	289.0	147.7	249.8	169.4	52.6	72.4	14.9	1.9
SE	6.9	3.9	12.7	6.3	3.2	3.9	1.4	0.04

46~55 d 和 56~65 d 两个叶龄叶层的钙磷比均超过了动物饲料允许的范围 7∶1，与同期取整株叶片分析的结果不同（李云等，2006），这是因为整株取样时各个叶龄叶层比例不同改变了营养成分的比值。另外，成熟叶片的粗脂肪较幼嫩叶片的含量高，与 Bassey 等（2001）对一种蕨类植物（*Diplazium sammatii*）叶片的研究结果相似。

二、不同生长时期相同叶龄叶片的营养

不同生长时期 10 d 叶龄（采样时叶片的叶龄为 10 d，如 8 月 12 日的叶片为 8 月 2 日至 8 月 12 日生长的所有叶片）叶片的营养含量见表 7.2。8 月各生长时期相同叶龄叶片的各种营养成分含量均适合，其中粗蛋白含量均超过了 230 g/kg，甚至在 8 月 2 日高达 285.7 g/kg；钙磷比均处于家畜日粮的最佳比值 2∶1；各个时期的粗脂肪含量在 30.2~40.2 g/kg 波动，变化不大。在接近生长末期的 9 月 15 日，10 d 叶龄叶片的粗蛋白含量较 8 月减少很多，降到了 183.4 g/kg；其钙磷含量也同时降低，但钙磷比反而升高到了 2.5∶1。可见，相同叶龄叶片的营养价值在生长旺盛时期优于生长末期。

表7.2　不同生长时期相同叶龄叶片的营养含量（g/kg）

时期	干物质	粗蛋白	中性洗涤纤维	酸性洗涤纤维	粗脂肪	粗灰分	钙	磷
8 月 2 日	217.7	285.7	260.8	171.9	40.2	58.5	7.0	4.6
8 月 12 日	215.6	242.2	277.5	169.6	36.2	58.5	6.0	3.3
8 月 22 日	279.1	232.2	247.2	132.7	30.2	56.1	6.0	3.2
8 月 31 日	233.9	234.2	264.8	154.0	33.3	57.4	6.3	3.2
9 月 15 日	321.6	183.4	263.2	145.8	31.6	50.4	5.9	2.4
SE	20.5	16.3	4.8	7.4	1.8	1.5	0.2	0.4

三、不同叶龄叶层生物量的变化

不同叶龄叶层的营养分析结果表明，叶片在 36 d 至 55 d 叶龄，其营养价值较好。然而饲料林的叶片采摘周期和刈割周期不仅要考虑其营养价值较好，同时要保证其生物量较大。四倍体刺槐叶片不同叶龄叶层生物量的变化见图 7.5。由图中可以看出，叶层的鲜质量与干质量的变化趋势几乎一致，均从 56~65 d 叶龄（植株平茬再生后的第一叶层）缓慢增加，在 36~45 d 叶龄时叶层的鲜干质量达到最高峰，然后其急剧降低，在 26~35 d 叶龄时叶层的生物量降到了与 56~65 d 叶龄叶层的生物量几乎一样低的水平，随后随着叶龄的减小、叶层生物量继续降低。

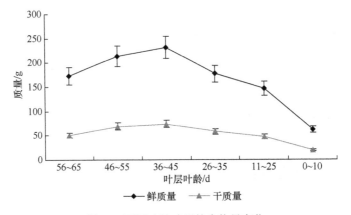

图7.5 不同叶龄叶层的生物量变化

56~65 d 叶龄叶层生物量低的原因可能是植株平茬后基部刚刚再生出来的叶片随着时间的推移，其上部的叶片越来越多，其本身正常的生长越来越受到限制，同时其年龄也越来越大，甚至老化；而 26~35 d 至 0~10 d 叶龄叶层生物量不高的缘故是叶片生长期短，生物量积累少。

综合叶片的粗蛋白、中性洗涤纤维、酸性洗涤纤维、粗脂肪、粗灰分和钙等各项营养成分含量得出，叶龄 46~55 d 以前的叶片营养价值较好。不同生长时期相同叶龄叶片的营养价值是生长期好于生长末期。四倍体刺槐叶层生物量在 36~45 d 叶龄时达到最高峰，其次为 46~55 d 叶龄，而 26~35 d 叶龄与 56~65 d 叶龄叶层的生物量均低。

四、不同叶龄叶层的叶绿素变化

四倍体刺槐不同叶龄叶层的叶绿素 a、叶绿素 b 和总叶绿素含量均差异显著（表 7.3，$P<0.05$）。同时，由表中数据变化规律可以看出，不同叶龄叶绿素 a、叶

绿素 b 和总叶绿素含量的变化趋势一致,均在 26~35 d 和 56~65 d 叶龄出现两个高峰,在 66~75 d 叶龄急剧下降。进一步进行多重差异比较可知,56~65 d 叶龄叶片的叶绿素 a、叶绿素 b 和总叶绿素含量均显著高于 26~35 d 叶龄叶片($P<0.05$);66~75 d 叶龄叶片的叶绿素 a 含量最低,且与其他叶龄叶片差异显著($P<0.05$);66~75 d 叶龄总叶绿素含量也低于其他叶龄叶片。另外,叶绿素 a/叶绿素 b 值被认为是一个良好的衰老生理指标,本试验测定的叶绿素 a/叶绿素 b 值随着叶龄的增加而逐渐下降,表明在叶片衰老过程中叶绿素 a 的破坏明显快于叶绿素 b。

表7.3 不同叶龄叶片的叶绿素含量 [mg/(g·fw)]

叶龄/d	叶绿素 a	叶绿素 b	总叶绿素	叶绿素 a/叶绿素 b
0~25	3.29 ± 0.02c	1.32 ± 0.03cd	4.61 ± 0.04c	2.49
26~35	3.45 ± 0.01b	1.50 ± 0.02b	4.95 ± 0.03b	2.30
36~45	2.99 ± 0.02d	1.25 ± 0.01e	4.24 ± 0.03d	2.39
46~55	3.09 ± 0.04d	1.35 ± 0.03c	4.44 ± 0.07c	2.29
56~65	3.59 ± 0.08a	1.62 ± 0.03a	5.21 ± 0.10a	2.22
66~75	2.82 ± 0.01e	1.26 ± 0.01de	4.08 ± 0.02d	2.24

叶片的叶绿素含量在 26~35 d 叶龄和 56~65 d 叶龄出现两个高峰值,相对 36~45 d 叶龄和 46~55 d 叶龄叶片的叶绿素含量下降,这可能与叶片物候期和环境温度有关;Muraoka 等(2002)对极地柳(*Polar willow*)的研究表明叶片的物候期和环境温度对叶片的光合作用有重大影响;Shirke(2001)对牧豆树(*Prosopis juliflora*)的研究也表明成熟叶片的光合能力高于幼嫩和衰老叶片,但具体原因还有待于进一步研究。

五、不同生长时期相同叶龄的叶片叶绿素变化

高等植物叶片所含叶绿素的数量不仅与叶片老嫩有关,而且与季节有关。四倍体刺槐不同生长时期 10 d 叶龄叶片的叶绿素含量见表 7.4。经方差分析表明,四倍体刺槐不同生长时期相同叶龄叶片的叶绿素 a 含量之间、叶绿素 b 含量之间及总叶绿素含量之间均存在显著差异($P<0.05$)。进一步进行多重差异比较可得,10 d 龄叶片在 8 月 22 日的叶绿素 a、叶绿素 b 和总叶绿素含量均最低,且总叶绿素含量与其他生长时期之间存在显著差异($P<0.05$);在 8 月 12 日叶片的叶绿素 b 和总叶绿素含量均达到了最高,而且显著高于其他生长时期($P<0.05$),叶绿素 a 的含量也仅次于 9 月 15 日。

不同生长时期相同叶龄叶片的总叶绿素含量在 8 月 12 日达到了最高,在 8 月 22 日却降到了最低,这也可能与温度有关。因为叶绿素的生物合成过程,绝大

表7.4　不同生长时期相同叶龄叶片的叶绿素含量 [mg/(g·fw)]

叶绿素	8月2日	8月12日	8月22日	8月31日	9月15日
叶绿素 a	5.21 ± 0.02bc	5.47 ± 0.03ab	5.16 ± 0.12c	5.37 ± 0.01abc	5.64 ± 0.17a
叶绿素 b	6.19 ± 0.03b	6.82 ± 0.05a	5.29 ± 0.28c	6.00 ± 0.01b	5.72 ± 0.33bc
总叶绿素	11.39 ± 0.04b	12.28 ± 0.08a	10.45 ± 0.39c	11.37 ± 0.02b	11.37 ± 0.50b

部分都有酶的参与。温度影响酶的活动，也就影响叶绿素的合成。一般来说，叶绿素形成的最适温度是 30℃上下，最高温度是 40℃。温度在 8 月初开始逐渐升高，叶片叶绿素的生物合成也相对增加，到 8 月 12 日左右时虽然高温开始抑制叶绿素的合成，但叶绿素的含量累加到了最大值，随后持续的高温使叶绿素合成受抑，所以 8 月 22 日叶绿素含量降到了最低点。

六、叶片形状的变化

四倍体刺槐不同叶龄叶片的表观形状变化见表 7.5。由试验数据及方差分析可知，叶片的长、宽、厚及叶面积（长×宽）在叶龄之间均达到了显著差异（$P<0.05$）。多重比较得出，四倍体刺槐 0~10 d 叶龄叶片的长、宽、厚及叶面积（长×宽）均显著小于其他叶龄（$P<0.05$），而其他叶龄叶片的表观形状均无显著差异。这就表明叶片在 11~20 d 叶龄前生长迅速，11~20 d 叶龄开始表观形状生长缓慢。这也从侧面证明了为何叶片的营养含量、生长量和叶绿素含量的最大值出现在 11~20 d 叶龄以后了。这同样为四倍体刺槐叶片的采摘周期和饲料林的刈割周期提供了理论依据。

表7.5　不同叶龄的叶片形状

叶龄/d	长/mm	宽/mm	厚/mm	叶面积/mm^2
0~10	29.72 ± 0.73b	22.87 ± 0.54b	0.177 ± 0.003b	686.379 ± 29.46b
11~20	37.33 ± 1.07a	28.61 ± 0.73a	0.217 ± 0.005a	1088.659 ± 56.71a
21~30	37.65 ± 1.15a	28.80 ± 0.74a	0.211 ± 0.004a	1107.151 ± 61.14a
31~40	37.59 ± 1.20a	28.78 ± 0.79a	0.214 ± 0.004a	1108.191 ± 63.62a
41~55	38.99 ± 0.85a	28.29 ± 0.66a	0.218 ± 0.002a	1114.429 ± 47.64a

七、不同叶龄叶片营养、叶绿素含量、叶形之间的相关关系

叶片叶龄、营养含量、叶绿素含量及叶形之间的相关分析见表 7.6。结果表明，四倍体刺槐叶片叶龄与叶片粗脂肪、粗灰分和钙含量呈极显著正相关（$P<0.01$），与叶长和叶面积（长×宽）存在显著正相关关系（$P<0.05$）；叶片叶绿素 b 和总叶

绿素含量与叶片粗蛋白含量之间具有显著的负相关关系（$P<0.05$）；叶长与叶片粗脂肪、粗灰分和钙含量呈显著正相关（$P<0.05$）；叶面积（长×宽）与叶片粗脂肪和钙含量呈显著正相关（$P<0.05$），与叶片磷含量呈显著负相关（$P<0.05$）。

表7.6 不同叶龄叶片营养、叶绿素、叶形之间的相关关系

	叶龄	叶绿素 a	叶绿素 b	总叶绿素	长	宽	厚	叶面积
叶龄	—	0.153	0.476	0.280	0.907*	−0.721	0.467	0.879*
干物质	−0.680	−0.591	−0.666	−0.630	−0.553	0.583	−0.527	−0.331
粗蛋白	−0.505	−0.878	−0.899*	−0.901*	−0.572	0.627	−0.434	−0.235
中性洗涤纤维	−0.518	−0.770	−0.844	−0.812	−0.317	0.162	0.052	−0.407
酸性洗涤纤维	0.419	−0.584	−0.347	−0.503	0.591	−0.570	0.498	0.440
粗脂肪	0.996**	0.215	0.539	0.343	0.906*	−0.700	0.410	0.900*
粗灰分	0.968**	0.293	0.567	0.403	0.951*	−0.852	0.614	0.768
钙	0.963**	0.247	0.581	0.379	0.938*	−0.709	0.352	0.929*
磷	−0.707	0.018	−0.329	−0.115	−0.536	0.124	0.257	−0.947*
叶绿素 a	—	—	—	—	0.213	−0.220	−0.005	0.037
叶绿素 b	—	—	—	—	0.503	−0.389	0.042	0.408
总叶绿素	—	—	—	—	0.328	−0.288	0.013	0.180

*表示在 0.05 水平显著相关，**表示在 0.01 水平显著相关，本章下同。

叶片粗脂肪和粗灰分的含量随叶龄的增大而增加，可能是叶片随叶龄的增大光合产物积累而增加的结果，这与谭忠奇等（2003）和 Vijaya 等（2006）对植物不同发育阶段叶片的研究结果相似。难以移动的钙元素被林木地上部分吸收后，分配并被固定于植株叶部，所以随着叶龄越大叶片中钙含量越高。叶片随着叶龄的增大而生长发育，所以叶长和叶面积（长×宽）呈显著相关。正是由于叶片的生长发育和叶龄以及叶龄和叶片营养含量的上述关系，所以使得叶长与叶片粗脂肪、粗灰分和钙含量，叶面积（长×宽）与叶片粗脂肪和钙含量，叶面积（长×宽）与叶片磷含量呈负相关。叶片叶绿素 b 和总叶绿素含量与叶片粗蛋白含量呈负相关，这与刘文彰和王双贵（1991）的研究结果相近，这可能是因为在生长季节的高温期叶绿素的生物合成受抑含量降低，而叶片蛋白含量由于光合产物的积累继续增加的结果。

八、不同生长时期相同叶龄叶片的营养、叶绿素含量之间的相关

四倍体刺槐相同叶龄叶片的粗蛋白和磷含量与叶片生育时期之间存在显著的负相关关系（表 7.7，$P<0.05$）；叶绿素 b 含量与叶片中性洗涤纤维和酸性洗涤纤维含量呈显著的正相关（$P<0.05$）；总叶绿素含量与叶片中性洗涤纤维含量呈极显著的正相关（$P<0.01$）。

表7.7　不同生长时期相同叶龄叶片的营养及叶绿素相关关系

	时期	粗蛋白	中性洗涤纤维	酸性洗涤纤维	粗脂肪	粗灰分	钙	磷
时期	—	−0.944*	−0.108	−0.638	−0.778	−0.859	−0.667	−0.903*
叶绿素 a	0.659	−0.734	0.607	0.068	−0.205	−0.643	−0.533	−0.698
叶绿素 b	−0.480	0.383	0.924*	0.898*	0.699	0.521	0.206	0.312
总叶绿素	−0.219	0.111	0.989**	0.804	0.547	0.259	0.018	0.060

　　四倍体刺槐叶片粗蛋白含量与叶片生育时期呈显著负相关，即生长季节叶片粗蛋白含量高，生长末期粗蛋白由于发生转移而降低，这与编者先前的研究及其他学者对其他植物的研究结果相同（李云等，2006；王改萍等，2006）。不同生育时期叶片磷含量的变化规律符合可移动矿质元素在阔叶树种中的一般变化规律（刘文彰和王双贵，1991），也与编者以前的研究及其他学者的研究结果相一致（李云等，2006；黄宝龙等，1998；王安友和任莉，1996）。叶绿素与叶片纤维素含量呈显著相关的可能原因是，在一定范围内，叶绿素含量越多，光合越强，光合产物积累就越多，所以作为植物重要贮存物质的纤维素含量就越多。

第三节　根龄对叶片生物量和营养的影响

　　2007 年 8 月中旬按照完全随机区组试验设计调查香河基地不同根龄和树龄的生物量，每处理调查 50 株，分别测量其株高、地径，并剪取植株称量总重，然后摘取每株叶片，称量其叶重。试验林种植穴规格均为 40 cm×40 cm（深×直径），栽培密度均为 0.4 m×0.8 m（株距×行距），日常水肥等管理措施一致，种植年份、面积及特殊管理措施分别为：①不同根龄：当年生植株，2007 年春天定植林分中的植株，试验林面积为 3300 m²；两年根当年茎，2006 年春天定植的林分并在 2007 年春天平茬后萌生林分中的植株，试验林面积为 2000 m²；三年根当年茎，2005 年春天定植的林分并分别在 2006 年和 2007 年春天平茬后萌生林分中的植株，试验林面积为 2000 m²；四年根三年茎，2004 年春天定植的林分并在 2005 年春天平茬后萌生林分中的植株，试验林面积为 1300 m²；五年根四年茎，2003 年春天定植的林分并在 2004 年春天平茬后萌生林分中的植株，试验林面积为 1300 m²。②不同树龄：当年生茎，2007 年春天定植的林分，试验林面积为 3300 m²；两年生，2006 年春天定植的林分，试验林面积为 2000 m²；三年生，2005 年春天定植的林分，试验林面积为 2000 m²。

　　营养测试的四倍体刺槐叶片采摘于 2007 年的 7 月 15 日、7 月 30 日、8 月 15 日和 10 月 5 日，并将这四个时期的数据作为叶片营养的 4 次重复数据进行统计分析。在试验林内每次随机取 3 个小区，每个小区 10 株；离地面 20 cm 剪取小区内植株，摘取其叶片混匀，用四分法分别取 500 g 鲜叶，预先干燥处理后得风干样品备用。

一、不同根龄的生物量

四倍体刺槐的株高、地径、茎叶比、总重和叶重均随根龄的增长而增加（表7.8），这与前人的研究结果一致（王德艺等，1994）；株高和地径在各个根龄之间均存在显著差异（$P<0.05$），并且三年根当年茎的株高和地径分别为 226.7 cm 和 18.87 mm；总重和叶重也是三年根当年茎最高，分别为 1138 g 和 637 g，均显著高于两年根当年茎和当年生植株（$P<0.05$），且两年根当年茎显著高于当年生植株（$P<0.05$）；茎叶比在两年根当年茎和三年根当年茎之间无显著差别，但两者均显著高于当年生植株（$P<0.05$）。这可能是根系在第一年和第二年时还没有发育完全，植株生长缓慢，到第三年植株定植时根系所受损伤得到完全修复，开始旺盛生长。

表7.8　不同根龄当年生萌蘖的生物量

根龄	株高/cm	地径/mm	单株总重/g	单株叶重/g	茎叶比
三年根当年茎	226.7 ± 9.3a	18.87 ± 0.10a	1138 ± 149a	637 ± 77a	0.70 ± 0.03a
两年根当年茎	188.6 ± 7.5b	14.21 ± 0.07b	464 ± 53b	259 ± 30b	0.77 ± 0.02a
当年生植株	87.6 ± 4.4c	8.18 ± 0.04c	131 ± 19c	94 ± 11c	0.33 ± 0.02b

注：茎叶比分析时经过了 $\theta=\arcsin p^{1/2}$ 转换，本书下同。

二、不同树龄的生物量

在一定时期内，木本植物随着树龄的增长其生物量积累逐渐增多，但其每年的叶片生物量与不同根龄每年的叶量相比怎样呢？从分析结果可知（表 7.9），不同树龄的株高、总重、叶重和茎叶比之间均存在显著差异（$P<0.05$），而且，各项指标均随着树龄的增长而增大；另外，除叶重在三年生和两年生之间无显著差异外，其余各项指标在各个树龄之间均差异显著（$P<0.05$）。四倍体刺槐两年生树龄的株高为 253.0 cm，较两年根当年茎和三年根当年茎的株高分别高出 65.4 cm 和 26.3 cm；两年生树龄的总重和叶重均远远高于两年根当年茎，甚至其叶重就与两年根当年茎的总重相差无几；三年生树龄的总重为 2230 g，远高于三年根当年茎的 1138 g，但其叶重仅为 603 g，稍低于三年根当年茎。造成不同树龄和根龄的总重相差巨大，而叶重相差很小的原因是其茎叶比不同。从表 7.8 和表 7.9 可以看出，两年根当年茎和三年根当年茎的茎叶比分别为 0.77 和 0.70，而两年生树龄和三年生树龄的茎叶比高达 1.25 和 2.70。

综合不同根龄和不同树龄的生物量结果可知，四倍体刺槐在定植当年根系发

表7.9　不同树龄的生物量

树龄	株高/cm	单株总重/g	单株叶重/g	茎叶比
三年生当年茎	345.9 ± 23.2a	2230 ± 595a	603 ± 160a	2.70 ± 0.17a
两年生当年茎	253.0 ± 12.1b	1033 ± 190b	458 ± 84a	1.25 ± 0.01b
当年生植株	87.6 ± 4.4c	131 ± 19c	94 ± 11b	0.33 ± 0.02c

育不完全，植株生长缓慢，第二年植株生长迅速，第三年生长趋于稳定。由此可以得出，四倍体刺槐定植第二年刈割虽然不能获得最大的总生物量，但可以得到更多的叶量，即可以获得更多可利用的生物量。而且，据前人研究得知，四倍体刺槐饲料灌木林不仅生物质产量是乔林作业模式的 1.4 倍，同时也可以增加根部的水土保持能力（Ainalis and Tsiouvaras，1998；毕君等，1997）。因此，四倍体刺槐饲料林最佳栽培措施是定植当年不刈割，第二年开始每年刈割更新进行矮林栽培。

三、根龄对叶片营养的影响

一般情况下，植物随着根龄的增长，生物量也逐渐增加，但不同根龄对刺槐叶片的营养含量的影响还不清楚，为此，我们开展了有关研究。四倍体刺槐不同根龄叶片的营养含量见表 7.10。

表7.10　不同根龄叶片的营养含量（g/kg）

根龄	干物质	粗蛋白	粗脂肪	粗灰分	钙	磷	单宁
当年生植株	298.7a	225.5a	46.7a	65.7a	5.7b	1.3a	14.7a
两年根当年茎	308.7a	182.4b	55.4a	68.5a	7.1b	1.3a	16.1a
三年根当年茎	309.3a	185.9b	45.3a	84.4a	7.3ab	1.7a	13.2a
四年根三年茎	321.2a	178.8b	48.9a	95.8a	9.1a	1.5a	11.8a
五年根四年茎	327.3a	190.7b	50.3a	86.1a	6.7b	1.4a	16.8a
SE	20.1	5.0	5.0	7.5	0.6	0.2	2.1

注：营养数据进行方差分析时进行了 $\theta=\arcsin p^{1/2}$ 转换，全书下同。

（一）根龄对叶片粗蛋白的影响

粗蛋白是饲料中的重要营养成分，其含量的高低是衡量饲料好坏的重要指标之一。根据表 7.10 中的试验结果可知，四倍体刺槐不同根龄叶片的粗蛋白含量差异显著（$P<0.05$）。进一步由多重比较可以看出，在根龄对叶片粗蛋白的影响中，当年生植株显著高于两年根当年茎、三年根当年茎、四年根三年茎和五年根四年茎（$P<0.05$），而后 4 个根龄之间则无显著差异。四倍体刺槐当年生植株叶片的粗蛋白含量高达 225.5 g/kg，其他几个根龄的叶片粗蛋白含量虽然较当年生植株有所下降，但均高于 178.8 g/kg，也高于二级苜蓿草粉标准（170 g/kg）。

（二）根龄对叶片粗脂肪的影响

脂肪是含能最高的营养素，生理条件下脂类含能是蛋白质和碳水化合物的2.24 倍。因此用提高日粮脂肪含量来满足反刍动物增重净能是目前国内外反刍动物营养研究的热点（郑晓中和冯仰廉，2000）。然而在反刍动物日粮中，一般含20~50 g/kg 的脂肪，过多的脂肪及脂肪酸易对瘤胃微生物和饲料颗粒产生包被作用，使微生物不能与饲料接触，从而影响瘤胃的消化，故配制日粮时必须根据日粮中脂肪含量及其在瘤胃中的降解率来确定脂肪补饲水平（赵永广等，1998）。因此，了解四倍体刺槐叶片的脂肪含量在不同根龄中的变化趋势就显得尤为重要。试验结果表明，不同根龄对叶片中脂肪含量的影响没有达到显著水平，而且，四倍体刺槐叶片中的粗脂肪含量几乎均在 50 g/kg 左右，符合反刍动物的日粮要求。

（三）根龄对叶片粗灰分、钙和磷的影响

粗灰分的含量与材料所含的矿物质有关，而钙和磷是家畜矿物营养中两个重要的元素。根据表 7.10 的分析结果可知，根龄对粗灰分含量的影响没有达到显著水平，但从试验结果可以看出，四倍体刺槐叶片的粗灰分含量随着根龄的增长呈增加趋势。

对不同根龄四倍体刺槐叶片钙含量的分析表明，根龄对钙含量的影响达了显著水平（$P<0.05$）。通过多重比较得出，四年根三年茎除与三年根当年茎无显著差异外，其均显著高于其他 3 个根龄（$P<0.05$）。由上述分析可知，四倍体刺槐叶片钙含量近乎随着根龄的增长而增加，这主要是随着林木生长加快，根系吸收养分的速率逐渐增大，难以移动的营养元素钙被林木地上部分吸收后，分配并被固定于植株叶部，于是叶片中钙含量逐步增加（黄宝龙等，1998）。

根据表 7.10 中的数据可知，根龄对叶片磷含量的影响没有达到显著水平。但不同根龄四倍体刺槐叶片中的磷含量为 1.3~1.7 g/kg，磷含量比较丰富。另外，经过计算得出，四倍体刺槐不同根龄叶片的钙磷比处于 4∶1 至 6∶1，适合作为反刍动物的饲料来源。

（四）根龄对叶片单宁含量的影响

植物单宁又称植物多酚，是一类广泛存在于植物体内的多元酚化合物。在近来的研究中发现，尽管四倍体刺槐叶粉的蛋白质含量高，但猪对它的消化率很低，究其原因，可能与四倍体刺槐叶粉中存在的单宁有关（中国农科院畜牧所，1979）。单宁有一定营养作用，这主要表现在过瘤胃蛋白保护作用、提高平均排卵率、抗寄生虫等作用（Puchala et al., 2005；Kabasa et al., 2004；Hassan et al., 2003；Molan, 2003；Luque et al., 2000；Min et al., 1999），但饲料中单宁含量过高，会有一系列负作用，影响家畜的随意采食量、降低家畜对养分的消化率、瘤胃发酵作用减弱、毒性作用（郑会超等，2004；史志诚，1988）。正因为这些副作用人们常采用各种方法来降低单宁的含量。因此可以根据不同根龄四倍体刺槐叶片中单宁的含量来决定其作为饲料所针对的家畜类型，以便更好地利用。

分析结果表明，根龄对四倍体刺槐叶中单宁含量的影响均未达到显著水平（表7.10）。根据资料，反刍动物饲料中最佳单宁含量取决于其促进氮消化和抑制碳水化合物消化二者的平衡，一般建议为 30~40 g/kg（以干物质计）（史志诚，1988）。从试验结果来看，四倍体刺槐叶片中的单宁含量变化范围为 11.8~16.8 g/kg，均低于这个标准，完全适合作为反刍动物饲料。

第四节　刈割方法和栽培密度对生物量的影响

2006 年 6 月中旬调查香河基地 8 个不同密度的生物量，采用完全随机区组试验设计，重复 3 次，10 株小区，分别称量小区内单株的总重和叶重，并计算每小区单位面积的生物量。密度试验林为 2004 年春天定植的四倍体刺槐 1 年生苗，并分别于 2005 年和 2006 年 3 月平茬后萌生的林分。

刈割周期和留茬高度试验于 2006 年 6 月 10 日开始，至 2007 年 6 月 15 日结束，裂区试验设计，主区安排刈割周期，副区安排留茬高度，主副处理均为随机区组排列，重复 4 次，4 株小区。留茬高度为在当年生萌条上的茬高，设 4 个水平，分别为 0 cm、10 cm、20 cm、30 cm；刈割周期为 5 个水平，30+60 表示第二次刈割与第一次刈割的间隔为 30 d，第三次刈割与第二次刈割的间隔为 60 d，其他处理分别为 40 d、50 d、60 d 和 80 d。试验林为 2004 年春天定植的四倍体刺槐 1 年生苗，并分别于 2005 年和 2006 年 3 月平茬后萌生的林分，栽培密度为 0.4 m×0.8 m。在试验林内每次分别称量单株总重和叶重，并于 2007 年增加调查试验林存活率。

刈割部位和刈割工具试验于 2006 年 7 月 7 日刈割试验林后开始，至 2006 年 9 月 30 日结束。刈割部位为刈割当年生萌条和刈割多年生根桩 2 个处理，刈割工具为斧和锯 2 个处理，完全随机区组试验设计，各处理 30 株。试验林为 2004 年春天定植的四倍体刺槐 1 年生苗，并分别于 2005 年和 2006 年 3 月平茬后萌生的林分，栽培密度为 0.4 m×0.8 m。在试验林内于 9 月 30 日测量单株的株高、基径和萌蘖数，并分别称量其总重和叶重。

一、栽培密度对生物量的影响

四倍体刺槐株高和地径均随密度的降低而呈直线增加趋势（表 7.11）。四倍体刺槐不同密度单位面积的生物量分析结果表明，总重在株行距为 0.4 m×0.8 m 时最大，为 877 g/m²，其显著高于其他密度（P<0.05）；株行距 0.6 m×0.8 m 单位面积的总重显著高于株行距为 1.0 m×1.4 m 时（P<0.05），但 0.6 m×0.8 m、0.8 m×1.0 m 和 0.4 m×0.6 m 这三个密度之间差异不显著，然而均显著高于 0.8 m×1.2 m 和 1.0 m×1.2 m 这两个密度（P<0.05）。叶重与总重有相似的趋势，株行距 0.4 m×0.8 m 时为 630 g/m²，并显著高于其他各密度（P<0.05）；株行距 0.6 m×0.8 m 单位面积的叶重与 0.8 m×1.0 m 无显著差异，但显著高于除 0.4 m×0.8 m 和 0.8 m×1.0 m 以外的其他所有密度（P<0.05）。株行距 0.4 m×0.8 m 和 0.6 m×0.8 m 的茎叶比无显著差异，分别为 0.39 和 0.41，且均显著低于除 0.8 m×1.0 m 和 1.0 m×1.2 m 外的其他密度（P<0.05）。由此不难得出，四倍体刺槐最佳栽培密度为 0.4 m×0.8 m 和 0.6 m×0.8 m；因为种植密度过大时由于植株生长受限，所以单位面积的生物量不可能达到最佳。Barrett（1993）的研究也认为，刺槐饲料林种植密度过小时，虽然产量在前两年具有优势，但从第三年开始便开始转优为劣，并且其植株的存活率降低。而种植密度过小虽然单株生物量在一定范围内会达到最大，但由于单位面积内种植的株数减少，所以单位面积的生物量也不可能达到最佳。

表7.11　不同密度林分单位面积的生物量

密度/（m×m）	株高/cm	地径/mm	总重/（g/m²）	叶重/（g/m²）	茎叶比
0.4×0.8	124.5b	9.94b	877a	630a	0.39d
0.6×0.8	122.5b	10.63b	681b	484b	0.41d
0.8×1.0	140.4b	12.05a	625bc	435bc	0.44cd
0.4×0.6	99.9c	8.60c	614bc	393c	0.56a
1.0×1.4	176.8a	12.51a	585c	393c	0.49bc
0.8×1.2	125.7b	10.69b	424d	285d	0.50b
1.0×1.2	140.3b	10.27b	377d	263d	0.44cd
SE	6.3	0.47	28	20	0.02
P　直线效应	<0.001	<0.001	<0.001	<0.001	0.678
二次效应	0.184	0.126	0.507	0.549	<0.001

二、刈割周期及留茬高度对生物量的影响

（一）刈割周期及留茬高度对当年生物量的影响

饲料林管理和利用的主要方式之一是刈割，不同刈割周期和留茬高度对四倍体刺槐当年生物量的影响见表 7.12。从表中可以看出，刈割周期和留茬高度对总重、叶重和茎叶比的影响差异显著（P<0.05）。刈割周期为 80 d 的总重和叶重最高，分别为 1830 g 和 1185 g，均显著高于刈割周期为（30+60）d 和 40 d 的处理

（P<0.05），但与刈割周期 50 d 和 60 d 的处理之间差异不显著；刈割周期为 40 d、50 d、60 d 和 80 d 的茎叶比均显著高于刈割周期为（30+60）d 的茎叶比（P<0.05），并且这四个处理之间无显著差异。留茬高度 10 cm、20 cm 和 30 cm 的总重和叶重均显著高于留茬高度 0 cm 的处理（P<0.05），且这三个处理之间差异不显著。上述分析结果表明，不同刈割周期处理生物量之间的差异是由生长时间和刈割次数共同决定的。

表7.12　刈割周期及留茬高度对当年生物量的影响

刈割周期/d	单株总重/g	单株叶重/g	茎叶比	留茬高度/cm	单株总重/g	单株叶重/g	茎叶比
80	1830a	1185a	0.55a	30	1598a	1068a	0.56a
50	1519a	1007a	0.53a	20	1531a	1010a	0.52b
60	1477a	958ab	0.55a	10	1404a	915a	0.53ab
30+60	1063b	722bc	0.46b	0	988b	626b	0.50b
40	1013b	653c	0.55a	—	—	—	—
SE	138	92	0.02	SE	124	83	0.01

（二）刈割周期及留茬高度对翌年生物量的影响

刈割周期及留茬高度对当年生物量和翌年生物量及植株存活率的影响是确定最佳刈割方法的必要根据。刈割周期和留茬高度对四倍体刺槐植株存活率的影响明显（表 7.13），刈割周期 60 d 的植株存活率为 100%；留茬高度 20 cm 和 30 cm 的植株存活率之间无差异，但明显高于留茬高度为 10 cm 和 0 cm 的处理。刈割周期为 40 d 的植株存活率仅为 38%，而同时间刈割的刈割周期为 80 d 的植株存活率为 75%，这可能由于刈割周期的长短影响营养物质的积累，进而影响过冬时的生存力。刈割周期为 60 d 的总重和叶重均显著高于刈割周期为（30+60）d、40 d、50 d 和 80 d 的 4 个处理（P<0.05）；在总重和叶重方面，留茬高度 30 cm 的显著高于留茬高度 20 cm 的处理（P<0.05），并且留茬高度 30 cm 和 20 cm 的处理均显著高于留茬高度 10 cm 和 0 cm 的两个处理（P<0.05）。

表7.13　刈割周期及留茬高度对翌年生物量的影响

刈割周期/d	存活率/%	单株总重/g	单株叶重/g	留茬高度/cm	存活率/%	单株总重/g	单株叶重/g
60	100	308a	232a	30	90	306a	231a
80	75	167b	124b	20	90	231b	174b
30+60	56	164b	121b	10	55	118c	90c
50	63	158b	122b	0	30	30d	23d
40	38	59c	47c	—	—	—	—
SE		28	21	SE		25	19

Barrett（1993）对普通刺槐的研究也表明，普通刺槐饲料林种植当年刈割会严重地降低其以后的生产能力和存活率；综合生长状况、产量和成活率等方面考虑，刈割高度 30 cm 的处理好于刈割高度 5 cm 和刈割高度 30 cm 以上的各个处理。而且常旭虹等（2005）的研究也表明，作物留茬高度 20 cm 以上可有效降低地表风速，减少田间扬沙，抵抗土壤风蚀。刘晶等（2003）对柠条的研究也认为在停止生长前 30~40 d 刈割，可以给贮藏营养物质的积累保留充足的时间，以利越冬，同时保证了翌年的高产量。但 Barrett（1993）研究结果指出，刺槐饲料林一年刈割两次是不适宜的，刈割时间过早会降低其再生能力，在七月或八月刈割则又降低其存活率，因此建议的唯一刈割时间应在尽量晚的生长末期，这与本试验结果不同。

三、刈割工具和刈割部位对生物量的影响

刈割工具斧和锯对四倍体刺槐的株高、基径、萌蘖数、单株总重、单株叶重和茎叶比的影响均无显著性差异（表 7.14），这与胡文忠等（2003）的研究不同。为了寻找其中的缘由，编者又做了不同刈割部位的试验。

表7.14　刈割工具和刈割部位对生物量的影响

参数	工具			部位		
	斧	锯	F 值	当年生萌条	根桩	F 值
株高/cm	69.2 ± 8.0	58.5 ± 7.1	1.01NS	95.4 ± 3.4	63.9 ± 5.3	15.72***
基径/mm	7.83 ± 0.75	7.41 ± 0.79	0.15NS	10.86 ± 0.36	7.62 ± 0.54	16.14***
分蘖数	2 ± 0.2	2 ± 0.2	0.04NS	3 ± 0.2	2 ± 0.2	15.59***
单株总重/g	136 ± 25	111 ± 18	0.68NS	263 ± 19	123 ± 15	30.68***
单株叶重/g	92 ± 16	77 ± 12	0.56NS	172 ± 12	85 ± 10	28.13***
茎叶比	0.44 ± 0.07	0.32 ± 0.04	0.52NS	0.52 ± 0.03	0.38 ± 0.04	15.01***

注：分蘖数进行方差分析时进行了 $0=\arcsin p^{1/2}$ 转换，全书下同；*** 表示在 0.001 水平显著，NS 表示在 0.05 水平不显著。

四倍体刺槐不同刈割部位对生物量的影响见表 7.14。结果表明，刈割当年生萌条和根桩对四倍体刺槐的株高、基径、萌蘖数、单株总重、单株叶重和茎叶比的影响均存在显著性差异（$P<0.001$），而且刈割当年生萌条的各项指标均高于刈割多年生根桩。究此根本原因，可能是多年生根桩和当年生萌条之间的年龄效应使其再生能力不同，从而影响其生长和生物量。

第五节　栽培经营措施对生物量和营养的影响

试验林为 2007 年 4 月初定植的北京林业大学八家苗圃一年生刺槐无性系截干

苗，栽培密度均为 1.0 m×1.0 m（株距×行距），种植穴规格为 40 cm×40 cm（深×直径），日常水肥等管理措施一致。无性系包括从韩国引种的四倍体刺槐 K2、K4、K5 和来源于北京延庆的普通刺槐，并应用 3 种栽培与经营措施对这 4 个刺槐无性系进行处理。3 种栽培与经营措施分别为：每年刈割 2 次，时间分别为 2008 年 6 月 20 日和 2008 年 8 月 20 日，且 2008 年春天（3 月初）平茬（该模式下株高、地径和分蘖数用第一次刈割时的数据来表示，总重和叶重用两次之和来表示）；每年刈割 1 次，时间为 2008 年 7 月 20 日，且 2008 年春天平茬；每年刈割 1 次，时间为 2008 年 7 月 20 日，春天不平茬。试验采用完全随机区组实验设计，12 个处理（4 个无性系×3 种栽培与经营措施），4 次重复，10 株小区，并在试验区四周分别种植 2 行保护行。刈割时分别用米尺和游标卡尺测量每株的株高和地径，并统计分蘖数，然后离地面 20 cm 剪取小区内植株称量总重，摘取每株叶片，称量其叶重，再将每个小区内叶片混匀，用四分法分别取 500 g 鲜叶，预先干燥处理后得风干样品用于营养测定。由于田间试验材料缺失等原因，只能作如下分析：3 种栽培与经营措施对四倍体刺槐无性系 K5 的影响，刈割 1 次模式下 4 个刺槐无性系生物量的比较，以及刈割 2 次模式下 3 个刺槐无性系生物量的比较。

一、三种栽培经营措施对生物量和营养的影响

每年刈割 1 次且春天不平茬的栽培经营措施的株高、地径和单株总重均显著高于（$P<0.05$）每年刈割 2 次且春天平茬的栽培经营措施（表 7.15），单株总重分别为 1454 g 和 865 g；而每年刈割 1 次但春天平茬的栽培经营措施除株高显著高于（$P<0.05$）每年刈割 2 次的栽培经营措施外，地径、分蘖数和单株总重均无显著差异；虽然每年刈割 1 次且春天不平茬的单株叶重（681 g）较每年刈割 2 次且春天平茬的叶重（545 g）高出近 25%，但 3 种栽培经营措施对单株叶重和叶茎比均无显著影响。

表7.15　栽培经营措施对四倍体刺槐无性系K5生物量的影响

栽培与经营措施	株高/cm	地径/mm	分蘖数	单株总重/g	单株叶重/g	叶茎比
每年刈割 2 次，春天平茬	223.4b	11.29b	5ab	865b	545a	1.7a
每年刈割 1 次，春天平茬	293.9a	14.33b	8a	1017ab	649a	2.9a
每年刈割 1 次，春天不平茬	336.4a	18.14a	4b	1454a	681a	0.9a
SE	18.4	1.07	1	149	107	1.1

注：每年刈割 2 次模式中的株高、地径和分蘖数为第 1 次刈割的数据，单株总重和叶重为 2 次刈割之和。

3 种栽培经营措施第 1 次刈割叶片的干物质和粗蛋白含量差异不显著，仅每年刈割 1 次且春天不平茬的栽培经营措施叶片粗纤维含量显著高于（$P<0.05$）其

他 2 种栽培经营措施（表 7.16）；但每年刈割 2 次栽培经营措施的第 2 次刈割叶片的粗蛋白含量（229.8 g/kg）显著高于（$P<0.05$）其他 2 种每年刈割 1 次的栽培经营措施（春天平茬模式为 188.6 g/kg，春天不平茬模式为 171.5 g/kg），且粗纤维含量显著低于（$P<0.05$）每年刈割 1 次且春天不平茬的栽培经营措施。

表7.16 栽培经营措施对四倍体刺槐无性系K5叶片营养含量的影响（g/kg）

栽培与经营措施	第 1 次刈割			第 2 次刈割		
	干物质	粗蛋白	粗纤维	干物质	粗蛋白	粗纤维
每年刈割 2 次，春天平茬	284.4a	194.5a	335.3b	337.1	229.8	345.3
每年刈割 1 次，春天平茬	302.9a	188.6a	342.5b	—	—	—
每年刈割 1 次，春天不平茬	317.0a	171.5a	422.5a	—	—	—
SE	12.8	9.5	20.0	12.8	10.8	15.4

二、刈割一次模式下四倍体刺槐无性系生物量的比较

在每年刈割 1 次且春天不平茬的栽培与经营措施下对 4 个刺槐无性系的生长和生物量进行了比较分析（表 7.17）。试验结果表明，四倍体刺槐无性系 K2 的株高、地径、单株总重（2912 g）和单株叶重（1352 g）均显著高于（$P<0.05$）其他 3 个无性系（K4、K5 和普通刺槐的单株总重和单株叶重分别为 929 g 和 541 g、1454 g 和 681 g、1206 g 和 651 g），但其叶茎比为 0.9，显著低于（$P<0.05$）无性系 K4 的 1.4；四倍体刺槐无性系 K4 和 K5 的地径、单株总重和单株叶重均与普通刺槐无显著差异，但无性系 K5 的株高显著高于 K4 和普通刺槐（$P<0.05$）；4 个刺槐无性系之间的分蘖数均无显著差异。

表7.17 刈割一次模式下四倍体刺槐无性系间生物量的比较

品种	株高/cm	地径/mm	分蘖数	单株总重/g	单株叶重/g	叶茎比
普通刺槐	274.8c	17.37b	4a	1206b	651b	1.1ab
K2	408.6a	26.31a	5a	2912a	1352a	0.9b
K4	217.9c	17.17b	3a	929b	541b	1.4a
K5	336.4b	18.14b	4a	1454b	681b	0.9b
SE	18.9	1.93	1	386	206	0.1

三、刈割两次模式下四倍体刺槐无性系间生物量的比较

四倍体刺槐 3 个无性系的生物量在每年刈割 2 次经营措施下的比较见表 7.18。分析表明，无性系 K2 的单株总重（940 g）和单株叶重（589 g）均显著高于（$P<0.05$）

无性系 K4（单株总重和单株叶重分别为 623 g 和 398 g），但无性系 K2 与 K5 和无性系 K4 与 K5 间在单株总重和单株叶重方面均无显著差异；且 3 个无性系之间的叶茎比差异不显著。

表7.18　刈割两次模式下四倍体刺槐无性系间生物量的比较

无性系	单株总重/g	单株叶重/g	叶茎比
K2	940a	589a	1.9a
K4	623b	398b	1.9a
K5	865ab	545ab	1.7a
SE	81	45	0.1

Barrett（1993）单从生物量角度研究发现，普通刺槐饲料林一年刈割 2 次是不适宜的，刈割时间过早会降低其再生能力，在 7 月或 8 月刈割则又降低其存活率，因此建议的唯一刈割时间应在尽量晚的生长末期。但通过最近对四倍体刺槐的研究发现，刈割高度而不是刈割时间是影响下一年存活率的主要因素。然而，刈割周期和时期的确定不仅要考虑生物量的大小，而且还要考虑收获物的营养成分含量变化。众多研究表明，粗蛋白含量随植物材料成熟度的升高呈下降趋势（Peiretti and Gai，2006；Karachi，1998），粗纤维含量随材料成熟度的升高而增加（Dini-Papanastasi and Papachristou，1999）；而且粗纤维和粗蛋白含量的变化会直接影响到牧草干物质和粗蛋白的瘤胃降解率（Elizalde et al.，1999；Coblentz et al.，1998），进而影响收获物的饲料价值和畜禽的生产力。王峰等（2005）对柠条的研究也发现，从饲料加工的角度考虑，建议在 6 月平茬；单从平茬前产量考虑，当年生物量积累最多的 9 月初最为理想；如果单为柠条更新复壮而平茬，则在整个土壤封冻期（当年 11 月至次年 3 月）为好。另外，王秀芳和李悦（2003）对宁夏、甘肃两地的 3 个四倍体刺槐无性系和 1 个普通刺槐无性系生物量的研究也表明，四倍体刺槐无性系对西北干旱、半干旱地区环境的适应性较好，生物量均大于普通刺槐。

综上所述，综合考虑叶片生物量和营养含量，在北京地区四倍体刺槐饲料林的栽培与经营措施为，从第二年开始每年刈割 2 次（春天不平茬），刈割时期分别为 6 月初和 8 月底，留茬高度 20~30 cm。然而，上述栽培与经营措施只是从生物量和营养价值角度考虑，没有考虑经济效益。如果综合考虑经济效益、生物量和营养，可能每年在 7 月底刈割 1 次且春天不平茬的栽培与经营措施更合适，但无性系 K2 在此模式下的叶茎比较小，所以可以考虑将叶片作饲料原料、茎秆做能源材料，最大程度地开发其使用价值，但这需要进一步深入研究。另外，本研究仅以北京地区为研究对象，因此，四倍体刺槐在各个生态栽培区尤其是中心栽培区的栽培与经营措施有待于以后逐步研究。

第八章　四倍体刺槐加工利用研究

　　长期以来，我国既无专门用来营造饲料林的普通刺槐栽培品种，又无专门营造的饲料林，饲料林的提出仅仅是因为我国饲料资源的短缺及木本饲料很高的饲用价值。但自从四倍体刺槐引入我国后，上述情况便开始有所变化。

　　四倍体刺槐具有可利用年限长、萌芽力强的生物学特性，如进行集约化经营，不仅可使饲料原料的供应比较稳定、连续而丰富，而且可以增加森林覆盖率，防止水土流失，改善生态环境；更重要的是其叶片宽大肥厚、蛋白质含量高、柔嫩多汁、适口性好，属优良饲料树种。因此，开发四倍体刺槐生物质的饲料加工工艺对于充分利用其生物质及扩大四倍体刺槐饲料市场非常必要。

　　虽然四倍体刺槐营养价值很高而且有着巨大的生物量，但是目前国内尚没有从四倍体刺槐枝茎叶加工饲料的成套技术，使得四倍体刺槐不能作为饲料得到有效利用。主要是因为未经加工处理的四倍体刺槐枝茎叶存在如下问题：①难以贮藏和长距离运输，限制了四倍体刺槐枝茎叶的应用市场范围。②枝茎叶利用率低、浪费严重，原因是未经加工的四倍体刺槐枝茎表面具有坚硬、锋利的托叶刺，即位于复叶轴基部两侧，因其是叶的变态，故植物学上称其为托叶刺，易刺伤牲畜口舌，造成牲畜只取食叶片及嫩茎枝的顶端小部分，使枝茎叶的实际利用率不足60%，近 40%的部分被牲畜遗弃而浪费掉。③采用常规切碎方法，即将嫩枝叶切短成 1~3 cm 的碎段，不能去除或软化托叶刺，因而仍然不能提高四倍体刺槐枝茎叶的利用率。④枝茎叶混合使用降低了四倍体刺槐叶的饲用价值，原因是四倍体刺槐枝茎中含有不利于单胃动物消化利用的木质素，从而使四倍体刺槐叶粉不能作为高蛋白饲料原料应用于具有广阔市场的单胃动物复合饲料，进而影响到种植四倍体刺槐的经济效益。

　　经过多年的探索，初步确认比较适宜的加工方式为干加工（叶粉、配合饲料）和青贮两种。干加工而成的叶粉可以进一步加工为复合饲料便于长距离运输，从而扩大四倍体刺槐的应用范围；青贮饲料不仅可以有效地保存青绿植物原来枝叶的营养成分，扩大饲料来源，而且青贮后可保证全年供应青饲料。

　　目前，青贮饲料的调制主要有如下 4 种方法：①高水分青贮，又叫普通青贮，是指青贮饲料原料不经过晾晒，也不添加其他成分直接进行青贮。其青贮原料含水量高达 75%以上。采用这种方法调制青贮，省工省力，成本低；不足之处在于青贮料中干物质少、酸度大、适口性差，还容易造成汁液流失，降低营养成分的含量。②低水分青贮，又叫半干青贮，是将青贮原料晾晒到含水量为 40%~55%，植物细胞的渗透压达到 60 个大气压时进行青贮。目前，国外许多国家都在广泛应用，我国现行的拉伸膜青贮和袋装青贮也属于此类。③混合青贮，又叫复合青贮，是将两种或两种以上的青贮原料按一定的比例进行青贮。混合青贮的目的一是将低水分原料与高水分原料或难贮作物与易贮作物混合青贮，以提高青贮的成功率；二是提高青贮饲料的品质，如豆科牧草与禾本科牧草混合青贮；三是为了扩大饲料来源。④添加剂青贮，又叫外加剂青贮，是为了获得优质青贮料和减少在发酵中由于微生物的活动而造成的养分损失，借助添加剂对青贮发酵进行控制。然而，刺槐、柠条和紫穗槐属于豆科树种，可溶性碳水化合物含量低，蛋白质含量高，属难于青贮的饲料原料。并且，除柠条青贮有报道外（罗惠娣等，2005；王峰等，2004；田晋梅和谢海军，2000），其余还未见到四倍体刺槐和紫穗槐青贮以及分别与柠条混合青贮方面的报道。因此，本文对四倍体刺槐、柠条和紫穗槐进行了单一半干青贮和两两混合青贮的研究，并探索了四倍体刺槐与玉米秸秆混合青贮技术，以期合理开发利用刺槐、柠条和紫穗槐这些优良的饲料资源。另外，课题组还初步探索了四倍体刺槐叶蛋白提取和制浆造纸利用研究，为缓解农牧区饲料短缺问题、促进造林地区的社会经济和生态环境良性发展提供参考。

第一节　加工工艺流程

本研究首次探索出了适宜的四倍体刺槐生物质饲料加工工艺流程（图 8.1，专利号：ZL 200610066249）及流程中每一个具体环节的技术指标体系和使用设备，其中茎叶分离机是北京林业大学和洛阳宜工机械公司联合研制的专用设备（图 8.2）。

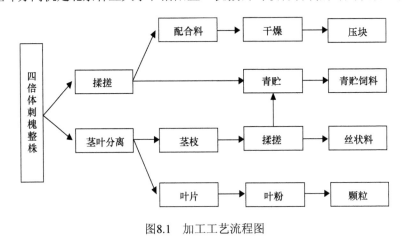

图8.1　加工工艺流程图

一、茎叶分离机

北京林业大学与河南洛阳宜工机械公司合作联合研制出国内外第一台专门用于灌木饲料树种饲料的加工设备，其主要原理是：首先由输入滚筒自动将灌木材料喂入机器分离仓内，靠分离仓内高速转动的飞锤片将叶片从灌木茎上打下，剩下的木质化茎再由输出滚筒运出，实现茎叶分离。如图 8.2（灌木茎叶分离机：专利号：CN200720089773.7）。和传统的人工分离相比，利用本灌木茎叶分离机可以提高茎叶分离效率 10 倍，成本降低 10 倍。

图 8.2　灌木茎叶分离机

灌木茎叶分离机的成功研制，实现了饲料灌木茎叶分别加工利用（从而会大幅度提高饲料灌木叶加工产品的附加值和灌木生物质饲料加工的利用率），解决了长期困扰刺槐叶粉加工的难题，打通了四倍体刺槐生物质加工利用产业化道路上的一个重要环节。

二、揉搓及压块

在收集四倍体刺槐枝茎后的 2 d 内，采用专用的以动刀片为主要加工刀具的揉搓机对四倍体刺槐枝茎进行揉搓加工：首先将四倍体刺槐枝茎以先枝茎基部后枝茎梢部的顺序即顺枝权的生长方向喂进揉搓机的进料槽；接着将喂入的四倍体刺槐枝茎由高速旋转的锤片破碎；然后经锤片和工作室内壁的搓板之间撞击与摩擦，使经锤片强力打击而断裂的枝茎变成柔软的丝状料，并将获得的丝状料输送至到揉搓机的出料口输出。揉搓优点如下。

（1）通过揉搓使得特别硬的四倍体刺槐托叶刺得以软化、消除了托叶刺对牲畜取食的影响，从而使枝茎的利用率达到了 90% 以上，相比未加工的四倍体刺槐枝茎，其利用率提高了 60%。

（2）增加了牲畜的消化吸收。通过揉搓使得四倍体刺槐枝茎成为柔软的细丝状，不仅在一定程度上粉碎了枝茎中难以被牲畜消化的木质化部分，增加了其作为饲料粒的表面积，使瘤胃微生物及分泌物的酶易于接触，从而增加了动物消化吸收的营养量。

（3）经揉搓加工的四倍体刺槐枝茎呈柔软的细丝状（图 8.3），因此方便了四倍体刺槐饲料的贮藏和运输、扩大了该饲料的应用市场范围。

生长早期揉搓　　　　　生长后期揉搓　　　　　压块

图8.3　揉搓及压块制品

（4）方便了对四倍体刺槐生物量的进一步深加工。四倍体刺槐经揉搓后，软化消除了托叶刺，使枝茎呈柔软的细丝状，使进一步的干燥、粉碎、青贮、氨化、制粒、微贮等加工十分方便；另外，青贮、氨化、微贮等加工时，由于要求踏实、密封的厌氧发酵条件，而揉搓后的枝茎非常易于压实，且其揉搓后渗出的营养汁在一定程度上补充了微生物发酵的营养需求，因而，使上述加工更加容易成功。

三、干燥及粉碎

（一）丝状料及叶片的干燥

将叶片或揉搓好的细丝状料在无太阳暴晒且通风良好的地方自然晾干，或者在高温干燥机中进行高温烘干，使其含水量降到 10%~12%。

牧草最佳的干燥方法是直接烘干，其次是晒后烘干、阴干，晒干最差。这是由于日光的光化作用引起胡萝卜素（维生素A的主要来源）的破坏，所以日晒时间愈长且直射作用越强，养分损失就愈大。为此，研究人员筛选并改进了烘干技术（图8.4）。

图8.4　烘干设备的筛选及烘干物料样品

（二）烘干料的粉碎

在植物粉碎机中将烘干料粉碎。

（三）饲料的筛选和保存

采用筛子对烘干料进行筛选，使筛选出的叶粉粒度为 0.3~4 mm，丝状料粒度为 1~4 mm，然后分别装袋保存。

四、复合饲料的研发

单一的饲料原料各有其特点，有的以供应能量为主、有的以供应蛋白质为主，矿物质和维生素及粗纤维的含量差异也大，所以单一饲料原料普遍存在营养不平衡、不能满足动物的营养需要、饲养效果差的问题，有的饲料还存在适口性差、不能直接饲喂动物、加工和保存不方便的缺陷，有的饲料含抗营养因子和毒素的问题。为了合理利用各种饲料原料、提高饲料养分的利用率、提高饲料产品的综合性能、提高饲料的加工性能和保存时间等，有必要将各种饲料进行合理搭配，以便充分发挥各种单一饲料的优点、弥补其不足，因此，配合饲料便成为集约化饲养、饲料工业化生产的必然选择。

配合饲料（formula feed）是指按照动物的不同生长阶段、不同生理要求、不同生产用途的营养需要和饲料的营养价值把多种单一饲料，依一定比例、并按规定的工艺流程均匀混合而生产出的营养价值全面的能满足动物各种实际需求的饲料，有时亦称全价饲料。研究人员首次研发出的四倍体刺槐复合饲料配方，节约粮食 8%~20%，降低成本 30%~50%。图 8.5 为加工的刺槐复合饲料。

图8.5 小型制粒机生产复合饲料

第二节 四倍体刺槐与玉米秸秆混合的青贮

试验所用材料和添加剂为：三年生根龄并经春天平茬后当年萌生的四倍体刺

槐无性系 K4，全株早熟玉米秸秆，市售普通红糖，益生康（主要成分为芽孢菌、乳酸菌、酵母和纤维素分解酶、蛋白酶、解肽酶等）。

四倍体刺槐及玉米秸秆青贮试验分 10 个处理，各处理重复 3 次。处理 j 为四倍体刺槐枝茎叶丝状料单一半干青贮，其余 9 个处理分别为刺槐枝茎叶丝状料添加不同比例的红糖、益生菌和玉米秸秆后的青贮（Zhang et al.，2010；张国君等，2007a）。本试验的具体处理方案见表 8.1。

表8.1　不同处理的原料组成

原　　料	a	b	c	d	e	f	g	h	i	j
红糖（质量浓度）	2‰	4‰	6‰	—	—	—	—	—	—	—
益生菌（质量浓度）	—	—	—	1.5‰	3‰	4.5‰	—	—	—	—
玉米秸秆（体积比%）	—	—	—	—	—	—	20	33	50	—
四倍体刺槐（体积比%）	100	100	100	100	100	100	80	67	50	100

青贮原料不同会不同程度的改变青贮饲料的品质或青贮效果，青贮结果表明，这些不同方案的青贮效果在感官（色泽、气味、质地）、pH、水分含量、氨态氮与总氮比值、有机酸（乳酸、乙酸、丁酸）含量、粗蛋白、中性洗涤纤维（NDF）及酸性洗涤纤维（ADF）等指标上均存在不同程度的差异。其中前 5 种指标的分析主要以我国现行的《青贮饲料质量评定标准》为主要参考，后 3 种指标的分析主要参考了德国和日本青贮饲料的评价方法（席兴军，2002）。

一、青贮饲料的感官品质差异

由表 8.2 中青贮饲料的感官评定可知，包括四倍体刺槐单一半干青贮在内的所有处理非常接近青贮料原先的颜色，没有出现褐色或黑色现象；并具有轻微的酸味，未有臭味出现；质地方面均松散柔软，没有腐烂发黏现象。进一步由感官及水分、pH 综合评定结果可知：2‰、4‰、6‰三种不同浓度的红糖处理的四倍体刺槐青贮饲料的综合评定的得分分别比四倍体刺槐单一半干青贮提高了7%、5%、7%；添加 1.5‰、3‰、4.5‰益生菌处理的四倍体刺槐青贮饲料的综合评定得分分别比四倍体刺槐单一半干青贮提高 7%、12%、5%；混合 20%、33%、50%的玉米秸秆使四倍体刺槐青贮饲料的综合评定得分分别比刺槐单一半干青贮提高了 26%、30%、32%。

从总体上看，红糖、益生菌和玉米秸秆的添加对四倍体刺槐青贮饲料的感官指标都有一定的改善作用，得到的青贮料都是良好的青贮饲料。由此不难得出，对难于一般青贮的四倍体刺槐来说，无论是单一半干青贮还是添加剂青贮、混合青贮都是可行的，但添加玉米秸秆的四倍体刺槐青贮饲料的综合评定得分要明显高于添加红糖和益生菌的处理组，具体原因还有待于进一步研究。

表8.2 四倍体刺槐青贮饲料感官评定

处理	pH (25分)	水分/(g/kg) (20分)	色泽 (20分)	气味 (25分)	质地 (10分)	等级
a	4.51b (4分)	569.9b (20分)	黄绿色 (15分)	弱醋酸味 (15分)	柔软、松散 (7分)	良好（61分）
b	4.62a (3分)	583.8ab (20分)	黄绿色 (16分)	弱醋酸味 (15分)	柔软、松散 (6分)	良好（60分）
c	4.51b (4分)	565.3b (20分)	黄绿色 (15分)	弱酸 (16分)	柔软、松散 (6分)	良好（61分）
d	4.53b (4分)	559.3b (20分)	黄绿色 (14分)	弱酸味 (16分)	柔软、稍松散 (7分)	良好（61分）
e	4.53b (4分)	567.1b (20分)	浅黄色 (15分)	酒酸味 (17分)	柔软、稍湿润 (8分)	良好（64分）
f	4.62b (3分)	561.3b (20分)	黄绿色 (14分)	弱酸味 (16分)	柔软、松散 (7分)	良好（60分）
g	3.96c (14分)	585.6ab (20分)	浅黄色 (13分)	酒酸味 (17分)	柔软、稍湿润 (8分)	良好（72分）
h	3.89d (17分)	598.8a (20分)	浅黄色 (12分)	酒酸味 (17分)	柔软、稍湿润 (8分)	良好（74分）
i	3.89d (17分)	601.5a (20分)	浅黄色 (13分)	酒酸味 (17分)	柔软、稍湿润 (8分)	良好（75分）
j	4.76a (1分)	465.1c (20分)	黄绿色 (15分)	弱醋酸味 (14分)	柔软、松散 (7分)	良好（57分）
SE	0.03	8.8	—	—	—	—

注：青贮感官等级评定标准：优等，100分~76分；良好，75分~51分；一般，50分~26分；劣等，25分以下。

二、青贮饲料的化学构成差异

青贮品质的感官鉴定，方法虽然简便易行，但缺乏准确性；化学分析法虽不能全面地评价饲料的营养价值，但能准确地测定出饲料的各有关成分的准确含量。各处理的化学成分见表8.3（pH见表8.2）。

（一）青贮饲料pH的差异

对各处理的pH进行方差分析可知：添加4‰红糖的处理与四倍体刺槐单一半干青贮之间无显著差异（$P>0.05$）。而添加2‰红糖、6‰红糖的处理与四倍体刺槐单一半干青贮之间有显著差异（$P<0.05$），其pH均比刺槐单一半干青贮降低了5%；混合20%、33%、50%玉米秸秆的处理与四倍体刺槐单一半干青贮及其他处理之间有显著差异（$P<0.05$），这三者的pH分别比四倍体刺槐单一半干青贮降低17%、18%和18%。

表8.3　四倍体刺槐青贮饲料化学分析

处理	粗蛋白 / (g/kg)	总氮 / (g/kg)	氨态氮 / (g/kg)	氨态氮/ 总氮/%	氨态氮 得点	有机酸/%			有机酸 得点
						乳酸	乙酸	丁酸	
a	127.2	20.4	4.8	24.3a	5	58.58c	30.08b	0	89
b	128.3	20.5	4.4	22.5ab	8	46.92d	43.18a	0	77
c	130.1	20.8	4.3	21.7ab	8	58.31c	31.85b	0	89
d	121.6	19.5	4.1	22.5ab	8	57.02c	33.22b	0	87
e	127.2	20.4	3.9	20.4b	13	51.02cd	39.14ab	0	81
f	122.0	19.5	3.4	19.1bc	16	53.82cd	35.51ab	0	84
g	116.3	18.6	2.7	16.9cd	25	79.14b	15.70c	0	100
h	110.6	17.7	2.0	14.5d	34	82.30a	14.17c	0	100
i	114.1	18.3	2.0	14.2d	37	82.58a	12.80c	0	100
j	128.3	20.5	4.9	24.5a	5	55.99c	33.66b	0	86
SE	—	—	—	10.9	—	1.96	1.98	—	—

（二）青贮饲料有机酸含量及组成的差异

有机酸的含量及其构成可以反映青贮发酵过程的好坏，其中最重要的是乙酸、丁酸和乳酸。当保证了青贮发酵所需的乳酸菌数量，青贮料便可以尽快进入乳酸发酵阶段，pH 迅速下降，乙酸和丁酸浓度降低，乳酸浓度增加（Kung et al., 1984）；乳酸菌和肠细菌产生的乳酸和乙酸是导致青贮过程中 pH 下降的主要因素；丁酸是腐败菌及酪酸菌分别分解蛋白质、葡萄糖、乳酸而生成的产物。因此，乳酸所占比例越大越好，丁酸越少越好。

试验结果显示：混合 20%、33% 和 50%的玉米秸秆处理与包括四倍体刺槐单一半干青贮在内的其他所有处理之间差异显著（$P<0.05$），其乳酸含量分别高出四倍体刺槐单一半干青贮 41%、47% 和 47%；而 4‰红糖处理的四倍体刺槐青贮料中乳酸含量为 46.92%，比四倍体刺槐单一半干青贮降低了 9%（$P<0.05$）；2‰和 6‰红糖处理以及 1.5‰、3‰、4.5‰益生菌处理的各处理的乳酸含量与四倍体刺槐单一半干青贮之间无显著差异。混合玉米秸秆的青贮饲料中的高乳酸和低 pH 也证明该处理组的自然发酵较正常，使较多的可溶性碳水化合物降解产生乳酸。从饲料中有机酸的组成来看，各处理青贮料的乳酸、乙酸和丁酸占总酸的比例，都符合优质青贮饲料的标准，说明各处理青贮料均以乳酸发酵为主。

（三）青贮饲料氨态氮含量的差异

青贮饲料中氨态氮的含量是评定青贮饲料质量的重要指标。它不仅反映青贮过程中蛋白质被分解量的多少，而且与青贮饲料的饲用价值有密切的关系（孔凡德，2002；Steen et al.，1998；Rook and Gill，1990）。Moseley 等（1988）以绵羊为对象进行青贮饲料的饲养试验发现，DM 的采食量与氨态氮/总氮的比值呈强负相关。

试验分析表明，添加 3‰和 4.5‰益生菌处理以及混合 20%、33%、50%玉米秸秆处理的氨态氮/总氮分别显著低于（$P<0.05$）四倍体刺槐单一半干青贮 20%、28%、40%、54%和 55%；且混合 33%、50%玉米秸秆处理的氨态氮/总氮显著低于添加红糖和益生菌的处理组（$P<0.05$）；而剩余的其他处理与四倍体刺槐单一半干青贮之间无显著差异。另据 McDonald 和 Whittenbury（1973）关于氨态氮/总氮等级标准，当氨态氮/总氮<12.5%时，青贮品质为优质，则试验结果中混合 33%和50%玉米秸秆处理的四倍体刺槐青贮品质为优。这可能是混合一定量的玉米秸秆进行四倍体刺槐青贮可以明显促进乳酸发酵，加快了发酵进程，因而减少了有害杂菌的繁殖时间及数量，并降低了由于青贮物料细胞代谢所造成的营养物质的损失（Winters et al.，1998）。这样不仅改善了青贮饲料的发酵品质，而且可以明显降低蛋白质的分解，使更多的蛋白物质得以保存。

（四）青贮饲料（有机酸、氨态氮、总氮）综合评分的差异

各有机酸的比例和氨态氮/总氮综合了青贮料的碳水化合物与蛋白质两方面的信息，是评价青贮饲料发酵品质的主要指标。根据有机酸及氨态氮的判别标准，对其分别进行评分，然后将有机酸评分和氨态氮评分结合，规定两者各占 50%，即可得综合评分（刘建新，1996）。由表 8.4 可以看出，混合 33%及 50%玉米秸秆的四倍体刺槐青贮料的综合评分结果分别比四倍体刺槐单一半干青贮高出 75%和81%，质量评定均为优；混合 20%玉米秸秆的四倍体刺槐青贮料的综合评分比四倍体刺槐单一半干青贮高 56%，质量评定为良；其余所有处理与四倍体刺槐单一半干青贮的综合评分虽然多少不一，但质量评定均为一般。

表8.4　四倍体刺槐青贮饲料品质综合得点与评定

综合得点	质量评定	a	b	c	d	e	f	g	h	i	j
0~20	极差	—	—	—	—	—	—	—	—	—	—
21~40	差	—	—	—	—	—	—	—	—	—	—
41~60	一般	49.5	46.5	52.5	51.5	53.5	58				48
61~80	良好	—	—	—	—	—	—	75	—	—	—
81~100	优	—	—	—	—	—	—	—	84	87	—

四倍体刺槐各试验处理青贮料的化学分析表明，混合 33%和 50%玉米秸秆的处理在 pH、乳酸含量、氨态氮/总氮方面均极显著地好于单一青贮和添加红糖、益生菌青贮，发酵品质为优；混合 20%玉米秸秆的处理在 pH、乳酸含量方面显著

好于单一青贮和添加红糖、益生菌青贮，发酵品质为良。这可能是因为玉米秸秆含有一定量的可作为乳酸菌活动的可溶性糖，伴随着乳酸菌的繁殖，形成了大量乳酸，从而降低了混合玉米秸秆处理组的 pH（Greub 和 Cosgrove，2006；杨富裕等，2004），而其他处理和四倍体刺槐单一半干青贮可能由于缺乏乳酸菌活动的底物，因此其青贮发酵过程中的乳酸菌活动受到一定程度的抑制，腐败细菌和酪酸菌等活动较为强烈，致使青贮饲料的 pH 过高，青贮饲料的品质下降（刘贤等，2004；杨志刚，2002）。

三、青贮饲料营养含量的差异

粗蛋白、中性洗涤纤维和酸性洗涤纤维含量是反映饲料营养价值高低的重要指标。其中粗蛋白含量高，中性洗涤纤维和酸性洗涤纤维含量低，营养价值则高，反之，营养价值则低。不同青贮处理的粗蛋白、中性洗涤纤维和酸性洗涤纤维含量见表 8.5。

表8.5　四倍体刺槐青贮饲料的营养成分（g/kg）

	a	b	c	d	e	f	g	h	i	j	SE
CP	127.2ab	128.3ab	130.1a	121.6bc	127.2ab	122.0bc	116.3bc	114.1bc	110.6c	128.3ab	4.3
NDF	548.7cd	576.2ab	551.9cd	544.1d	542.0d	573.5ab	560.9bc	575.0ab	578.6a	572.6ab	5.0
ADF	364.5c	384.5ab	370.7bc	366.1c	366.6c	376.1abc	366.3c	361.9c	361.1c	389.4a	4.5

注：CP：粗蛋白；NDF：中性洗涤纤维；ADF：酸性洗涤纤维。

（一）青贮饲料粗蛋白含量的差异

对表 8.5 中不同处理的粗蛋白分析表明，虽然不同处理青贮料的粗蛋白含量较四倍体刺槐单一半干青贮变化有高有低，但除了混合 50%玉米秸秆处理的粗蛋白含量显著低于其外（$P<0.05$），其他各处理的粗蛋白含量方差分析差异均不显著。

造成添加红糖和益生菌青贮处理组和刺槐单一半干青贮粗蛋白含量无显著差异的可能原因是其原料相同，而且这些处理与四倍体刺槐单一半干青贮的氨态氮含量相差甚微，即这些处理的蛋白质分解程度与四倍体刺槐单一半干青贮相差不大。混合 50%玉米秸秆处理的粗蛋白显著低于四倍体刺槐单一半干青贮的原因可能是，玉米秸秆本身的粗蛋白含量低。

（二）青贮饲料中性洗涤纤维和酸性洗涤纤维含量的差异

中性洗涤纤维是目前反映纤维质量好坏的最有效指标，其含量可以作为估测动物日粮精粗比是否合适的重要指标（张吉鹍和卢德勋，2003）。试验结果表明，四倍体刺槐青贮料的中性洗涤纤维较玉米秸秆低 6 个百分点；添加 2‰、6‰红糖和 1.5‰、3‰益生菌处理的中性洗涤纤维与四倍体刺槐单一半干青贮及其余处理相比，其含量均显著降低（$P<0.05$）；这 4 个处理（处理 a、c、d、e）相互之间，以及其余处理与四倍体刺槐单一半干青贮之间则无显著差异。这 4 个处理（处理 a、c、d、e）使中性纤维素含量显著降低的原因可能是纤维素降解酶的作用，但添加 4‰红糖处理（处理 b）的中性洗涤纤维比四倍体刺槐单一半干青贮却略微有所增加，具体原因还需要做进一步研究。

酸性洗涤纤维是指示饲草能量的关键，其含量越低，饲草的消化率越高，饲用价值越大（杨效民，2003）。分析得出，混合 20%、33%及 50%玉米秸秆处理的四倍体刺槐青贮料的酸性洗涤纤维与四倍体刺槐单一半干青贮之间存在显著差异（$P<0.05$）；仅添加 4‰红糖或 4.5‰益生菌的处理的酸性洗涤纤维含量均与四倍体刺槐单一半干青贮差异不显著；并且，混合 20%、33%及 50%玉米秸秆处理的酸性洗涤纤维含量之间无显著性差异，但这两个处理较 4‰红糖处理均降低 6%（$P<0.05$）。而粗饲料处理的目的之一就是要消除营养障碍因素，提高消化率（Kung et al.，1998）。

混合 33%及 50%玉米秸秆处理的酸性洗涤纤维含量较四倍体刺槐单一半干青贮显著降低，因此这两个处理青贮料的营养价值比四倍体刺槐单贮均高。另外，混合 33%及 50%玉米秸秆处理的中性洗涤纤维比四倍体刺槐单一半干青贮有所增加的可能原因是，青贮初期细胞呼吸和接下来的酶解过程容易使碳水化合物等物质分解，剩下的难以降解的组分相对增加了不可消化组分的含量（田瑞霞等，2005）。

第三节　四倍体刺槐与柠条和紫穗槐混合的青贮

试验所用材料取自山西浑源，为两年生根龄并经春天平茬后当年萌生的四倍体刺槐无性系 K2 全株，其是北京林业大学于 1997 年从韩国引进的四倍体刺槐优良无性系，柠条、紫穗槐均为当地当年萌生的全株。

试验设 6 个处理，各处理重复 4 次。处理 A、B 和 C 分别为四倍体刺槐、柠条和紫穗槐单一青贮，D、E 和 F 分别为四倍体刺槐+紫穗槐、柠条+紫穗槐和四倍体刺槐+柠条的两两混合青贮（两原料体积比为 1∶1）（张国君等，2009a）。各试验处理的具体方案见表 8.6。

表8.6　不同青贮处理的原料组成

原料（体积比）	A	B	C	D	E	F
四倍体刺槐	100%	—	—	50%	—	50%
柠条	—	100%	—	—	50%	50%
紫穗槐	—	—	100%	50%	50%	—

一、青贮方法

将收割来的四倍体刺槐、柠条和紫穗槐及全株玉米秸秆当天用揉搓机（型号：CR 系列）揉搓成丝状，在阴凉处稍加阴干后按试验方案设计比例将材料勾兑混匀后迅速装入规格相同的瓷缸内，边装边压实，装缸原料应高于缸的边缘 30 cm 左右，堆成馒头形状，拍平表面，覆盖塑料薄膜，修补边缘，严防漏气；将瓷缸埋入地下，瓷缸上表面距离地面大约 50 cm，覆土压实，并使土堆高出地面。每缸容纳四倍体刺槐青贮料 80 kg，青贮密度为 530 kg/m³。

四倍体刺槐青贮时间为 2005 年 9 月 3 日至 2005 年 12 月 4 日，并于 2005 年12 月 4 日取样测定；四倍体刺槐、柠条及紫穗槐青贮时间为 2006 年 8 月 12 日至2006 年 11 月 12 日，并于 2006 年 11 月 12 日取样测定。

二、青贮饲料感官品质的评定

由表 8.7 中青贮饲料的感官评定可知，所有处理非常接近青贮料原先的颜色，没有出现褐色或黑色现象；并具有轻微的酸味，未有臭味出现；质地方面均松散柔软，没有腐烂发黏现象。进一步由感官及水分、pH 综合评定结果可知：四倍体刺槐、柠条单一青贮和四倍体刺槐+柠条、柠条+紫穗槐两两混合的青贮效果均良好，而紫穗槐单一青贮和四倍体刺槐+紫穗槐混合青贮的效果一般。

表8.7 青贮饲料感官评定

处理	pH（25分）	水分/（g/kg）（20分）	色泽（20分）	气味（25分）	质地（10分）	等级
A	5.02（0分）	563.3（20分）	黄绿色（14分）	酸香味舒适感（20分）	松散柔软不粘手（8分）	良好（62分）
B	4.43（8分）	436.3（20分）	黄绿色（14分）	酸香味舒适感（21分）	松散柔软不粘手（8分）	良好（71分）
C	5.09（0分）	423.7（20分）	淡黄褐色（10分）	酸臭带酒酸味（12分）	松散不粘手（6分）	一般（48分）
D	5.07（0分）	524.0（20分）	淡黄褐色（10分）	酸臭带酒酸味（14分）	松散不粘手（6分）	一般（50分）
E	4.60（8分）	439.0（20分）	淡黄褐色（10分）	酸臭带酒酸味（16分）	松散不粘手（6分）	良好（60分）
F	4.69（8分）	513.3（20分）	黄绿色（14分）	酸香味舒适感（20分）	松散柔软不粘手（8分）	良好（70分）
SE	0.04	8.3	—	—	—	—

紫穗槐青贮效果不良的原因可能与其具有异味或自身所含物质有关（王金梅

和李运起，2006），具体原因还有待于进一步研究。

三、青贮饲料化学分析评定

青贮品质的感官鉴定，方法虽然简便易行，但缺乏准确性；化学分析法可以准确地测定出饲料中的 pH、氨态氮和有机酸等有关成分的准确含量，可以判断青贮料的发酵情况。各处理的化学成分见表 8.8（pH 见表 8.7）。

表8.8　青贮饲料化学分析

处理	粗蛋白/（g/kg）	总氮/（g/kg）	氨态氮/（g/kg）	氨态氮/总氮/%	氨态氮得点	有机酸/%			有机酸得点
						乳酸	乙酸	丁酸	
A	136.4	21.8	1.3	6.12	46	64.6	35.4	0.0	90
B	123.6	19.8	1.4	6.97	46	82.3	17.5	0.0	100
C	113.4	18.1	1.5	8.45	42	67.1	30.8	2.1	81
D	134.4	22.6	1.7	7.91	44	65.0	34.7	0.3	88
E	127.3	20.4	1.6	7.72	44	81.2	13.5	1.7	90
F	138.3	22.1	1.6	7.07	44	77.8	22.2	0.0	98
SE	—	—	0.1	—	—	21.8	19.6	—	—

（一）不同处理对 pH 的影响

青贮是通过乳酸发酵快速降低 pH 并维持厌氧的青贮环境，以利于青贮作物长期保存的贮藏方式。pH 快速下降，有助于限制植物酶活性，减少蛋白质降解损失，抑制产生高水平乙酸、丁酸的有害微生物及其他有害微生物的数量（时建军，2003）。

对 pH 进行方差分析可知，处理间存在显著差异（$P<0.05$）。进一步进行多重差异比较（表 8.9）得出：柠条的 pH 显著低于其他 5 个处理（$P<0.05$），柠条+紫穗槐和四倍体刺槐+柠条两个处理又显著低于除柠条之外的其他 3 个处理（$P<0.05$）；并且柠条+紫穗槐的 pH 显著低于四倍体刺槐+柠条处理（$P<0.05$），四倍体刺槐的 pH 显著低于紫穗槐（$P<0.05$）。

表8.9　青贮饲料化学成分的多重比较表

处理	pH	氨态氮/（g/kg）	乳酸/（g/kg）	有机酸/（g/kg）
C	5.09a	1.5abc	0.49c	0.73c
D	5.07ab	1.7a	1.02bc	1.57ab
A	5.02b	1.3c	1.22ab	1.88ab
F	4.69c	1.6ab	1.66a	2.14a
E	4.60d	1.6ab	0.93bc	1.15bc
B	4.43e	1.4bc	1.74a	2.12a

（二）不同处理对有机酸含量及组成的影响

有机酸的含量及其构成可以反映青贮发酵过程的好坏，其中最重要的是乙酸、丁酸和乳酸。当保证了青贮发酵所需的乳酸菌数量，青贮料便可以尽快进入乳酸发酵阶段，pH 迅速下降，乙酸和丁酸浓度降低，乳酸浓度增加（Kung et al., 1984）；乳酸菌和肠细菌产生的乳酸和乙酸是导致青贮过程中 pH 下降的主要因素；丁酸是腐败菌及酪酸菌分别分解蛋白质、葡萄糖、乳酸而生成的产物（席兴军，2002）。因此，乳酸所占比例越大越好，丁酸越少越好。

试验结果（表 8.9）显示：处理间的乳酸含量存在显著差异（$P<0.05$）；并且，柠条和四倍体刺槐+柠条处理显著高于四倍体刺槐+紫穗槐、柠条+紫穗槐和紫穗槐处理（$P<0.05$），四倍体刺槐显著高于紫穗槐（$P<0.05$），而四倍体刺槐+紫穗槐、柠条+紫穗槐和紫穗槐处理相互之间无显著差异。处理间乳酸、乙酸、丙酸和丁酸四种有机酸的总含量也存在显著差异（$P<0.05$），而且四倍体刺槐+柠条、柠条和四倍体刺槐处理的四种有机酸总量均显著高于紫穗槐（$P<0.05$）。柠条青贮饲料中的高乳酸和低 pH 说明该处理组的自然发酵较正常，使较多的可溶性碳水化合物降解产生乳酸。柠条、四倍体刺槐和紫穗槐均为豆科高蛋白木本饲用植物，为何其青贮料的有机酸含量和 pH 有此差别呢？具体原因有待于进一步研究。从饲料中有机酸的组成来看，各处理青贮料的乳酸、乙酸和丁酸占总酸的比例，都符合优质青贮饲料的标准，说明各处理青贮料均以乳酸发酵为主。

（三）不同处理对氨态氮含量的影响

青贮饲料中氨态氮的含量是评定青贮饲料质量的重要指标。它不仅反映青贮过程中蛋白质被分解量的多少，而且与青贮饲料的饲用价值有密切关系（孔凡德，2002）。Moseley 等（1988）以绵羊为对象进行青贮饲料的饲养试验发现，DM 的采食量与氨态氮/总氮呈强负相关。

试验分析表明（表 8.9），处理间的氨态氮含量存在显著差异（$P<0.05$）。多重比较表明：四倍体刺槐处理的氨态氮含量显著低于四倍体刺槐+紫穗槐、柠条+紫穗槐和四倍体刺槐+柠条处理（$P<0.05$）；柠条显著低于四倍体刺槐+紫穗槐（$P<0.05$）；四倍体刺槐、柠条和紫穗槐之间的氨态氮含量差异不显著。另据McDonald 和 Whittenbury（1973）关于氨态氮/总氮等级标准，当氨态氮/总氮<12.5%时，青贮品质为优质，则本试验所有处理的青贮品质均为优。这说明所有处理青贮过程中无明显的蛋白质分解，使更多的蛋白质得以保存。

青贮料的化学分析表明，柠条和柠条+四倍体刺槐处理的 pH 较低，乳酸含量较高，青贮发酵品质良好；四倍体刺槐青贮处理的 pH 虽然较高，但其乳酸含量高，氨态氮含量低，发酵品质也良好；紫穗槐处理的 pH 较高，乳酸含量低，青贮发酵品质稍次之。含四倍体刺槐或紫穗槐的处理 pH 均超过了 4.2，这说明四倍体刺槐和紫穗槐青贮发酵过程中可能乳酸菌活动受到一定程度的抑制，而腐败细菌和酪酸菌等活动较为强烈，致使青贮饲料的 pH 过高及品质下降（刘贤等，2004）。

四、综合评定

各有机酸的比例和氨态氮/总氮综合了青贮料的碳水化合物与蛋白质两方面的信息，是评价青贮饲料发酵品质的主要指标（刘建新，1996）。根据有机酸及氨态氮的判别标准，对其分别进行评分，然后将有机酸评分和氨态氮评分结合，规定两者各占50%，即可得综合评分。由表 8.10 可以看出，各处理的综合质量评定均为良好。

表8.10　青贮饲料品质综合得点与评定

综合得点	质量评定	A	B	C	D	E	F
61~80	良	68	73	62	66	67	71

五、青贮饲料的营养成分分析

青贮饲料的营养价值高低也决定了青贮饲料的品质好坏。粗蛋白、中性洗涤纤维和酸性洗涤纤维含量是反映饲料营养价值高低的重要指标。其中粗蛋白含量高，中性洗涤纤维和酸性洗涤纤维含量低，营养价值则高，反之，营养价值则低。不同青贮处理的粗蛋白、中性洗涤纤维和酸性洗涤纤维含量见表 8.11。

表8.11　青贮前后的营养成分 （g/kg）

营养成分	青贮原料				青贮饲料						
	四倍体刺槐	柠条	紫穗槐	SE	A	B	C	D	E	F	SE
粗蛋白	143.4	128.1	117.4	13.9	136.4	123.6	113.4	134.4	127.3	138.3	4.3
中性洗涤纤维	642.8	666.5	689.7	13.5	656.9	668.9	698.5	686.7	683.3	684.3	6.3
酸性洗涤纤维	527.9	510.4	524.6	5.3	526.8	505.5	521.5	540.0	527.6	540.0	5.3

（一）青贮前后的营养变化

从表 8.11 中可以看出，四倍体刺槐、柠条和紫穗槐青贮后由于蛋白质被分解为氨态氮，所以粗蛋白含量均有不同程度的降低，但三者青贮后的粗蛋白仍高达 136.4 g/kg、123.6 g/kg 和 113.4 g/kg，养分损失不超过 10%，与以往的研究结果一致（王成章和王恬，2003）；而青绿饲料在晒制干燥过程中，养分损失一般达 20%~40%（王成章和王恬，2003）；另外，可以看出青贮前后的粗蛋白含量均是四倍体刺槐>柠条>紫穗槐；四倍体刺槐、柠条和紫穗槐在青贮后中性洗涤纤维含量略微增加，酸性洗涤纤维稍微降低，这就说明青贮可以改善四倍体刺槐、柠条和紫穗槐的适口性，提高其饲料利用率，也与以往的研究结果一致（王成章和王恬，2003）。而粗饲料处理的目的之一就是要消除营养障碍因素，提高动物消化率（Kung et al.，1998）。

（二）青贮各处理的营养变化

分析表明，四倍体刺槐、四倍体刺槐+紫穗槐和四倍体刺槐+柠条处理的粗蛋白高于柠条、紫穗槐和柠条+紫穗槐处理，这说明各处理粗蛋白含量的高低主要取决于原料的组成，并再次证明四倍体刺槐的粗蛋白含量高于柠条和紫穗槐。

中性洗涤纤维是目前反映纤维质量好坏的最有效指标，其含量可以作为估测动物日粮精粗比是否合适的重要指标（张吉鹍和卢德勋，2003）。试验表明，四倍体刺槐中性洗涤纤维含量最低，为 656.9 g/kg，柠条中性洗涤纤维含量为 668.9 g/kg，仅次于四倍体刺槐；而其他处理的中性洗涤纤维含量相对较高。酸性洗涤纤维是指示饲草能量的关键，其含量适当会促进动物的消化，但其含量过高将会影响其他主要营养物质的消化率和利用率（晁洪雨和李福昌，2007）。分析得出，柠条的酸性洗涤纤维含量最低，为 505.5 g/kg，其他处理的酸性洗涤纤维含量稍高，均在 520.0 g/kg~540.0 g/kg。

青贮前后的粗蛋白含量均是四倍体刺槐＞柠条＞紫穗槐，并且四倍体刺槐、柠条的中性洗涤纤维和酸性洗涤纤维含量均较低，所以四倍体刺槐、柠条和四倍体刺槐+柠条处理的青贮料粗蛋白含量高，纤维含量低，营养价值好。王峰等（2004）研究也表明，柠条作为饲料存在一定的问题，其茎秆粗硬，且在消化道停留时间长影响家畜的采食量和适口性；柠条中粗纤维和木质素含量高，动物难以消化利用；通过对柠条粉碎、青贮等加工处理技术可以提高柠条饲料利用率和增加其营养价值，改善柠条适口性，提高消化率。

第四节　叶蛋白提取利用

叶蛋白是以新鲜的青绿植物茎叶为原料，经压榨取汁、汁液中蛋白质分离和浓缩干燥而制备的蛋白质浓缩物（leaf protein concertration，LPC）。大量试验研究表明叶蛋白制品含蛋白质 55%~72%，可利用的碳水化合物 5%~20%，粗纤维 0.5%~1.5%，脂肪 7%~25%，灰分 0.5%~1.5%，总能量平均为 439 kcal/100g。LPC 的钙，磷，镁，铁，锌的含量高，是各类种子的 5~8 倍，胡萝卜素和叶黄素含量比叶子分别高 20~30 倍和 4~5 倍，是一种具有高开发价值的蛋白质资源。

一、加工方法

（一）试验材料

四倍体刺槐 K4 鲜叶。

（二）试验方法

1. 材料预处理

称取干净的新鲜叶片 50 g，切碎成 1 cm 左右备用。

2. 溶媒

①加水：分别按 1∶1，1∶2，1∶3，1∶4，1∶5，1∶6（1 份 100 mL）的料水比加水，每处理重复 3 次；②加氨水：根据最佳的料水比例分别用 0.1 mol/L、0.3 mol/L、0.5 mol/L、0.7 mol/L、0.9 mol/L 不同浓度的氨水（pH=9.00±0.01）进行比较；③加 NaOH：根据最佳的料水比例分别用 0.25 mol/L、0.5 mol/L、0.75 mol/L、1 mol/L、1.25 mol/L、1.5 mol/L、1.75 mol/L 不同浓度的 NaOH 溶液（pH=9.00±0.01）进行比较；④加 HCl：根据最佳的料水比例分别用 0.25 mol/L、0.5 mol/L、0.75 mol/L、1 mol/L、1.25 mol/L、1.5 mol/L、1.75 mol/L 不同浓度的 HCl 溶液（pH=2.00±0.01）进行比较。

3. 打浆

将混合溶媒后的叶片放入匀浆机中打成浆状，每次 50 s（时间自行计算），然后用 80 目尼龙网挤压出汁液。

4. 沉淀

①加热：恒温水浴加热，温度梯度分别为 40℃、50℃、60℃、65℃、70℃、75℃、80℃、85℃、90℃，恒温 5 min、10 min、15 min。不同溶媒处理后均在 90℃恒温加热 5 min 进行沉淀；②pH 沉淀：加入适量 HCl（1 mol/L）或 NaOH（1 mol/L）使叶片汁液分别在 pH 为：2、3、4、5、6、7、8、9、10、11 的状态下沉淀；③盐析：用 NaCl 调节加盐量分别为原料重量的 0.1%，0.2%，0.3%，0.4%，0.5%，0.6%，0.7%，0.8%进行沉淀；④硫酸氨：在叶片汁液中分别加入饱和度为 33%，35%，40%，45%，50%，55%，60%，65%，70%，75%，80%，85%的硫酸氨溶液进行沉淀。

5. 离心

用离心机 3000 r/min 分别离心 5 min、10 min、15 min 来分离沉淀。

6. 烘干

将取得的絮凝物放入65℃的恒温烘箱中干燥。

（三）四倍体刺槐不同系号间的比较

根据最佳的料水比例，分别在pH为3和9时进行沉淀，比较四倍体刺槐无性系K2、K3、K4和普通刺槐H1叶蛋白提取率的差异。

（四）计算

四倍体刺槐叶蛋白提取率=叶蛋白干重/鲜叶质量×100%

二、不同加工方法对叶蛋白提取率的比较

（一）溶媒对叶蛋白提取率的影响

不同溶媒对四倍体刺槐叶蛋白提取率的影响各异（图8.6~图 8.9），其中氢氧化钠（pH=9.00±0.01）各浓度下的提取率相对稳定，且在0.25~0.50 mol/L浓度下提取率最高；其次为水作为溶媒，料水比为1∶3时的四倍体刺槐叶蛋白提取率最高，且与溶媒为氨水（pH=9.00±0.01）和氯化氢（pH=2.00±0.01）时的最高提取率相近。吴晓玲等（2007）的研究结果也表明，料液比1∶3时的提取率最佳。而刘芳和敖常伟（1999）对刺槐叶蛋白的研究表明，当料液比过小（1∶4~1∶1）时，

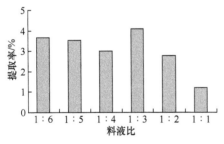

图8.6　不同料液比对叶蛋白提取率的影响

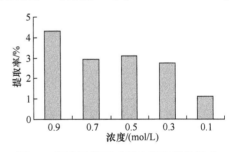

图8.7　氨水浓度对叶蛋白提取率的影响

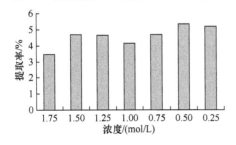

图8.8　氢氧化钠浓度对叶蛋白提取率的影响

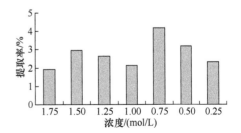

图8.9　氯化氢浓度对叶蛋白提取率的影响

一部分蛋白质不溶解，从而影响提取效果；当料液比增大到 1∶5 时，提取率明显增加，如果料液比继续增大（达到 1∶8 甚至 1∶6 时），提取的蛋白质继续增加。

四倍体刺槐叶蛋白的提取虽然可以采用酸、碱和中性溶液作提取剂，但三者对结果影响不大，同时又考虑到实验条件以及操作方便、成本较低、易于推广应用等原因，因此本研究后续试验均选用水作提取剂。

（二）加热温度对叶蛋白提取率的影响

直接加热可使汁液中的蛋白质迅速凝聚，同时可使蛋白质的酶解作用停止，减少蛋白质的损失。且加热温度和时间与叶蛋白中含氮物质、必需氨基酸及非必需氨基酸的含量，以及叶蛋白的消化率都有极大的相关性。一般来说，温度越高，叶蛋白得率也越大。但是温度过高，对蛋白质的性质（热变性）影响也越大。由图 8.10 可以看出，随温度的升高叶蛋白提取率上下波动，到 90℃时达到最大。刘芳和敖常伟（1999）对刺槐叶蛋白的提取研究表明，叶绿体蛋白在 40℃时开始沉淀，到 60℃时沉淀量最大，受温度影响较大；而细胞质蛋白大约在 60℃左右开始沉淀，90℃时沉淀量最大，受温度影响相对较小。

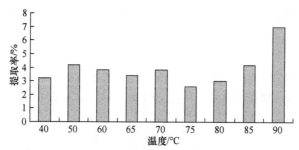

图8.10 不同加热温度对叶蛋白提取率的影响

（三）pH 对叶蛋白提取率的影响

采取 pH 沉淀法的优点是能尽快地降低植物蛋白酶的活性，可减少生物碱含量，操作方便，节省能耗，成本低。但此类絮凝物结构疏松，不易过滤分离，还加速不饱和脂肪酸的氧化。本试验结果表明（图 8.11），在 pH 为 1~7 和 pH 为 7~12，四倍体刺槐叶蛋白的提取率均呈现先升后降的趋势，可能是因为刺槐叶蛋白的氨基酸组成中含有相对较多的碱性氨基酸，其次是较多的酸性氨基酸所致。尤其是在 pH 为 9~11 时，其提取率达到最佳，高出其他 pH 和其他方法近 3 个百分点。这与刘芳和敖常伟（1999）的研究结果一致。该研究认为通过一次调 pH 不能将全部细胞质叶蛋白沉淀出来，至少应两次调节 pH，即先调节 pH 为 10，再调节 pH 为 2 进行沉淀分离，才可以得到更多的细胞质叶蛋白。而吴晓玲等（2007）认为，pH 为 2 时，叶蛋白提取率最高，达 7.58%，pH 为 5 时次之，而 pH 为 9 和 pH 为 10 时叶蛋白提取率最低，酸性条件对提高叶蛋白的提取率更有利，具体原因有待于进一步研究。

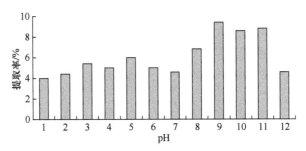

图8.11　不同pH对叶蛋白提取率的影响

（四）盐析方法对叶蛋白提取率的影响

盐析法是一种在高盐浓度下，提取液汁中各种物质在不同浓度的盐溶液中分别从溶液中沉淀析出，以达到分离纯化蛋白质的方法。此法在常温下操作，具有简便安全的特点。加工出来的叶蛋白，营养物质破坏少，但叶蛋白的品质不够好。蛋白质盐析常用中性盐，主要有硫酸铵、硫酸镁、硫酸钠、氯化钠、磷酸钠等。其中应用最广的是硫酸铵，其优点是温度系数小而溶解度大（25℃时饱和溶解度为4.1 mol/L，即767 g/L；0℃时饱和溶解度为3.9 mol/L，即676 g/L），在这一溶解度范围内，许多蛋白质和酶都可以盐析出来，而且硫酸铵价廉易得，分段效果比其他盐好，不容易引起蛋白质变性。由图8.12可看出，硫酸铵在45%~70%饱和度下的叶蛋白提取率相对较高，氯化钠作用下的最高叶蛋白提取率与其无明显差异（图8.13）。

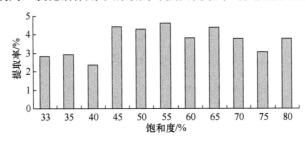

图8.12　硫酸铵饱和度对叶蛋白提取率的影响

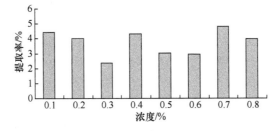

图8.13　氯化钠浓度对叶蛋白提取率的影响

（五）四倍体刺槐系号对叶蛋白提取率的影响

通过对四倍体刺槐系号的比较，得出不同系号间的叶蛋白提取率高低不同，无性系 K2 的叶蛋白是 K4 的 2 倍多（图 8.14）。本课题组（张国君等，2012b）的研究表明，除了无性系 K4 的粗蛋白含量（17.95%）略微偏低外，其他 3 个无性系的粗蛋白含量差异不大（K2 为 18.13%，K3 为 18.60%，H1 为 18.95%）。究其原因，可能与其叶片结构有关，无性系 K4 的叶厚（0.183 mm）显著高于其他 3 个无性系（平均为 0.118~0.119 mm）（Zhang et al.，2013b；张国君等，2012a），但具体原因还有待进一步研究。

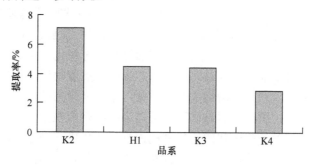

图8.14 不同四倍体刺槐品系的叶蛋白提取率

通过比较不同溶媒和不同沉淀方法进行四倍体刺槐叶蛋白提取试验，分别对每种提取工艺的提取条件与提取率所得数据进行方差分析及多重比较，并结合试剂的使用成本与能耗等因素，初步确定了每种方法的最佳提取工艺参数范围。其中本试验结果中最佳的提取方法及参数分别为如下。加热法最佳提取工艺参数：温度为 75~90℃；酸热法最佳提取工艺参数：pH 为 2.5~3.5，提取温度为 50℃；碱热法最佳提取工艺参数：pH 为 8.5~9.5，提取温度为 70℃。采用研究的工艺提取四倍体刺槐叶蛋白的提取率高达 9.4%，高于吴晓玲等（2007）对四倍体刺槐叶蛋白提取率（7.6%），以及刘芳和敖常伟（1999）对刺槐叶蛋白提取率的报道。另外，通过对四倍体刺槐系号的比较，得出不同系号间的叶蛋白提取率高低不同，无性系 K2 的叶蛋白是 K4 的 2 倍多，但具体原因还有待进一步研究。

本试验虽然得出了几种提取四倍体刺槐叶蛋白的初步参数范围，但还需要进一步进行试验以找出各种方法的最佳处理条件。另外，本试验只从提取率的角度考虑了提取条件，未进行提取叶蛋白的营养成分分析。所以，还需进一步对各种方法的最佳提取工艺参数进行比较，在考虑提取率的因素下，进一步从四倍体刺槐叶蛋白常规营养成分及叶蛋白氨基酸含量方面比较，并结合常规叶蛋白形态指标如色泽、气味等指标，提取过程中耗能情况，提取过程对环境影响等综合因素进行比较。

第五节　SFP-AQ 制浆性能研究

　　我国森林面积仅占国土面积的 13.92%，而森林生态效应对国民经济的作用日趋重要，减少森林采伐量是国家的既定政策，木材的供应远不能满足经济建设和社会需要的要求，天然林保护工程实施后，可供采伐的天然森林资源逐年减少，将进一步加剧我国木材供应总量的不足。因此，大力发展定向培育速生人工用材林是解决我国木材纤维原料短缺的有效途径之一。

　　编者所在课题组与姚春丽教授合作进行了有关研究。本文选择研究的两种刺槐（X2：四倍体刺槐两年生；D4：四倍体刺槐四年生；S2：普通刺槐两年生；S4：普通刺槐四年生），在目前的文献中还没有查到相关在制浆造纸方面的研究资料。一种木材适不适合制浆造纸，首先要对它的纤维形态和化学组成进行分析，纤维的长度应有基本的要求，纤维过短，成浆的强度自然就很低，另外，木材中的纤维素含量越高越好，这样会增加成浆的质量，木质素含量越低越好，可以增加浆料的可漂性和白度。所以，通过试验，可以为两种刺槐积累基本物性数据；有了这些基本数据就可以为刺槐和四倍体刺槐进行工业化生产合理选取的制浆条件提供借鉴，也为成浆的性能进行科学的预测。作为速生材中的四倍体刺槐是否可作为制浆造纸用材，因此试验使用 SFP-AQ 甲醛助剂法，以测试幼龄四倍体刺槐的制纸适应性。

一、四种刺槐的纤维形态

　　木材材性影响纸浆质量，并最终影响从该纸浆制得纸张的质量，制浆有关材性可概括为：基本密度、硬度、白度、纤维形态、主要化学组成等几个方面。

　　原料的化学组成，是评价原料质量优劣的重要依据之一。而纤维形态是木材作为纸浆材质量评价的最主要指标。它主要包括长宽比和横截面形态学。纤维长度是造纸和纤维工业原料的主要因子之一，它对纸张的撕裂强度影响很大，对裂断长、耐折度及耐破度有一定的影响。一般来说，纤维越长，纸张的强度越大（陈洪伟，2004）。纤维长宽比的大小，也是影响纸张质量的重要因子之一。一般认为，纤维的长宽比越大，纸的撕裂强度愈高，长宽比小于 35 的纤维不适合造纸。

　　从表 8.12 可看出，四种刺槐纤维平均长度比较接近，普通刺槐（两年生）则明显偏小一些。而纤维的宽度方面，四倍体刺槐两年生与四年生比较接近，S2 与 S4 均比较大。长宽比方面，都大于 35，说明这三种刺槐纤维的柔韧性较好，适合造纸的需要。由试验数据可以看出，刺槐属于中等阔叶材树种，有一定的制浆造纸适应性。

表8.12　不同年龄四倍体刺槐和普通刺槐的纤维形态（姚春丽等，2007）

树种	长度/mm	宽度/μm	长宽比
X2	0.937	12.03	77.88
S4	0.946	12.42	75.59
S2	0.913	12.45	73.37
D4	0.947	12.07	78.90

二、原料的化学组成

原料的化学组成，是评价原料质量优劣的重要依据之一。一般认为，原料抽出物含量高，将增加化学品的消耗，降低制浆得率，而某些特定的抽出物更会影响化机浆的白度。木质素含量高难于制浆；纤维素含量高，可得到较高强度的纸浆；半纤维素含量除影响化学药品的用量和纸浆得率外，对纸浆某些性能也有明显影响，如不透明度等（房桂干等，1995）。

本试验对四倍体刺槐的纤维素含量、半纤维素含量、木质素含量、苯醇抽出物含量等化学组成进行了测定，结果见表 8.13。

表8.13　试样的化学组成（姚春丽等，2007）

树种	水分/%	苯醇抽出物/%	半纤维素/%	纤维素/%	木质素量/%	灰分/%
D4	5.83	3.02	23.37	49.98	17.08	0.60
S2	7.44	5.88	21.52	46.73	17.82	0.40
S4	5.85	2.86	23.63	49.43	17.58	0.39
X2	7.92	3.30	25.94	44.50	17.61	0.47

木材在空气中风干，原料含水率低。刺槐溶出物中为多酚类物质，主要是类黄酮，它对木片的磺化作用产生有害影响，并消耗较多的碱。总纤维素含量较高，有利于增加浆的得率。

从苯醇抽出物中可看出四倍体刺槐从两年到四年的生长过程中，四倍体刺槐抽取物的含量变化不大，即植物提取物的量稳定，从制浆的角度看，提取物越少，在制浆过程中消耗药品的量越少，对制浆的稳定性更有利。对比 S2 和 S4 抽出物含量比重在植物生长过程中不断减少，对制浆的影响很大。

从木质素的含量上可以看出，四种材种木质素的含量稳定在 17%左右，从制浆所用木材材种上讲，木质素的含量低，纤维素的含量较高，适于用于制浆造纸。在化学组成方面，这四种木材的纤维素含量比较接近，木质素的含量差异也不是很大。

综合纤维形态、化学组成和木质外观可以看出，这四种刺槐中，S2 的木质素含量最高，木质颜色也最深；S2 的纤维长度最小，长宽比也最小；D4 各方面性能都比较好，纤维长宽比和壁腔比都最大，纤维素含量最大，颜色较浅。

三、蒸煮试验

以用碱量、亚硫酸化度、一次升温时间、二次升温时间为因素设计 L9（3^4）的正交试验。20~80℃空转 25 min，80~135℃ 蒸煮升温为一次升温，保温 1 h；135~165℃ 为二次升温，保温 1 h；液比为 1∶5.5，碳酸钠用量：2.3%，AQ 用量：0.05%，甲醛用量：2.5%。

（一）工艺条件的选择及助剂的作用

一次升温是指在小放汽后，将温度直接升至蒸煮最高温度 174℃，然后保温 240 min；二次升温是指在小放汽之后，先将温度升至 140℃，在此温度保温 120 min，待保温时间结束后，继续升温至蒸煮最高温度 174℃，在此温度下再保温 120 min。

一般 SFP 法制浆的最高温度 160~165℃，并一致认为 120~135℃之前是木质素磺化速率最快时期，一次升温，在 120~135℃之前必须有足够的升温时间保证木质素的充分磺化并且溶出。也就是说，120~135℃之前升温时间的选择很重要，同时为了保证磺化木质素的顺利溶出，也应该采取适当的保温时间。

根据 SFP-AQ 法的特点，采用满升温、大液比条件比较好，也就是说，其蒸煮周期要比 soda 法、KP 法适当延长。这是此法的一个重要特点。

升温时间采用一次升温：90 min、110 min、130 min，采用二次升温：40 min、50 min、60 min。保温时间均为 1 h。分别进行对比试验。SFP-AQ 和甲醛组合助剂法采用慢速升温，低保温时间的方法蒸煮。在升温时间明显增加总碱量并不算大的条件下，近 3 h 的慢速升温下，具有粗浆白度最高，并兼顾了得率高和硬度低的优点。

液比增大，药液浓度下降，对脱木质素产生不利的影响，致使木质素脱出率下降。本次试验采用液比 1∶5.5。固定液比，重点寻求用碱量和亚硫酸化度对制浆的影响。

有研究表明，随着用碱量的增加，粗浆得率及高锰酸钾值都呈下降趋势。但是浆的白度增加。本次试验采用用碱量 18%上下浮动，变换工艺条件，寻求最佳工艺。

在用碱量已定时，亚硫酸化度的增加，就意味着亚硫酸钠用量的增加，也就是说随着用量的增加，对降低纸浆的硬度，提高白度有一定的好处，但得率随之下降，因此，本试验采用亚硫酸化度 35%、45%、50%三个水平。

碳酸钠是一种缓冲剂，在蒸煮时可稳定蒸煮液的 pH，有利于木质素磺化反应的进行，从而使纸浆得率提高，硬度降低，白度也升高。碳酸钠的量一般为 2%~3% 比较合适。本试验选择碳酸钠用量为 2.3%，可以较好的稳定蒸煮液的 pH，有利于蒸煮进行。

（二）正交试验结果

选取用碱量、亚硫酸化度、一次升温、二次升温 4 个因素，正交设计和刺槐纸浆的得率及卡伯值的试验结果分别见表 8.14 和表 8.15。

表8.14 正交试验各因素各水平的选择（姚春丽等，2007）

处理	氢氧化钠用量（以 Na$_2$O 计）/%		亚硫酸化度/%	一次升温/min	二次升温/min
	X2/S2	D4/S4			
1	15	15	35	90	40
2	15	15	45	110	50
3	15	15	50	130	60
4	18	19	35	110	60
5	18	19	45	130	40
6	18	19	50	90	50
7	20	22	35	130	50
8	20	22	45	90	60
9	20	22	50	110	40

注：X2/S2 用碱量 15%，18%，20%；亚硫酸化度 35%，45%，50%；一次升温 90℃，110℃，130℃；二次升温 40℃，50℃，60℃。D4/S4 用碱量 15%，19%，22%；亚硫酸化度 35%，45%，50%；一次升温 90℃，110℃，130℃；二次升温 40℃，50℃，60℃。保温时间：1 h；液比：1∶5.5；碳酸钠用量：2.3%；AQ 用量：0.05%；甲醛用量：2.5%

表8.15 刺槐纸浆的得率及卡伯值的测定结果（姚春丽等，2007）

处理	得率/%				卡伯值			
	X2	D4	S2	S4	X2	D4	S2	S4
1	51.19	51.53	47.52	53.35	31.77	30.13	30.74	26.61
2	47.25	47.51	49.23	48.26	17.59	19.65	16.64	18.85
3	45.11	48.39	51.30	49.95	15.64	19.48	16.92	18.95
4	49.84	46.87	46.42	53.59	11.97	13.89	14.29	12.75
5	47.05	46.70	47.57	49.49	9.57	13.14	10.75	13.71
6	49.48	44.20	47.38	49.13	13.81	13.51	10.96	10.26
7	48.74	50.54	51.10	51.80	11.59	14.52	11.76	11.55
8	48.96	49.29	48.29	48.51	15.43	13.24	17.88	17.57
9	46.19	48.89	50.26	49.69	14.89	12.15	19.62	13.36

注：卡伯值表示纸浆中的木质素含量。

由表 8.16 得出，在蒸煮工艺条件中，用碱量在蒸煮时起主要作用，其次是一次保温时间，由极差值得出，烧碱在 X2 原料蒸煮时是主要因素。另外一个主要因素是一次保温时间，可以看出在 120~130℃这一阶段，主要是木质素的磺化过程，蒸煮液中药品和原料中木质素反应成小分子，待溶出，由于两年生刺槐木质素含量较低，所以在 165℃保温时木质素很容易的溶出。

表8.16　X2 L9（3⁴）正交分析

处理	用碱量/%	亚硫酸化度/%	一次升温/min	二次升温/min	Y/K
1	15	35	90	40	1.61
2	15	45	110	50	2.69
3	15	50	130	60	2.88
4	18	35	110	60	4.16
5	18	45	130	40	4.91
6	18	50	90	50	3.58
7	20	35	130	50	4.20
8	20	45	90	60	3.17
9	20	50	110	40	3.10
均值 1	2.39	3.33	2.79	3.21	
均值 2	4.22	3.59	3.32	3.49	总和 30.31
均值 3	3.49	3.19	4.00	3.41	
极差	1.83	0.40	1.21	0.28	

注：Y/ K 为制浆选择性；均值 1 为处理 1 水平下各个调查指标的均值；均值 2 为处理 2 水平下各个调查指标的均值；均值 3 为处理 3 水平下各个调查指标的均值，下同。

X2 即四倍体幼龄刺槐两年生制浆的优化条件如下：用碱量：16%~19%；亚硫酸化度：40%~50%；一次升温时间：110~130 min；二次升温时间：50~60 min。

制定工艺条件时要充分考虑到材性的变化，D4 所需药品量比 X2 大。适当调高药品用量，防止夹生现象。在蒸煮过程中用碱量同样起主要作用（同 X2）。

D4 即四倍体刺槐四年生制浆的优化条件如下（表 8.17）：用碱量：17%~21%；亚硫酸化度：50%~60%；一次升温时间：120~130 min；二次升温时间：40~60 min。

在蒸煮过程中，一次保温时间是主要因素，由于在蒸煮时，在充足的用碱量的情况下，木质素同药液的反应很重要。只有充分的和药液反应，才能为下一阶段木质素的溶出提供良好的条件。在各种条件相当的情况下，对比四倍体刺槐，两年生普通刺槐材性上和四倍体刺槐两年生相当。

S2即幼龄刺槐二年生制浆的优化条件如下（表 8.18）：用碱量：16%~19%；亚硫酸化度：40%~50%；一次升温时间：110~140 min；二次升温时间：50~60 min。

表8.17 D4 L9（3⁴）正交分析

处理	用碱量/%	亚硫酸化度/%	一次升温/min	二次升温/min	Y/K
1	15	35	90	40	4.02
2	15	45	110	50	3.72
3	15	50	130	60	3.48
4	19	35	110	60	3.27
5	19	45	130	40	3.55
6	19	50	90	50	3.37
7	22	35	130	50	2.48
8	22	45	90	60	2.42
9	22	50	110	40	2.97
均值1	3.74	3.26	3.27	3.52	
均值2	3.40	3.23	3.32	3.19	总和
均值3	2.63	3.28	3.17	3.06	29.29
极差	1.12	0.05	0.15	0.46	

表8.18 S2 L9（3⁴）正交分析

处理	用碱量/%	亚硫酸化度/%	一次升温/min	二次升温/min	Y/K
1	15	35	90	40	2.01
2	15	45	110	50	2.96
3	15	50	130	60	3.03
4	18	35	110	60	3.25
5	18	45	130	40	4.42
6	18	50	90	50	2.16
7	20	35	130	50	4.34
8	20	45	90	60	2.70
9	20	50	110	40	2.56
均值1	2.67	3.20	2.29	3.00	
均值2	3.28	3.36	2.92	3.16	总和
均值3	3.20	2.59	3.93	2.99	27.44
极差	0.61	0.78	1.64	0.16	

制浆过程中，表8.19再次证明用碱量和一次保温时间在蒸煮过程中相当重要，体现了碱性亚钠法制浆工艺的特点。

S4即幼龄刺槐四年生制浆的优化条件如下（表8.19）：用碱量：17%~23%；亚硫酸化度：30%~45%；一次升温时间：110~130 min；二次升温时间：40~60 min。

表8.19 S4 L9 (3⁴) 正交分析

处理	用碱量/%	亚硫酸化度/%	一次升温/min	二次升温/min	Y/K
1	15	35	90	40	2.00
2	15	45	110	50	2.56
3	15	50	130	60	2.64
4	19	35	110	60	4.20
5	19	45	130	40	3.61
6	19	50	90	50	2.40
7	22	35	130	50	4.84
8	22	45	90	60	2.77
9	22	50	110	40	3.72
均值1	2.40	3.68	2.39	3.11	
均值2	3.40	2.98	3.49	3.27	总和
均值3	3.78	2.92	3.70	3.20	28.74
极差	1.38	0.77	1.31	0.16	

（三）放大试验结果

由上述正交试验优化的工艺条件中设置放大试验的蒸煮条件（表 8.20），放大蒸煮结果见表 8.21。从表中看出，在几乎相同的蒸煮条件下，四年生四倍体刺槐的细浆得率低于两年生，卡伯值高于两年生。这可能是由于在蒸煮时四年生四倍体刺槐 D4 的总碱量高于两年生 X2，纤维损伤较大造成的。

表8.20 放大试验的蒸煮条件（姚春丽等，2007）

树种	用碱量/%	亚硫酸化度/%	一次升温/min	二次升温/ min
X2	18	45	110	50
D4	15	50	110	40
S2	20	45	130	50
S4	20	45	130	50

表8.21 放大试验的蒸煮结果（姚春丽等，2007）

树种	粗浆得率/%	细浆得率/%	卡伯值
X2	46.8	40.1	14.4
D4	47.3	38.6	20.2
S2	48.1	45.0	9.8
S4	48.3	45.2	11.0

（四）未漂浆的物理性能

1. 两年生和四年生普通刺槐对比

这两种材料均是普通刺槐，从材性和化学成分上分析，四年生的材种纤维素的含量要高于两年生，长宽比也稍大于两年生，总体上来看四年生普通刺槐要优于两年生刺槐。从蒸煮的结果来分析，S2 得率51.30%，卡伯值10.75（表 8.15）；S4 得率 53.59，卡伯值 10.26（表 8.15）。S4 得率上和 S2 相当，但卡伯值较高，说明四年生木材在材质上高于两年生，在蒸煮时应当适当调高工艺条件。

从手抄纸纸性分析中看出（表 8.22 和表 8.23），S2 白度基本保持在 46.0%~47.0% ISO，S2 在打浆度 40°SR 左右时，便出现了最优性能；S4 白度基本保持在 48.0% ISO 以上，S4 只有在打浆度 45°SR 左右时，纸张的各种性能最优。选择制浆材种时，推荐两年生普通刺槐制浆。

表8.22 普通刺槐二年生（S2）未漂浆的物理性能

打浆度/°SR	紧度/（g/cm^3）	白度/%	撕裂指数/（mN·m^2/g）	耐折度/（mN·m^2/g）	抗张指数/（N·m/g）
28	0.45	47.60	19.86	51	51.77
33	0.47	47.42	22.10	71	53.74
40	0.48	46.23	19.33	243	72.04
47	0.48	45.97	18.52	132	67.85
50.5	0.49	46.58	17.3	277	66.90

表8.23 普通刺槐四年生（S4）未漂浆的物理性能

打浆度/°SR	紧度/（g/cm^3）	白度/%	撕裂指数/（mN·m^2/g）	耐折度/（mN·m^2/g）	抗张指数/（N·m/g）
53	0.54	48.07	16.66	312	68.73
47	0.51	48.62	17.17	399	70.44
44	0.45	49.80	17.62	116	71.96
40	0.44	50.67	17.34	123	73.75
37	0.45	49.53	19.85	111	66.41
30.4	0.41	50.45	20.35	100	50.40
27	0.45	49.87	18.15	43	45.47

2. 四倍体刺槐两年生和四年生对比

这两种材料均是四倍体刺槐，从材性和化学成分上分析，四年生的材种纤维素的含量要高于两年生，纤维长宽比也稍大于两年生（表 8.12），总体上来看四年生四倍体刺槐优于两年生四倍体刺槐。在蒸煮条件时，D4 的总碱量高于两年生，从蒸煮的结果来分析，X2 得率最高 51.19%，卡伯值最低 9.57（表 8.15）。D4 得率最高 51.53%，卡伯值最低 12.15（表 8.15）；总体上 X2 的纸张性能优于 D4。

从手抄纸纸性上分析（表 8.24 和表 8.25），D4 白度最高能达到 44.28% ISO，而 X2 最高能达到 50.0% ISO。从强度上来对比（表 8.24 和表 8.25），X2 只有在打浆度 45°SR 以上，纸张的各种性能最优，而 D4 在打浆度 40°SR 左右，便出现了最优性能，这说明 D4 要比 X2 易打浆，在能耗上消耗少，节省能耗。从纸张强度上来看，X2 的各种纸性要优于 D4。这可能是由于在蒸煮时 D4 的总碱量高于 X2，纤维的损伤比较大造成的。但相比这两种四倍体刺槐的纸张性能差别不大，在选择制浆材种时，推荐四年生四倍体刺槐制浆。

表8.24　四倍体刺槐两年生（X2）未漂浆的物理性能（姚春丽等，2007）

打浆度/°SR	紧度/（g/cm³）	白度/%	撕裂指数/（mN·m²/g）	耐折度/（mN·m²/g）	抗张指数/（N·m/g）
52.5	0.49	47.2	16.79	235	61.02
49	0.48	47.97	17.07	290	74.64
44.2	0.48	48.28	18.37	231	70.27
40	0.46	49.88	18.82	43	63.35
26.5	0.45	50.0	18.66	38	60.59

表8.25　四倍体刺槐四年生（D4）未漂浆的物理性能（姚春丽等，2007）

打浆度/°SR	紧度/（g/cm³）	白度/%	撕裂指数/（mN·m²/g）	耐折度/（mN·m²/g）	抗张指数/（N·m/g）
29	0.46	44.23	18.71	86	56.21
36	0.49	43.95	20.18	283.5	64.08
41.5	0.47	44.28	19.55	270.25	70.93
45	0.5	43.75	18.88	208.5	66.24
51	0.46	43.88	18.72	168.25	64.30

3. 两年生的四倍体刺槐和普通刺槐对比

这两种材料均是两年生，从材性和化学成分上分析，X2 中的纤维长宽比大于 S2 中的、木质素含量低于 S2 中的、苯醇抽出物也低于 S2 中的，因此，X2 制浆选择优先于 S2。

从纸性上分析（表 8.22 和表 8.24），在手抄纸张中 S2 白度 47.6% ISO，而 X2 达到 50.0% ISO。从强度上来对比，X2 只有在打浆度 45°SR 以上，纸张的各种性能最优，而 S2 在打浆度 40°SR 左右，便出现了最优性能；这说明 S2 要比 X2 易打浆，在能耗上消耗少，节省能耗。

4. 四年生的四倍体刺槐和普通刺槐对比

在化学成分上，D4 含有稍高的纤维素，木质素的含量也比 S4 低，所以可以看出在制浆选择性上优于 S4。在设计蒸煮工艺条件时，采用了相同的工艺蒸煮条件作正交试验，从蒸煮的结果看，普通刺槐 S4 的制浆得率略高于四倍体刺槐 D4。

从纸性上分析（表 8.23 和表 8.25），在手抄纸张中 S4 白度在 48.0% ISO 以上，而 D4 为 44.28% ISO，从强度上来对比，S4 在打浆度 45°SR 左右，纸张的各种性能最优，而 D4 在打浆度 40°SR 左右，便出现了最优性能；这说明 D4 要比 S4 易打浆，在能耗上消耗少，节省能耗。

四、材性的总体评价

在四倍体刺槐中四年生适于制浆，普通刺槐推荐两年生，但这只是存在于试验条件下，因两年生刺槐，树皮含量较高，在备料阶段，树皮不容易去除，会在蒸煮时造成一定影响，消耗总碱量。

随打浆度的升高，裂断长和撕裂指数均出现先上升后下降的趋势。但不同的是撕裂指数在打浆度升高不久就开始下降，而裂断长则在打浆度 40°SR 以上开始下降，从而可以得出在打浆度 40°SR 左右，纸张的强度性能达到最佳。

从纸张性能数据上来看，亚钠法刺槐纸浆在强度上比硫酸盐法纸浆差，但与草类对比，却有一定的优势。适合制造对强度要求不太高的纸张。此外刺槐未漂浆白度比硫酸盐高十几个百分点，也说明了 SFP-AQ 法制浆，易漂，易洗、得率高白度高的特点。

通过以上纸性分析，在选择刺槐制浆材种时，推荐两年生普通刺槐制浆和四年生四倍体刺槐制浆。

第九章　四倍体刺槐花器发育特征

　　四倍体刺槐花序花器发育包括花芽生长过程、花器原基分化及花器官形成等；花器官的变异是指四倍体刺槐成熟花器自身不同器官之间，以及四倍体刺槐与二倍体刺槐之间的差异，包括花器官的形态、育性及授粉习性的变异。本文从四倍体刺槐开花授粉习性及其变异、四倍体刺槐花器原基分化过程变异、四倍体刺槐成熟花器的宏观变异及四倍体刺槐成熟花器电镜扫描特征变异 4 个方面，系统阐述了四倍体刺槐花器官的发育过程及成熟花器的形态变异（姜金仲，2009；姜金仲，2008a）。

　　花器发育与变异是四倍体刺槐生殖器官变异的一个重要组成部分，揭示四倍体刺槐花器官发育进程及其变异规律是进一步开展四倍体刺槐其他生殖器官变异研究的基础，所以，研究四倍体刺槐花器官发育进程及其变异具有一定的意义。

第一节　开花授粉习性

　　四倍体刺槐开花授粉习性及其变异主要表现在三个方面。四倍体刺槐的花序有 4 种：典型总状花序、变形总状花序、典型复总状花序和非典型复总状花序；二倍体刺槐只有典型总状花序一种，且长宽度都比较小。四倍体刺槐单朵小花的花期约 10 d，整个林分的花期约 25 d；开花过程经历幼蕾期、花冠显露期、展花期及谢花期 4 个时期。四倍体刺槐几乎不存在异花授粉的机会，但二倍体刺槐具有一定异花授粉的可能性。

一、花序发育及其特征

　　四倍体刺槐花芽为柄下芽，春季 4 月初，隐藏花芽的叶痕开裂，从中长出带有花序的短枝。花序在短枝上的着生方式有两种：着生于短枝叶腋和着生于短枝顶端。着生于顶端时，花序基部通常着生有 0~5 片奇数羽状复叶、大多为 2 片左右；着生于叶腋时，每叶腋一般着生 2 个花序，偶见有单个或三个花序着生于一个叶腋。与二倍体刺槐相比，四倍体刺槐花序的变异主要表现在以下三个方面。

（一）花序的初生形态特征

初生形态：花序从芽中生出但花轴尚未延伸之前的花序形态。此时，二倍体刺槐为松散穗状，长 2.5~3.0 cm，宽约 0.3 cm，厚约 0.3 cm，小花苞片细弱（图版 9.1.1 右）；四倍体刺槐为紧密穗状（图版 9.1.1 左），圆柱形，长 1.8~2.5 cm，小苞片大而明显，毛较多，花序轴明显较二倍体刺槐粗壮。

（二）花序成熟形态特征

成熟形态：小花完全开放时的花序形态。此时，二倍体刺槐为典型总状花序，长 10.2~18.5 cm，平均 14.4 cm，宽 4.2~5.2 cm，平均 4.7 cm（图版 9.1.2 左）。四倍体刺槐花序有四种情况：典型总状花序、变形总状花序、典型复总状花序和非典型复总状花序；典型总状花序和变形总状花序的长度（15~20 cm）和二倍体刺槐相近，但花序宽度明显大于二倍体刺槐，而且小花在花轴上的排列非常紧密（图版 9.1.2 右）；复总状花序（图版 9.1.3）长 19~23 cm，平均 21 cm，是二倍体刺槐的 2.5 倍，直径 13~22 cm、平均 17.5 cm，是二倍体刺槐总状花序宽的 3.7 倍；非典型复总状花序：介于变形总状花序和典型复总状花序之间。

（三）小花和小花序的着生方式

二倍体刺槐为典型的总状花序，只有单朵小花螺旋状着生于花序轴上，每花序有小花 30 朵左右，没有分枝小花序；四倍体刺槐则因花序类型不同分为如下四种情况。

典型总状花序：四倍体刺槐（图版 9.1.2 右）和二倍体刺槐（图版 9.1.2 左）情况相似，但四倍体刺槐小花间距比二倍体刺槐的明显要小，整个花序特别紧凑密集，占比例：63.7%±3.8%。

变形总状花序（图版 9.1.4）：花序上的小花以 2 朵并生的方式螺旋状着生于花轴上（极少数以 3~5 朵小花分散轮生、排成数轮），排列方向和小花间轴向距离规律性不强，看上去很像二倍体刺槐的典型总状花序，但实际上却明显不同；二倍体刺槐的总状花序为单朵小花分散螺旋状着生于花轴上，变形总状花序为 2 朵小花并生，并且并生的 2 朵小花发育时期有明显差异；不同花序之间，花序轴的长短及小花的多少有所差异，通常分布于树冠顶部与向阳面的花序轴较长，着生小花 25~30 朵，分布于树冠下部或遮荫处的花序轴则较短，着生小花 20~24 朵，占比例：27.1%±3.3%。

典型复总状花序（图版 9.1.3）：有多个分枝小花序构成；每花序由 7~25 个小分枝花序构成，每枝小花序上的小花数从 2 朵至 9 朵不等；如果每小花序含有 2 朵至 4 朵小花时，只有一朵的发育状况和整个树冠是同步的，其他的小花明显发育较晚，但如果含有 5 朵以上时，小花间发育状况则无明显区别；每花序有小花大约 30~70 朵不等，占比例：2.7%±2.9%。

非典型复总状花序（图版 9.1.5）：自花序轴上有若干分枝花序，常集中分布在花序轴的基部，花序轴的上部仍为变形总状花序或总状花序，占比例：7.0%±1.6%。

复总状花序的分枝花序（图版 9.1.3）：所有的分枝小花序都是总状花序，上边的小花单生，螺旋状排列。

各种花序所占的比例如图 9.1。由图可以看出，整个花序中以典型总状花序所占比例最大（63.7%±3.8%），典型复总状花序最少（2.7%±2.9%）。

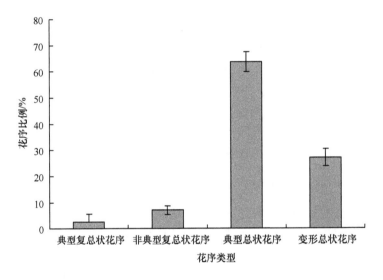

图9.1 各类花序的比例

二、开花习性

四倍体刺槐的花期约 10 d，4 月 25 号左右开始开花，6 月 5 号左右花期结束，5 月 20 号左右为盛花期（同在北京市延庆县试验基地的四倍体刺槐林分始花期比当地普通二倍体刺槐林分晚 10 d，但始花到末花的持续时间以及单朵小花的发育过程在四倍体刺槐和二倍体刺槐之间差异不明显）；从苞片脱落到花瓣逐渐开放、到花瓣全部脱落、再到大部分雄蕊脱落约需 5 d；为描述小花形态发育过程方便，将整个小花的发育时期划分为幼蕾期、花冠显露期、展花期及谢花期 4 个时期。

幼蕾期：从花萼出现至 5 个齿牙裂口约需 15 d 的时间，即 5 月 5 日至 20 日；春季 4 月 25 日至 30 日左右，从花芽中萌发出着生复叶与幼花序的短枝，花序长约 1.5 cm，花序上花蕾长到 0.2~0.3 cm 长时，花萼内显出可见的花瓣原基；5 月 17 号左右，花萼顶端发育出 5 齿萼裂，花序的长度达 2.0 cm 左右，花瓣继续伸长，然后与花萼齐长，此时，剥开花萼的萼齿可见花瓣露出；随着雄蕊伸长，萼齿逐渐裂开，与雌蕊高度接近；在花冠初露前，苞片大部分已经脱落。

花冠显露期（花蕾开花前期）：花冠始露（露白）至花冠初裂或花药裂开散粉前的时期，5 月 21 日至 24 日左右。具体过程为：花萼的萼裂张开、并伴随着白色花瓣露出逐渐伸长，从花冠始露（图版 9.1.6）至花冠露出部分与花萼等长（图版 9.1.7）约需 3 d；这个时期，花冠生长较快，可伸长到 0.9~1.2 cm，但花萼生长缓慢并逐渐停止；花瓣开放前，旗瓣边缘重叠部分逐渐变小直至开放；此时，小花内的花药已经由白色变为淡黄色，雌蕊的花柱已由幼蕾期的卷曲状、逐渐沿心皮腹缝线方向向上伸直，然后，在与子房顶部连接处向下弯曲。

展花期：花冠初裂至各花瓣完全开放的时期，即 5 月 21 日至 6 月 1 日，5~6 d；一般花序中部的花发育较快，开花早，基部和顶部的花发育慢，开花较晚；单花开放时间较为固定，每天开花时间多在上午，从 7:00 至 10:00 均有开放；花冠初裂时，花萼与花冠总长为 1.8 cm，此时，柱头表面有丰富的柱头液，且已黏附有许多花粉，说明此时柱头已接受了花粉；花药散粉一般在花冠初裂前一日的中午与下午，温度越高，花药越易开裂，在阴天或雨天，花药裂开散粉时间延长或推迟；花朵开放的顺序为旗瓣首先展开，翼瓣和龙骨瓣仍包住雌、雄蕊（图版 9.1.8）。

谢花期：自花冠开放至花瓣凋谢，11~12 d，花药散完粉后干瘪，花丝枯萎下垂，花瓣褶皱，在风力、下雨等因素作用下逐渐脱落。

与二倍体刺槐相比，四倍体刺槐的开花习性除了花期推迟 10 d 左右，其他方面二者几乎是相同的。

第二节　花器原基分化

花器原基分化过程变异是指四倍体刺槐花器原基分化的顺序与蝶形花科植物常规分化模式的差异，同种植物花器原基分化顺序一般是比较稳定的。四倍体刺槐花器分化的顺序是花萼→花冠→雄蕊→雌蕊；花器的分化顺序呈现一定的向心性（但不够典型），与蝶形花科植物的正常分化模式（王福青等，2000）相比，没有明显的变异现象发生，说明二倍体刺槐染色体同源加倍后（变为四倍体刺槐）对花器原基的分化顺序没有明显影响。

一、花萼的分化

3 月下旬，采集未萌发的花枝，剖开三裂叶痕，再去除芽上覆盖的稠密表皮毛，可见露出的幼花序（图版 9.2.1）；经扫描电镜观察，在花原基最外侧已经形成苞片（bract，B），苞片的外表面长有许多表皮毛；在苞片对面一侧（远轴端）

已分化出 3 个扁平的半圆形突起，紧贴花中央部分的外侧，即花萼原基（sepal anlage，S）（图版 9.2.2）；远轴端的 3 个原基生长较快，近轴端的 2 个原基形成较慢；随后基部逐渐增高形成杯状，上部形成 5 个突起，花萼上部向内合抱，逐渐遮盖花的中央部分，花萼表面具表皮毛（图版 9.2.3）。

二、花冠和雄蕊的分化

当花萼原基（S）形成较高的半圆形时，在花萼原基内侧的近轴端，先出现了发育较快的 3 个凸起，其中位于中间且正对中央的凸起是旗瓣原基，两侧的为雄蕊原基（As）（图版 9.2.4）。紧接着形成与花萼互生的 4 个半圆柱状的突起，即花瓣原基（petal anlage，P）；几乎同时，在花瓣原基的内侧，与其交错而与花萼相对的部位生成 5 个半圆柱状的雄蕊原基（As），随后在最靠近内侧又形成与花瓣原基（P）互生的 5 个较小的雄蕊原基（Ap），看似两轮的雄蕊原基随后基部合生在一起，且远轴端的雄蕊原基发育较快，而近轴端的发育较慢，但后来差异很小，最终花瓣原基基部逐渐联合形成杯状（图版 9.2.5）。因此，花萼与花瓣互生，花瓣与早发育的外侧雄蕊互生，2 排雄蕊互生排列，而花萼与外侧雄蕊对生，花瓣与内侧雄蕊对生。

在 10 个雄蕊原基中有 5 个生长较快，其上部由半圆形逐渐形成较扁平状，上部较宽，下部明显较细，这说明在刚形成药囊时，其基部已经出现花丝的分化（图版 9.2.6）；且花药内侧内陷与外侧一同继续增大形成药囊，同时，两药囊之间部分横向扩展为药隔，逐渐形成花药的雏形（图版 9.2.7 和图版 9.2.8）。随后，外侧雄蕊原基（outside stamen anlage，As）相对于内侧雄蕊原基（inner stamen anlage，Ap）及花瓣原基（P）发育较快（图版 9.2.9）。

三、雌蕊的分化

心皮原基发育较早，当花瓣原基形成突起时，花中央部分已经生长隆起，顶部较尖，即为心皮原基（图版 9.2.10），由于远轴端与近轴端生长速度不同，远轴端明显快于近轴端，使心皮的近轴面朝向花序轴，同时进行侧向生长，导致近轴面的凹陷更深（图版 9.2.11）。横切面表明雌蕊伸长较快，顶端细胞分裂旺盛，已开始弯曲，将来形成柱头，随着花柱继续向上与两侧生长，心皮腹部开始形成凹陷，且边缘有向内联合形成子房的趋势，当雄蕊原基顶端已经形成药囊时，才逐渐联合，此过程较缓慢（图版 9.2.9）。

上述四倍体刺槐各种花器原基的分化顺序和方式与蝶形花科植物的一般模式是一致的，没有明显的变异发生。

第三节　成熟花器观察

四倍体刺槐花序及花器变异现象在其他植物同源四倍体中也有发生，因而，四倍体刺槐这种变异的发生具有植物同源四倍体的普遍性。

雷家军和代汉萍（2008）对'东方草莓'、'西南草莓'、'伞房草莓'三个四倍体品种研究结果表明：'东方草莓'开花早、每花序上常 6~10 朵花、雄株雌株花序均高或平于叶面；'西南草莓'开花最晚、每花序上常 2 朵花、雄株花序高于叶面，雌株花序平或低于叶面；'伞房草莓'开花最早、每花序上常 2~5 朵花、雌株花序高于叶面、雄株花序明显低于叶面。与草莓的二倍体品种相比，四倍体花序发生了明显的变异。朱必才和田先华（1992）研究发现四倍体荞麦的花冠比二倍体荞麦花冠大。魏跃和王开冻（2007）研究发现四倍体野牵牛相对于二倍体其花柱长度增加，花瓣增厚并有褶皱。闫坤和赵楠（2007）对地黄属种间亲缘关系研究发现地黄和茄叶地黄为属内四倍体物种，这两个品种间存在较大相似性，地黄与茄叶地黄花冠较小，长度一般不超过 4.5 cm，花冠外面暗紫红，内面黄紫色，裂片逐渐变黄白色，花冠筒略向上弯或直，喉部略扩展；二倍体品种的花冠略大，长度均在 5.0~7.0 cm。但茄子四倍体品种的花冠小于二倍体，这和大多数植物并不相同（李树贤和吴志娟，2002）且发现人工同源四倍体茄子有柱头普遍外露的变异现象。闫守伟和张素丽（2007）对'京秀''香妃'（二倍体）和'黑奥林''巨峰'（四倍体）葡萄品种的柱头、花柱发生发育以及花粉管在雌蕊中生长与坐果和果实中种子形成的关系进行研究得出：二倍体品种虽然花柱直径略小于四倍体品种，但其半实心花柱比例高，而且花柱中引导组织发达，这使得花粉管更易萌发，从而导致二倍体品种坐果率和果实中的种子数明显高于四倍体。

四倍体刺槐的小花为典型的蝶形花，从花器的数量看，四倍体刺槐的苞片、萼裂、花瓣、子房、雄蕊数目及小花的对称性与二倍体刺槐完全相同，均为↑K（5）C5A（9）+1，G(1 ∶1∶∞)。从花器的大小看，前者的苞片、花萼、花冠、子房、花丝及花药均明显大于后者，这些与前人关于多倍体巨大性的报道是一致的。从花器的形态看，四倍体刺槐的花器变异比较丰富，表现为 4 朵小花合生、双叉柱头、部分花丝完全连生等，在二倍体刺槐中没有发现类似现象。

一、小花整体形态特征

从外形上看，小花完全开放时，四倍体刺槐和二倍体刺槐的大部分小花间没有明显差异，均为典型的蝶形花，但是整体上四倍体刺槐的小花要比二倍体刺槐的大（图版 9.3.1）。除了上述体积方面的变异外，在四倍体刺槐小花中还发现有 4 小花合生（图版 9.3.2）、三朵小花花柄连生（图版 9.3.3），小花一侧又生出小花等现象（图版 9.3.4）。

二、小花器官形态特征

（一）苞片

四倍体刺槐的苞片：多密被毛，花瓣初裂前后脱落，较二倍体刺槐晚，呈条形、狭菱形或菱形，先端渐尖或锐尖；在复总状花序中，每个分枝总状花序以及每朵小花下面也有一个苞片，长至最长时为 1.1～1.3 cm。二倍体刺槐的苞片：多密被毛，花萼出现五齿裂前后脱落，呈条形或狭菱形，先端多渐尖，每朵下面只有一个苞片，不同花序与小花之间形状较一致，长至最长时为 0.5～0.7 cm。

（二）花萼

四倍体刺槐的花萼：露白前均为绿色，且裂口周围在花冠初露时略现红色，上方的两枚萼齿较浅，但较二倍体刺槐较宽，且先端渐尖。二倍体刺槐的花萼：花萼筒钟状，具五齿裂，萼齿微成二唇状，在生长期内均为绿色，上方的两枚萼齿较浅，但较窄，且先端较钝。

（三）花瓣

四倍体刺槐的花瓣大部分为典型的蝶形花冠，花瓣为下降覆瓦状排列，白色，不同花的形状相似，各部均具爪，爪长约 3 mm，较二倍体刺槐（2 mm）的长；旗瓣均为近圆形，先端凹陷的深度 3～4 mm，较二倍体刺槐（2 mm）的深，瓣与爪的长度比例在不同花蕾稍有差异，内侧中部的黄绿色斑较二倍体刺槐的深；大多数小花的翼瓣与龙骨瓣都是对称的，形似耳形，翼瓣的耳部具内弯褶皱，边缘与龙骨瓣边缘叠在一起。

（四）子房

四倍体刺槐的子房无毛，具柄，为单心皮单室子房，狭长，通常具有 15～20 个胚珠（二倍体刺槐为 5～10）着生于腹缝线上，珠被内层由珠心基部产生，雌蕊基部蜜腺分泌具清香的花蜜；成熟子房长度约为 1.2 cm（二倍体刺槐为 0.9 cm），子房柄长度约为 0.4 cm（二倍体刺槐为 0.3 cm），花柱长度约为 0.9 cm（二倍体刺槐为 0.7 cm）；子房的形态为橄榄形，侧扁，胚珠着生于内腹缝线上，胚珠弯生，边缘胎座，子房内壁表面凹凸不平，呈凹陷及褶皱状，表皮细胞形状不规则（图版 9.4.11）。二倍体刺槐的构造与四倍体刺槐相似，只是体积较小，所含胚珠较少。

（五）柱头

四倍体刺槐柱头顶端半球形，周围具表皮毛，其顶端表面分布有许多乳突细胞，为柱头表皮细胞外壁向外突起形成，细胞表面上可见发达的黏性分泌物。在花蕾即将展开尚未展开时，柱头上已有分泌物出现，而至花冠初裂时，乳液已在柱头上展开厚厚一层，并已有花粉粒粘在乳液上。比较之下，二倍体刺槐柱头的形状和四倍体刺槐相似，但体积较小（图版9.3.5）。

（六）花柱

四倍体刺槐的花柱线形，表皮层由角质化的薄壁细胞构成，表皮细胞呈圆柱形，表皮细胞之间凹陷较深，形成纵向的条纹（图版9.4.12），柱头周围及下部具表皮毛；有约5%的花柱出现变异现象，如花柱头分叉（图版9.3.6）及柱头不能发育成熟等。二倍体刺槐花柱构造特征与四倍体刺槐相似，但长度较短、粗度较细（图版9.3.8和图版9.3.12）。

（七）花丝与雄蕊群

四倍体刺槐的雄蕊10枚，花丝上部完全离生，其中9枚花丝基部连合，一枚花丝完全分离，因而为二体雄蕊 A(9)+1（图版 9.3.8）；成熟雄蕊群花丝长约1.25 mm；花丝表面轻度角质化，表皮细胞近纺锤形，纵向伸展（图版9.3.7）；成熟时花丝和花柱的弯曲方向相同（图版9.3.8）；有花丝变异为类花瓣的现象（图版9.3.9）；花药互生，形成两排，其中五个体积较大，其余五个则较小（图版9.3.10），但它们的发育时期相近。二倍体刺槐成熟花丝稍短（1.05 mm）且纤细（图版9.3.11，图版9.3.12），成熟时的弯曲方向和花柱相反（图版9.3.12）；花药的空间分布与四倍体刺槐相似（图版9.3.10）。

（八）花药

四倍体刺槐的花药呈近似椭圆形，上部略窄，近轴面可见到被一不贯通的沟分隔的花粉囊，花粉囊表面角质层发达，致使表面粗糙；成熟花药各花粉囊外观饱满，在花粉囊连接处呈深沟状；在花丝上端的着生方式为底着药（图版9.3.13），花药的开裂方式为纵裂（图版9.3.14）；雄蕊的变异主要表现在花药数量减少，无药室等。二倍体刺槐花药呈近似五边形，上部较四倍体刺槐更尖，花粉囊被上下贯通的纵沟分隔，表面角质层发达，较四倍体刺槐的纹路更明显（图版9.3.15）；花药的体积比四倍体刺槐明显小（图版9.3.16）。

（九）四倍体刺槐与二倍体刺槐花器的外部形态特征对比

四倍体刺槐与二倍体刺槐花器的外部形态特征差异见表9.1。

表9.1　四倍体刺槐与二倍体刺槐花器的外部形态特征对比

花器	二倍体	四倍体
苞片	多密被毛，花萼出现五齿裂前后脱落，呈条形或狭菱形，先端多渐尖，每朵下面只有一个苞片，不同花序与小花之间形状较一致，长至最长时为0.5~0.7 cm	多密被毛，花瓣初裂前后脱落较二倍体晚，呈条形、狭菱形或菱形，先端渐尖或锐尖，每朵下面只有一个苞片；在复总状花序中，每个分枝总状花序以及每朵小花下面也有一个苞片，长至最长时为1.1~1.3 cm
花萼	花萼筒钟状，具5齿裂，萼齿微成二唇状，在生长期内均为绿色，上方的两枚萼齿较浅，但较窄，且先端较钝	花萼筒钟状，具五齿裂，萼齿微成二唇状，露白前均为绿色，且裂口周围在花冠初露时略出现红色，上方的两枚萼齿较浅，但较二倍体宽，且先端渐尖，不同花蕾的萼齿深浅有所差异
花瓣	几乎均为典型的蝶形花冠，花瓣为下降覆瓦状排列，白色，变异极少，各部均具爪，长约2 mm；旗瓣为近圆形，外翻，处于最外方，短于翼瓣，先端凹陷的深度较浅约2 mm，瓣与爪的长度比例在不同花蕾间差异很小，内侧中部具浅黄绿色斑；	大部分为典型的蝶形花冠，花瓣为下降覆瓦状排列，白色，不同花的形状相似，各部均具爪，长约3 mm；旗瓣均为近圆形，先端凹陷的深度3~4 mm，较二倍体深，瓣与爪的长度比例在不同花蕾间稍有差异，内侧中部的黄绿色斑较二倍体深；
花瓣	两侧两片为翼瓣，为镰状长圆形，其耳部具内弯褶皱，边缘与龙骨瓣边缘叠在一起，这可能对虫媒传粉有一定意义；最内两片稍合生为龙骨瓣，较钝，内弯，翼瓣与龙骨瓣均对称，形似耳形	翼瓣与龙骨瓣多数以对称，形似耳形，翼瓣的耳部具内弯褶皱，边缘与龙骨瓣边缘叠在一起，这可能对虫媒传粉有一定意义；有相当多（约10%）的花瓣出现变异现象，如旗瓣与翼瓣数目或长度变异，也出现两朵花合生的情况
雌蕊（子房、柱头）	无毛，具柄，子房为单心皮单室，边缘胎座，狭长，通常有5~10个胚珠着生于腹缝线上，珠被内层由珠心基部产生，柱头顶端无毛，周围被毛，花柱长度约为0.7 cm，雌蕊基部蜜腺分泌具清香的花蜜	无毛，具柄，为单心皮单子房，边缘胎座，狭长，通常具有15~20个胚珠着生于腹缝线上，珠被内层由珠心基部产生，雌蕊基部蜜腺分泌具清香的花蜜；有相当多（约5%）的雌蕊出现变异现象，如具有两个柱头而子房合生，或柱头不能发育成熟；花柱长度约为0.9 cm
雄蕊群	雄蕊10枚，花丝上部完全离生，为二体雄蕊[(9)+1]，成熟雄蕊群长约1.05 mm，花药互生，形成两排，其中五个体积较大，其余五个则较小，但发育时期相近；单独雄蕊花丝离生，较上排其余雄蕊的花丝短	雄蕊10枚，花丝上部完全离生，为二体雄蕊[(9)+1]，成熟雄蕊群长约1.25 mm，排列与普通二倍体几乎相同
荚果	长10~20 cm，沿腹缝线有窄翅，向阳面带紫红色或红褐色，单色的斑纹，种子扁肾形，褐绿色	长度差异较大，6~15 cm，沿腹缝线有窄翅，为成熟的胚，浅绿色、紫红色或红褐色，单色的斑纹较少

第四节　成熟花器电镜扫描特征

从表9.2中可看出，四倍体刺槐成熟苞片、花萼、花冠的电镜扫描特征与二倍体刺槐的差异集中表现在表皮毛的有无、多少、疏密、形态、大小方面和表皮细胞的形状、大小、角质化程度、细胞壁的纹饰及细胞间形成的沟回方面；具体

表9.2 四倍体刺槐与二倍体刺槐成熟花器的扫描电镜观察

部位		四倍体		二倍体
		表皮特征	结构特征（石蜡切片）	表皮特征
苞片	远轴面	有大量的表皮毛，均为单细胞非腺毛，中空，表面光滑，先端渐尖，基部未见通常放射状排列的支持细胞；顶端和两侧分布较多，发育较早，中部和基部的表皮毛发育较晚，可能是反射阳光，以免灼伤；表皮细胞为长方形，沿苞片长轴分布	苞片由表皮、基本薄壁组织和简单的维管系组成，其构造与叶片相似，但没有栅栏组织和海绵组织的分化	有大量的表皮毛，分布和结构与四倍体的相似，但较四倍体短
	近轴面	有大量的表皮毛，表皮细胞较长，亦沿苞片长轴排列		
花萼	远轴面	有大量的表皮毛，分布和结构与苞片相似，基部的表皮细胞褶皱较少，且不规则，气孔很少	从断面看，由表皮、基本薄壁组织与简单的维管系统构成，其结构与苞片相似	有大量的表皮毛，分布和结构与四倍体相似
	近轴面	几乎无表皮毛，表面略有褶皱，表皮细胞多为长方形，可见纵向的细胞壁褶皱较深，横向的较浅，宽度不规则，排列紧密		有较少的表皮毛，分布靠近顶端，中部与基部分布较少，呈指状直立，较四倍体短，多数基部有放射状排列的细胞，表皮细胞壁内陷且分布不均匀
花瓣	远轴面	表皮细胞多边形，向外突出，表面纹饰网状，交错纵横；细胞表面中央区域的纹路较粗，且排列紧密，此区域覆盖有灰色的角质层，而边缘区域的纹路较细，未见角质层覆盖；表皮细胞之间有凹陷的沟	其构造与苞片、萼片及叶片相似，由表皮层、基本薄壁组织和维管系统组成，也无栅栏组织和海绵组织的分化；旗瓣有较粗的中脉，翼瓣和龙骨瓣的维管系统都不发达	表皮细胞多边形，向外突出，细胞表面纹饰像脑表面隆起的回，弯弯曲曲；细胞表面中央区域的回较粗，且排列紧密，部分中央区域覆盖有灰色的角质层，而边缘区域的回较稀，未见角质层覆盖；表皮细胞之间有凹陷的沟
	近轴面	表皮细胞具角质层蜡质光泽，切向壁凹凸不平很不规则，细胞表面纹饰较少，褶皱较浅，边缘部分凹陷较深，也偶见气孔分布		表皮细胞多边形，向外突出，切向壁形状很不规则，表面纹饰与背面相似，但中央区域较少覆盖有灰色的角质层，与边缘区域的回相似
花丝		9枚雄蕊花丝基部连合，上部分离，1枚分离雄蕊花丝完全分离；花丝表面轻度角质化，表皮细胞近纺锤形，纵向伸展	花丝有表皮层、皮层（数层薄壁细胞）和不发达的维管束组成，分离的花丝中有裂生空腔	9枚雄蕊花丝基部连合，上部分离，1枚分离雄蕊花丝完全分离；花丝表面轻度角质化，表皮细胞近纺锤形，纵向伸展；分布和结构与四倍体的相似，但较四倍体小
花药		花药呈近似椭圆形，上部略窄，腹面可见花药是由四个花粉囊组成的，表皮细胞壁表面有凹陷点，表面角质层发达，致使表面粗糙；成熟花药各花粉囊外观饱满，在花粉囊连接处呈深沟状；在花丝上端的着生方式为底着药，花药的开裂方式为纵裂	花药由表皮、药隔基本组织、花粉囊（药室）和维管束构成。成熟花药可见花粉粒散出，一侧的花粉囊已合并	花药呈近似五边形，上部较四倍体更尖，表皮细胞壁呈片层状，表面角质层发达，较四倍体纹路更明显

| 部位 | 四倍体 | | 二倍体 |
	表皮特征	结构特征（石蜡切片）	表皮特征
柱头	柱头顶端半球形，周围具表皮毛，其顶端表面分布有许多指状乳突细胞，为柱头表皮细胞外壁向外剧烈突起形成，细胞表面轻度角质化，其上可见明显的黏性分泌物。在花蕾即将展开时，柱头上已有分泌物出现，而至花冠初裂时，乳液已在柱头上展开厚厚一层，此类柱头属于湿型柱头	柱头的横断面可见裂缝状花柱道，彼此均匀分布，其远轴端与表皮乳突细胞，以及近轴端与柱头中心空隙皆有一定距离	其顶端表面分布有许多指状乳突细胞，为柱头表皮细胞外壁向外突起形成，细胞表面轻度角质化
花柱	花柱线形，成熟时空心，表皮层由角质化的薄壁细胞构成，细胞呈圆柱形，之间凹陷较深，形成纵向的条纹。柱头周围及下部一段具表皮毛，稍向上方已有已萌发的表皮毛；柱头下方则无表皮毛，但表皮细胞表面有纵向纹饰	花柱的横切面与纵切面可见，其柱心是由长形和有丰富原生质的细胞组成的引导组织，花柱道呈裂缝状，有一较大的维管束从花柱中穿过	与四倍体相似，仅体积较小
子房	其形态呈梭形，侧扁，内腹缝线着生胚珠，胚珠弯生，边缘胎座，表皮细胞不规则，表面凹凸不平，具有轻微角质化层，凹陷及褶皱较浅	子房由一心皮分化而成，此阶段已具有表皮、薄壁组织、维管束、心室、胚珠；子房内表皮细胞不规则	与四倍体相似，仅体积较小，所含胚珠较少

表现为，四倍体刺槐各花器的细胞均较大，苞片、花萼及花瓣的表皮毛较长、粗而硬（除花萼远轴面外），表皮细胞表面比较光滑，花器边缘的结构比较圆润；这些花器的共同特征是表皮和内部组织细胞较二倍体刺槐大。

一、苞片

四倍体刺槐苞片的远轴面：有大量粗而硬的表皮毛；表皮毛为单细胞非腺毛，表面光滑，中空，先端渐尖，基部未见通常放射状排列的支持细胞（图版 9.4.1），包片顶端和两侧表皮毛分布较多，发育较早，中部和基部的表皮毛发育较晚。四倍体刺槐苞片的近轴面：有大量细而柔的表皮毛，表皮细胞较长、沿苞片长轴排列（图版 9.4.2）。和二倍体刺槐相比：二者苞片的综合性状基本相似，但四倍体刺槐苞片的表皮毛和表皮细胞比二倍体刺槐稍长些。

二、花萼

四倍体刺槐花萼的远轴面：有浓密细柔的表皮毛，分布和结构与苞片相似（图版 9.4.3）；而二倍体刺槐表皮毛则相对稀疏和粗壮一些（图版 9.4.4）。四倍体刺槐花萼的近轴面：几乎无表皮毛，表面略有褶皱，表皮细胞多为长方形，可见纵向的细胞壁褶皱较深，横向的较浅，宽度不规则，排列紧密（图版 9.4.5）；而二倍体刺槐：稀疏的表皮毛，表皮毛分布靠近顶端，中部与基部分布较少，呈指状直立，多数基部有放射状排列的细胞，表皮细胞壁内陷、分布不均匀（图版9.4.6）。

三、花瓣

四倍体刺槐花瓣的远轴面：有较密而长的表皮毛（图版9.4.7），因而看不到表皮细胞的详细形状；二倍体刺槐：几乎无表皮毛，表皮细胞为多边形，向外突出，细胞表面的回较粗，且排列紧密，未见角质层覆盖，表皮细胞之间有凹陷的沟（图版9.4.8）。四倍体刺槐花瓣的近轴面：表皮细胞具角质层蜡质光泽，细胞表面纹饰较少，褶皱较浅，偶尔有气孔分布（图版9.4.9）；二倍体刺槐：表皮细胞多边形，向外突出，表面纹饰与远轴面相似，但纹饰较远轴面粗糙（图版9.4.10）。

第十章　四倍体刺槐花序发育及 5-azaC 处理效应

　　"表观遗传学效应"（或渐成效应 epigenetic effect）是指通过改变染色质空间结构（包括 DNA 和组蛋白）但不影响 DNA 碱基排列顺序，可以通过有丝分裂在细胞之间传递所造成的基因表达的变化及其表型变化（白书农，2003）。

　　在植物中，DNA 甲基化参与基因表达的调控，在植物生长发育过程中起着非常重要的作用，许多试验结果都证实了这一点。如果甲基化过低或过高，都会导致植物生长发育的不正常和形态异常（Finnegan，1996，2000）。

　　在研究 DNA 甲基化现象的过程中，发现了逆转基因沉寂的现象，即通过 DNA 甲基化抑制剂的处理后，原来沉默的基因出现了激活表达的现象。DNA 甲基化抑制剂是指能够使基因组甲基化水平降低的碱基类似物，包括 5-杂胞嘧啶核苷（5-azaC）和 5-脱氧胞嘧啶（5-za-dC）。5-azaC 是胞嘧啶类似物，而脱氧胞嘧啶的类似物 5-aza-dC 最初是作为化学治疗制剂发展起来的，后来发现它也能嵌入 DNA，使 DNA 甲基化水平降低，因而也被称为甲基化抑制剂（Zakharov and Egolina，1972）。

　　目前，对植物基因组中的甲基化效应已有较多研究，近年来 DNA 甲基化抑制剂已应用于植物组织发育的研究中。Finnegan 等（1996）指出，植物在基因组范围内甲基化的减少，将对特异组织的发育进程或植物发育的特殊阶段有着不同的调节作用。用 5-azaC 处理染色体 4S（L），引起了根尖染色体断裂，若将小麦萌发中的种子用 5-azaC 处理，可以诱导产生多个细胞核和引起染色体易位的现象（Castilho et al.，1999），结果表明在染色体构建过程中，DNA 甲基化起着一定的作用。甘蓝幼苗（King，1995）和水稻种子（Sano et al.，1990）经过 5-azaC 处理后，植株 DNA 甲基化总体水平降低，并在生长发育表现出很多变异，比如植株矮化、叶变小等，而且许多特征可以遗传给后代。

　　5-azaC 处理还有使植物提早开花的效应,在有的植物中它可以代替春化效应。Burn 等（1993）用 5-azaC 处理拟南芥种子后，发现低温和 5-azaC 都可以使 DNA 甲基化水平降低，并且 5-azaC 可以代替低温使拟南芥提前开花。白菜（李梅兰，2001）和萝卜（汪炳良等，2005）的种子经 5-azaC 处理后都出现了早花现象，并且两个因素促进提前开花的效果是可以叠加的，即 5-azaC 与低温共同作用是可以更好的促进植物提前开花。并且 Adisa 等（2005）发现在器官发生时 DNA 甲基化水平较低。

由于木本植物生长周期长、种类多、基因组庞大等原因，其表观遗传学研究滞后于其他草本植物。目前，HPLC、HPCE、MSAP 等技术在全基因组序列未知的情况下可对 DNA 甲基化进行检测，因此在一些木本植物上应用较多。Fraga 等（2002a，2002b）在对辐射松（*Pinus radiate* D. Don.）由幼年营养生长阶段向成年生殖生长阶段转变前后，以及它们的分生和分化组织的 DNA 甲基化程度的研究中发现，辐射松幼年个体（无生殖能力）的 DNA 甲基化水平为 30%~50%，而成年个体（有生殖能力）的却提高到了 60%，并且这种 DNA 甲基化水平的改变是在阶段转化后快速完成的；它们分生组织间的 DNA 甲基化水平差异程度很大，但是在分化组织的差异程度却是很小的。Kubis 等（2003）分离并鉴定了油椰子（*Elaeis guineensis*）种子生长植株和组织培养的花败育畸形植株中不同类型的转座 DNA 元件，二者在基因序列上没有差异，但是它们在甲基化水平存在着一定的差异，表明其特异表型很可能与基因组成分的甲基化类型改变有关。

研究表明二倍体植物在四倍体化过程中会伴随大量的 DNA 甲基化（杨俊宝和彭正松，2005），从而对四倍体植物的生长发育产生一定的影响，表现如下。①DNA 甲基化：在植物中，基因甲基化模式改变可能导致部分基因沉默，从而影响植物的花期、育性和花及叶片的形态等（Martienssen and Colot，2001）；金鱼草 DNA 甲基化降低，使突变体表现丰富的发育多向性，如提前开花、矮化及不规则的器官数目等（Kakutani et al.，1996）；②组蛋白编码的改变：Burgers 等（2002）研究揭示，DNA 甲基转移酶本身的功能需要染色质重组和蛋白质的修饰；近来在拟南芥中发现，控制染色质重组的基因的突变可减少基因组 70%的 DNA 甲基化（Jeddeloh et al.，1999），但现在还没有研究证实 DNA 甲基化之外的组蛋白编码的改变；③转座因子激活：包括常存在于异染色质区域的甲基化不足的 DNA 转座因子和反转录转座子（Okamoto and Hirochika，2001；Bender et al.，1998），四倍体化可能会导致部分转座子的激活，这些激活的转座子可能会随机插入染色体任何部位，从而引起相应的表现型发生改变。

虽然，表观遗传理论关于生物表现型变异的遗传解释有多个方面和层次，但归根到底，这些大都与 DNA 甲基化有关。因此，DNA 甲基化应是四倍体刺槐花序复化的一个重要原因。

DNA 的甲基化修饰普遍存在于植物生长发育过程中，是植物生长发育过程基因调控的必要手段。从收集到的文献看，目前植物 DNA 甲基化的研究主要集中在模式植物上，针对的是共性的研究，而针对实际栽培应用的植物种类的研究相对较少。

本文结合前人的研究成果，分别从四倍体刺槐花序发育进程及 DNA 甲基化抑制剂 5-azaC 处理四倍体刺槐花序的效应等方面探索 DNA 甲基化对四倍体刺槐花序复化影响（黄禄君，2009）。

第一节　花序发育规律

植物花器官的发育包括了开花决定、花芽原基的生长、各花器官原基生长分化及花器官形成等过程。而植物花器方面的任何变异都是在这一过程中产生，并在花开放的时候表现出来。因此，对花器整个发育过程中各阶段的特征的研究就显得十分重要。四倍体刺槐花序在结构和物候期等方面都与二倍体刺槐花序间存在很大的差异，而对这些差异产生的阶段和方式的研究，将对研究四倍体刺槐花序变异的机理提供很大的帮助。通过石蜡切片等植物形态学的比较，对四倍体刺槐花序发育的整个过程进行研究，对外部形态与内部花序发育阶段间的关系进行初步的总结，进而发现四倍体刺槐花序变异产生的阶段及其过程。

试验材料采于北京林业大学四倍体刺槐与二倍体刺槐无性系试验林，于2002年种植，2004年开始开花，在无性系试验林中挑选5棵稳定开花的四倍体刺槐，分别标号后，作为冬芽处理和采集的试验树，在无性系试验林中挑选9棵稳定开花的四倍体刺槐，分别标号后，作为四倍体刺槐冬芽萌发后，花序生长物候期观测树。试验林基地位于北京市延庆县，北纬40°35′；东经116°04′，海拔568.9 mm，地形平坦，土壤为黄壤，中等肥力。延庆县属暖温带湿润气候带，年平均气温8℃，年平均降水量为568.9 m，冬春两季多干旱。

秋季取样：在10月开始到12月结束，每隔10 d选取饱满的四倍体新生芽，将其所在的枝条置于解剖镜下，把含有花芽（叶芽）的茎段一分为四，剖开三裂叶痕截取花芽（叶芽）部分进行下一步处理。

春季取样：第二年的2月开始到4月底花序芽萌发结束，每隔10 d选取饱满的花芽，在解剖镜下剖开三裂叶痕，仔细除去花序芽上的浓密表皮毛取出花芽（幼花序）进行下一步处理。

在四倍体刺槐花序芽萌发后，依据宛敏谓和刘秀珍（1979）与夏林喜等（2006）的方法，将四倍体刺槐花序芽萌发后的发育过程分为4个阶段进行观察。

（1）开放期：芽上部出现新鲜颜色并不断伸长；芽开放期一般是记录有10%的芽开放时的日期；

（2）展叶期：观测树上有个别枝条上的芽出现第一批平展的叶片时的日期；

（3）花序出现：以小花蕾完全展开或花序长度约达3.3 cm时的日期为准；

（4）开花期：从观测树有一朵或同时几朵花的花瓣开始完全开放到观测树上的花瓣凋谢脱落留有极少数的花为止。

四倍体刺槐的冬芽是混合芽，其内孕育着枝和花序，冬季隐藏在叶轴基部两托叶刺之间的叶痕内。4月上旬芽萌发，抽出嫩枝和幼花序。因此，观察分为两个部分：冬芽萌发前观察，从第一年的10月到第二年的4月上旬，主要通过植物显微技术等研究手段对四倍体刺槐的冬芽发育进行观察；冬芽萌发后观察，从第二年的 4 月上旬到 6 月上旬，主要采用植物形态学的方法对花序的发育进行研究。

样品观察：通过石蜡切片法进行脱水、透明、包埋、切片、脱蜡、复水、番红固绿复染、脱水、透明、封片等，最后在 Olympus BX51 光学显微镜下观察，并用摄像系统 DP70 照相。

一、冬芽萌发前观察

四倍体刺槐花序分化顺序是：苞片→花轴→小花萼片→小花花被片→雄蕊→雌蕊。

在观察中发现，四倍体刺槐的新芽在第一年的秋天就开始发育，其在叶轴基部托叶刺的枝条内形成层中形成细胞凸起，但是其在冬季的生长十分缓慢，直达第二年的 3 月初才开始正常发育。芽原基的顶部分化出 3 个凸起，其中边缘的两个为苞片原基，开始时它们的生长速度快于中间的一级花序原基，所以它们将其包裹起来。但随着中间一级花序原基的分化速度的加快，两苞片又逐渐打开，并在苞片与花序原基之间不断形成新的凸起，而这些凸起形成侧生分生组织，进行进一步的分化。这时如果在总状花序中，这些侧生分生组织会转化成花分生组织形成花原基，最终发育成小花；但是在变异花序中它们的发育方向就有很多了，继续维持花序分生组织特性，形成二级花序，或是形成小花，这是变异花序的一种来源。另一种来源是由于新分生组织的出现引起的，花轴分生组织细胞横向有丝分裂成一个细胞紧密的组织，这个分生组织继续分化，它也有两个发育方向，即花原基和二级花序，但不同的是它生成的小花也是二级结构，不同于主轴上的小花。然后就是小花的分化，在小花分化上总状花序与变异花序之间没有明显区别，只是在发育时期上，二级结构上的小花略晚于一级结构上的小花。

在对四倍体刺槐冬芽萌发前的切片观察中，发现了变异花序二级结构产生的时间和来源：在 3 月中旬，主花序轴上的侧生分生组织在一定因素的影响下，不只向一个方向（花原基）发育，而是可以向两个方向发育（花原基或二级花序），同时在已形成花原基的部位也会出现新的分生组织，这个分生组织同样有两个发育方向；正是因为这些分生组织特性的改变，才产生了四倍体刺槐不同类型的花序，如图 10.1 所示。

初步探明，四倍体刺槐开花期延长的原因就是四倍体刺槐中的变异花序中的二级结构的分化时期晚于主花序轴上小花，造成发育的不同步性，导致了四倍体刺槐开花期延长的现象。

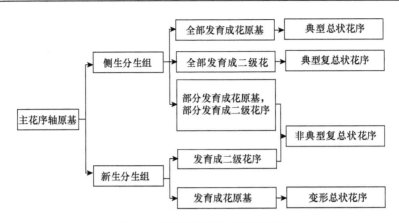

图10.1　四倍体刺槐花序类型来源

　　四倍体刺槐的冬芽特征为混合芽，其内孕育着枝和花序，冬季隐藏在叶轴基部两托叶刺之间的叶痕内。在对第一年 10 月底采集的饱满的新芽的石蜡切片中，可以清楚的看到叶柄下方的形成层细胞已经形成了一个饱满圆形凸起（图版 10.1.1），这时的新芽还处于未分化的芽原基状态。随着逐步进入冬季，叶柄部位的细胞开始木栓化，形成离层导致叶柄脱落，但芽原基没有明显的生长和分化过程，应该是进入冬季，细胞停止发育进入冬歇期。根据文献研究（赵宝军，1997；许明宪和黄尚志，1962），边缘的两个半圆形的凸起应为苞片原基，而中间的凸起应为花轴原基。

二、冬芽萌发后观察

　　2007 年和 2009 年，对四倍体刺槐冬芽萌发后，花序的发育物候期进行了观察，结果见表10.1。四倍体刺槐的冬芽在 3 月 15 日左右开始萌动膨大，在 4 月 1 日左右芽膨胀最大，芽鳞开裂露绿。然后经过近 15 d 的生长，在 4 月 13 日左右冬芽开始萌出生长，在此后 2 d 至 4 d 的时间内，树上 10%左右的芽萌发。再经历 15 d 左右开始展叶，并在 5 月初花序基本长成，进入花序出现期。再经过 15 d 左右的发育，花序进入开花期，在这之前的生长，四倍体刺槐与二倍体刺槐基本一致，二倍体刺槐略早于四倍体刺槐。但是在开花期上，四倍体刺槐比二倍体刺槐长将近一倍，四倍体刺槐的开花期为 25 d±2 d，而二倍体刺槐的开花期只有 13 d±2 d。

　　另一个不同就是在 2008 年 5 月 4 日左右，观察到了晚花序，一个以前没有被提及的花序种类，它的物候期比正常发育的花序晚 20 d 左右。

　　2008 年和 2009 年的四倍体刺槐花序发育的物候期相差不大，具有一定的代表性。

表10.1　四倍体刺槐花序发育的物候期

物候期	2007~2008		2008~2009		特征
	日期 （日/月）	平均气温 /℃	日期 （日/月）	平均气温 /℃	
芽原基发育期	5/10	—	5/10	—	冬芽隐藏在叶轴基部两托叶刺之间的枝条内
一级花序 原基发育期	27/2	2.8	27/2	2.3	苞片原基先发育，随后一级花序轴快速生长，并分化出侧生分生组织
二级花序 原基发育期	18/3	8.4	18/3	5	花原基形成，同时在变异花序中出现新的分生组织进行分化
小花分化期	7/4	9.6	7/4	9.5	一级花序轴上的小花开始器官分化
芽开放期	17/4	13.2	17/4	17.2	10%的冬芽萌发
展叶期	28/4	13.8	26/4	14.8	超过一半的新枝上的叶片展开
晚花序萌发期	4/5	17.6	—	—	在新枝的叶腋出现晚花序
花序出现期	7/5	19	4/5	18.4	花序上的小花完全展开，或者花序长度达到 3.3 cm
开花期	19/5~15/6	15.9	16/5~2/6	21	从第一朵小花开放到全部小花凋谢

注：晚花序只在 2008 年的观察中发现，而在 2009 年的观察中未见。

（一）花序分化

在第二年的 3 月初，四倍体刺槐的冬芽开始发育并逐渐分化出不同的花器原基，首先是在芽原基的顶端形成 3 个半圆形的凸起（图版 10.1.2 和 3），随后由于原基的内外细胞的分裂速度不相同，边缘的两个凸起的生长速度快于中间凸起，并逐渐向内弯曲，最终形成两个半圆形结构将中间的凸起包裹（图版 10.1.4 和 5），同时也观察到中间凸起被包裹后，开始分化发育，在其顶端产生多个小凸起。

当两苞片原基完全包裹中间部分时，中间部分也在慢慢生长并且逐渐加快，到 3 月中上旬时，内部细胞分化快于外部细胞分化，这时两苞片的顶端开始分开，芽原基分化开始。首先，中间的凸起部分的细胞加速分裂，慢慢变圆变长，并在中间凸起和苞片原基的中间分别长出新的小凸起（图版 10.1.5），然后这些小的凸起的分裂速度不断加快（图版 10.1.6 和 7），产生明显的凸起结构，先分裂出的结构发育较快，后分裂出的结构比较细也比较短，经过 5d 左右的生长，两苞片完全打开（图版 10.1.8）。

经过大约 10 d 的发育，在 3 月中下旬时，中间的原基不断的伸长，而在其侧面形成的新凸起组织也在分化，首先是其顶端的中间部分形成圆形凸起，同时两边逐渐变平，并且细胞开始往外、向上快速生长，形成杯状结构将中间的凸起包裹起来（图版 10.1.9 和 10）。这个由侧生组织形成的结构应该就是小花原基，而它的出现也标志着花序分生组织已经转化为花分生组织，四倍体刺槐进入小花分化时期。

（二）小花分化

在 3 月下旬，花分生组织被苞片原基形成的杯状结构包裹后，在苞片原基内侧的近轴端，会出现 3 个凸起，3 个凸起中一个为旗瓣原基，另外两个为雄蕊原基。紧接着在花萼的位置上会形成互生的 4 个凸起，它们是花瓣原基，即翼瓣原基和龙骨瓣原基；同时，在花瓣原基的内侧，与其交错而与花萼相对的部位生成 5 个半圆柱状的雄蕊原基，随后在最靠近内侧又形成与花瓣原基互生的 5 个较小的雄蕊原基，随后花瓣原基基部逐渐联合形成杯状（图版 10.1.11）。花萼与花瓣互生，花瓣与早发育的外侧雄蕊互生，两排雄蕊互生排列，而花萼与外侧雄蕊对生，花瓣与内侧雄蕊对生。

在 10 个雄蕊原基中有 5 个生长较快，其上部由半圆形逐渐形成较扁平状，上部较宽，下部明显较细，且花药内侧内陷与外侧一同继续增大形成药囊，同时，两药囊之间部分横向扩展为药隔，逐渐形成花药的雏形（图版 10.1.12）。

当花瓣原基形成突起时，花中央部分生长隆起顶部较尖，即为心皮原基。由于远轴端与近轴端生长速度不同，远轴端明显快于近轴端，使心皮的近轴面朝向花序轴，同时进行侧向生长，使近轴面的凹陷更深。横切面的观察结果表明雌蕊伸长较快，顶端细胞分裂旺盛，已开始弯曲，将来形成柱头，随着花柱继续向上与两侧生长，心皮腹部开始形成凹陷，且边缘有向内联合形成子房的趋势，当雄蕊原基顶端已经形成药囊时，才逐渐联合（图版 10.1.13）。

刺槐总状花序上小花的开放顺序为从花序的底部由下而上螺旋状开放。四倍体刺槐复花序上小花的发育过程和单花序上小花的发育过程是一样的。

（三）变形花序的形成

四倍体刺槐中的变形花序与典型总状花序不同之处是二级花序或二级小花的出现，在切片观察中正好发现了这两种二级结构出现的时期。

在 3 月中旬，主花序轴快速发育时，形成多个侧生分生组织（图版 10.1.7），这些侧生分生组织就会分成花分生组织，最终发育成小花。但在变形花序中这些侧生分生组织的发育方向就有两种。

第一种是侧生分生组织失去花序分生组织特性转化成花分生组织，发育成花原基。但是当其发育到一定程度，一般是花萼片原基形成后，在第一朵小花的萼片原基和下一小花原基之间的花轴上，出现一团新的分生组织细胞（图版 10.1.14和 15），而这团分生组织在花轴上快速发育，形成一个渐渐的凸起（图版 10.1.16），这时这个新生的分生组织也有两个发育方向：其中一个方向是发育成花原基进而发育成二级小花，这样发育而成的花序就是变形总状花序（图版 10.1.17）；另一个方向是维持花序分生组织特性，继续分化出侧生分生组织，从而形成二级花序，这样发育而成的花序就是非典型总状花序（图版 10.1.18）。

第二种是侧生分生组织继续维持花序分生组织特性，在其上生成新的侧生分生组织，进而发育成二级花序。这时如果主花序轴产生的全部侧生分生组织发育成了次级花序，那么发育成的花序就是典型复总状花序（图版 10.1.19），但是，如果不是全部、而只是一部分的话，就会发育成非典型复总状花序。

三、四倍体刺槐花序发育及其与外部形态关系

为了了解花芽的外部形态与花器官内部，即花序、苞片、花萼、小花等花序构件发育阶段的相互关系，以便在进行有关遗传改良或其他生物技术研究活动时，提供简单方便的花芽外部形态作为取材依据。以春季花芽作为起点，观察并归纳了花芽的外部形态与其内部发育阶段之间的相关性，见表 10.2。

表10.2 2008年四倍体刺槐花序发育及外部形态关系

日期 （日/月）	花芽外部形态	生长阶段			
		花轴	次级花轴	小花	苞片/花萼
27/2~17/3	三裂痕扁平	花轴原基			
18/3~27/3	三裂痕微鼓	花轴原基		—	苞片原基
28/3~6/4	三裂痕裂开	花轴	次级花轴原基	小花原基	苞片
7/4~16/4	三裂痕泛绿，有少量露白	花轴	次级花轴原基	小花原基	苞片
17/4~5 月初	花序萌发	花轴	次级花轴	小花器官分化	花萼

花芽内各花序器官发育时期与外部形态关系紧密，花芽外部形态特征可指导田间取材，方便遗传改良或者生物技术研究活动，减少试验工作量。另外，不同花序的发育可相差约 7 d，这对延长某个适宜的特定取样时期具有重要意义。

研究表明，四倍体刺槐花序发育的全过程可分为 9 个阶段，并发现对四倍体刺槐花序变异起到决定性作用的时期为一级花序原基发育后期，在这一时期变异花序中的二级结构开始分化，而其来源为主花序轴上的原侧生分生组织和脱分化形成的新分生组织；同时发现四倍体刺槐开花期比二倍体刺槐延长 15 d 左右。

第二节 花序复化的 5-azaC 处理效应

DNA 甲基化是基因组表达调控的重要方式。在植物的生殖发育中也起着很重要的作用。5-azaC 是常用的去甲基剂，在试验中已经广泛运用。经过 5-azaC 处理过的植物，DNA 甲基化水平下降，出现异常的生长发育，如植株矮化、叶片变

小、株成丛状、结实率降低等（King，1995）。

5-杂胞嘧啶核苷是 DNA 甲基化抑制剂，它能够使基因组甲基化水平降低（Zakharov and Egolina，1972）。利用 5-azaC 的 DNA 甲基化剂的特性，本试验探讨经过 5-azaC 处理的花芽对四倍体刺槐花序的发芽率、生长情况的影响，以及去甲基化处理以后，不同浓度不同处理时间对四倍体刺槐花序复花序的影响。

在多年生四倍体刺槐林及二倍体刺槐林中随机选择样本，选取饱满的多年生枝条上的成年四倍体花芽分化期的茎尖，使用三个浓度梯度的 5-氮杂胞苷溶液对处于分化期的四倍体刺槐花芽进行棉浸法处理，在花芽萌发后观察其对四倍体花芽的影响（Nozomi，2005）。采用的 5-氮杂胞苷溶液浓度分别为：50 μmol/L，100 μmol/L，250 μmol/L，同时用蒸馏水作为对照（李梅兰，2001），以三个浓度分别处理花芽 3 d 和 7 d，见表 10.3。统计花芽萌发数、花芽生长情况和复花序数；并采集样品，用石蜡切片法切片，番红固绿复染。

表10.3　5-azaC处理组合

处理	处理时间/d	处理浓度/（μmol/L）
1	3	0
2	3	50
3	3	100
4	3	250
5	7	0
6	7	50
7	7	100
8	7	250

在春季花芽处于分化期的时候，用棉花包裹好花芽，每日补充 5-azaC 溶液，保持棉花的湿润。处理时间分别为 3 d 和 7 d，处理完毕后取下包裹在花芽上的棉花。每个时间每个浓度设置重复数不少于 30 个。棉浸法处理两周后：①统计发芽花芽数量，计算花芽发芽率；②每隔两天使用游标卡尺等工具统计花芽的直径和长度，考察不同浓度的 5-azaC 溶液处理对四倍体刺槐花序发育情况的影响；③统计复花序数量，计算花芽复化率。

花芽发芽率：棉浸法处理两周后统计发芽花芽数量，计算花芽发芽率，考察不同浓度的 5-azaC 溶液处理对四倍体刺槐花序萌发的影响。花芽发芽率计算公式：

萌发率=（处理数–未发芽数）÷处理数×100%

花芽生长情况：花芽在处理两周后每隔两天使用游标卡尺等工具统计花芽的直径和长度，考察不同浓度 5-azaC 溶液处理对四倍体刺槐花序发育情况的影响。

花序复化率：棉浸法处理两周后统计复花序数量，计算花芽复化率，考察浓度与处理时间对四倍体刺槐花序复化率的影响。

花序复化率计算公式：花序复化率=复花序数÷(处理花芽数–未萌发发芽数)×100%

样品的制备与观察：通过石蜡切片法进行脱水、透明、包埋、切片、脱蜡、复水、染色、脱水、透明、封片等，最后在 Olympus BX51 光学显微镜下观察，并用摄像系统 DP70 照相。

一、5-azaC 溶液处理对刺槐冬芽发芽率的影响

用 4 个浓度和两个处理时间处理四倍体刺槐和二倍体刺槐（普通刺槐）材料树上冬芽，处理完成两周后统计冬芽发芽率（表 10.4）。经过 5-azaC 溶液处理后的二倍体刺槐发芽率均为 0。而四倍体刺槐明显好于二倍体刺槐，通过对四倍体刺槐冬芽萌发率的方差分析发现，不同浓度之间的发芽率差距不显著，而不同处理时间的发芽率之间的差距在 0.01 水平上达到极显著。在处理时间这个水平上，5-azaC 溶液处理时间为 3 d 的平均发芽率 46.05%，5-azaC 溶液处理时间为 7 d 的平均发芽率为 21.10%，5-azaC 溶液处理时间为 3 d 的发芽率明显高于 7 d 的发芽率。

5-azaC 的棉浸处理对刺槐冬芽的萌发有一定的抑制作用，特别是在二倍体刺槐中，而在四倍体刺槐中，其抑制作用也很明显，但好于二倍体刺槐。

表10.4　5-azaC处理后花芽发芽率

		3 d				7 d			
		对照	50μmol/L	100 μmol/L	250 μmol/L	对照	50 μmol/L	100 μmol/L	250 μmol/L
四倍体刺槐	冬芽总数	33	32	31	32	38	38	38	41
	有效萌总数	18	9	16	16	8	6	6	13
	发芽率/%	54.5	28.1	51.6	50	21.1	15.8	15.8	31.7
二倍体刺槐	冬芽总数	50	50	50	50	50	50	50	50
	有效萌发总数	0	0	0	0	0	0	0	0
	发芽率/%	0	0	0	0	0	0	0	0

二、5-azaC 溶液处理对四倍体刺槐花序复化率的影响

利用棉浸法对四倍体刺槐和二倍体刺槐材料树上的处于一级花序原基发育期的饱满冬芽进行处理，结果见表 10.5。对照组的花序变异率比较稳定都为 25.00%，而三个浓度处理组对花序的变异都表现出了明显的抑制作用，特别是

100 µmol/L 浓度组对花序变异的抑制作用最为明显，在两个处理时间中花序复化率都为 0。

表10.5　5-azaC处理后花序变异率

	3 d				7 d			
	对照	50 µmol/L	100 µmol/L	250 µmol/L	对照	50 µmol/L	100 µmol/L	250 µmol/L
冬芽总数	50	50	50	50	50	50	50	50
花芽总数	8	7	10	13	16	9	16	15
变异花芽数	2	1	0	0	4	0	0	1
变异率/%	25.00	14.29	0	0	25.00	0	0	6.67

三、5-azaC 溶液处理后的花芽生长情况

用 2×4=8 个处理的试验设计方法处理四倍体刺槐花芽，处理完成两周后开始每隔两天分别记录花芽的长度、直径。

（一）5-azaC 溶液处理后的花芽长度生长情况

从图 10.2 可以看出，处理 3d 时，四倍体刺槐花芽长度生长曲线呈 S 型，50 µmol/L、100 µmol/L、250 µmol/L 的 5-azaC 溶液处理和对照的花芽长度生长曲线相似，对照处理的花芽在处理完毕 15 d 之后的生长速度大于其他浓度处理的花芽，说明各浓度 5-azaC 溶液处理后的四倍体刺槐花芽的长度比对照长度短，其中花芽长度生长抑制最大浓度为 250 µmol/L 5-azaC 溶液。

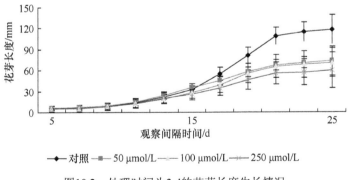

图10.2　处理时间为3 d的花芽长度生长情况

从图 10.3 可以看出，处理 7 d 时，四倍体刺槐花芽长度生长曲线呈"S"形，50 µmol/L、100 µmol/L、250 µmol/L 5-azaC 溶液处理和对照的花芽长度生长曲线相似。从记录数据的 9 d 后，经 5-azaC 溶液处理的四倍体刺槐花芽长度的增长速

度开始比对照快，与对照相比，经 5-azaC 溶液处理后的四倍体刺槐花芽长度生长比对照花芽要早。

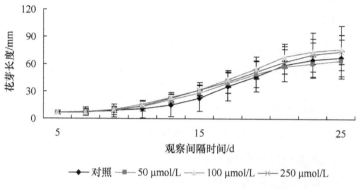

图10.3　处理时间为7 d的花芽长度生长情况

（二）5-azaC 溶液处理后的花芽直径生长情况

从图 10.4 可以看出，处理 3d 时，四倍体刺槐花芽直径生长曲线呈"S"形，250 μmol/L 5-azaC 溶液处理后的四倍体刺槐花芽直径生长速度小于其他处理的花芽直径的生长速度，最终其直径也小于其他处理的花芽。50 μmol/L、100 μmol/L 5-azaC 溶液处理和对照的四倍体刺槐花芽直径生长曲线几乎平行，与最终的花芽直径也很相近。

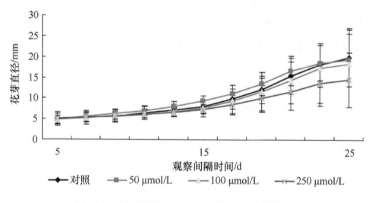

图10.4　处理时间为3 d的花芽直径生长情况

从图 10.5 可以看出，处理 7 d 时花芽直径生长情况 50 μmol/L、250 μmol/L 5-azaC 溶液处理后的四倍体刺槐花芽生长速度小于其他处理的花芽生长速度，最终其直径也小于其他处理的花芽。100 μmol/L 5-azaC 溶液处理和对照的四倍体刺槐花序直径生长曲线几乎平行，与最终的花序直径也很相近。

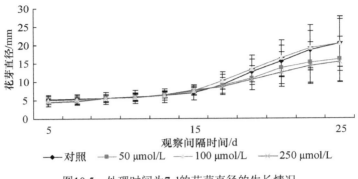

图10.5 处理时间为7 d的花芽直径的生长情况

在 5-azaC 溶液棉浸法处理四倍体刺槐花芽的试验中，处理时间的长短对 5-azaC 是否充分发挥效力起着十分重要的作用。

（1）不同浓度 5-azaC 溶液处理的四倍体刺槐花芽，不同处理浓度之间的花芽发芽率差距不明显；在处理时间方面，处理时间为 3 d 的花芽发芽率最高，为51.6%。

（2）处理时间为 3 d 时，5-azaC 溶液处理和对照花芽的长度生长差距明显，对照花芽长度明显大于处理花芽长度，但在处理时间为 7 d 时，5-azaC 溶液处理和对照花芽长度生长差距不大。在花芽直径生长方面，处理时间为 3 d 时，5-azaC 溶液处理和对照花芽的生长曲线类似，其中 5-azaC 溶液处理浓度为250 μmol/L 时，四倍体刺槐花芽直径远小于对照、50 μmol/L 和 100 μmol/L 处理。处理时间为 7 d 时，当 5-azaC 溶液浓度为 50 μmol/L 和 250 μmol/L 时，花芽直径远小于对照和 100 μmol/L 处理。从四倍体刺槐花序生长曲线来看，5-azaC 溶液浓度越高，花芽变小现象越严重；5-azaC 溶液处理时间越长，花芽的直径越小。

（3）在四倍体刺槐花序分化时期使用 5-azaC 溶液处理花芽，与对照相比花序形态更矮小，复化率低。5-azaC 溶液可以抑制四倍体刺槐复花序的形成，可有效减少四倍体刺槐花序中复花序的数量。降低花序中 DNA 甲基化程度，可以有效降低四倍体刺槐花序复化率。

四、5-azaC 处理对四倍体刺槐复花序发育影响的切片观察

经过上述试验，筛选出了处理四倍体刺槐冬芽最好的5-azaC浓度和时间组合：100 μmol/L 和 7 d。利用这个组合，在 3 月中上旬，于四倍体刺槐花序芽处于一级花序原基发育中后期时，对其冬芽进行棉浸处理，处理后，采集处理的芽进行石蜡切片分析。

（一）次级花轴原基的形成

对照四倍体花芽的复花序起源于花芽的花轴原基中，在发育中的花轴原基中间，形成一个紧密的细胞团，细胞团向外分裂鼓起，形成一个细胞团（图版 10.2.1）。细胞团继续分裂，凸起变长，形成次级花轴原基或者小花原基（图版 10.2.3）。次级花轴继续分化，在次级花轴的位置上会再次分裂出凸起的细胞团（图版 10.3.4），这个细胞团继续分化成三级花轴原基或者小花原基，这种分化方式的结果是四倍体刺槐花序变成与总状花序不一样的复总状花序（图版 10.3.7）。如果这个细胞团直接分化成小花，那么这种分化方式的结果就是常见的四倍体刺槐的单总状花序（图版 10.3.6）。

经过 100 µmol/L 的 5-azaC 溶液处理的四倍体花芽的复花序起源于花芽的花轴原基中，在发育中的花轴原基中间，形成一个较紧密的细胞团，细胞团向外分裂鼓起，形成一个细胞团（图版 10.3.2）。细胞团继续分裂，凸起变长，形成次级花轴原基（图版 10.3.3）。次级花轴继续分化，在次级花轴的位置上会再次分裂出凸起的次级花轴原基或者小花原基（图版 10.3.5），前者继续分化成复总状花序，而后者分化成单总状花序。

（二）处理后的四倍体刺槐花序发育及外部形态关系

经对比发现，100 µmol/L 浓度的 5-azaC 溶液处理后四倍体变异花序芽中新分生组织出现的时间略早于对照组的出现时间（图版 10.3.1 和 2），从中总结了其各发育时期的表型与芽发育时期对照表（表 10.6），而经过 5-azaC 处理后，花芽的次级花轴原基的分化比对照花芽的时期稍微提前。

表10.6　5-azaC处理后的四倍体刺槐花序发育及外部形态关系

时间（日/月）	处理	花芽外部形态	生长阶段		
			花轴	次级花轴	小花
27/2~17/3	对照	三裂痕微鼓	花轴	次级花轴原基	小花原基
	100 µmol/L	三裂痕微鼓	花轴	次级花轴原基	小花原基
18/3~27/3	对照	三裂痕裂开	花轴	次级花轴原基	小花原基
	100 µmol/L	三裂痕裂开	花轴	次级花轴	小花原基
28/3~6/4	对照	三裂痕泛绿，有少量露白	花轴	次级花轴	小花内部器官分化
	100 µmol/L	三裂痕泛绿，有少量露白	花轴	次级花轴	小花内部器官分化
7/4~16/4	对照	花序萌发	花轴	次级花轴	小花
	100 µmol/L	花序萌发	花轴	次级花轴	小花

四倍体刺槐花芽经过 5-azaC 溶液处理以后，在相同环境条件下，处理花芽的

发育进程在处理 10 d 之后，开始比对照花芽的发育进程稍微快一步。造成这个现象可能原因是，经过去甲基化试剂 5-azaC 溶液处理，DNA 甲基化水平降低，诱导开花的基因或者启动子发生去甲基化并进行表达，又使抑制开花的基因重新甲基化而关闭表达，导致植物体生理生化状态发生改变，诱导植物开花（Finnegan et al.，2000）。

经过 100 μmol/L 5-azaC 溶液处理之后的四倍体花芽的花序发育过程与对照花芽的花序发育过程相似，但是在次级花轴发育中，处理以后的花序比对照要早。说明，5-azaC 溶液的处理能够促进四倍体刺槐花序发育进程，诱导其提前开花。

第十一章　四倍体刺槐花序变异观察及分析

多倍体植物在形成过程中各性状上产生一定的变异，而这些变异的产生很可能与染色体加倍过程中的异源染色体组间的相互作用，同源基因加倍后的剂量效应和相互作用，使基因在表达量上发生变化有关。特别是花器方面，这些变异产生很可能与基因在表达量上发生变化有关（Comai，2000），包括基因沉默（表观遗传因素引发，不涉及 DNA 序列的变化）和基因失活（由于序列突变导致基因失去表达活性）。DNA 甲基化，特别是胞嘧啶的甲基化，具有表观遗传效应和突变效应，它能够抑制基因表达或导致基因异常表达。植物中 DNA 甲基化导致基因沉默从而对发育基因进行调节的一个典型例子是 FWA 转录因子，该基因仅在胚外胚乳层表达，在其他组织中，该基因转录起始区的部分重复序列发生甲基化从而使基因沉默，若去除该甲基化，基因便能顺利表达（Kinoshita et al.，2004；Soppe et al.，2000）。在植物多倍体中出出基因失活的概率十分低，特别是木本植物中。这样，基因沉默就成为多倍体中基因表达量改变的主要原因，也使其成为研究的热点。

四倍体刺槐在花期和花序结构上的变异与 DNA 甲基化状态改变后产生的现象十分相似，因此，对四倍体刺槐 DNA 甲基化状态的改变应该作为四倍体花序复化的一个重要可能原因加以研究。

二倍体刺槐经染色体加倍变为四倍体刺槐后，其生殖器官在花序、小花等方面发生了很大的变异，部分花序由原来的单总状花序变异为复总状花序。花序结构发生了显著的变异，表现为初生时：二倍体植株上的花序形态为小长方体形、四倍体植株上的为较大的近球形；成熟时：二倍体上的花序是由平均 30 朵±5 朵小花组成的单总状花序，四倍体上的是由平均 67 朵±8 朵小花组成的复总状花序。

关于染色体同源加倍导致植物花序复化现象虽然还未见有报道，但植物突变体的花序变异现象的报道却有一些，不过所报道的花序变异模式均不如四倍体刺槐的典型和稳定。白花苜蓿的 sid 突变体（Berbel，2001）、拟南芥中 LFY 的突变体（Schultz，1991）及金鱼草中的 FLO 的突变体（Coen and Meyerowitz，1991）均导致植株以花序原基取代花分生组织，使花序的发育方式发生了明显变化。

相关研究在四倍体刺槐中发现一种新的花序变异类型，物候期变异花序-晚花序，它的特点是物候期延后，但花序结构没有变异，而且发生率极不稳定；四倍体刺槐的花序与结构变异的花序的生长规律与对照的十分相似，但与二倍体刺槐间存在一定差异；各类型花序的比例在不同个体和年份间差异较大；花序上小花的变异主要表现为发育的不同步性和不同级别小花间的结构变异。

利用植物显微技术和植物形态学方法，对四倍体刺槐花序形态发育的过程进行研究，并从刺槐基因组 DNA 中克隆花分生组织同源基因 *RpTFL1* 和 *RpLFY* 的部分片段，通过比对它们与豆科其他植物的同源基因的同源性，研究四倍体刺槐与二倍体刺槐的基因序列上的差异（路超等，2012；路超，2010）。

第一节　花序变异

二倍体刺槐花序为典型总状花序（raceme）：花轴不分枝，其上着生有柄小花；其小花为典型的蝶形花：↑K（5）C5A (9)+ 1，G(1：1：∞)。但是，经染色体加倍后，四倍体刺槐花序发生了明显变异，其花序类型出现了三种新形式（姜金仲等，2008a）：变形总状花序、非典型复总状花序和典型复总状花序（在本研究中研究人员将非典型复总状花序与典型复总状花序统称为复总状花序）；而小花结构没有发生变化，仍然是典型的蝶形花。从四倍体刺槐不同类型花序表型变异，花序生长变异，以及各花序类型比例在四倍体刺槐不同个体、不同年份间的变异三个方面，对四倍体刺槐花序的生长和变异情况及其规律进行阐述。

试验林基地位于北京市延庆县。北纬 40°35′，东经 116°04′，海拔 568.9 mm，地形平坦，土壤为黄壤，中等肥力。延庆县属暖温带湿润气候带，年平均气温 8℃，年平均降水量为 568.9 m，冬春两季多干旱。四倍体刺槐与二倍体刺槐无性系试验林于 2002 年种植，2004 年开始开花。在无性系试验林中挑选 100 棵稳定开花的四倍体刺槐，分别标号后，作为花序结构变异观测树。随机挑选同源四倍体刺槐和二倍体刺槐各 90 个花序芽，对其生长情况进行对比观测。

2008 年和 2009 年，每年 3 月至 6 月，从四倍体和二倍体刺槐花序萌发后每隔 5~8 d 对花序长度等生长情况进行观测；待小花露白，花序结构定型后，对花序变异类型的种类及其数量进行统计。

一、晚花序的发现

在 2008 年的四倍体刺槐花序观察中，共发现了三种四倍体刺槐花序的变异类型：变形总状花序、非典型复总状花序和典型复总状花序。它们虽然在结构上与总状花序上存在明显差异，但是在萌发时间等物候指标上不存在差异。而在进一步的观察中，发现了以前观察中没有被发现的现象：晚花序现象，对它的定义为每年 5 月 7 日左右，即在正常花序生长萌发生长 20 d 后，在当年生新枝的叶腋部分生长出的新花序；同时将四倍体刺槐中正常发育的花序定义为早花序，以便于将这两类花序区分开。在其他多倍体植物研究中（Schranz and Osborn，2004，2000；Ramsey and Schemske，2002；Bretagnolle and Lumaret，1995），晚花现象经常被发现，但是像四倍体刺槐花序变异如此复杂的现象还没有见到报道。

在 2008 年 100 棵花序结构变异观测树中，共观察到花序 6256 个，其中晚花序为 1496 个，占当年花序总数的 23.91%，但是在 2009 年的观测中，在观察到的 4974 个花序中只有 7 个为晚花序，所占比例仅为 0.14%。

晚花序还有许多不同于早花序的现象，总状花序在其花序类型中占据优势，在观测到的晚花序中没有发现四倍体刺槐其他两个类型花序，其花序变异率只有 1.83%，而且其变异更倾向于畸形，如两小花的融合，一朵小花中具有两个雌蕊，花瓣数量加倍但花萼为一个；又如两个花序柄的融合，只在顶部分开。

二、小花发育的不同步性

四倍体刺槐的两种变异花序类型产生是由于在总状花序的主花序轴上形成了次级小花或次级花序，而这些新分化的器官上的小花的发育明显晚于主轴上小花的发育。这就导致了在同一个变形总状花序或复总状花序上，主花序轴上的小花与次级小花或次花序轴上小花的交替开放的现象，同时表现为四倍体刺槐开花期的延长。

在小花的开放时间上，不同位置的小花间没有明显差异，都为 13 d 左右，小花大小也基本相同并都大于二倍体刺槐小花。同时，也发现了一些差异，在次级花序上的小花出现结构变异的概率明显高于主花轴上的小花，如小花簇生、顶生小花为两个或更多小花融合。

而且不同类型花序上的小花花柄长度明显不同（表 11.1），三个类型小花花柄的长度间差异极显著，四倍体刺槐主轴小花的花柄最长，二倍体刺槐小花花柄居中，而四倍体刺槐次级花序轴小花的花柄最短。

表11.1　2009年不同类型花序小花花柄长度比较

树种	花序类型	花柄长度/cm
四倍体刺槐	总状花序+变形总状花序	0.817±0.026Ca
	复总状花序	0.522±0.029A
二倍体刺槐	总状花序	0.708±0.025B

注：只测总状花序和变形总状花序中的一级花序（主轴）上的小花花柄长度，并将二者测量值合并；同时测复总状花序的次级花序上的小花花柄长度。

三、同一新枝着生多个花序的现象

多花序并生同一新枝，在刺槐中并不是新的表型现象，在二倍体刺槐中也可以观察到。但是比例很低。而在四倍体刺槐中，两花序甚至多花序并生枝是一种比较普遍的现象。

由表 11.2 可知，两年间多花序着生枝在二倍体刺槐和四倍体刺槐中的比例比较稳定，二倍体刺槐为 4%左右，而四倍体刺槐在 25%左右。另外，研究发现处于同一新枝上的几个花序类型也不是完全相同的，而且其在多花序着生枝的比例两年间也一直维持在 20%以上。而且着生于多花序枝上的总状花序和变形总状花序的比例都在 40%左右。这说明多花序着生枝在二倍体刺槐经由染色体加倍形成四倍体刺槐后，已经由原来的小比例表型变为高比例稳定表型了。

表11.2　四倍体刺槐与二倍体刺槐中多花序并生比例（%）

树品种	年份	多花序着生枝比例	不同类型花序多花序着生枝比例	总状花序比例	变形总状花序比例	复总状花序比例
四倍体刺槐	2008	27.41	27.41	81.88	17.50	6.18
	2009	23.34	54.61	44.00	33.92	22.07
二倍体刺槐	2008	4.46	—	—	—	—
	2009	3.78	—	—	—	—

同时发现着生于同一新枝上的花序不都是相同类型的，调查发现，同一新枝上出现两种或三种不同花序类型的比例非常高，2008 年为 27.41%，而在 2009年更是超过了半数达到了 54.61%。同时，发现在多花序着生枝中，总状花序所占比例较高。

四、不同类型花序的生长规律

在 2008 年和 2009 年 4 月至 6 月，从四倍体刺槐和二倍体刺槐随机各挑选 90个早花序芽及后来出现的 90 个晚花序，对其生长情况进行观测。

四倍体刺槐在花序类型上产生较大变化后，其早花序的生长规律基本与二倍体刺槐保持一致，但晚花序的生长明显不同（表 11.3，图 11.1）。四种类型早花序的生长都呈现"S"形曲线，经历了三个生长阶段，两个总状花序在 4 月 1日至 19 日早花序四倍体总状花序和二倍体总状花序的早期生长中明显快于两个变异类型花序（变形总状花序和复总状花序），但很快就被后者超越。而晚花序的生长规律明显不同于其他几种类型花序，其生长未呈"S"曲线上升，而更接近于直线上升。

表11.3　2008年不同类型花序生长观测表

类型	时间（日/月）								
	1/4	19/4	26/4	6/5	11/5	16/5	21/5	26/5	31/5
四倍体总状花序	0	0.834±0.047	1.342±0.081	3.925±0.306	6.647±0.598	6.964±0.415	6.914±0.429	—	—
变形总状花序	0	0.751±0.079	1.421±0.121	4.586±0.301	7.714±0.440	7.967±0.469	8.132±0.500	—	—
复总状花序	0	0.656±0.081	1.428±0.164	4.987±0.464	7.323±0.505	7.742±0.565	7.666±0.544	—	—
晚花序	—	—	—	0	1.295±0.180	2.037±0.247	3.435±0.412	5.173±0.583	6.158±0.623
二倍体总状花序	0	0.859±0.033	1.154±0.065	2.152±0.070	6.029±0.230	7.325±0.306	7.653±0.346	—	—

注：晚花序只在 2008 年出现，而 2009 没有出现。

在图 11.1 中更容易看出花序的生长规律，4 种类型早花序的生长都呈 "S" 形曲线，经历了三个生长阶段，而晚花序的生长更接近于直线上升。

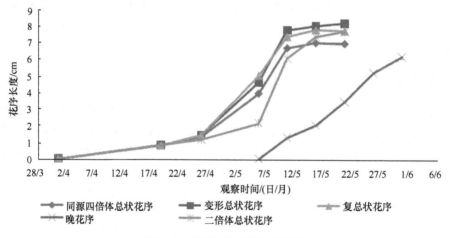

图11.1　不同类型花序生长情况

（一）四种类型早花序的三个生长阶段

第一阶段为初期的平稳生长阶段：花序生长比较平稳而且缓慢，全部生长量的 20%左右在这一阶段完成。生长趋势分析显示：这一阶段 4 种类型花序的生长都是接近直线增长的（四倍体刺槐总状花序 R^2=0.9956；变形总状花序 R^2=0.9725；复总状花序 R^2=0.9670；二倍体总状花序 R^2=0.9487），在生长速率方面，4 种类型花序间的差异也不大，二倍体总状花序的生长速率略快于四倍体刺槐的三种花序的生长速率（四倍体刺槐总状花序 $K=0.0528$；变形总状花序 $K=0.0545$；复总状花序 $K=0.0546$；二倍体总状花序 $K=0.0590$）。

第二阶段为中期的快速生长阶段：花序生长快速增加，花序生长量的 70% 左右在这一阶段完成。在生长趋势分析中显示，4 种类型花序的生长仍然呈直线增长（四倍体刺槐总状花序 $R^2=0.9950$；变形总状花序 $R^2=0.9655$；复总状花序 $R^2=0.9956$；二倍体总状花序 $R^2=0.9234$），但在生长速率上二倍体刺槐花序的生长明显快于四倍体刺槐的三种类型花序（四倍体刺槐总状花序 $K=0.34$；变形总状花序 $K=0.4048$；复总状花序 $K=0.3877$；二倍体总状花序 $K=0.5173$）。

第三阶段为后期的缓慢生长期：在这一阶段花序只生长了 4% 左右，基本停止生长。花序完全展开，小花开始露白，进入开花期。

二倍体刺槐总状花序与四倍体刺槐三种类型花序三个阶段的时间是不同的，二倍体刺槐花序三个阶段的时长分别为 37 d、10 d 和 5 d，而四倍体刺槐花序的为 26 d、10 d 和 10 d。

（二）晚花序的生长规律

晚花序的生长明显不同于其他早花序，由于其分化较晚，这时的外界条件和树体内部环境都十分适合花序的生长，所以它的生长没有前期的缓慢生长而是一直保持稳定的快速生长，其生长曲线接近直线（$R^2=0.9898$，$K=0.2504$）。

（三）花序长度及小花数的变异

在对花序生长情况的观察中，发现四倍体刺槐与二倍体刺槐在花序长度和单花序上小花的着生数量上存在明显差异，因此，对四倍体刺槐的三种早花序类型和二倍体刺槐的总状花序进行了比较。由表 11.4 可知，四倍体刺槐的总状花序的长度最短，变形总状花序的长度最长，两者间的差异达到了极显著水平，而它们与另外两种花序长度的差异不显著。在单花序着生小花数量上四倍体刺槐的总状

表11.4　四倍体刺槐与二倍体刺槐花序长度和花序小花数及小花比较

树种	花序类型	花序长度/cm	小花数
四倍体刺槐	总状花序	6.914±0.429A	26.1（21，38）B
	变形总状花序	8.132±0.500B	32.5（21，47）B
	复总状花序	7.666±0.544AB	60.8（24，126）C
二倍体刺槐	总状花序	7.655±0.346AB	19.9（10，31）A

注：括号中的数字表示实测的最小值和最大值。

花序和变形总状花序间的差异不显著，而它们与复总状花序和二倍体刺槐总状花序之间的差异都达到了极显著水平。

相关分析表明花序长度与小花着生数量两者之间没有明显的相关性（R=0.208，P=0.396）。

五、四倍体刺槐各类型花序间关系

四倍体刺槐早花序中的三种变异结构类型花序与晚花序间存在明显的差异，但同时也存在着相同之处。这四种变异花序类型间的相同之处就是变形总状花序、非典型复总状花序和典型复总状花序二级结构上小花的发育时间与晚花序上小花的基本同步。四倍体刺槐三种结构变异花序类型最为明显的特点就是同一花序不同级次结构上小花的发育不同步性，由于四倍体刺槐的结构变异花序类型在总状花序的主花序轴上形成了次级小花或次级花序，而这些新分化的器官上的小花的发育明显晚于主轴上小花的发育，而与晚花序的发育基本相同。但编著更加关心的是它们的差异，因为它们的差异体现了四倍体刺槐的不稳定性，这正是其产生变异的来源。

（1）四倍体刺槐的四种早花序类型间存在着一种渐进的关系，总状花序-变形总状花序-非典型复总状花序-典型复总状花序，变异程度逐步加深；而晚花序更像是一种跨越，它很可能是新枝的某些组织脱分化后发育而来，而另外三种变异花序的变异是在原有的刺槐花序器官上发生的，晚花序更符合以前在多倍体研究中发现的变异花序。

（2）晚花序中总状花序占据优势，在观测到的晚花序中没有发现非典型复总状花序和典型总状花序，变形总状花序所占的比例只有 1.83%，并且其变异更倾向于畸形，如一朵小花中具有两个雌蕊，花瓣数量加倍但花萼为一个；又如两个花序柄的融合，只在顶部分开。而不是早花序中变形总状花序的在小花柄部产生新的小花。并且晚花序与变异花序间存在着相互抑制的关系（表11.5），四倍体刺槐单株中晚花序的比例高时，相应的变异花序的比例就会明显偏低；反之亦然。在对这两个性状进行相关性分析中也证明了两者间存在明显的负相关性（R= –0.461，P=0.000）。

表11.5　各类型花序比例

年份	早花序				晚花序/%	多花序着生枝/%	总和
	总状花序/%	变形总状花序/%	复总状花序/%	总和/%			
2008	57.16(3576)	17.10(1070)	1.82(114)	76.09(4760)	23.91(1496)	27.41(1346)	6256
2009	40.65(2024)	35.81(1783)	23.40(1165)	99.86(4972)	0.14(7)	23.33(942)	4979

（3）在 2008~2009 年，对第一年的 270 个冬芽的发育方向进行了连续观测。在 2008 年的春季观测中，270 个冬芽中的 142 个为叶芽，只发育成新枝，其上没有花序，其余的 128 个冬芽为花序芽，发育出了含有花序的新枝，其中 47 个新枝上的花序为总状花序，11 个新枝上的花序为变异花序（包括变形总状花序和复总状花序），57 个新枝上的花序为晚花序，13 个新枝上着生了多花序。为了弄清楚这些新枝的不同类型是否会对其自身的发育及其上冬芽的发育产生影响，在 2009 年对这 270 个新枝进行了连续观察，研究发现有 179 个新枝存活，91 个枯死。然后编著对存活的 179 个新枝上的冬芽的发育方向进行了统计，并与 2008 年的结果进行对比，见表 11.6。

表11.6　冬芽不同年份的发育方向连续观察

2008		2009				
新枝类型	总和	总状花序/%	变异花序/%	晚花序/%	无花序/%	死亡率/%
总状枝	47	4.26(2)	6.38 A(3)	0	63.83(30)	25.53(12)
变异枝	11	9.09(1)	9.09 A(1)	0	45.45(5)	36.36(4)
晚序枝	57	3.51(2)	24.56 B(14)	0	29.82(17)	42.11(24)
多序枝	13	7.69(1)	15.38 AB(2)	0	53.85(7)	23.08(3)
无序枝	142	6.34(9)	11.97 A(17)	0	47.89(68)	33.80(48)

注：为表述清楚我们按照新枝上的花序类型将各类型新枝进行了划分：将含有变异花序的新枝称为变异枝；将含有总状花序的新枝称为总状枝，将含有晚花序的新枝称为晚序枝，将含有多个花序的新枝称为多序枝，将不含花序的新枝称为无序枝。括号内数据为实际调查的样本数量。

2009 年的新枝存活率最高的是多序枝（76.92%），最低的为晚序枝（57.89%），且不同新枝类型间的存活率差异不显著（$F=0.1579$，$P=0.958$），这说明冬芽的不同发育方向对新枝的存活率没有影响；对 2008 年不同类型新枝上的冬芽类型进行统计，总状花序生成率最高的是变异枝（9.09%），而变异花序生成率最高的是晚序枝（24.56%），而无花序生成的比例最高的为总状枝（63.83%），发现各类型新枝间的总状花序生成率（$F=0.488$，$P=0.744$）和无花序生成率（$F=0.904$，$P=0.473$）差异不显著，但是在变异花序生成率上，各类型新枝间的差异达到了显著水平（$F=3.071$，$P=0.030$），通过多重比较后发现晚序枝，其上的冬芽在 2009 年发育出变异花序的比例最高，并与总状枝、变异枝和无序枝的差异达到显著，与多序枝间的差异不显著，但在对发育出变异花序的 2 个多序枝的分析中发现，这 2 个多序枝的花序组合非常有趣，其中一个多序枝上的两个花序一个为早花序，一个为晚花序；而另一个更为彻底，两个都为晚花序。所以根据方差分析比较，研究认为第一年形成的晚序枝很可能有促进其上的冬芽向变异花序发展的作用。

在以前的研究中（姜金仲，2008a），共发现了三种四倍体刺槐花序的变异类型：变形总状花序、非典型复总状花序和典型复总状花序（本文中将其合并为两种：非典型复总状花序和典型总状花序合并为复总状花序）。在 2008 年的花序观察中又发现了典型的晚花序，对它的定义为正常花序（或早花序）发育20 d 左右，在当年生新枝的叶腋部分生长出的新花序。这就使四倍体刺槐的花序类型更加完善。在观察中，四倍体刺槐的其他花序类型间更像是一种渐进的关系，总状花序-变形总状花序-非典型复总状花序-典型复总状花序，变异程度逐步加深；而晚花序更像是一种跨越，它很可能是新枝的某些组织脱分化后发育而来。

还观察到了晚花序与变异花序间的相互抑制作用，在观测中发现，四倍体刺槐单株中如果晚花序的比例高了，相应的变异花序的比例就会明显偏低；反之亦然。在对这两个性状进行相关性分析中也证明了两者间存在明显的负相关性。

另一个发现是一枝多花序现象的普遍存在，一枝多花序是指在当年生的新枝上着生两个或两个以上花序的现象。这种现象在二倍体刺槐中也存在但发生频率非常低（4%左右），而在四倍体刺槐中却有了很大的提高（25%左右）。

还有就是这两个现象结合时的问题，晚花序中多花序着生枝的比例只有3.80%，远低于四倍体刺槐的总体水平，但与二倍体刺槐中发生比例比较接近，而且晚花序几乎全部为总状花序（98.17%），而且其变异花序不同于早花序中的变异类型。

四倍体刺槐小花的变异表现在很多方面，最为明显的就是同一花序不同级次小花的发育不同步性，导致四倍体刺槐开花期延长；在不同类型花序上小花着生数量的变化，部分花器（如小花柄）的变化，以及变异结构的出现等。同时研究也发现了小花不变的方面，包括开花时间的保持，不论在二倍体还是在四倍体刺槐中，不论在四倍体刺槐的什么类型的花序上，它的开花时间都是 13 d 左右；还有在除顶端花外的其他部位，其结构很少发生变化。

观察中发现，四倍体刺槐小花除部分器官的巨大性外，很多变异是由于其所处的位置和所在花序的结构发生改变而引起的。如小花的发育不同步性是由于四倍体刺槐花序结构发生变化，产生次级结构造成的等。而在对其育性和结构的变异情况编者所在的试验室已经进行了比较系统的研究（郝晨等，2006a，2007；姜金仲等，2008a）。

四倍体刺槐花序发育物候方面表现出很好的稳定性和连续性，在两年的观察试验中四倍体刺槐花序发育物候基本与二倍体刺槐保持一致，而且年份间的变化也十分小。还有花序的生长呈现"S"形曲线增长，与二倍体刺槐相近，而且其不同花序类型的生长规律也是相同的。

一枝多花序是指在当年生的新枝上着生两个或两个以上花序的现象。这种现象在二倍体刺槐中也存在但发生频率非常低（4%左右），而在四倍体刺槐中却有了很大的提高（25%左右）。而且，同一新枝上的花序类型并不完全相同，2008年这种并生枝的比例为27.41%，2009年更是高达54.61%。并生枝上总状花序的比例，略高于总体水平，2008年高出0.80%，2009年高出3.29%。

在结构上四倍体刺槐一级花序上的小花花柄长于二倍体刺槐小花的花柄，而其二级花序上的却小于二倍体刺槐；在结构变异上，处于二级花序上的小花出现结构变异（如多个小花的融合等）的概率明显高于一级花序上，特别是二级花序上的顶花。

四倍体刺槐的各类型花序的生长规律与二倍体刺槐在趋势上是相同的，都呈"S"形生长曲线，但四倍体刺槐的生长要快于二倍体，它的早期生长要比二倍体短10 d。在花序长度上四倍体刺槐的总状花序最短为6.914 cm±0.429 cm，与变形花序的长度间差异达到极显著水平，而在小花数量上，复总状花序的小花数量最多为60.8朵（24~126），明显多于其他类型花序。

第二节　花序变异原因分析

通过前面的研究，确定了四倍体刺槐花序的变异是稳定存在的。而如果能够研究出其变异的机理，一方面对木本植物开花机理研究提供重要参考，另一方面如果将其花序复化这样的变异应用于同科的农作物上，将会产生重大的经济效益。

植物开花过程可以分成开花决定（flowering determination）、花的发端（flowering evocation）、花器官的形成（floral organ development），其中开花决定过程是花的开端和花器官形成的基础。近年来随着分子生物学的发展，人们通过对拟南芥（Arabidopsis thaliana）、金鱼草（Antirrhinum majus）等突变体的研究，克隆出一系列控制开花过程的基因（Koornneef et al.，1998）。

其中基因 LFY 和 AP1 被认为在花启动阶段的早期起着十分重要的作用，试验证明它们具有调控开花时间（Weigel et al.，1992）和决定花序结构的作用（Weigel and Nilsson，1995），它们过量表达能够促进植物提前开花和次级花序转变成单花；与促进开花基因相对应，人们在拟南芥中同时发现一些基因具有抑制开花的作用。TFL1 是其中的一个抑制开花基因，tfl1 突变体的表型是提前开花，同时在茎的顶部形成花，是茎端分生组织的生长终止。TFL1 能够延长植物的营养生长，同时保持花序分生组织的不定性。TFL1 的主要作用是抑制或延迟开花节点基因 LFY 和开花决定基因 AP1、CAL 的上调表达，从而在茎端分生组织中抑制花的形成（Ratcliffe et al.，1998；Bradley et al.，1997）。同时，LFY 和 AP1/CAL 在花分生组织中抑制 TFL1 的表达（Liljegren et al.，1999；Ratcliffe et al.，1999），这也说明

当 *TFL1* 与 *LFY* 和 *AP1/CAL* 一起表达时，只有达到一定浓度时才能对开花时间产生影响（Ratcliffe et al., 1998, 1999）。所以，选择 *TFL1* 和 *LFY* 这两个基因作为初步研究四倍体刺槐花序变异分子机理的基因。

根据豆科已有的 *LFY* 和 *TFL1* 的同源基因为参考设计引物，通过试验最终筛选出两对引物。

Rp LFYf: GAAGTGGCGCGTGGGAAAAAGAA

Rp LFYr: CGGAGCTTGGTTGGAACGTACCA

RpTFL1f: GGGGTACCGTTCTTACAATCTCTTTAGCG

RpTFL1r: GCTCTAGACATTATATTGCAGCAACAAGC

利用这两对引物，在四倍体刺槐和二倍体刺槐的基因组 DNA 中对 *LFY* 和 *TFL1* 同源基因进行了初步克隆。结果如图 11.2 所示，从结果上看，从二倍体刺槐和四倍体刺槐中克隆出的 *LFY* 和 *TFL1* 两个同源基因的分子量基本相同 *TFL1*（1000 bp 左右），*LFY*（1400 bp 左右）。

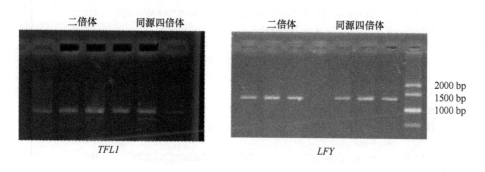

图11.2　*LFY* 和 *TFL1* 的同源基因

在得到目的序列后，对其进行了测序分析。但是由于测序试验的问题，只得到了克隆序列的部分片段，通过利用 DNAMAN 的序列分析工具，对得到的序列片段进行了分析，如图 11.3 和图 11.4 所示，得到了两段完全重合的片段 *RpTFL1*（952 bp）和 *RpLFY*（538 bp），两个片段在四倍体和二倍体刺槐中的同源性分别为 98.44% 和 98%，在 NCBI 的数据库中利用 Blast 工具对它们的共同序列进行序列比较后发现（图 11.5），所得到的 *RpLFY* 序列中的部分片段与大豆的 *LFY1* 和 *LFY2* 基因的同源性都为 91%，与菜豆不同品种的 *LFY* 基因的同源性为 88%；*RpTFL1* 序列中的部分片段与百脉根的 *CEN/TFL1* 同源基因的同源性为 73%，与菜豆不同品种的 *TFL1* 基因的同源性为 90%。从而确定刺槐中含有 *TFL1* 和 *LFY* 的同源基因，而且四倍体刺槐和二倍体刺槐间这两个基因在序列上很可能没有差异，或都为无效差异。

　　从刺槐的基因组DNA中克隆出的花分生组织决定同源基因 *RpTFL1* 和 *RpLFY* 的部分片段，通过比对发现它们与豆科其他植物的同源基因的同源性都在90%左右，同时在四倍体刺槐与二倍体刺槐的基因序列上没有发现差异。

```
TFL1-4    ACGGCCAGTGCCAAGCTTGCATGCCTGCAGGTCGAC....        36
TFL1-2    -TTA-G-A-.T-G----C-.G-A--C-GG-A--CT-TAGA        38

TFL1-4    GATTCCCTTCCACTATTAACACCAAGCCCAAGGTTGAGAT        76
TFL1-2    --------------------------------------------- 78

TFL1-4    TAATGGTGGTGATATGAGGTCCTTCTTTACACTGGTACAT        116
TFL1-2    -----------------------------        118

TFL1-4    ATTTGGAAAATCCCATAATCTCTTCTTACTCCCCTCATCT        156
TFL1-2    -----------------------------        158

TFL1-4    TATTCCATTTTCTTTGGAGAAAAAAAAGAAAAAAATTGAG        196
TFL1-2    -----------------------------        198

TFL1-4    CTGTTATCTGCCTGTTTGTTTCTTTGTTGTTTTGAATAAT        236
TFL1-2    -----------------------------        238

TFL1-4    CATACTCCAACTGTATGGCTCTTTTATTGGAATGCTTCGT        276
TFL1-2    -----------------------------        278

TFL1-4    ACAAGAAAACCTAAATCATTGAGCTAAATGTCTCCCTTTT        316
TFL1-2    -----------------------------        318

TFL1-4    CCATTGCAGATTATGACAGACCCGGATGTTCCTG.GCCCT        355
TFL1-2    -----------------------------.-----        357

TFL1-4    AGTGATCCTTATCTGAGAGAGCACTTGCACTGGTACT.TC        394
TFL1-2    --------------------------.--        396

TFL1-4    ATATATAGACGAGAATGATAGCTAGAAACCAGTTATTTGA        434
TFL1-2    -----------------------------        436

TFL1-4    TTTGATT.TGATTAAATTTAGGTTAATTACTTGGGCTGTA        473
TFL1-2    -------.---------------------        475

TFL1-4    ACACCACACAGCCATTTATTACATATCTATGAAACAACAC        513
TFL1-2    -----------------------------        515
```

```
TFL1-4    ACACCCCAACATAGTTACTCTGGTTAAGAATATCCTACAC        553
TFL1-2    ----------------------------------        555

TFL1-4    ATA.GCATATCCAAGTCTCATAATAATTTAAAAGTATCCA        592
TFL1-2    ---.----------------------------        594

TFL1-4    TCTAATGTAACACATCAGATGT...GTGTGTATATATTTT        629
TFL1-2    ---------------------...---------------        631

TFL1-4    ATG..CTTTATAGAAGTTACTAGTTTTGCAAGATATGTGT        667
TFL1-2    ---..----------------------------------        669

TFL1-4    ATTTTATACCTTGGTATTCTGTAAAATCGCA..TGTTCTA        705
TFL1-2    ----------------------------..-------        707

TFL1-4    CCTTGATCAATCTGAAAAACACAACAATATCAGGGAAAAA        745
TFL1-2    ----------------------------------        747

TFL1-4    AATCTCGTAGTATCGAACATACACAGAATAGTGTATAAGT        785
TFL1-2    ----------------------------------        787

TFL1-4    TAAACAGCCATTCTAACAGTCAAAGTTTGTTGAAATTGTT        825
TFL1-2    ------A-----------------------------        827

TFL1-4    TCTTTTTCCAGGATGGTGACAGATATTCCGGGCACAACAG        865
TFL1-2    ----------------------------------        867

TFL1-4    ATGCCACATTTGGTATGTTCATTCATACAAGAGAAATGTA        905
TFL1-2    ----------------------------------        907

TFL1-4    TCTATATGGATATAT.ATAT.ATAAATGCATATATGGAGA        943
TFL1-2    ---------------T----T------------------        947

TFL1-4    CTTACTCATGAGAGAGACTGACAAATACATCATTTGTAGG        983
TFL1-2    -----------A-----------------------        987

TFL1-4    GAAGAGTTGTGAGCTTATGAGATCATTTTCTAGAGATCCC        1023
TFL1-2    ---AGAG--GTGAGC--------TCAA-CG-C--CC-G-A        1027

TFL1-4    GGGTACGAGCTCGAATCGTAATCATGTCATAGCTGTTCTG        1063
TFL1-2    -CA-G-A----G-C-CT-GCG--G-TC............        1054

TFL1-4    TGTGAAATGT                                      1073
TFL1-2    ..........                                      1054
```

图11.3　*TFL1*同源基因序列

```
LFY-4    CTCTTCCATCTTTACGAACAATGCCGTGAGTTCTTGATCC        40
LFY-2    ......----------------------------    34

LFY-4    AGGTTCAGAACATCGCCAAGGACCGTGGTGAAAAATGCCC        80
LFY-2    ------------------------------    74

LFY-4    CACCAAGGTAATAATATATCACACTCATGCATGCTAATAA        120
LFY-2    ------------------------------    114

LFY-4    TATAATTTGATTTTCGATAATAATATGTTGCCGTGACACA        160
LFY-2    ------------------------------    154

LFY-4    TGGATAAATATCC.TTATACATTTAAATTATACCTACATT        199
LFY-2    -------------.----------------------    193

LFY-4    TTACTTATCTTTTTACGTCTCTAT.TCATGTTTCATGTCA        238
LFY-2    ------------------------.--------------    232

LFY-4    AAACCTGACCATGAAAAGAGAAATAAAAAGATGTATGTAA        278
LFY-2    ------------------------------    272

LFY-4    AATG..TGAGTATATAATAGATGTATACATACTGTTGT.T        315
LFY-2    ----..-------------------------.-    309

LFY-4    GGTGACACATTGATACCGGATGTTCAAGGGAACACGTGAC        355
LFY-2    ------------------------------    349

LFY-4    AAGTCAAGGACCCCTCTTGGTTATGATTTTTATATCCACA        395
LFY-2    ------------------------------    389

LFY-4    ATTTTACCTAAATTTTATTTTTTTCTTATATCTTTCTACT        435
LFY-2    ------------------------------    429

LFY-4    TTTTCATTTCATTTTTATTCGATTTTTATCAAATGTTCCT        475
LFY-2    ------------------------------    469

LFY-4    ATATCTCTCTATATAATATAAAAACAT....GAGTTAAAA        511
LFY-2    --------------------------....---------    505

LFY-4    AAATGGATAAAAAT.TAGATGTTTAATAATCATG......        544
LFY-2    --------------.------------------attctt    544

LFY-4    ......................        544
LFY-2    TTACAAATGTCACATCATTATAT              567
```

图11.4 *LFY*同源基因序列

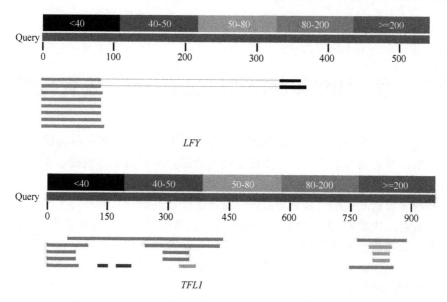

图11.5 *RpTFL1*和*RpLFY*基因序列对比结果

从结果上看，刺槐基因组中存在 *LFY*、*TFL1* 等相关同源基因可能与花序复化有关；而从现阶段得到的测序结果上看，四倍体和二倍体的同源基因在序列上没有明显差异，而花序复化现象确实存在，可能有以下原因。①序列差异可能在其他部分，因为现阶段得到的序列是根据这些基因保守部分设计的引物，从而导致所得序列间没有差异。②序列本身没有差异，但在基因内部的化学修饰方面，如甲基化方面存在着差异，从而导致表达不同。③基因表达量或表达时间上的差异。

对四倍体刺槐 *LFY* 和 *TFL1* 等花分生组织决定基因的同源基因片段的分析表明，在已克隆出的有效基因片段中没有发现四倍体刺槐与二倍体刺槐间的差异，这在一定程度上也表明了引起同源四倍体刺槐花序变异的原因很可能是基因表达上的变异。同时，DNA 甲基化抑制剂 5-azaC 处理了处于一级花序原基发育期的四倍体刺槐冬芽，结果也表明其有明显的抑制花序变异率的效果，说明了基因表达在时间和空间上的改变，很可能是同源四倍体刺槐花序变异的原因之一。

第十二章　四倍体刺槐雌雄配子及胚珠发育与变异

正常二倍体植物染色体同源加倍后，减数分裂中期的染色体行为比二倍体要复杂的多：四对同源染色体的分离使分离组合的基因型由 3 种变成了 5 种、非姐妹染色体之间的连锁交换变得错综复杂、同源染色体向两极分离时严重失衡等，这些减数分裂紊乱的结果必然导致部分雌雄配子及胚珠发育异常乃至败育（王连铮和王金陵，1992），在一些植物同源四倍体已经证实了这些异常及败育的存在。

揭示四倍体刺槐雌雄配子发育及败育、配子败育如何向胚珠发育传递、传递对胚珠发育有什么影响，以及胚珠在影响下如何发育等过程的发生规律对于进一步认识植物同源四倍体高度不育现象具有一定理论意义；同时，对四倍体刺槐雌雄配子发育过程进行研究也有助于四倍体刺槐及普通刺槐的遗传改良实际操作。

本文通过石蜡切片及扫描电镜观察，系统阐述了四倍体刺槐的大小孢子和雌雄配子体发育过程，比较了其与正常二倍体刺槐发育的异同；并通过对四倍体刺槐花粉 TTC 染色、对胚珠发育过程连续切片观察、对胚珠发育过程中内源激素含量变化测定，初步探讨了四倍体刺槐花粉败育率向胚珠败育率的传递规律，以及引起四倍体刺槐胚珠败育的原因（姜金仲等，2011；贺佳玉，2008；郝晨等，2007）。

第一节　雄配子发育及其变异

对于花药壁的发育类型，Davis（1996）认为，蝶形花科植物花药壁发育类型属双子叶型，但后来对一些蝶形花科植物胚胎学的研究发现，也存在多种类型，如花生（Xi，1991）、长豇豆（Cooper，1938）与沙冬青（韩雪梅等，1991）均为基本型，黄芪为单子叶型（王晓燕和申家恒，1986），四倍体刺槐药壁的发育为基本型，且与二倍体的发育过程基本一致，汤伟华等（2008）以秋水仙素人工诱变获得的不结球白菜同源四倍体 Pol CMS 及其保持系为材料，采用石蜡切片法研究其花药发育过程，结果也证明了这一点：不结球白菜同源四倍体花药发育过程与二倍体基本一致。

植物同源四倍体花粉母细胞的减数分裂许多方面较二倍体具有特异性。Tel-Zur 等（2005）在葡萄同源四倍体减数分裂过程中观察到同源染色体多价配对和落后染色体等异常现象。魏跃（2008）以同源四倍体矮牵牛 06P-12 为材料，采用常规压片法对花粉母细胞减数分裂过程及染色体行为进行了观察研究，以探明同源四倍体矮牵牛育性降低的细胞学原因，结果显示：花粉母细胞减数分裂过程与二倍体基本相同但有其特殊性，特殊性主要表现在：终变期染色体的构型复杂，有四价体、三价体和单价体；中期Ⅰ和中期Ⅱ有赤道板外染色体；后期Ⅰ和后期Ⅱ出现落后染色体、丢失染色体、染色体桥及不均等分裂的现象；四分体时期出现一分体、二分体、三分体及含微核的异常三分体、四分体、多分体；花粉母细胞减数分裂过程中正常细胞平均达 78.6%，异常细胞频率平均为 21.4%。轩淑欣等（2008）观察了二倍体和同源四倍体结球甘蓝花粉母细胞减数分裂过程，结果表明：与二倍体相比，同源四倍体终变期染色体构型复杂，有四价体、三价体、二价体和单价体出现；中期Ⅰ及中期Ⅱ有个别染色体游离于赤道板外；后期Ⅰ出现落后染色体、提前解离的姐妹染色单体及染色体的不均衡分离；后期Ⅱ每极染色体数目变化较大；花粉的整齐度和生活力明显降低。张蜀宁等（2007）以同源四倍体青花菜为材料，采用常规压片法研究花粉母细胞减数分裂行为，结果表明：同源四倍体青花菜花粉母细胞减数分裂过程与二倍体基本相同但有其特殊性；主要表现在：中期Ⅰ染色体的构型复杂，有多价体、四价体、三价体、二价体和单价体；中期Ⅰ和中期Ⅱ有赤道板外染色体；后期Ⅰ和后期Ⅱ出现落后染色体、染色体桥及断片；后期Ⅱ和末期Ⅱ还出现染色体分离不同步及不等分裂的现象；四分体时期出现二分体、三分体、含微核的异常四分体及多分体；花粉母细胞减数分裂平均异常频率为 31.5%。

减数分裂时期，四倍体刺槐花药内的小孢子母细胞间存在胞间连丝，已有一些报道多种碟形花科植物存在胞间连丝，如花生、大豆、矮生菜豆、豌豆、羽扇豆等（蔡雪和申家恒，1992），Heslop-Harrison（1966）认为，由于存在胞间连丝，使同一药室内的小孢子母细胞减数分裂同步化。

四倍体刺槐雄配子发育及其变异的内容主要有三个方面。四倍体刺槐雄配子形成过程：花药幼期发育→花药壁的发育→小孢子母细胞分化→减数分裂→小孢子发生→小孢子发育→花粉的发育及萌发。四倍体刺槐花粉粒有三种类型：可育花粉，染色败育花粉和典型败育花粉；与二倍体刺槐相应指标相比，四倍体刺槐花粉粒可育率降低 13.5%，染色败育率提高 40%，平均直径 20.5%，且表面饰纹和形态具有明显的变异。四倍体刺槐不同单株间花粉的直径和染色败愈率存在显著性差异，其中最大的比最小的高 54.1%。

一、花药幼期发育

四倍体刺槐的花为典型蝶形花，雄蕊为二体雄蕊 A（9）+1，幼期花药内的细胞形态比较一致，细胞质浓，无液泡或只有小液泡，细胞核体积相对较大。随着花药的发育，在四角角隅的表皮内侧形成几个体积较大、细胞核显著、细胞质浓的孢原细胞（图版12.1.1）。孢原细胞进行平周分裂形成内、外两层细胞，即初生壁细胞与造孢细胞；初生壁细胞分裂形成药室内壁、中层与绒毡层，（图版12.1.2），参照胡适宜等的分类（胡适宜，1983），其药壁发育类型为基本型；造孢细胞进一步发育为小孢子。

二、花药壁的发育

四倍体刺槐的花药壁可分为四层：表皮层、纤维层、中层及绒毡层，其中表皮层、纤维层和绒毡层均为一层细胞，中层为1~2层细胞，药壁各层细胞在小孢子母细胞减数分裂前形成并开始分化（图版12.1.2）。

（一）表皮细胞

由原表皮分化而形成，初期细胞排列紧密，切向延长并高度液泡化，在小孢子减数分裂过程中，发育较快，细胞壁逐渐加厚，到花粉单核靠边时期加厚程度最大（图版12.3.1），表皮层细胞存在时间较长，当花药开裂散粉前，在成熟药壁的外侧仍有残存附着（图版12.3.2）。

（二）纤维层细胞

形状规则，排列整齐，约在花粉单核靠边时期，纤维层细胞近似长方形，体积达到最大，原生质体开始逐渐分解，为液泡所占据，核变小直至消失（图版12.3.1）；当花药开裂散粉前，纤维层细胞壁明显加厚，细胞质与细胞核已消失（图版12.3.2）。

（三）中层细胞

在减数分裂过程中，发育达到顶峰，细胞狭长，两端较窄，细胞质浓，染色较纤维层深（图版12.1.2）；在二核花粉后期，中层细胞切向延伸开始解体（图版12.3.3），

（四）绒毡层细胞

在次生造孢细胞时期，绒毡层已经分化形成（图版12.1.2），随后吸收养分体积逐渐增大，彼此排列松散，细胞壁之间的间隙较大（图版12.1.4）；在减数分裂时期，绒毡层细胞彼此开始排列紧密，径向伸长，体积增大，绒毡层细胞的径向壁溶解。在单核早期达到发育顶峰，体积较其他各层细胞都大（图版12.3.4）。在二核花粉早期，绒毡层细胞几乎全部解体，大部分原位退化，也有小部分流入药室。由于在其退化前细胞形态一直比较完整，因此其绒毡层属腺质型绒毡层（图

版 12.3.4）。

三、减数分裂与小孢子发生

周缘细胞平周分裂形成药壁各层的同时，初生造孢细胞迅速增大，并进行数次分裂形成次生造孢细胞（图版 12.1.3）。在药壁最内层分化形成绒毡层时，次生造孢细胞发育分化为小孢子母细胞，其体积大，细胞质浓，细胞核显著，没有明显的液泡，形态为多面体（图版 12.1.4）。

（一）小孢子母细胞的减数分裂

前期Ⅰ：这一时期时间较长，当小孢子母细胞进入减数分裂时，它逐渐沉积胼胝质，细胞核较大，核仁明显，靠近核膜，染色体为丝状，杂乱无序，为细线期（图版 12.1.5a）。随后染色体发生极化，集中于核的一侧，为偶线期（图版12.1.5b）；

中期Ⅰ：染色体成对排列在细胞赤道板两侧，已经形成纺锤体，继续积累胼胝质（图版 12.1.5c）。

后期Ⅰ：由纺锤丝牵引成对的染色体分别向两极移动（图版 12.1.5d）。

末期Ⅰ：染色体解旋，核膜、核仁重新形成，但在赤道板处没有形成细胞板。

减数第二次分裂的过程为简单的有丝分裂，末期Ⅱ的切片可以观察到含有 4 个核仁的细胞（图版 12.1.5e），尚未形成细胞板。

小孢子母细胞减数第二次分裂完成后，4 个子细胞核之间形成壁，形成四分体，因此，其减数分裂的方式为同时型，其小孢子的排列方式为四面体型或少数的左右对称型，被包裹在共同的胼胝质中的 4 个小孢子核较大，细胞质浓厚（图版 12.1.6），不久胼胝质溶解，4 个小孢子彼此分离，释放到充满绒毡层分泌物的药室中。

（二）单核期小孢子期

此期是指从四分孢子分开至小孢子第一次细胞分裂前，这个时期的四分孢子从被包围的胼胝质中分离出来，形成年幼的单核花粉粒。该时期花粉细胞的一个显著特点是特化的细胞壁逐渐形成，具体可分为 3 个时期，即单核早期、单核中期、单核靠边期。

单核早期：刚释放的小孢子收缩不明显，体积较小，具浓厚的细胞质，多数呈较规则的球形，细胞质中无液泡，核大，一个核位于细胞的中央（图版 12.1.7）。

单核中期：随后小孢子体积迅速增大到正常大小，细胞质中出现小液泡，核大，仍居中，逐渐形成特化的细胞壁（图版 12.1.8），可以看到 3 个萌发孔，也有4 个萌发孔的（图版 12.1.9）。

单核靠边期：小孢子液泡化程度较高时，将细胞核挤压到靠近细胞壁的位置（图版 12.1.10），此时期的小孢子进行大液泡的形成，具有极性，这也是单核小孢子即将开始第一次有丝分裂的信号。

（三）二核花粉期及花粉的柱头萌发

花粉粒细胞核进行第一次不均等的有丝分裂后，形成 1 个营养核和 1 个生殖核，成为二核花粉。其中营养核靠中央的核周围有较多的细胞质包围，核仁大，以后将形成营养细胞的细胞核；生殖核靠近花粉壁，其周围只有极少量的细胞质，核仁也小，以后分化为生殖细胞的细胞核（图版 12.1.11）。

核分裂完成后，紧接着进行细胞质分裂，在生殖细胞与营养细胞之间形成一个弧形细胞壁，并且与母细胞的细胞壁相连，将细胞质分割成大小悬殊的两个细胞，大的为营养细胞，小的为生殖细胞（图版 12.1.12）。

四倍体刺槐的正常花粉多数都能在柱头萌发，可观察到当花药壁开裂散粉时，许多花粉粘连在柱头上或表皮毛上形成花粉团的现象（图版 12.4.3）。

（四）花粉粒的扫描电镜特征及变异

花粉粒表面有纹饰（图版 12.2.1），正常花粉粒外部形状近圆形（图版 12.2.2~图版 12.2.3），大多数具 3 个萌发孔沟（图版 12.2.4），孔沟长 22~30 μm 不等；有大量的花粉粒因败育而形态为畸形（图版 12.2.5~图版 12.2.7）。二倍体刺槐花粉粒的形状几乎均一，近长球形或椭球形；极面观为三裂椭圆形，赤道面观为椭球形（图版 12.2.8）；均具三萌发孔沟，沟狭长，沟宽约 0.5 μm，三沟近似等长，16~17 μm，沿子午走向，汇于椭球的两个极顶。

以 3 个萌发沟接近正常的花粉粒为标准，四倍体刺槐花粉粒极轴长 32~34 μm，赤道轴长 24~26 μm。二倍体刺槐花粉粒极轴长 31~33 μm，赤道轴长 20~22 μm。

花粉粒外壁表面具明显的沟界极区，极区面上光滑无细网纹及小穿孔，在其他部分具细网状纹，或无网状纹饰；在沟区两端网纹消失，小穿孔分布较网纹区域小，中间带两侧出现网纹，沿沟两侧网纹消失；小穿孔大而深，孔膜不明显，且频度较高，孔径大小不均一，0.075~0.15 μm（图版 12.2.9）。二倍体刺槐（图版 12.2.10）花粉粒表面纹理较四倍体刺槐浅而少，视觉上较为光滑；小穿孔为较浅的凹陷或小穴，且频度较高，孔径较为均一，约 0.15 μm，具孔膜。

（五）花粉粒光镜形态及育性变异

四倍体刺槐群体花粉粒形态及败育特征四倍体刺槐成熟花粉的 TTC 染色差异共分为 3 类。染色败育型花粉（简称"染败"）：花粉粒圆润、大小和可育花粉粒基本相同（图版 12.2.11），但不能染上颜色，表现为染色败育；可育花粉：花粉粒饱满圆润,能染上较重的红色,具有颗粒较大的暗红色内容物(图版 12.1.12);典型败育型花粉(简称"典败"):花粉粒极小(图版 12.1.12),扫描电镜照片表现出各种不规则的形状(图版 12.2.5~图版 12.2.7),不能被染色,但不用染色就能判断出其属败育类型。

各类花粉粒所占比例和花粉的平均直径如图 12.1.1 和图 12.1.2 所示,四倍体刺槐花粉粒的染败率、典败率及可育率分别为 39.7%、8.1%和 52.2%,花粉的平均直径为 1.53 μm;二倍体刺槐染败率 28.36%、曲败率 10.34%、可育率 38.70%。与二倍体刺槐相应指标相比,染败率大 40%,平均直径大 20.5%,可育率降低13.5%,但二者的典败率没有显著性差异。由此可见,刺槐同源染色体加倍后,只对花粉的直径和染败率产生了影响,而对典败率无显著性影响。

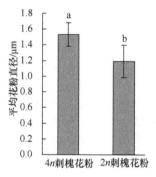

图12.1.1　花粉平均直径比较

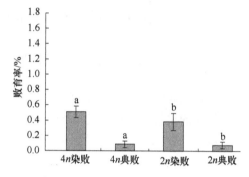

图12.1.2　花粉粒染败率、典败率比较

(六)四倍体刺槐花粉粒形态及败育特征

同源四倍体水稻败育花粉粒比例为 82.51%~86.65%,败育类型包括典败、圆败和染败等(黄群策,1998)。柑桔同源四倍体花粉育性和花粉粒大小的测定结果显示,其花粉育性平均为 36%,约为起源二倍体(62%)的 60%,花粉粒体积平均为起源二倍体的 2 倍或双亲之和(邓秀新,1995),植物的同源四倍体花粉直径比起源二倍体花粉大 20.65%(何立珍等,1997),荞麦同源四倍体花粉粒的直径比其起源二倍体花粉大 28%(朱必才和高立荣,1988)。同源四倍体西瓜花粉萌发率明显低于起源二倍体(谭素英,1998)。Benavente 和 Sybenga(2004)研究大麦的减数分裂时也发现,异常的分裂方式导致了花粉育性的降低。

随机抽取 15 株四倍体刺槐,对其花粉进行光镜检测。由表 12.1 可看出,不同单株间的染败率也存在差异,其中最大的(0.57)比最小的(0.37)大 54.1%;由图 12.2 可看出,多数单株间花粉的直径差异达显著水平,最大的(1.78)比最小的(1.28)大 39.1%;但不同单株间的典败率不存在显著性差异,花粉的败育率与花粉的直径没有显著相关性。

表12.1　四倍体刺槐花粉败育率

株号	1	2	3	4	5	6	7	8	9	10	11	12	13	14	15
染败率/%	0.51	0.57	0.43	0.63	0.54	0.37	0.46	0.46	0.46	0.54	0.43	0.4	0.51	0.46	0.4
典败率/%	0.17	0.09	0.00	0.09	0.06	0.06	0.09	0.03	0.09	0.11	0.03	0.11	0.11	0.11	0.09

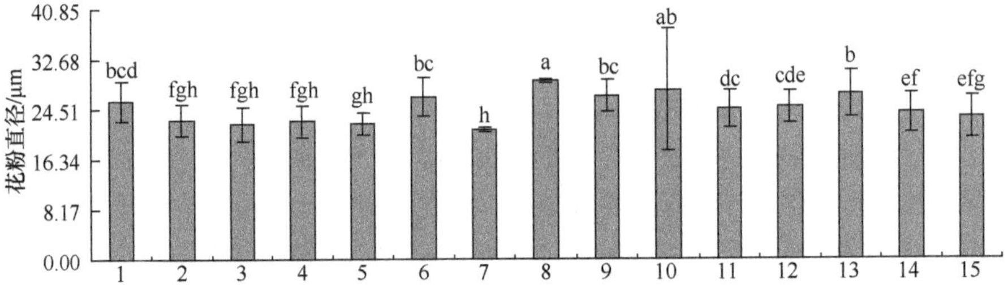

图12.2　四倍体刺槐不同单株间花粉直径的比较

第二节　雌配子及幼胚发育

四倍体刺槐雌配子及幼胚发育主要包括大孢子发生、雌配子体发育、部分受精及幼胚发育的过程，其顺序为幼嫩花药→孢原细胞→大孢子母细胞→减数分裂→单核胚囊→八核七细胞蓼型胚囊→双受精→核型胚乳→合子休眠期→原胚期→心形胚→子叶胚期。

一、胚珠的发育与大孢子的发生

根据对雌蕊的形态发育观察，四倍体刺槐的花为典型的蝶形花，其花序为总状花序，花为子房上位下位花，子房为单心皮单室子房，具柄边缘胎座，通常具有16~20个胚珠着生于腹缝线上，柱头椭圆形，顶端表面细胞具乳突，花柱线形，空心，其柱心是由长形和有丰富原生质的细胞组成的引导组织（图版12.3.5）。

当心皮腹部边缘联合后，由子房壁内腹缝线，即胎座的表皮下层局部细胞分裂形成突起，逐渐形成胚珠原基，其前端细胞生成珠心，基部成为珠柄。在珠心前端一层表皮细胞下出现一个体积较大、细胞质浓厚、核与核仁明显的细胞，即为孢原细胞（图版12.3.6）。当花蕾长0.4 cm时，其连续纵切片中已经可见胚珠前端位于2~3层珠心细胞内，含有一个孢原细胞形成的大孢子母细胞（图版12.3.7），其体积较大，细胞质丰富，液泡化程度低，细胞核明显，可知属于厚珠心型。

孢原细胞有时形成2~3个，但只有一个能直接分化为大孢子母细胞（胚囊母细胞），其余的生长停止并解体（图版12.3.8），当孢原细胞向大孢子母细胞发育时，珠心细胞也随之进行垂周分裂，不断扩大体积包围大孢子母细胞。

随后内外两层珠被逐渐伸长包裹珠心，外珠被形成珠孔，因珠被两侧生长不均，胚珠呈弯生趋势，可知胚珠为弯生型（图版 12.3.9）；双层珠被内珠被薄，约为 2 层细胞，外珠被较厚，其珠孔端为 2~3 层，合点端为 3~4 层，合点附近的珠心细胞为长条状，这些细胞质较为浓稠，液泡化程度低。

大孢子母细胞阶段约为 10 d，其体积有周围珠心细胞的几倍大，细胞质较浓，核与核仁较大，且位于细胞中央（图版 12.3.10），随后其形状逐渐变为椭圆状，细胞质均匀分布于合点端，核位于珠孔端。

接着进行减数分裂形成四个大孢子的四分体，其中两次分裂均为横裂，大孢子四分体成直线形排列，远珠孔端的大孢子为有效大孢子，其余 3 个停止发育并逐渐解体。有效大孢子继续发育，沿珠心纵轴方向生长，逐渐占据珠心内部，形成单核胚囊（图版 12.3.11）。

二、雌配子体的形成

随着单核胚囊的体积进一步增大，进行第一次有丝分裂后形成双核胚囊（图版 12.3.12），随着胚囊体积的增大，双核分离迅速移向胚囊两极、连续进行第二次有丝分裂，形成四核胚囊（图版 12.3.13），珠孔端两个细胞核靠近，且细胞质较浓，而合点端的两个细胞核已分离开一段距离。在刚形成的八核胚囊中（图版 12.3.14），其中珠孔端四核，合点端四核，中央为一大液泡占据，然后由两端各向中央游离出一个核，形成中央的两个极核，并横向排列靠近珠孔端，组成中央细胞；合点端的三核分化为三个反足细胞，在极核向中央移动时就开始退化解体；珠孔端的三核分化为卵器，因此，八核胚囊经过细胞质分裂后形成八核七细胞胚囊，属于蓼型胚囊。

卵器初分化时，卵细胞和助细胞在形态上尚难区别，随着胚囊的发育，卵细胞体积增大，位于两个助细胞之上，卵细胞显示出具有液泡，这种现象被认为卵细胞时期胚囊已具有极性。助细胞呈倒卵形，发育早期合点端出现液泡。随后，液泡逐渐增大，在助细胞内液泡靠近合点端，细胞核与细胞质则集中于珠孔端，卵细胞呈梨形，液泡靠近珠孔端，细胞核与细胞质则集中于合点端（图版 12.3.15），这时，胚囊已具备了受精的条件，助细胞也开始退化。

中央细胞含有两个极核融合成的一个次生核，次生核紧靠着卵器，而且中央细胞高度液泡化，细胞质主要分布于次生核周围，合点端含一大液泡（图版 12.3.16）。

三、部分受精过程

对整个双受精过程进行了连续的切片，柱头自花授粉后，花粉粒在柱头上进行水合作用（图版 12.4.13），并萌发形成花粉管（图版 12.4.4），花粉管穿过柱头组织，沿空心外侧的花柱道向下伸长，采用水溶性苯胺兰染色，在荧光显微镜下观察可见花粉管在花柱道中发出明亮的荧光（图版12.4.5和6）。

受精时的卵器可见卵细胞与一个助细胞、另一个助细胞退化，可能花粉管已经穿过其中，卵细胞细胞质变浓（图版12.4.7）。随后，精子与卵细胞融合后，另一个助细胞也已退化，这时，合子的细胞核增大，位于细胞中部，核基质染色较浅，核仁变化不明显，细胞质明显增多，积累了较多的营养物质（图版12.4.8），而极核仍未进行受精。

随后可见在次生核中，在受精的次生核旁出现较小的雄性小核仁，是由精核变大形成的，有时雄性核仁与次生核较晚融合，使初生胚乳核存在三个核仁（图版12.4.9）。

四、胚与胚乳的发育

在双受精完成后约7 d，胚囊的体积迅速增大，明显可见珠心的内壁细胞不断分裂，增大体积，胚囊内的合子暂时不分裂，合子分裂前胚乳已经分裂多次（图版12.5.1）；随着胚乳细胞的分裂，胚乳细胞开始向珠孔端扩展，形成排列整齐的多核胚乳，分布于靠近胚囊的内壁；核较小，且具多核仁，因此，其胚乳发育属核型胚乳（图版12.5.2）。

合子经过一段时间的休眠后，在授粉后25~30 d时，开始第一次横向分裂，形成一个顶细胞和一个基细胞，顶细胞体积较大，细胞质较浓，染色较深，基细胞体积较小，细胞质较浅；顶细胞不断向各方向分裂，形成多个细胞的球形原胚（图版12.5.3），在纵切面上可见球形原胚细胞整齐的位于靠近珠孔端，被1~2层呈带状排列的胚乳细胞包围，而在其外部的胚乳细胞却较少，此时，胚乳核逐渐增大；基细胞进行数次横分裂形成单列细胞组成的胚柄（图版12.5.4），将胚伸向含有丰富营养物质的胚乳中。球形胚继续分裂，体积增大，在其两侧以后形成子叶的位置上，细胞分裂速度加快，至授粉后40 d左右，逐渐形成心形胚（图版12.5.5）；随着幼胚的不断生长，内株被的最内层细胞开始沿胚囊壁伸长，然后逐渐解体，除在珠孔端还有少数外，大部分内珠被细胞已经解体，至授粉后60 d左右，心形胚逐步发育成子叶形胚（图版12.5.6）。

综上所述，四倍体刺槐胚珠的发育分为3个时期：合子休眠期（授粉后25~30 d之前）、原胚-心形胚期（授粉后30~50 d前后）和子叶胚期（授粉后50 d以后）。

第三节　胚珠发育及败育

四倍体刺槐胚珠的切片发育过程分为3个时期：合子休眠期、原胚-心形胚期和子叶胚期；其胚珠败育也分为 3 个时期：合子休眠败育期，原胚-心形胚败育期，子叶胚败育期。正常胚和败育胚中 GA_3 和 IAA 含量的变化趋势均有 3 个阶段：5~30 d 的初期快速下降阶段，30~70 d 的中期上升阶段和 70~100 d 的末期下降阶段。3 个阶段中败育胚珠和正常胚珠的 GA_3 和 IAA 含量表现出了相同的变化趋势，但败育胚珠的曲线始终运行在正常胚珠曲线下边。GA_3 和 IAA 含量的变化趋势和胚珠败育率的变化趋势之间没有显著的相关性。正常胚珠 ABA 含量变化趋势分为 3 个阶段：5~30 d 的初期快速下降阶段，30~70 d 的中期缓慢下降阶段和 70~100 d 的末期快速上升阶段，败育胚珠中的含量则呈一直缓慢下降趋势，但相对于正常胚，下降幅度小得多。正常胚 $ABA/(IAA+GA_3)$ 比值的变化趋势和 ABA 含量变化趋势一样也分为 3 个阶段，且每阶段的趋势是相同的；但败育胚表现为 2 个阶段，5~30 d 的上升阶段和此后的下降阶段。

一、四倍体刺槐胚珠败育形态及败育率

（一）正常胚珠的生长发育指标特征

由图 12.3 可看出胚珠的直径和重量的累积生长均呈"S"形曲线。直径加速生长（约授粉后 10 d）早于重量加速生长（约授粉后 20 d）约 10 d，但加速生长结束的时间基本相似，均在 50 d 左右，后速度变缓。胚珠重量随时间的推移逐渐增加，在 50 d 以后开始有所下降，后期趋于平缓并逐渐降低，可能与胚珠成熟后水分丧失有关；直径的生长旺盛期在 15 d 到 70 d，约持续两个月，100 d 时达到最大值。

胚珠重量加速生长开始的时间和前面胚珠发育的解剖特征是吻合的。切片分析证明：授粉后的 25~30 d，合子细胞处于先休眠后复苏的状态，逐渐开始生长发育，进而形成不同形态的胚，使胚珠的重量迅速增加，此时正是这里的胚珠重量生长加速期；而授粉后 25 d 左右时间内的胚珠生长主要是胚乳和珠被的生长。

（二）胚珠败育形态及败育率

根据胚珠形态的发育状况，胚珠败育可以分为 3 个时期。初期败育（图版 12.5.7 和 8）：败育胚珠体积较小，胚珠表现为轻度至深度枯黄色；正常胚珠表现为嫩绿剔透。中期败育（图版 12.5.9 和 10）：败育胚珠体积较小，部分表面表现出枯黄色，且胚珠周围有黄色透明液体，具明显的坏死特征；正常胚珠表现为黄绿圆润。末期败育（图版 12.5.11 和 12）：败育胚珠干瘪、较小，正常胚珠圆润饱满。

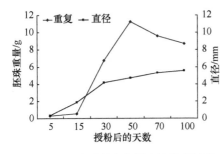

图12.3　胚珠重量和直径生长发育过程

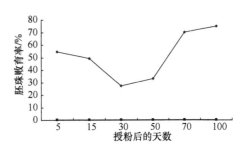

图12.4　胚珠败育率变化趋势

　　胚珠各时期的败育率及变化趋势如图 12.4。初期败育的胚珠主要发生在授粉后 5~30 d，败育率分别为 54.6%±2.3% 和 49.2%±2.1%，此时，胚珠大多只有极短的珠柄，参照前面胚珠不同发育时间的切片分析结果，此阶段可以叫合子休眠败育期。中期败育的胚珠主要发生在授粉后 30 d 到 60 d，败育率分别为 27.3%±1.5% 和 33.3%±1.7%，这时胚珠已有明显的珠柄，这些败育胚的共同特征是均从胚珠内流出黄色透明液体、然后逐渐干枯死亡，胚珠解剖能观察到逐渐变大的各种畸形败育胚，这种败育形式可以从中期一直持续到末期；参照前面胚珠不同发育时间的切片分析结果，此期可以叫着原胚-心形胚败育期。末期败育发生在授粉后 60 d 以后，败育率分别为 70.2%±2.9% 和 75.0%±3.4%，是中期败育发展的结果；随着中期败育的逐渐延伸，畸形胚死亡数量日益增加，所以，胚珠末期败育率逐渐提高，直至观察结束日达到最大；参照前面胚珠不同发育时间的切片分析结果，此期推断为子叶胚败育期。

二、四倍体刺槐胚珠发育和败育过程中内源激素的变化

　　Leopold 和 Nooden（1984）认为，植物器官形成和发育不仅与植物内源激素的绝对量有关，而且与生长促进激素及生长抑制激素间的比例平衡有关。荔枝胚珠发育早期 IAA、GA_{1+3} 含量在可育和败育型中基本相同，但 CTK 含量败育品种明显低于可育品种（陈伟等，2000）；桂花球形原胚发育末期胚珠开始败育时，IAA、GA_{1+3}、CTK 含量急剧下降。

　　ABA 是一种生长抑制型激素，被认为可能是引起胚珠败育的一个因素，四倍体刺槐胚珠败育过程也表现出了相似的趋势。但是，Reed（1989）研究了玉米子粒败育前后内源 ABA、IAA、CTK 的浓度变化动态，发现在败育发生之前它们的浓度与正常粒间无显著差异，只是在胚败育完成后具有高的 ABA 和低的 IAA、CTK 的浓度，由此认为这些激素也可能不是败育的直接诱因。

（一）胚珠发育和败育过程中 GA₃ 和 IAA 含量的变化趋势

GA₃ 和 IAA 是胚胎生长发育的促进剂（李宗霆和周燮，1996）。由图 12.5 和图 12.6 可以看出，正常胚和败育胚的两种内源激素含量的变化趋势均可以分为 3 个阶段：5~30 d 的初期快速下降阶段，30~70 d 的中期上升阶段和 70~100 d 的末期下降阶段。

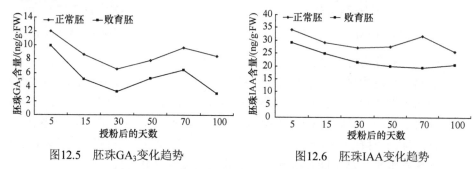

图12.5　胚珠GA₃变化趋势　　　　图12.6　胚珠IAA变化趋势

虽然 3 个阶段中败育胚珠和正常胚珠的内源激素表现出了相似的变化趋势，但败育胚珠的曲线始终运行在正常胚珠曲线下边，所以，这种促进剂含量相对较低可能是导致胚珠败育的原因之一，但激素含量的变化趋势和胚珠败育率的变化趋势之间没有表现出显著相关性，说明胚珠败育除了受促进剂含量低的影响外，还有其他因素在起作用。

正常胚珠促进剂含量的变化趋势和正常胚珠的生长发育趋势具有显著的正相关关系；授粉 30 d 之前为合子细胞休眠和复苏期，所以，正常胚珠中的 GA₃ 和 IAA（生长促进类源激素）含量逐渐降低；授粉 30 d 之后，进入原胚、心形胚、子叶胚快速生长阶段，胚珠内 GA₃ 和 IAA 含量迅速提高；授粉 70 d 后，子叶胚已基本发育成熟，胚珠内生长促进类内源激素含量迅速降低。

（二）胚珠发育和败育过程中 ABA 含量及 ABA/(IAA+GA₃) 的变化趋势

由图 12.7 可以看出，正常胚珠 ABA 含量变化趋势分为 3 个阶段：5~30 d 的初期快速下降阶段，30~70 d 的中期缓慢下降阶段和 70~100 d 的末期快速上升阶段。初期和中期下降的意义在于抑制物质含量的降低有利于胚珠和胚的生长发育，末期的快速上升意味着胚珠已经成熟，要停止生长。而败育胚珠中的含量则呈一直缓慢下降趋势，相对于正常胚，则下降的幅度要小的多，抑制物质含量相对高可能是败育胚珠败育的原因之一。

由图 12.8 可以看出，正常胚 ABA/(IAA+GA₃) 的变化趋势和 ABA 含量变化趋势一样也分为 3 个阶段，且每阶段的趋势是相同的，其胚珠生长发育意义也是相同的。但是，败育胚的则表现为 2 个阶段，5~30 d 的上升阶段和此后的下降

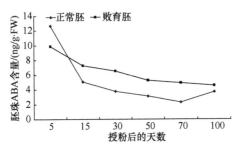

图12.7 胚珠的ABA变化趋势

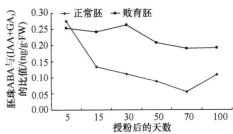

图12.8 胚珠的ABA/（IAA+GA$_3$）变化趋势

阶段；此趋势的意义可以理解为：合子休眠期败育胚珠30 d时已接近死亡期，因此，抑制物质相对含量达到了最大值；此后，随着合子休眠期败育胚珠的大批死亡和伴随的大批豆荚脱落，原胚-心形胚败育期开始，由于此期的胚珠败育是畸形胚逐渐死亡引起的，所以，ABA/(IAA+GA$_3$)又恢复到15 d 以前的下降趋势中；只是和正常胚珠的下降趋势相比，其下降幅度小的多，其生长抑制物质明显高于同期正常胚珠的水平，这可能是心形胚和子叶胚期胚珠败育的又一原因。

第十三章 四倍体刺槐种子及种子胚变异

种子是四倍体刺槐的生殖器官，在遗传上起着承上启下的作用。植物同源四倍体的种子由母体组织（种皮）和受精细胞发育的组织（胚和胚乳）构成，2 种组织相互作用构成种子的形体和育性；因此，植物同源四倍体种子的变异较其母体应有一定的特异性，揭示这种特异性及其发生规律对于进一步阐明植物同源四倍体遗传变异机理具有一定意义。

以种子胚为材料，研究木本植物同源四倍体生殖过程中产生的变异资源较以其实生苗为材料有所不同；以实生苗为材料时，变异严重的种子胚在萌发过程中会大量死掉，从而失去一部分有价值的变异资源。而以种子胚作为研究材料时，可以利用现代生物技术（如组织培养等）对这些发生了严重变异的种子胚进行挽救，从而较大程度地保留植物同源四倍体生殖过程中创造的变异资源，为遗传育种提供丰富的变异物质基础，同时也可为建立植物同源多倍体性状遗传理论积累资料。

本文通过对四倍体刺槐的种子连续 3 年的观察和解剖分析，根据种子的形态和单粒种子重量划分出了若干种子类型，探讨了不同类型种子之间育性及解剖结构方面的差异；并根据种子胚的形态划分出了若干种子胚类型，探讨了不同类型种子胚之间生活力方面的差异（孙宇涵等，2011；姜金仲等，2009）。

第一节 种 子 变 异

四倍体刺槐种子变异主要表现在以下几个方面。四倍体刺槐豆荚在长度和宽度上均大于二倍体刺槐平均数，但种子单粒重、有胚率和发芽率却远低于二倍体刺槐。四倍体刺槐本身不同单株间种子单粒重、发芽率也存在很大差异。四倍体刺槐种子按颜色和饱满度可分为四种类型：黑色饱满、黑色不饱满、黄色饱满、黄色不饱满；其中黑色饱满种子在种子长度及萌发率方面具有明显优势。

一、按种子亲本倍性分类的变异

为了比较刺槐染色体同源加倍对其种子发育的影响，收集了国内比较有代表性的二倍体刺槐无性系的豆荚，并将其解剖，结果如图 13.1 和表 13.1。图 13.1 中大小不同的二倍体刺槐豆荚分别采自不同二倍体刺槐无性系，表 13.1 中二倍体刺槐豆荚长度为图 13.1 中不同无性系豆荚长度的平均值。由图 13.1 和图 13.2 可以看出,二倍体刺槐的豆荚长度变异幅度很大,四倍体刺槐豆荚平均长度大于二倍体刺槐,但其豆荚内的种子无论是平均长度或平均单粒重都较小,平均单粒重仅有二倍体刺槐的 26.3%,平均有胚率和平均发芽率也远低于二倍体刺槐,分别是二倍体刺槐的 30.1% 和 6.3%。

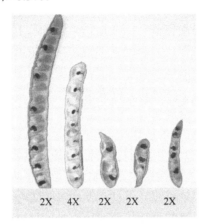

图 13.1　不同倍性亲本间的种子变异

2X:来自二倍体无性系亲本;4X:来自四倍体亲本

表 13.1　不同倍性亲本间的种子综合性状

倍性	年份	豆荚平均长度/cm	种子平均长度/mm	平均单粒重/mg	平均有胚率/%	平均发芽率/%
	2007	6.4 ± 2.5	5.2 ± 0.3	19.9 ± 0.5	90 ± 5	80 ± 5
2X	2006	6.0 ± 2.1	4.8 ± 0.6	19.2 ± 0.3	91 ± 3	82 ± 4
	2005	6.6 ± 2.8	5.0 ± 0.4	19.6 ± 0.7	88 ± 6	87 ± 3
	2007	9.4 ± 0.4	2.63 ± 0.2	5.25 ± 0.2	28 ± 4	5.0 ± 0.5
4X	2006	9.2 ± 0.7	2.52 ± 0.4	5.32 ± 0.5	29 ± 2	4.8 ± 0.2
	2005	9.5 ± 0.3	2.65 ± 0.1	5.21 ± 0.4	27 ± 1	5.2 ± 0.3

二、按种子亲本单株分类的变异

从试验林中随机抽取 30 株样本树,从每株树上随机收集种子 300 粒,求出种子平均单粒重;然后,将 300 粒种子分成 3 份作为试验的 3 次重复,进行种子萌发试验,种子处理 5 d 后统计发芽率;试验结果如图 13.2 所示。

由图 13.2 可以看出:不同单株间平均单粒重差异很大,其中以 1 号树的单粒重最大(5.47 mg),其次是 14 号和 15 号,以 21 号最小(3.08 mg),最大的比最小的高出 77.6%;不同单株间种子萌发率差异也比较大,其中以 1 号树最高(5.5%),

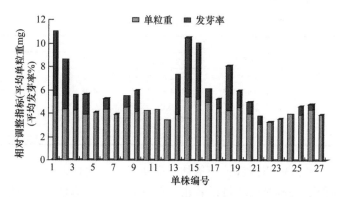

图 13.2 四倍体刺槐及二倍体刺槐不同单株种子的单粒重及发芽率

其次是 14 号和 15 号，5 号、7 号、10 号、11 号、22 号、23 号、24 号、27 号最小，萌发率均为零。对种子单粒重和发芽率进行相关分析结果表明，种子的发芽率和种子重量呈正相关，相关系数（0.66）达显著水平（$R=0.3589$，$F=26$，$P<0.05$）。

四倍体刺槐不同单株间种子单粒重及发芽率的差异说明四倍体刺槐同一无性系个体间存在异质性；尽管这些个体在表现型上没有明显差异，但其种子育性却差别很大；如果是其中极少数个体存在变异，或许用芽变理论可以解释，但大量的个体出现变异则可能意味着该种现象的发生与刺槐染色体同源加倍有关、其发生的染色体行为机制还有待进一步研究。

三、按种子颜色及饱满程度分类

四倍体刺槐种子按颜色和饱满程度可以分为四类：黑色饱满、黄色饱满、黑色干瘪及黄色干瘪（图 13.3），不同类型种子的综合性状见表 13.2。由表 13.2 可知，不同类型种子综合性状之间具有明显的差异。种子大小（长度）：黑色种子最大，黄色饱满第二，黑色不饱满第三，黄色不饱满最小，最大种子长度比最小的长 35.76%。

图 13.3 种子饱满程度与颜色关系
自左至右：黑色饱满、黑色干瘪、黄色饱满、黄色干瘪

平均单粒重：黑色饱满的种子最重，黑色不饱满的次之，黄色饱满的第三，黄色不饱满的最轻，最重的单粒种子重量是最轻的 2.66 倍，是随机样本的 2.23 倍。有胚率：以黑色饱满最高，黄色饱满次之，黄色不饱满第三，黑色不饱满最低；有胚率=有胚种子总数/解剖的种子总数，有胚种子为具有完整形态胚的种子、不论这种胚是否有生命力。萌发率：黑色饱满最高，其他的均为零。颜色比例：黄色占绝对优势，是黑色的 5 倍。不同颜色种子间的性状差异，从一个方面证实了刺槐同四倍体种子存在变异，也为从表型上识别其种子萌发能力提供了基础。

表 13.2　各类型种子综合性状

性状	黑色		黄色	
	饱满	不饱满	饱满	不饱满
平均单粒重/（mg/粒）	11.7±0.9	8.22±0.5	7.1±0.2	4.4±0.5
平均长度/mm	4.56±0.2	3.74±0.4	4.08±0.2	3.36±0.5
有胚率/%	20.0	3.0	16.0	18.1
萌发率/%	22	0	0	0
颜色比例/%	16.7±6.65		83.3±5.77	

　　一般认为，多倍体的器官较二倍体具有明显的巨大性；但是，从四倍体刺槐种子与二倍体种子重量的比较可以看出，刺槐同源四倍体种子胚不仅没有表现出巨大性，反而比二倍体小了许多，与其他植物同源四倍体的情况相比，刺槐同源四倍体表现出了特异性。例如，大麦四倍体原种的千粒重均高于其二倍体亲本，高出的幅度为 19%~77%，平均高出 59.0%，（蒋华仁和刘馆山，1994）；四倍体板蓝根种子千粒重比二倍体的大（谢晓亮和温春秀，2007）；鲁梅克斯四倍体种子千粒重为 4.276 g，二倍体为 2.978 g（赵晓明和乔永刚，2007）；四倍体薄皮甜瓜种子千粒重 65.4 g，二倍体种子千粒重 52.8 g（孙媛丽和金荣荣，2008）；四倍体荞麦的千粒重比二倍体荞麦增重 50%左右（朱必才和高立荣，1992）等。这种特异性产生的原因值得进一步研究，揭示四倍体刺槐种子变小的遗传学机理具有一定的植物多倍体遗传学意义。

　　从关于植物同源四倍体种子萌发率的报道看出，大部分植物同源四倍体种子的萌发率是降低的，这一点，四倍体刺槐的结果与前人的结果是一致的。例如，板蓝根二倍体高于四倍体种子萌发率（谢晓亮和温春秀，2007），薄皮甜瓜四倍体种子萌发率为 90%、二倍体种子萌发率为 96%（孙媛丽和金荣荣，2008）等。

第二节　不同量阶种子变异特征

　　四倍体刺槐种子单粒重主要在 3.0~10 mg，以 1 mg 为一个量阶，从大到小可以分出 9 个量阶；种子特征从高量阶到低量阶体积逐渐变小，颜色由黑色渐变为黄色；种子量阶越高，种子下沉率就越高，种子萌发率与种子下沉率呈显著正相关。四倍体刺槐种子和二倍体刺槐一样由种皮、胚乳和种子胚 3 部分组成；四倍体刺槐种子胚重量明显小于二倍体刺槐，且自身不同量阶之间也有差异，最大量阶（9 号）的种子胚重量显著高于其他量阶；随着量阶的降低，四倍体刺槐种子子叶数目变异率、白色胚和无胚种子所占比例越来越高，但发芽率则越来越低、显著低于二倍体刺槐。二倍体刺槐种子种胚重、种皮重及胚乳重三者的比例是几乎相等的，但四倍体刺槐种子差别很大，种胚及胚乳比例随着量阶降低而降低，种皮比例随着量阶的降低而增高，而且种皮所占比例远大于二倍体刺槐种子。刺槐染色体的同源加倍改变了同源四倍体刺槐种子的组成模式（种子解剖组分之间的比例关系），同时也明显降低了种子的育性（发芽率）。

四倍体刺槐种子变异的研究结论证明，四倍体刺槐自交种子本身蕴藏有丰富的可遗传变异，这种丰富的变异提示：①可以利用四倍体刺槐自交种子，走实生苗变异选择育种路线，对四倍体刺槐进行进一步的遗传改良；②四倍体刺槐种子的有胚率和萌发率之间存在很大差异，其原因是种子胚中存在大量畸形胚，这些畸形胚在常规条件下萌发率很低，但是却是四倍体刺槐遗传改良的变异资源。所以，可充分利用这种变异资源进行四倍体刺槐遗传改良，探索人工促进这些畸形胚萌发的措施是有意义的。

一、四倍体刺槐种子单粒重变异

对四倍体刺槐种子的测定表明，四倍体刺槐种子单粒重主要在 3.0~10 mg，以 1 mg 为一个量阶，将种子分为 9 个量阶：3 mg 以下（量阶编号：1，后仿此）、3~4（2）、4~5（3）、5~6（4）、6~7（5）、7~8（6）、8~9（7）、9~10（8）、10 mg 以上（9）；分类结果见图 13.4 和表 13.3。不同量阶的种子形态从高量阶到低量阶呈连续变化：种子粒体积逐渐变小，种子颜色由黑色到黄色。各量阶种子在整个种子中所占比例从 1 量阶到 9 量阶呈下降趋势，比较饱满的种子所占比例很小，如 9 量阶种子（萌发率：62.28%）只占 4.41%，而 1~6 量阶（萌发率为零）的种子比例却高达 84.97%。

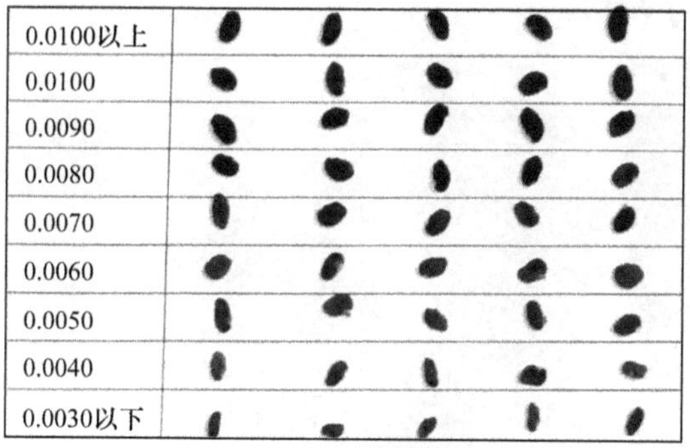

0.0100以上				
0.0100				
0.0090				
0.0080				
0.0070				
0.0060				
0.0050				
0.0040				
0.0030以下				

图 13.4　量阶分类的种子形态

随机从每个量阶抽取 3 份种子，每份 50 粒，作为试验的 3 次重复。将种子浸泡于 90℃热水内，72 h 统计种子下沉率（下沉种子数/处理种子总数）并捞出催芽，5 d 后统计种子萌发率，结果见表 13.3。种子量阶越高，其对应的种子下沉率越高，9 量阶的下沉率为 31.55%，是 1 量阶种子下沉率（3.33%）的 9.47 倍。不同量阶种子的萌发率差别更是明显，9 量阶的种子萌发率高达 62.28%，而种子单粒重量小于 7 mg 时，就完全失去了萌发力。相关分析证明，种子萌发率与种子下沉率呈显著（$R=0.6021$，$F=9$，$P<0.05$）正相关，相关系数达 0.90。

表 13.3　各量级种子综合特征

	种子量阶								
	1	2	3	4	5	6	7	8	9
所占比例/%	23.04	18.14	24.50	11.27	7.84	6.37	3.92	0.49	4.41
种子下沉率/%	3.33	3.33	6.45	9.78	10.89	15.53	13.55	23.11	31.55
种子萌发/%	0	0	0	0	0	8.57	4.92	19.23	62.28

二、不同量阶种子的解剖特征

从上述按单粒种子重量分类的结果看，不同量阶种子的生命力（萌发率）具有明显的差异，为了探讨引起这种差异的原因，对种子进行解剖分析，由于单粒重小于 7 mg 的种子彻底丧失了生命力、几乎没有完整的种子胚，所以，只进行了 7 mg 量阶以上的种子解剖。

（一）一般解剖特征

四倍体刺槐种子由种皮、胚乳和种子胚 3 部分组成（图 13.5 左），与二倍体刺槐正常种子的解剖构造（图 13.5 中）基本相同，败育的四倍体刺槐种子没有胚、或胚不完全，胚乳量也比较少（图 13.5 右）。可见，刺槐染色体同源加倍后并没有改变其种子的基本结构。

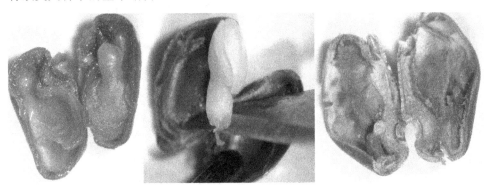

图 13.5　刺槐种子的一般解剖特征
左和右：来自 4X 亲本的种子；中：来自 2X 亲本的种子

（二）不同量阶种子的解剖特征

不同量阶种子的解剖特征见表 13.4。由表 13.4 可知：四倍体刺槐种子胚重量

表 13.4　各量阶种子解剖特征

量阶/mg	种胚重/mg	种皮重/mg	胚乳重/mg	胚子叶数-子叶数/%	胚颜色-颜色/%	无胚率/%	发芽率/%
9	8.87 ± 0.64b	12.17 ± 0.60b	20.22 ± 8.21a	100-2	90-黄	10	62.28
8	6.38 ± 0.86bc	12.52 ± 0.40b	5.52 ± 0.79abc	78-2 22-4	78-黄 22-白	10	19.23
7	4.57 ± 0.68bc	12.63 ± 0.77b	7.06 ± 3.21abc	100-2	57-黄 53-白	30	4.92
6	4.66 ± 0.58bc	10.98 ± 0.79b	4.01 ± 0.51bc	90-2 10-4	40-黄 60-白	10	8.57
5	3.08 ± 0.18c	11.23 ± 0.30b	2.49 ± 0.16bc	86-2 14-3	57-黄 54-白	30	0
二倍体	16.82 ± 1.95a	16.15 ± 0.75a	15.69 ± 1.65a	100-2	80-黄 20-白	5	85

（最大 8.87 mg）明显低于二倍体刺槐（16.82 mg），四倍体刺槐不同量阶之间也有差异，9 量阶的种子胚显著高于其他量阶（最小 3.08 mg），说明四倍体刺槐种子胚的发育很不稳定；二倍体刺槐种皮重量（16.15 mg）显著大于四倍体刺槐（最大 12.63 mg），四倍体刺槐不同量阶之间没有显著差异，说明种皮的发育比较稳定；除 5、6 两个量阶的胚乳重量显著低于二倍体刺槐外，其他量阶中四倍体刺槐（20.22 mg）与二倍体刺槐（15.69 mg）没有显著性差异；四倍体刺槐种子中，随着量阶的降低，子叶数目变异率越大，白色胚和无胚种子所占比例越高，但发芽率却越来越低、显著低于二倍体刺槐。

综合分析可确定，只有黑色饱满、单粒重在 7 mg 以上的刺槐四倍体种子才有萌发的可能性，10 mg 以上的黑色饱满种子的萌发率最高。

为了探索四倍体刺槐种子各解剖特征之间的关系，对它们进行了相关分析，结果见表 13.5。由表 13.5 可以看出：量阶、种胚重及胚乳重均对发芽率（育性）有显著的正向影响作用，但对白色胚率是显著的负向作用；胚乳重的增加能显著增加种胚重量，白色胚比例增加能显著降低种胚的重量，说明白色胚的重量明显小于正常颜色（黄色）胚的重量；种子量阶提高，胚乳重量显著提高；种皮重量对其他性状均无显著影响。

表 13.5　解剖性状与发芽率相关系数

	量阶	种胚重	种皮重	胚乳重	白色胚率	无胚率	发芽率
量阶	1.0000	—	—	—	—	—	
种胚重	0.9177*	1.0000	—	—	—	—	
种皮重	0.7595*	0.4742	1.0000	—	—	—	
胚乳重	0.7555*	0.8988*	0.3924	1.0000	—	—	
白色胚率	−0.8598*	−0.9342*	−0.5149	−0.8369*	1.0000	—	
无胚率	−0.5738	−0.6964	0.0290	−0.3958	0.5553	1.0000	1.0000
发芽率	0.7868*	0.9594*	0.3133	0.9588*	−0.9196*	−0.5990	

*显著性标准为 $R=0.7067$，$F=5$，$P<0.05$。

四倍体刺槐种子解剖性状之间的相关关系与二倍体刺槐种子的相应关系差异明显。在二倍体刺槐种子中，种子胚重仅与胚乳重呈显著性正相关，而与种皮重关系不紧密；在四倍体刺槐种子中，种子胚重不仅与胚乳重有显著的正相关关系，同时也受到种皮重的显著负向作用，而且种皮重与胚乳重也有显著的负相关关系。

三、不同量阶种子三种解剖成分的比例

不同量阶种子三种成分比例如图 13.6。从图 13.6 可以看出：二倍体刺槐种子种胚重、种皮重及胚乳重三者是比较接近的（各占 1/3），但四倍体刺槐种子则差异很大。

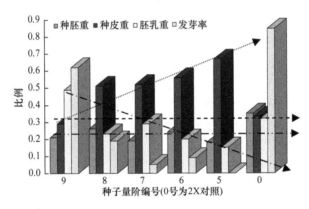

图 13.6　种子各组成成分的比例

不同量阶种子胚所占比例比较接近，但明显低于二倍体刺槐（－··－）；其中 9 量阶种子胚所占比例并不是最高的，但其育性（发芽率）却比较接近二倍体刺槐，可见，虽然种子胚比例对种子育性会有一定影响，但不是决定因素。

胚乳所占比例随着量阶降低而降低（－·－），当比例低于二倍体刺槐时（－－－），则种子育性明显降低，当比例小于 0.15 时，种子就完全丧失了育性；但随其比例增高，种子育性有提高的趋势；9 量阶胚乳比例高于二倍体刺槐，其种子育性较接近于二倍体刺槐，这种现象说明：在种子的三种组分中，胚乳的比例可以大于正常二倍体刺槐比例，但不能明显低于正常二倍体刺槐比例，胚乳所占比例的阀值对于种子的育性具有决定性作用。

在 9 量阶中，虽然四倍体刺槐种子胚乳足够大（是胚重的 2.28 倍，是二倍体刺槐种子胚乳的 1.29 倍），但也没有使四倍体刺槐种子胚发育得更大些，这说明胚乳并不是导致四倍体刺槐种子胚小于二倍体刺槐的原因，因而，四倍体刺槐种子胚较二倍体刺槐小很多（最重的四倍体刺槐种子胚也只有二倍体刺槐的 53%，

表 13.4）应该另有原因。

种皮比例随着量阶的降低而增高（……），当其比例超过二倍体刺槐时（---），种子育性明显降低，在种皮比例达到 67%时，种子就完全失去了生命力（表 13.4）。

四倍体刺槐与二倍体刺槐种子构成的差异揭示出 3 个问题。①四倍体刺槐种子的生长发育模式发生了重大改变，二倍体刺槐种子的三部分接近于等量生长发育，而四倍体刺槐种子三者之间生长发育严重失衡，特别是种子萌发率非常低的量阶；②和二倍体刺槐相比，四倍体刺槐种子的种皮占据了种子重量的大部分，或者说种子胚和胚乳发育不够充分，这会影响到种子胚的活性，应该是四倍体刺槐种子败育的原因之一；③由种子发育理论可知，种皮是母体组织的一部分，种子胚和胚乳是受精后的产物；不同量阶之间种皮重量差别远远小于种子的另外两种组分，而二倍体刺槐不同种子之间的比例则比较稳定；由于减数分裂中染色体随机组合及雌雄配子随机结合会造成变异，而且受精过程会导致种子胚和胚乳基因状况远远不同于母体，所以不同种子之间种子胚和胚乳重量差别较大；这从一个方面证实了四倍体刺槐有性过程的复杂性远大于二倍体刺槐。

第三节 种子胚变异及生活力分析

四倍体刺槐种子胚按照子叶数量、颜色及饱满程度可以划分为 5 种类型：YVT、YMT、YRF、GNT、WNT；四倍体刺槐种子胚与二倍体刺槐种子胚，以及四倍体不同类型种子胚之间在可溶性蛋白含量、过氧化物酶活性及种子胚的活力方面存在明显差异；YVT、YMT、YRF 类型种子胚的愈伤组织诱导率之间存在显著性差异，其中以 YVT 最高，但它们的愈伤组织质量分数无显著性差异；YVT、YMT、YRF 种子胚的最适宜培养基综合条件不相同；用四倍体刺槐种子胚的愈伤组织诱导率作为种子胚细胞生命力的一个衡量标准、与用种子胚可溶性蛋白含量、过氧化物酶活性指标进行评定结果具有一致性，生理生化指标越高的种子胚，其愈伤组织诱导率就越高；生理生化指标均低于二倍体相应指标的 30% 是四倍体刺槐种子胚细胞生命力丧失的临界指标。

四倍体刺槐种子胚在形态、生理生化指标、细胞生命力及最适宜培养基综合条件方面的差异，从一个方面证实了植物同源四倍体遗传物质向后代传递过程的不稳定性，这种不稳定性必然会引起其实生后代发生相应的变异，研究如何有效利用这些变异培养刺槐新品种具有重要意义。

一、四倍体刺槐种子胚类型及其形态特征

从采集的种子中随机抽取种子 50 粒，在自来水中浸泡至完全吸胀，在解剖镜

下去皮解剖，观察种胚的颜色、饱满程度和子叶瓣数；根据这 3 个指标，四倍体刺槐种子胚可以划分出 5 种类型：YVT、YMT、YRF、GNT 和 WNT（图 13.7，表 13.6）。除以上 5 类型种子胚外，还有大量子叶形状极不规则及形态特征难以描述的畸形胚。

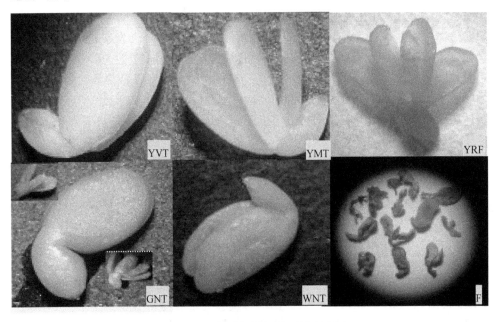

图 13.7　不同类型种子胚形态特征

表 13.6　种子胚类型的形态特征

种子胚类型	种胚形态描述
黄二（YVT）	黄色，很饱满，子叶 2 片
黄三（YMT）	黄色，较饱满，子叶 3 片
黄四（YRF）	黄色，较饱满，子叶 4 片
绿二（GNT）	绿色，不饱满，子叶 2（或 3、4）片
白二（WNT）	白色，不饱满，子叶 2 片

各种类型胚的形态特征见表 13.6。种子胚按颜色分为 3 类：黄、绿、白；按子叶数量分为 3 类：2 片、3 片、4 片；按饱满程度分为 3 类：很饱满、较饱满、不饱满。

二、种子胚的重量及解剖特征

各种类型种子胚的单胚平均重量见表 13.7。从表 13.7 可以看出，四倍体刺槐的种子胚平均单胚重量仅相当于二倍体刺槐的 1/2，各类型种子胚平均单胚重量的顺序为：2X（对照）>YMT=YRF>YVT>WNT>4X（总平均）>GNT；其中黄色多瓣的种子胚较重，白色与绿色的种子胚较轻，而且胚轴干瘪萎蔫、石蜡切片表现为中空（图 13.8），而其他较正常的种子胚的胚轴则为实心，这种中空的胚轴可能会影响到胚根和子叶之间的水分和养分运输，从而影响该类种子胚的萌发能力。

表 13.7　各类型种子胚平均单胚重量

种子胚类型	种子胚均重/g
2X 种子胚（对照）	0.0211
4X 种子胚（总平均）	0.0105
YVT	0.0153
YMT	0.0162
YRF	0.0162
GNT	0.0076
WNT	0.0114

三、不同类型种子胚的染色体倍性特征

由于四倍体刺槐减数分裂的不稳定性（植物同源多倍体共有的遗传特性），其种子胚的染色体倍性理论上应该有所差异，因此，有必要对这些种子胚的染色体倍性加以鉴定。

将种子胚进行流式细胞仪 DNA 含量检测与分析，采用 1DA0n_DSF 模式判定细胞的染色体倍性，结果如图 13.9 所示。图中只有 2X、YVT、YMT、YRF 的分布图，剩余的 2 类种子胚因未能分离出可供鉴定利用的单体细胞，所以无法进行流式细胞仪 DNA 含量检测。

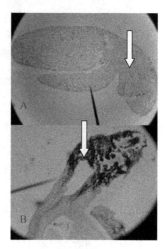

图 13.8　实心胚轴（A）和空心胚轴（B）

尽管 YVT、YMT 及 YRF 类型种子胚在表现型上具有明显差异（图 13.9），但它们样本的细胞 DNA 含量通道值（DNA 含量分布峰值所在位置在横轴上的截距）相互接近、且均接近二倍体刺槐通道值的 2 倍；YVT、YMT 及 YRF 通道值相互接近，说明它们的倍性是相近的，它们又均接近二倍体刺槐的 2 倍，说明它们的大多数细胞 DNA 含量接近二倍体刺槐的 2 倍；因

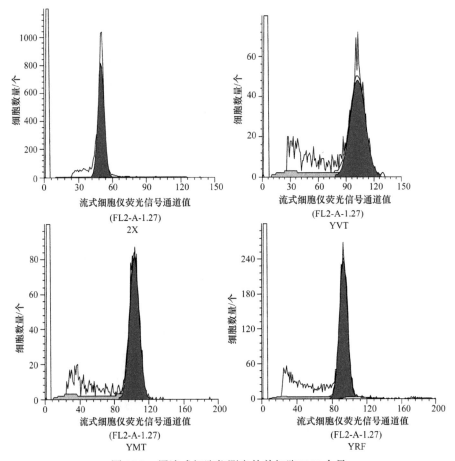

图 13.9　用流式细胞仪测定的单细胞DNA含量

此，从细胞 DNA 含量可以初步判断四倍体刺槐 YVT、YMT 及 YRF 类型样本种子胚的倍性仍然接近四倍体。

四、不同类型种子胚的生理生化及生活力特征

为了比较不同类型种子胚生命活动特征及生活力方面的差异，对不同类型种子胚的可溶性蛋白含量、过氧化物酶的活性及生活力指标进行了测定，并将测定结果同二倍体刺槐种子胚相应指标加以比较，结果如图 13.10 所示。

由图 13.10 可知，均低于四倍体刺槐种子胚的 2 种生理生化指标及生活力指标，当 2 种指标均低于二倍体相应指标的30%时，四倍体的种子胚生活力明显下降，进一步经过组织培养试验说明，WNT 及 GNT 类型胚均不具愈伤组织诱导能力，所以，2 种指标低于二倍体相应指标的30% 是四倍体刺槐种子胚细胞生命力丧失的临界指标。

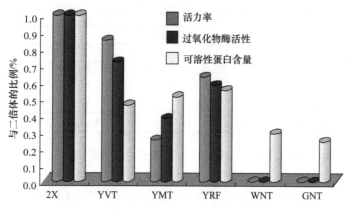

图 13.10 各类型胚生理生化及生活力指标测定

以二倍体刺槐的相应指标为 100%绘出

五、不同类型种子胚细胞生命力的组织培养测定

在无菌条件下，将四倍体刺槐不同类型种子胚接种到含不同浓度及配比的 2,4-D 和 6-BA 的愈伤组织诱导培养基上，形成了黄绿色、结构疏松的愈伤组织，诱导率和愈伤组织质量统计结果见表 13.8 和表 13.9。

表 13.8 不同种子胚类型在 6 种培养基上的愈伤组织诱导率（%）

种子胚类型	培养基组合编号						组平均差异显著性
	6	3	1	2	4	5	
YVT	34.1	30.0	71.1	76.2	65.4	70.0	57.8±8.28b
YMT	33.3	35.7	51.7	59.0	66.7	75.5	53.6±6.87b
YRF	28.0	39.1	40.0	53.8	60.0	63.3	47.4±5.63c
2X	33.1	46.7	75.8	63.5	86.5	62.3	61.31±7.87a
平均数	32.1±1.4c	37.9±3.5 c	59.7±8.4b	63.1±4.8ab	69.7±5.8a	67.8±3.1ab	—

注：GNT、WNT 两类胚的数据均为 0，没有加入分析。

由表 13.8 可知，YVT、YMT、YRF 型种子胚的愈伤组织诱导率有显著性差异，其中以 YVT 最高（平均 57.8%），显著高于 YRF；3 种类型种子胚的最适培养基不同，YVT 为 2 号，YMT 为 5 号，YRF 也为 5 号。不同植物生长调节物质浓度组合之间：2 号、4 号、5 号组合的愈伤组织诱导率明显高于 6 号、3 号、1 号，但前 3 者之间没有显著性差异，其中以 4 号最高、平均为 69.7%。YMT 与 YRF 产生愈伤组织速度较快，后期继代过程中相对于 YVT 产生的愈伤组织褐化成度较轻。GNT、WNT 型种子胚没有诱导出愈伤组织。

由表 13.9 可以看出，YVT、YMT、YRF 种子胚的愈伤组织质量评分比较

表 13.9　不同胚类型在不同培养基中诱导的愈伤组织质量评分

种子胚类型	培养基编号						平均
	3	6	2	5	1	4	
YVT	2.5	3.1	3.4	3.7	3.9	4.0	3.4 ± 0.56
YMT	2.8	2.7	2.8	3.0	3.9	4.2	3.2 ± 0.65
YRF	2.4	3.0	2.8	3.4	3.7	4.1	3.2 ± 0.62
平均	2.6 ± 0.12b	2.9 ± 0.12b	3.0 ± 0.2b	3.4 ± 0.2b	3.8 ± 0.07a	4.1 ± 0.06a	—

接近，无显著性差异，其中以 YVT 型种子胚最高（平均 3.4）；不同植物生长调节物质浓度组合之间愈伤组织质量评分差异较大，1 号和 4 号组合的质量分数明显高于其他组合号，其中以 4 号组合质量分数最高（平均 4.1），但 1 号和 4 号组合间无显著性差异。

综合分析愈伤组织诱导率和质量分数的结果可以看出：在划分的 5 类种子胚中，以 YVT 型的细胞生命力最强，YMT 和 YRF 的细胞生命力接近，剩下的 2 类种子胚的细胞均无生命力。有生命力的种子胚类型间的愈伤组织诱导率及最适培养基有所差异，这种现象从一个方面说明了四倍体刺槐种子胚间遗传基础有着明显的不同。综合愈伤组织诱导率和愈伤组织质量分数的分析结果，种子胚培养较好的培养基为 4 号，即 MS 基本培养基附加 2.0 mg/L 的 2,4-D 和 0.5 mg/L 的 6-BA。

六、种子胚综合性状聚类分析

将各类种子胚的颜色、饱满程度、子叶数、生理生化指标及愈伤组织诱导率等性状观测值利用 DPS2000 进行 Q 型系统聚类分析，结果表明（图 13.11）：这些种子胚类型可聚为三大类，即不育类（WNT、GNT）、类二倍体类（YMT、YVT）和子叶类（YRF）。从遗传改良的角度考虑，不育类种子胚利用价值可能较小。

经过一系列的种子促萌技术措施研究（姜金仲等，2008b），已利用 5-氮杂胞苷浸种结合容器育苗成功培育出后两类胚的实生苗（图13.12），但未得到 WNT 和 GNT 型胚的苗木。

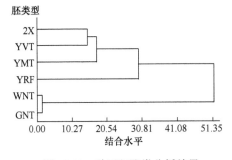

图 13.11　种子胚聚类分析结果

图 13.12　YMT、YVT、YRF型胚实生苗

第十四章　四倍体刺槐种子及胚促萌措施研究

四倍体刺槐种子有胚率在 35%以上，但是，种子常规处理措施（温汤浸种等）育苗萌发率却只有 5%左右；这说明虽然四倍体刺槐种子胚常规措施情况下萌发率极低，但却存在着一定的萌发潜力。这些常规措施条件下不能萌发的种子胚同样是宝贵的遗传变异资源，因而也具有更大的刺槐遗传改良利用价值。所以，研究通过什么样的促萌措施（特别是不同于常规处理方法的措施）促使一些种子胚发生了畸变的种子萌发，从而最大限度地保存和利用该同源四倍体有性繁殖所创造的变异材料具有重要的遗传育种学意义。

本文采用了温汤浸种、PEG-6000 浸种、5-azaC 浸种、种子及种子胚培养 5 种种子处理方案（姜金仲等，2008b）。

第一节　种子促萌措施

四倍体刺槐种子促萌措施的研究是在种子水平上进行的研究，它包括温汤浸种、PEG-6000 浸种、5-azaC 浸种、种子培养 4 种种子处理措施。研究结果证明：90℃温水浸泡 24 h 可以提高四倍体刺槐种子的萌发率；PEG-6000 处理对四倍体刺槐种子的萌发没有明显的促进作用；5-azaC 浸种时间对刺槐同源四倍体种子萌发，虽然没有明显的影响，但浸种浓度可以一定程度地提高其种子萌发率；种子培养不仅能促进四倍体刺槐相对正常的种子萌发，同时还有促进畸形种子萌发的趋势。

一、温汤浸种处理

随机抽取 20 粒种子为一处理样本，分别用 80℃、90℃及 100℃温水浸泡 24 h、48 h 及 72 h，然后放入湿沙中催芽 4 d 后，统计萌发率，每处理重复 3 次。

不同处理组合 3 次重复的平均萌发率见表 14.1。将表 14.1 数据经平方根变换后进行方差分析，结果表明：不同处理时间的种子萌发率没有显著性差异（$P<0.05$），说明处理时间对种子的萌发没有促进作用；不同处理温度之间种子萌发率差异显著（$P<0.05$），进一步的多重比较表明，以 90℃温水处理效果较好（$P<0.05$），平均萌发率为 5.00%。综合考虑两种处理因素的影响，以 90℃温水处理 24 h 萌发率最高（5.5%）。

表 14.1　处理组合的种子萌发率及多重比较（%）

温度/℃	时间/h			平均数及多重比较
	24	48	72	
80	0	0	2.0	0.67b
100	0.2	0	0	0.67b
90	5.5	5.0	4.5	5.00a
平均数及多重比较	1.9 a	1.67 a	2.17 a	

二、PEG-6000 浸种

随机抽取四倍体刺槐种子 50 粒作为每个处理样本；PEG-6000 浸种处理温度 3 种：70℃、80℃及 90℃，将种子样本按表 14.2 的要求分别放入不同温度的温水中浸泡 24 h 取出；PEG-6000 浸种处理浓度为 3 种：15%、20%、25%，将经温水浸泡的种子按表 14.1 的要求进行药液浸泡；PEG-6000 浸泡时间为 3 种：3 d、6 d、9 d；整个试验重复 3 次，共计作 91 次试验。所有处理完毕后，取出种子，用清水洗净，然后将每个种子样本分别种在预先洗净的河沙中催芽，4 d 后检查种子萌发情况。

表 14.2　PEG-6000 处理试验设计

PEG-6000 浓度/%	温度/℃		
	70	80	90
15	1	2	3
20	4	5	6
25	7	8	9

将 PEG-6000 各处理组合 3 次重复的平均萌发率数据经平方根变换后进行方差分析，结果表明：PEG-6000 不同处理时间、不同处理浓度之间的种子萌发率差异均不显著（$P<0.05$），两种处理对促进种子萌发没有作用；但不同处理温度之间的种子萌发率差异达显著性水平（$P<0.05$），以 90℃处理的萌发率最高：平均 1.11%、最高 3.33%（表 14.3），说明处理液温度能够影响种子的萌发率。

PEG-6000 的最佳处理温度为 90℃，又一次证明了 90℃温水浸泡刺槐同源四倍体种子具有明显的促萌作用，但最佳水温浸泡处理的最高平均萌发率也只有 1.11%，明显低于只用 90℃温水浸泡处理的结果（5.00%），这说明 PEG-6000 对刺槐同源四倍体种子的萌发不但没有促进作用，而且还有一定的抑制作用。

表 14.3　PEG-6000 处理组合平均萌发率及多重比较

温度/℃ \ PEG-6000 浓度/%	3 天			6 天			9 天			平均数及多重比较
	15	20	25	15	20	25	15	20	25	
70	0	0	0	0	0	0	0	0	0	0b
80	0	0	0	0	1.67	0	0	0	0	0.19b
90	1.67	3.33	0	0	0	1.67	1.67	1.67	0	1.11a

　　大量研究表明，用 PEG-6000 渗透调节物质处理种子可以提高种子活力和减少老化损伤；PEG-6000 对普通刺槐的催芽作用十分明显，用 PEG-6000 处理种子 3 d 可以把萌发率从 51.7% 提高到 77.6%；草坪草及梭梭（*Slaxyon mmodenron*）的种子 PEG-6000 促萌试验结果也表明，PEG-6000 对种子萌发具有明显的促进作用；由此可以看出：和二倍体刺槐相比，四倍体刺槐种子的 PEG-6000 促萌具有明显的特异性，这种特异性可能是刺槐染色体同源加倍的结果，因而具有进一步深入研究的必要。

三、5-azaC 浸种

　　从四倍体刺槐种子中随机抽取 250 粒种子作为 1 份处理样本，共抽取 60 份样本；5-azaC 处理浓度分别为：0（对照）$\mu mol/L$、50 $\mu mol/L$、100 $\mu mol/L$、250 $\mu mol/L$、500 $\mu mol/L$，处理时间分别为：24 h、48 h、72 h；将每份种子样本先用 90℃ 温水浸泡 4 h，倒净温水，再倒入不同浓度的 5-azaC 溶液，按试验设计的时间段取出种子样本，清水反复冲洗 1 min，播入清洁河沙中催芽；每个处理时间段重复 3 次；沙藏 24 h、48 h、72 h 后统计种子的萌发率，将每一时间段 3 次重复的萌发率平均后进行统计分析。

　　各处理组合的种子萌发率见表 14.4，将表 14.4 的数据（经平方根转换后）进行方差分析，结果表明：不同处理时间之间的种子萌发情况相似，说明处理时间对种子萌发没有明显促进作用；不同处理浓度之间种子萌发率差异达显著水平（$P<0.05$），

表 14.4　5-azaC 不同处理组合的发芽率及多重比较（%）

浓度/（$\mu mol/L$）	时间/h												平均数及多重比较
	24			48			72			96			
0	3.6	3.6	4.8	4.0	3.6	4.4	3.6	4.0	5.6	5.2	4.0	4.4	4.2c
50	3.6	6.0	4.8	4.8	5.2	4.0	5.2	4.8	4.0	2.8	4.0	3.6	4.4bc
100	3.2	5.6	3.6	4.0	6.4	4.8	3.2	3.6	5.6	5.6	9.2	2.4	4.8ab
250	5.2	4.8	6.0	4.8	6.8	6.0	5.6	3.2	6.8	5.6	4.8	7.2	5.6a
500	4.4	4.8	4.0	2.4	2.8	4.0	5.6	2.0	2.4	4.8	2.8	3.2	3.6c

进一步的多重比较表明，以 250 μmol/L 为最高、平均为 5.6%，100 μmol/L 次之、平均为 4.8%，但二者差异没有达到显著水平。综合考虑处理时间、费用、处理浓度 3 种因素的作用效果，以用 250 μmol/L 处理种子 24~48 h 为较好的处理方式（平均萌发率为 5.6%）。

DNA 甲基化是植物染色体同源加倍后多倍体调节冗余基因表达与否的主要方式之一。5-azaC 在 DNA 的复制过程中，可以取代胞苷渗入到新合成的 DNA 链中，由于嘧啶环上甲基结合位置被氮占据，导致新合成的 DNA 链去甲基化，所以，5-azaC 是一种有效的 DNA 去甲基化剂。5-azaC 处理必然会改变刺槐同源多倍体 DNA 的甲基化水平，进而对刺槐同源四倍体种子的萌发产生一定的影响，尽管这种影响的方向可能是不可预测的。本试验中 5-azaC 能提高刺槐四倍体种子萌发率的现象说明，刺槐四倍体种子胚可能存在 DNA 甲基化水平异常的情况，而且这种异常情况可能是导致刺槐四倍体部分种子常规情况下不能萌发的原因之一，这从一个方面证实了前人关于植物多倍体中 DNA 甲基化程度异常的论述。

四、种子培养促萌

称取刺槐同源四倍体种子 10 g 左右，清水冲洗后，按照以下程序处理种子：90℃ 热水处理种子 24 h →10% H_2O_2 24 h → GA_3 6 h → NAA 6 h→ 75%乙醇 10 s→ 0.1% 氯化汞 10 min→水洗 3~5 次接种于两种培养基（MS、1/2MS）上。3 种处理药品（H_2O_2、GA_3、NAA）分别设置 3 个浓度，其数值和编号见表 14.5；每一处理方案由不同浓度的 3 种药品组合而构成，其编号和构成情况见表 14.6；每种处理方案、每种培养基（MS、1/2MS）分别接种 5 皿，每皿接种 50 粒种子，共计 250 粒种子；处理方案 0 为对照：只用不加任何药品的热水浸泡相同的时间；接种 30 d 后统计种子累计萌发情况；重复 3 次。

表 14.5　处理药品浓度

浓度编号	10%H_2O_2/%	NAA/（mg/L）	GA_3/（mg/L）
1	3	5	3
2	5	10	5
3	10	15	7

表 14.6　不同处理方案的药品浓度组合

药品	方案编号									
	0	1	2	3	4	5	6	7	8	9
10%H_2O_2/%	0	1	1	1	2	2	2	3	3	3
GA_3/（mg/L）	0	1	2	3	1	2	3	1	2	3
NAA/（mg/L）	0	1	2	3	1	3	1	3	1	2

将刺槐同源四倍体种子按试验设计接种到培养基上 30 d 后，统计各处理方案的种子萌发率，3 次重复的数据平均后如表 14.7 所示。种子在培养基上萌发的一般过程为：初期，种皮破裂，胚根伸长、变粗且发白，分化出明显的根冠结构；中期，子叶从种皮中伸出、种皮脱落，子叶变绿完全张开，根部明显伸长且向培养基内部延伸 0.5~1.5 cm，整个株高约为 2.5 cm；后期，有幼嫩的真叶长出，茎和根生长速度极快，茎上渐渐长出由 3 片小叶构成的复叶，根部出现多个较粗壮的次生根，呈浅红色或乳白色，有丰富的根毛，主根平均长度达 4~6 cm，完整的苗高平均 6.0 cm。

表 14.7 不同培养方案种子平均萌发率及其多重比较（%）

培养基	方案编号									
	0	1	3	4	5	6	8	2	9	7
MS	0	0	0	0	0	0	0	0	3	6
1/2MS	0	0	0	0	0	0	0	2	3	5
平均数及多重比较	0c	0c	0c	0c	0c	0c	0c	1c	3ab	5.5a

将表 14.7 中数据（平方根转换后）进行方差分析，结果表明，不同培养基间的种子萌发率没有显著差异，但有的处理方案之间的萌发率差异达显著水平（$P<0.05$）。进一步的多重比较结果显示，除 7 号和 9 号处理方案之间差异不显著外，7 号处理方案与其他处理方案间的差异均达到了显著水平（$P<0.05$），以 7 号处理方案的效果最好，平均萌发率为 5.5%，最高萌发率为 6%。

第二节 种子胚培养促萌

种子胚培养促萌有两种途径：种子胚直接培养成苗、种子胚脱分化为愈伤组织后再分化为苗。种子胚直接成苗途径的试验结果仅得到了萌动胚，但未能形成有根的苗木。种子胚脱分化为愈伤组织再分化为苗途径的试验结果为：采用 MS 为基本培养基，附加 2,4-D 和 6-BA 时，愈伤组织诱导率最高；种子胚愈伤组织继代的最佳培养基为 B_5，或添加 Gly 或添加 Ag^+ 可延迟愈伤组织褐化，改善愈伤组织的质量；胚性愈伤组织的诱导培养基为 MS+ 2,4-D 0.5 mg/L + 6-BA 0.1 mg/L，来源于无 Ag^+ 培养基的愈伤组织，更易得到胚性愈伤组织。

一、种子胚组织培养直接成苗促萌

成熟种子胚培养促萌时，随机从四倍体刺槐种子中抽取 300 粒作为试验材料，抽取的种子经过 90℃热水处理 24 h →10% H_2O_2 处理 24 h → GA_3（7 mg/L）处理

6 h → NAA（15 mg/L）处理 6 h → 75%乙醇处理 10 s → 0.1%氯化汞处理 10 min →
水洗 3~5 次，将处理后的种子在无菌条件下、以最大限度不伤害种子胚的方式将
种子胚从种子中取出，共分离到种子胚 78 个，将分离到的种子胚分别接种到不添
加任何植物生长调节物质的 MS 培养基上；7 d 后有小部分种子胚开始萌发，两片
子叶变为绿色且张开，但以后便一直处于停滞状态，无进一步生长。

二、种子胚愈伤组织分化成苗

（一）不同类型胚愈伤组织诱导

种子经过 70%乙醇灭菌 30s，0.1%氯化汞灭菌 10min 后，在无菌条件下剥出
胚，并将其分类后（不同胚类型，见第十三章第三节）分别接种于 6 种愈伤组织
诱导培养基上（表 14.8），培养基添加 3%蔗糖，0.6%琼脂，pH 5.8，每种培养基
接种 3~6 皿，5 粒/皿。20 d 后统计愈伤组织诱导率见表 14.9。

表 14.8　植物生长调节物质不同浓度组合

处理	培养基配方
1	MS+NAA 0.5 mg/L+6-BA 0.1mg/L+2,4-D 2 mg/L
2	MS+NAA 0.5 mg/L+6-BA 0.1mg/L+2,4-D 4 mg/L
3	MS+NAA 0.5 mg/L+6-BA 0.1mg/L+2,4-D 6 mg/L
4	MS+NAA 0.5 mg/L+6-BA 0.5mg/L+2,4-D 2 mg/L
5	MS+NAA 0.5 mg/L+6-BA 0.5mg/L+2,4-D 4 mg/L
6	MS+NAA 0.5 mg/L+6-BA 0.5mg/L+2,4-D 6 mg/L

由表 14.9 可看出，6-BA 浓度为 0.1mg/L 时，三种胚的平均诱导率为 50.3%；
6-BA 浓度为 0.5mg/L 时，三种胚的平均诱导率为 48.6%。因此，从总体上看，增
加 6-BA 浓度可导致三种胚愈伤组织平均诱导率降低（方差分析结果显示差异不
显著）。当 6-BA 浓度为 0.1mg/L 时，愈伤组织诱导率最高可达 76.2%，但其结
构更为疏松，呈水渍状，其中平均质量值最低为 3.0 级，该类型愈伤组织在继代
培养时极易出现褐化现象；当 2,4-D 浓度为 2mg/L 时，三种胚的平均诱导率为
62.5%，2,4-D 浓度为 4mg/L 时，三种胚的平均诱导率为 48.1%，2,4-D 浓度为
6mg/L 时，三种胚的平均诱导率为 37.8%，从中可看出随 2,4-D 浓度的增加，愈
伤组织诱导率逐渐降低（方差分析结果显示差异极显著），当 2,4-D 浓度为 2mg/L
时，最高的诱导率可达 85.4%，且愈伤组织质量整体都相对较好，质量均值可达
到 3.6 级。

方差分析表明，不同种胚间、不同 6-BA 浓度之间差异不显著，不同 2,4-D 浓

表 14.9 植物生长调节物质对不同胚类型愈伤组织诱导率的影响

胚的种类	处理	接种数/个	出愈数/个	诱导率/%	出愈时间接种后天数/d	愈伤生长状态			
						颜色	体积	湿度	硬度
YVT	1	45	32	71.1	19	黄绿	+++	+	++
	2	42	32	76.2	11	黄	+++	+	+++
	3	40	14	35.0	11	黄绿	++	++	+
	4	41	35	85.4	19	黄	+++	+	+++
	5	45	18	40.0	14	黄	+++	+	++
	6	44	15	34.1	11	黄	+++	+++	+
YMT	1	29	15	51.7	19	黄	++	+++	++
	2	30	15	50.0	20	黄	+++	+	+++
	3	28	10	35.7	11	黄绿	+++	+	+
	4	30	20	66.7	19	黄	+++	++	+++
	5	31	11	35.5	25	黄	++	++	++
	6	30	14	46.6	28	黄绿	++	+	+
YRF	1	25	10	40.0	22	黄绿	++	+	++
	2	26	14	53.8	19	黄	+++	+	+++
	3	23	9	39.1	27	黄	++	+	+
	4	25	15	60.0	20	黄	+++	+	+++
	5	24	8	33.3	25	黄	+++	+	++
	6	25	9	36.0	26	黄绿	++	+	+

注：表中胚类型见第十三章。

度之间差异达极显著。本试验成熟胚共有 5 种类型：YVT、YMT、YRF、GNT 和 WNT，其中前三种成熟胚愈伤组织诱导率均较高，而白色（WNT）和绿色（GNT）种胚无愈伤组织形成，所以在数据分析时未计入。YMT 与 YRF 产生愈伤组织速度较快，且质量较高，在后期继代过程中比 YVT 产生的愈伤组织更不易发生褐化。

（二）继代培养基及甘氨酸

继代培养的基本培养基为 MS、B_5，并分别在不同培养基中添加不同浓度甘氨酸（0 mg/L、2 mg/L、4 mg/L）。每个处理基本培养基中添加植物生长调节物质：NAA 0.5 mg/L、6-BA 0.5 mg/L 与 2,4-D 2 mg/L。每个处理接种 10 块愈伤组织，重复 3 次。利用愈伤组织褐化率、结构、颜色及其生长速度 4 个指标，采取 5 级制对愈伤组织质量进行评价；以每个重复为一个观测单位，标准见表 14.10。

将培养得到的 YRF、YMT 畸形胚愈伤组织继代培养到继代培养基上，培养 20 d 后观察愈伤组织生长质量，结果见表 14.11。

表 14.10 愈伤组织质量评价指标及其标准

等级	结构	颜色	生长速度
5	致密，有颗粒状突起	浅黄色	快
4	较致密，有不规则突起	白色	较快
3	较疏松，表面较光滑	乳白色或暗白色	较慢
2	疏松表面光滑	灰白色	慢
1	松软，水渍状或糊状	灰褐色或灰色	异常快或极慢

表 14.11 基本培养基类型及甘氨酸对愈伤组织质量分级的影响（级）

基本培养基类型	Gly/（mg/L）			平均值
	0	2	4	
MS	2.0	2.7	1.7	2.1a
B$_5$	2.5	3.3	2.0	2.6a
Gly 组平均	2.25ab	3.0a	1.85b	—

由表 14.11 可知，胚在 B$_5$ 培养基上继代愈伤组织质量相对较好，达 2.6 级，而在 MS 培养基上愈伤组织质量较差，为 2.1 级。说明基本培养基类型对愈伤组织继代时生长质量有一定影响。方差分析表明，基本培养基间差异不显著，但 B$_5$ 较好。分析两种基本培养基，其主要区别在于 B$_5$ 氨态氮含量低于 MS 培养基。说明低盐、低渗透势培养基比较适合成熟胚愈伤组织的生长。Gly（甘氨酸）对胚愈伤组织质量改善有一定的促进作用，但浓度达到 4 mg/L 时开始产生抑制作用。由方差分析得知，不同浓度 Gly 之间的差异均达显著水平。最佳组合为 B$_5$ 培养基上添加甘氨酸 2 mg/L。Gly 对调控愈伤组织生长有协同作用，但对改善愈伤组织质量的效果有限，本试验愈伤组织最高质量评价仅为 3.3 级。

（三）继代周期及 Ag$^+$

用于测定继代周期及 Ag$^+$ 效应的基本培养基为 B$_5$ 培养基，在培养基中添加不同浓度 Ag$^+$（0 mg/L、2 mg/L、4 mg/L）。每个处理添加的植物生长调节物质为 NAA 0.5 mg/L、6-BA 0.5 mg/L 与 2,4-D 2 mg/L。将 YRF、YMT 两类胚的愈伤组织随机选取，接种到添加了 Ag$^+$ 的继代培养基上。每个处理接种 10 块愈伤组织，重复 3 次。按照继代周期分别为 5 d、10 d、15 d 进行培养，每个处理接种 10 块愈伤组织，重复 3 次。

将经上面标题（一）过程培养得到的 YRF、YMT 的愈伤组织随机选取切块，部分转接入含 Ag$^+$ 的培养基 B$_5$+NAA 0.5 mg/L+2,4-D 2 mg/L+甘氨酸 2 mg/L 中，培养 20 d 后观察愈伤组织生长质量（表 14.12）。

由表 14.12 统计结果可知，同一培养条件下，随继代周期的延长愈伤质量迅速下降。继代培养周期为 5 d 时，在适宜的 Ag$^+$ 浓度 0~2 mg/L 条件下，愈伤组织

表 14.12　继代天数及 Ag⁺ 对 YRF、YMT 愈伤组织质量的影响

继代周期/d	Ag⁺/（mg/L）			平均值
	0	2	4	
5	2.4	2.9	2.0	2.43a
10	2.0	2.7	1.6	2.10b
15	2.2ab	2.8a	1.8b	—

质量评价等级均在 2.4 级以上，连续继代也不易发生褐化。继代周期为 10 d 时，评价等级平均为 2.1 级，培养 10 d 时褐化率已达 40%。方差分析表明，不同周期间差异显著。Ag⁺ 对胚愈伤组织诱导率有一定的抑制作用，随 Ag⁺ 的浓度增大，愈伤组织质量呈下降趋势。浓度在 0~2 mg/L，愈伤组织质量值下降幅度较小，愈伤组织结构致密、表面有颗粒状突起。当 Ag⁺ 添加浓度为 4 mg/L 时，愈伤组织质量比对照降低 0.4 级。方差分析结果显示，2 mg/L 和 4mg/L 的 Ag⁺ 浓度对愈伤组织质量影响差异达显著水平，从而得出最佳的继代周期为 5 d，Ag⁺ 的适宜浓度为 2 mg/L。

（四）胚性愈伤组织诱导

胚性愈伤组织诱导的试验培养基方案见表 14.13。

表 14.13　分化培养基配方

处理	培养基配方
1	MS+KT 2.0 mg/L+NAA 0.5 mg/L
2	MS+KT 0.5 mg/L+NAA 0.5 mg/L+6-BA 0.5 mg/L
3	MS+6-BA 1.0 mg/L+NAA 0.5mg/L

将 YMT、YRF 种子胚诱导的愈伤组织，将其按不同诱导来源（是否添加 AgNO₃）分别接种到胚性愈伤组织诱导培养基上，弱光培养 20 d 后统计胚性愈伤组织诱导率及芽分化率（表 14.14）。结构紧密，表面有颗粒状突起的浅黄至淡绿色愈伤组织均为胚性愈伤组织，本试验以此标准统计胚性愈伤组织诱导率。

由表 14.14 可以看出，愈伤组织的获得途径对胚性愈伤组织的诱导有一定影响。其中在诱导培养时添加 Ag⁺ 获得的胚性愈伤组织诱导率相对较低，诱导率仅为 2.8%，但其愈伤组织质量较好。

表 14.14　胚性愈伤组织诱导

处理	愈伤组织数/块	胚性愈伤组织诱导率/%	胚性愈伤组织质量	分化率/%
有 Ag⁺	10	2.8	2.2	0
无 Ag⁺	10	3.3	1.9	0

第三节　幼胚离体培养促萌技术

四倍体刺槐幼胚离体培养包括四个方面的内容：外植体无菌培养体系的建立，最佳幼胚发育期的选择，幼胚愈伤组织的诱导及通过愈伤组织诱导分化不定芽。试验结果表明：四倍体刺槐荚果用 70%乙醇浸泡 60 s 为较好灭菌方案；胚珠最佳胚龄为花谢后 30 d；胚珠适宜萌动培养基为 Nitsch+6-BA 0.5 mg/L+ IBA 2 mg/L+ GA$_3$ 0.5 mg/L；从幼胚诱导愈伤组织的适宜培养基为 MS+2,4-D 3.0 mg/L+6-BA 0.5 mg/L+ NAA 0.2 mg/L；较好的愈伤组织分化培养基组合为：MS+BA 3.0 mg/L+ NAA 0.5 mg/L+KT 3.0 mg/L；四倍体刺槐幼胚愈伤组织的增殖生长可能以内起源为主。

一、外植体无菌培养体系的建立

将不同时期采集到的四倍体刺槐荚果，暂保存于 4℃冰箱。接种前将荚果流水洗净，在无菌条件下，放入灭过菌的烧杯中，按照表 14.15 的不同灭菌方案灭菌，再用无菌水冲洗 3 次，然后用剪子顺荚果纵轴剪开，用镊子剥出胚珠，将分离的胚珠接种于初代培养基上（MS+蔗糖 30 g/L+琼脂 5g/L+ 2,4-D 1.0 mg/L+6-BA 0.5 mg/L，pH5.8）进行培养，光照强度约 500~1000 lx，光照时间 10 h/d，温度为 24~28℃（培养温度以下相同）；每种灭菌方案接种 30 个胚珠、重复 3 次，比较各种灭菌方案对胚珠的灭菌效果；接种培养 5 d 后，及时统计污染率和诱导率（表 14.15）。

表 14.15　70%乙醇和 0.1%氯化汞对胚珠污染率和存活率的影响

处理	70%乙醇/s	0.1%氯化汞/min	平均污染率/%	平均存活率/%
1	30	0	8.3 ± 0.3b	80.7 ± 2.7a
2	30	5	4.7 ± 0.3d	75.6 ± 5.0b
3	30	10	3.1 ± 0.2e	56.1 ± 2.4c
4	60	0	9.4 ± 0.6a	82.1 ± 2.0a
5	60	5	5.9 ± 0.4c	71.7 ± 3.7b
6	60	10	2.2 ± 0.2f	63.7 ± 3.5c

由表 14.15 结果可知，豆荚经 70%乙醇与 0.1%氯化汞组合灭菌后，胚珠污染率较低，但不同灭菌处理组合的胚珠生存率和污染率有所差异；方差分析和多重比较结果表明，处理组合间差异达到了极显著水平；其中以处理 4 灭菌效果较好，虽污染率较高，但存活率也最高，6 号处理虽然污染率较低，但胚珠的存活率也

较低，说明氯化汞对胚珠的生存有危害作用；因此，综合考虑污染率和存活率及氯化汞对环境的污染效应，处理组合 4 应是最好的灭菌方案。

二、幼胚挽救最佳时期选择

用于幼胚挽救最佳时期选择的培养基共 4 类（表 14.16），培养基添加 6%蔗糖，0.6%琼脂，pH 5.8。

表 14.16　胚珠萌动培养基配方

培养基编号	培养基及附加物
1	ER+6-BA 0.5 mg/L+IBA 2 mg/L+GA$_3$ 0.5 mg/L
2	Nitsch+6-BA 0.5 mg/L+ IBA 2 mg/L+GA$_3$ 0.5 mg/L
3	MS+6-BA 0.5 mg/L+ GA$_3$ 0.1 mg/L
4	MS+2,4-D 4.0 mg/L+6-BA 0.25 mg/L

分别在花后 15 d、30 d、50 d 采集的荚果，首先按上面预试验筛选的最佳灭菌方式灭菌，剥出胚珠，将其接种于 4 类（表 14.16）萌动培养基上，每类培养基接种 9 皿，10 粒/皿，弱光培养 20 d，调查胚珠萌动情况，结果见表 14.17。

表 14.17　取材时期对胚珠离体培养的影响

胚龄/d	保持绿色/%	膨胀启动/%	平均萌动率/%
15	0	0	0
30	67.0	56.3	47.7
50	37.8	35.5	29.3

最佳的胚珠挽救时期为花谢后 30 d，胚珠萌动率（表型特征有明显改变、且有明显萌发趋势的胚珠与接种胚珠粒数的比值）达到 47.7%。花谢后 30 d 至 50 d 胚珠处于发育旺盛期，细胞分裂旺盛，且此时期胚珠不易出现褐化、膨胀较为明显、相对其他时期启动早，接种 6~10 d 即开始出现膨胀，胚珠呈深绿色；10 d 时采集的材料极易褐化，此时期胚珠极其幼嫩，灭菌及剥离操作等对其造成破坏或损伤导致褐化严重；50 d、70 d 虽褐化稍轻，但大部分很难膨胀启动，小部分在后期长出愈伤，可能由于外源激素浓度过高引起。

不同萌动培养基的胚珠萌动率见表 14.18，培养基类型的优劣顺序为 Nitsch，ER，MS。可见无机盐含量适中的培养基 Nitsch 要比富集元素平衡培养基即高盐类的 ER、MS 更有力于胚珠萌动。多重比较表明，最佳培养基为 2 号，萌动率为 32.8%，在培养 5 d 时即有启动发生，部分胚珠在接种 7 d 后有幼胚从中长出。

表 14.18　不同培养基及胚龄对胚珠萌动的影响

培养基	胚龄/d			平均值/%
	15	30	50	
1	0	37.5±1.5c	28.6±2.0b	22.0c
2	0	53.6±2.5a	35.0±2.5a	32.8a
3	0	50.0±1.8b	14.3±1.1c	21.4c
4	0	39.7±1.7c	39.1±9.9a	26.3b

三、幼胚愈伤组织的诱导

（一）幼胚愈伤组织的诱导率

将已萌动的幼胚转接入诱导愈伤组织培养基上，培养基以 MS+蔗糖 30 g/L+琼脂 5 g/L+CH 300 mg/L 为基本培养基，附加不同种类和浓度的生长调节剂（2,4-D、6-BA 及 NAA）。按 L9（3^4）正交表安排试验（表 14.19），共有 9 个处理，每个处理接种 50 个幼胚。接种后采用暗培养 15 d 再光培养。在连续培养 20d 后调查愈伤组织诱导率。

在无菌条件下，将萌动培养基上得到的幼胚转接于附加不同浓度的 2,4-D 和 6-BA 的 MS 培养基上，继续培养 20 d 后，幼胚形成结构多数较致密的绿色海绵状愈伤组织（图版 14.1.1），只有少数幼胚形成结构疏松的白色海绵状愈伤组织，统计结果见表 14.19。

表 14.19　不同植物生长调节物质对愈伤组织诱导率的影响

处理	2,4-D/（mg/L）	6-BA/（mg/L）	NAA/（mg/L）	诱导率/%
1	1.0	0.2	0.2	10.9±1.7d
2	1.0	0.5	0.5	32.1±2.1ab
3	1.0	1.0	1.0	20.1±2.1c
4	2.0	0.2	0.5	22.2±2.8bc
5	2.0	0.5	1.0	37.5±0.9a
6	2.0	1.0	0.2	13.8±0.9cd
7	3.0	0.2	1.0	31.1±1.2ab
8	3.0	0.5	0.2	38.6±2.0a
9	3.0	1.0	0.5	37.1±1.8a

由表 14.19 可以看出，随 2,4-D 浓度的增加，愈伤组织诱导率有明显提高，当 2,4-D 浓度为 3.0 mg/L 时，愈伤组织诱导率最高达 38.6%。方差分析结果表明，3 种外源激素不同水平之间的诱导效果差异部分达到了显著水平，说明 3 种外源激

素对幼胚愈伤组织诱导均具有明显的促进作用。同一外源激素不同浓度间的多重比较结果证明：2,4-D 以 3.0 mg/L 的浓度较好、6-BA 以 0.5 mg/L 的浓度较好、NAA 各浓度之间差异较为接近。不同处理组合之间的多重比较结果（表 14.19）表明：8 号、5 号、9 号处理组合的诱导效果明显优于其他处理组合。综合考虑前面的分析结果，从四倍体刺槐幼胚诱导愈伤组织的较好外源激素为：2,4-D 3.0 mg/L、6-BA 0.5 mg/L，NAA 0.2 mg/L。

（二）幼胚愈伤组织生长情况

根据愈伤组织质量评价表进行评价，以每个重复为一观测单位，见表 14.20。

表 14.20　不同 2,4-D 浓度与培养方式对愈伤组织质量的影响

2,4-D/ (mg/L)	不同培养方式下愈伤组织状态		
	暗培养	弱光培养	先暗培养 10d 再光培养
1	浅黄色，致密，慢	绿色，致密，慢	浅绿色，致密，较慢
2	浅黄色，松软，较慢	绿色，致密，较快	绿色，较疏松，较快
3	白色疏松，较慢	浅绿色，较疏松，较快	绿色，疏松，较快
4	白色疏松，较快	绿白色，较疏松，快	绿白色，疏松，快

以上试验结果（表 14.20）中，不同 2,4-D 浓度对诱导愈伤组织的影响较为明显，2,4-D 的浓度与愈伤组织的生长速度成正相关，在不同光照条件下，当 2,4-D 浓度较低时，愈伤组织多表现为比较致密，有一定形状，颜色为浅黄色或绿色；而当 2,4-D 浓度较高时，愈伤组织多表现为疏松，海绵状，无规则形状，颜色较浅。不同光照对诱导愈伤组织的影响较为明显，在相同 2,4-D 浓度条件下，当暗培养时，愈伤组织的生长速度较慢，密度较疏松，颜色较浅；在弱光下培养，愈伤组织的生长速度则较快，密度比较疏松，绿色较深。由于致密的愈伤组织更利于进一步的分化培养，因此，较低浓度的 2,4-D 和弱光条件是比较合适的幼胚培养条件组合。

（三）愈伤组织切片观察

选取生长旺盛的愈伤组织块，并记录相应的形态特征，同时放入 FAA 固定液 1 d，常规石蜡法连续切片，切片厚 10 μm，铁矾苏木精染色，光学显微镜观察、照相。观察记录其细胞形态、胚性愈伤组织的增殖方式及发生起源。

通过组织细胞学显微观察：诱导出的愈伤组织团可分为两种细胞形态：一种为致密愈伤组织，表面有很多分生细胞，细胞质较浓，核仁大而明显，细胞规则而紧密排列成分生细胞团，液泡部分染色较深，细胞内分布有绿色颗粒，位于愈伤组织团的内部（图版 14.1.2），表现出较强的分生能力，但分生速度较慢，往往由于表面与内部分裂速度不同，其底部出现空腔。另一种是其结构呈疏松的雪花状或呈水渍状，愈伤组织细胞大，核相对较小，内部几乎为液泡所占据，原生质被一个大液泡挤到细胞边缘，形成液泡化程度高的薄壁组织细胞，在切片中染色较浅（图版 14.1.3），该类型愈伤组织在继代培养时极易褐化，表现出较快的分生速度。

胚性愈伤组织的增殖生长从内层即薄壁细胞内的胚性细胞开始，小细胞团内的细胞都是核大质浓、体积较小的胚性细胞，具有旺盛的分裂能力，使细胞团不断增大；随着分裂细胞团的增大，细胞团外部的细胞逐渐停止分裂，成为非胚性细胞，内部胚性细胞保持分裂能力，使细胞团继续长大，形成突起，当突起的细胞团长到一定程度，便会与母体分离，形成新的独立的一团胚性愈伤组织，该愈伤组织团在生长的同时内部不断有胚性细胞开始新的一轮分裂突起，因此整团愈伤组织看上去表面有许多细胞团的突起。从上述过程可以看出，胚性愈伤组织的发生可能是内起源。

四、通过愈伤组织诱导分化不定芽

在经上述诱导产生的生长旺盛且较致密的愈伤组织中，选取不同颜色、质地的愈伤组织，将其切成直径约 2.0 cm 的小块，接种于分化培养基（配方见表 14.21）上，进行不定芽分化，每种分化培养基上接种 150 块愈伤组织，每 50 块为一个重复。25 d 后，1 号和 3 号培养基组合上的部分愈伤组织有不定芽分化（图版 14.1.4），但频率较低，分别为 16.0% 和 4.3%。1 号培养基中添加的细胞分裂素种类及浓度均为最高，可见对于四倍体刺槐的幼胚产生的愈伤组织，在高浓度的 6-BA、KT 的培养基上更易分化。

表 14.21　不同培养基对愈伤组织分化的影响

处理	培养基及附加物	接种数/块	平均分化率/%
1	MS+6-BA 3.0 mg/L+NAA 0.5 mg/L+KT 3.0 mg/L	50+50+50	16.0
2	MS+6-BA 2.0 mg/L +NAA 0.5 mg/L	50+50+50	0.0
3	MS（WPM）+6-BA 0.5 mg/L+NAA 0.1 mg/L	50+50+50	4.3
4	MS+6-BA 0.5 mg/L+NAA 0.1 mg/L+AgNO$_3$ 10 mg/L	50+50+50	0.0

第十五章　四倍体刺槐遗传转化体系与转基因研究

第一节　再生体系的建立

植物外植体离体再生是植物遗传转化的基础，也是诱变育种、转基因植株培育等方面的基础。刺槐的离体再生研究方面已有一些报道，Igasaki 等（2000）从叶片、茎段上获得再生植株，Arrillaga 和 Merkle（1993）从子叶上获得再生植株，其他一些专家也通过细胞和组织培养获得再生植株；王树芝等进行了四倍体刺槐无性系的组织培养技术研究（王树芝等，2002，2000，1999），这些结果为研究和建立稳定的四倍体刺槐器官离体培养及再生植株体系奠定了基础，对于开展四倍体刺槐、诱变育种、转基因研究、培育抗逆性植株、提高四倍体刺槐育种水平等方面具有重要意义。北京林业大学和山东林科院先后进行了四倍体刺槐的离体再生技术研究。

一、叶片不定芽再生

取四倍体刺槐 2 年苗龄大田叶片为外植体，所用材料取自新梢顶部尚未充分展开复叶，用湿纱布包被，放入保温桶迅速带回实验室，取复叶顶端下数第 1、第 3、第 5 节位叶片作为试材。先用自来水冲洗半小时后，在超净工作台上用 75%的乙醇消毒 10~20 s，再转入 0.1%氯化汞中消毒 2~3 min，无菌水冲洗 5~6 次。将叶片切成 5~8 mm 小块，接种到培养基上，每个处理接种 6 瓶，每瓶接 5 片叶组织。培养昼夜温度 24/18℃，光周期 16/8 h，光照强度 2000 lx。

（一）不同节位叶片对不定芽分化的影响

第 1、第 3、第 5 节位叶片接种到 MS+维生素 B_5+ NAA 1.8 mg/L +6-BA 1.1 mg/L 培养基上，以期筛选出最佳外植体。由试验结果得知，第 1 节位叶块芽分化率为 90%，而第 3、第 5 节位叶块芽分化率分别为 43.3%、0%，从中不难看出，第 1 节位叶块芽为最佳外植体。叶片的着生节位越往下，其叶片成熟度增加，细胞分裂能力减弱，因而分化百分数较低。

（二）不同生长调节物质组合培养基对诱导叶片愈伤组织的影响

筛选出的最佳外植体接种到基本培养基为 MS+维生素 B_5，附加不同生长调节物质配比。Ⅰ：6-BA 1.0 mg/L + IBA1.2 mg/L、Ⅱ：BA 2.5 mg/L + ZT 2.5 mg/L + 2,4-D 0.05 mg/L 和Ⅲ：NAA 1.8 mg/L + 6-BA 1.1 mg/L 的 3 种培养基上，以期筛选出不定芽诱导的最佳培养基。

将叶块接种到上述 3 种不同的培养基上，可以看到，接种 3 d 后，叶块大而肥厚、卷曲或皱缩；15 d 左右，叶块伤口边缘开始出现淡褐色、绿色的愈伤组织，呈球状或瘤状，绿豆大小，不同生长调节物质浓度配比对诱导率有明显影响。MS+维生素 B_5+ NAA 1.8 mg/L +6-BA 1.1 mg/L 培养基、MS+维生素 B_5+BA 2.5 mg/L+ ZT 2.5 mg/L +2,4-D 0.05 mg/L 培养基和MS+维生素 B_5+6-BA 1.0 mg/L+IBA 1.2 mg/L 培养基上的诱导率分别为 96.7%、86.7%和 50%，因此，MS+维生素 B_5+NAA 1.8 mg/L+ 6-BA 1.1 mg/L 为诱导愈伤组织的最佳培养基。

（三）不同生长调节物质组合培养基对叶片不定芽分化的影响

叶片在 3 种生长调节物质浓度的培养基上都能形成愈伤组织，但愈伤组织分化芽的能力差异较大。MS+维生素 B_5+NAA 1.8 mg/L+6-BA 1.1 mg/L 培养基诱导形成的愈伤组织分化不定芽的能力较强，在愈伤组织形成 15 d 后分化出不定芽，最多的可形成 13 个丛生芽，平均可达 10 个，芽分化率为 93.1%，不定芽平均增值系数为 9.1 倍；而 MS+维生素 B_5+6-BA 1.0 mg/L +IBA 1.2 mg/L 培养基除再生能力差外，随着培养时间的延长，大部分叶块变成黄化膜质、干枯；考虑 ZT 价格昂贵，最终选择 MS+维生素 B_5+NAA 1.8 mg/L+6-BA 1.1 mg/L 培养基为最佳不定芽分化培养基。

试验证明叶片的年龄、部位对愈伤组织诱导和芽的分化都有很大影响，取幼嫩健壮尚未充分展开第 1 节位的叶组织，有利于诱导出愈伤组织及不定芽，且具有可直接生成植株和再生周期短的特点，不定芽诱导率高达 90%以上；取老的第 5 节位的叶组织，不能诱导出愈伤组织和芽，且易造成污染。MS+维生素 B_5+NAA1.8 mg/L+6-BA 1.1 mg/L 培养基愈伤组织诱导率，芽的分化率、苗的增值系数最高，而且苗木嫩绿健壮，2 个月形成再生植株。说明细胞分裂素 6-BA 和生长素 NAA 配合对愈伤组织、芽、苗的形成有较好的促进作用。

二、茎段不定芽再生

试验材料取自四倍体刺槐组培苗，在继代培养基 MS+IBA 0.2 mg/L+6-BA 2.0 mg/L 上培养 30 d 时取材。茎和根切成长度约为 0.5 cm 长的小段，接种于诱导培养基上。每种处理均设 6 个重复，每重复接种 6 个外植体。MS+维生素 B_5 为基本培养基，生长调节物质为细胞分裂素 6-BA、ZT 和生长素 2,4-D，加入 3%蔗糖，0.65%琼脂粉，高压灭菌前 pH 调至 5.8。用于再生的茎段、叶块和根段分别置培养瓶中，无菌条件下进行培养，培养期间温度为 25℃±2℃，光照强度为 2000 lx，光照暗周期为 15/9h。茎段在再生培养基上培养 7 周后，调查茎段再生不定芽的效率，用再生频率进行衡量（再生茎段数/接种茎段数）。

（一）茎段和根段的再生效率

外植体接种 4 周后，调查产生愈伤组织的外植体数，培养 7 周后，统计产生不定芽外植体数，比较茎段和根段外植体的再生能力。结果表明：在相同条件下，茎段的外植体产生愈伤组织率为 100%，根段的出愈率为 81.4%。来源茎段和根段的愈伤组织产生不定芽的效率分别为 83.3%和 40.8%。鉴于根产生愈伤组织和不定芽的频率均低，因此根似乎不适合做外植体，故诱导外植体再生用幼嫩茎段较好。

（二）不同生长调节物质配比对茎段不定芽分化的影响

试验发现 6-BA 3.0 mg/L、ZT 2.0 mg/L 和 2,4-D 0.05 mg/L 生长调节物质配比最适合四倍体刺槐茎段再生不定芽。无外源生长调节物质 6-BA，仅 2,4-D 与 ZT 配合使用不产生不定芽；6-BA 与 2,4-D 配合使用产生不定芽效果优于 6-BA 和 ZT；其中尤以 6-BA+ZT+2,4-D 诱导不定芽效果最佳。随 6-BA 浓度的增大，产生不定芽百分率和平均芽数增大，但 6-BA 浓度为 4.0 mg/L 时有明显的玻璃化现象，而以 6-BA 浓度为 3.0 mg/L 时诱导不定芽的效率最好。

随 ZT 浓度的增大，产生不定芽百分率和平均芽数增大，芽壮而大，但 ZT 浓度大于 3.0 mg/L 时产生不定芽百分率和平均芽数呈现下降趋势，芽产生畸形。因此以 ZT 浓度为 2.0 mg/L 时诱导不定芽的效率和芽质量最好。

随 2,4-D 浓度的增大，愈伤组织量增多，产生不定芽百分率和平均芽数也增大，当 2,4-D 浓度高于 0.5 mg/L 时，愈伤组织量明显增多，对不定芽诱导有一定的抑制作用甚至不产生芽，2,4-D 0.05 mg/L 浓度为不定芽诱导最适浓度。

（三）茎段的接种方式对不定芽分化的影响

茎段的培养方式对不定芽分化有影响，切面插入培养基的处理分化最高达 88.7%；切面接触而不插入培养基的处理，分化低于切面插入培养基的处理；切面不接触培养基的处理，不能诱导不定芽的分化。

（四）茎段的不同生理状态对不定芽分化的影响

在同一培养基中对于同种外植体的不同部位、不同的生理状态及成熟度都有不同的再生效果。茎段的不同成熟度反应了茎段的不同生理状态，进而茎段的再生频率。茎段的幼嫩程度对再生有十分重要的作用，在四倍体刺槐再生茎段中，幼嫩茎段愈伤组织诱导率、不定芽诱导率和芽平均数所占的最大比例分别为100%、89.3%和7.5%，而中等和老化的茎段占的比例很少，幼嫩的茎段再生效果明显优于较老的茎段。证明了茎段的生理状态对茎段再生的重要性。

（五）生根培养基的筛选

茎段在不定芽诱导培养基中诱导出不定芽体，待不定芽长到2~3 cm，基茎粗0.1~0.12 cm时，切下不定芽，尽量将愈伤组织去除干净，移入生根培养基。在上述培养条件下培养，经20 d后统计不定芽生根情况。

仅加入NAA时先形成愈伤组织，后由愈伤组织中分化出新根，无侧根，继续培养仍无侧根产生，随NAA浓度升高，茎基部愈伤组织量增多，根表面疏松的白色组织也增多，根基部变得更粗，对生根有一定的抑制作用。当仅加入IBA时，培养7 d即可诱导产生白色根原基，比仅加入NAA发根早4~5 d，随后形成根系，随IBA浓度升高，根更细、更长，生根率增大，对生根有促进作用，过高的IBA浓度抑制生根，根系变褐，当IBA浓度为0.5 mg/L时，生根率和生根数高达到100%。结果表明：四倍体刺槐生根最佳培养基为1/2MS+ IBA 0.5 mg/L。

在四倍体刺槐外植体诱导不定芽的过程中，除材料的基因型外，外植体本身也是一个重要的影响因素，不定芽的诱导率不仅受到外植体种类的影响，对外植体的幼嫩程度要求也很严格。试管苗较老茎段，效果最差，而嫩的茎段产生不定芽的诱导率较高，所以在选择外植体时，以幼嫩的为宜。

不定芽发生部位往往在愈伤组织表面，初为绿色小点，后逐渐增大成芽，愈伤组织分化成器官主要受生长调节物质种类及生长调节物质浓度比的控制。试验结果表明：茎段和根首先形成愈伤组织，后诱导出不定芽。通过不同外植体、生长调节物质配比、茎段在培养基上不同接触方式及不同生理状态等对四倍体刺槐不定芽诱导影响的试验，找出了四倍体刺槐茎段适宜的不定芽诱导培养基，MS+维生素 B_5+BA 3 mg/L+ZT 2 mg/L+2,4-D 0.05 mg/L，蔗糖30 g/L、琼脂6.5 g/L、pH 5.8。在生根诱导上，采用苗高2~3 cm，茎粗0.1~0.12 cm嫩枝接种于1/2MS+0.5 mg/L IBA的培养基上，生根率高达100%。

三、茎基部愈伤组织不定芽再生

研究植物生长调节物质、大量元素、双重选择（愈伤组织和嫩枝）对其愈伤组织再生的影响，对于四倍体刺槐无性系的快速繁殖应用和生物技术研究有重要意义。

BA 和 NAA 对四倍体刺槐无性系茎基部的愈伤组织的影响采用 $L_9(3^4)$ 正交试验设计，大量元素和硝酸银对愈伤组织和芽的增殖分化的影响以及双重选择对芽的增殖分化的影响采用单因素完全随机区组试验设计。

利用茎基部的愈伤组织不仅可再生植株，而且还可以大量、快速地繁殖四倍体刺槐无性系。BA 和 NAA 配合使用能诱导愈伤组织的产生，当培养基中附加 BA 0.5 mg/L 和 NAA 0.1 mg/L 时，能获得较高的愈伤组织和最好的芽增殖。MS 对愈伤组织和芽的增殖生长好于 1/2MS、1/4 MS。随 $AgNO_3$ 浓度增加，愈伤组织量减少，当培养基附加 10 mg/L 的 $AgNO_3$ 时获得较少的愈伤组织，而有较高的芽增殖生长。对从茎基部愈伤组织再生的植株进行继代、生根培养，并对栽入大田中的组培苗茎尖进行细胞学观察，未见染色体数目的变异。

（一）BA 和 NAA 对愈伤组织的影响

不同浓度 BA（0.10 mg/L、0.50 mg/L、1.00 mg/L）、NAA（0.01 mg/L、0.10 mg/L、1.00 mg/L）二因素对四倍体刺槐无性系嫩梢基部愈伤组织及芽增殖的影响，采用 $L_9(3^4)$ 正交表安排各试验内容。重复 8 次，每瓶 3 株，$L_9(3^4)$ 正交试验安排及结果如表 15.1。

表15.1 $L_9(3^4)$ 正交试验安排及结果

试验号 \ 因素水平	愈伤组织/g				有效芽数（>0.5cm）	
	BA	NAA	BA×NAA		X_t	X_t
1	1（0.10）	1（0.01）	1	1	5.33	80
2	1（0.10）	2（0.10）	2	2	11.16	80
3	1（0.10）	3（1.00）	3	3	29.98	58
4	2（0.50）	1（0.01）	2	3	20.86	59
5	2（0.50）	2（0.10）	3	1	18.43	73
6	2（0.50）	3（1.00）	1	2	43.86	92
7	3（1.00）	1（0.01）	3	2	21.21	71
8	3（1.00）	2（0.10）	1	3	55.37	71
9	3（1.00）	3（1.00）	2	1	12.52	41
愈伤组织均值 1	15.5	15.8	34.9	12.1		
愈伤组织均值 2	27.7	28.5	14.8	25.4		
愈伤组织均值 3	29.7	28.8	23.2	35.4		
愈伤组织极差	14.2	13.0				
芽增殖均值 1	72.7	70.0	81.0	64.7		
芽增殖均值 2	98.9	74.7	60.0	81.0		
芽增殖均值 3	61.0	63.7	67.3	62.7		
芽增殖极差	37.9	11.0				

从表 15.1 可以看到，对于愈伤组织和芽的增殖来说，BA 的极差比 NAA 的极差较大。从平均值看，随 BA 和 NAA 浓度的增加，愈伤组织的量增加，在 BA 和

NAA 浓度为 1.00 mg/L, 愈伤组织的量最高。然而, NAA 在 0.1 mg/L, BA 在 0.5 mg/L 时, 芽的增殖最多, 因此, 可认为 BA 与 NAA 在一定范围内愈伤组织的量和芽的增殖成正相关, 超过一定范围, 随愈伤组织的增加, 芽的增殖反而下降。经过方差分析发现, BA 和 NAA 的不同浓度及其不同浓度的组合对离体茎基部愈伤组织的生长有极显著的作用。

（二）大量元素对愈伤组织和芽的增殖生长的影响

为了研究大量元素对四倍体刺槐无性系愈伤组织和芽增殖生长的影响, 采用单因素试验设计, 大量元素采用三个水平, 调查愈伤组织生物量、有效芽数、芽长度和芽生物量, 试验结果见表 15.2。

表15.2　大量元素对愈伤组织和芽的增殖生长的影响

	MS±SE	1/2MS±SE	1/4MS±SE
芽/个	9.6±1.3	6.9±1.4	5.6±1.6
芽长度/cm	11.0±4.1	7.3±2.6	6.6±1.4
芽生物量/g	1.77±0.7	0.62±0.4	0.56±0.3
愈伤组织生物量/g	5.94±2.7	2.02±1.7	0.60±0.5

从表 15.2 和图 15.1 可看出, 对愈伤组织和芽的增殖生长的影响来说, MS 基本培养基好于大量元素减半的 1/2MS 和减少到 1/4 的 MS 培养基。

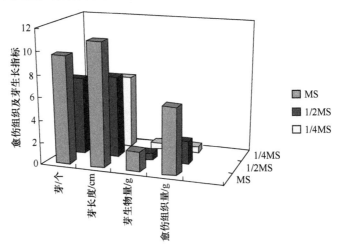

图15.1　大量元素对愈伤组织及生长分化的影响

（三）AgNO₃ 浓度对愈伤组织和嫩梢增殖生长的影响

为了确定抗乙烯化合物 AgNO₃ 的最佳水平, 研究把茎段接在含 0 mg/L、10 mg/L、

25 mg/L、50 mg/L AgNO$_3$ 的 MS+BA 0.5 mg/L +NAA 0.1 mg/L 的培养基中，采用单因子试验设计，4 个水平，对培养基中的 AgNO$_3$ 作用进行了研究，试验结果见表 15.3。

表15.3　AgNO$_3$浓度对愈伤组织和芽增殖生长的影响

调查因子	AgNO$_3$/（mg/L）			
	0	10	25	50
芽/个	7.0±1.5	8.5±2.2	4.8±0.6	4.6±0.5
芽长度/cm	10.3±6.1	12.4±6.3	8.3±2.5	7.2±2.1
芽生物量/g	1.51±0.5	2.19±1.2	0.67±0.4	0.54±0.2
愈伤组织生物量/g	7.19±2.8	1.42±0.7	0.79±0.4	0.72±0.4

把茎段接种在含各种 AgNO$_3$ 浓度的培养基中，2 周后有新芽分化并伸长。从表 15.3 的试验结果及图 15.2 中可看出，在 AgNO$_3$ 浓度从 0~10 mg/L 时，随 AgNO$_3$ 浓度的升高愈伤组织的量减少，芽的增殖生长增加，超过 10 mg/L 时，愈伤组织的量虽减少，但芽的生长增殖也减少，因此，AgNO$_3$ 浓度在 10 mg/L 时，芽的增殖生长最高。

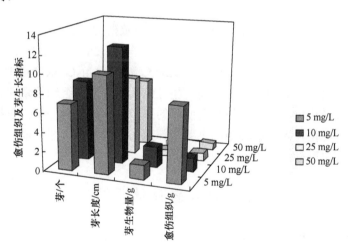

图15.2　硝酸银浓度对愈伤组织和芽的生长分化的影响

（四）双重选择与不定芽的增殖生长

首先选择茎基部长有致密、颜色深绿和分化芽点多的愈伤组织，然后再选择这些愈伤组织上生长正常、健壮的嫩梢，以致密的愈伤组织上的中等水平的芽为对照，调查不定芽的增殖生长，结果见表 15.4。从表 15.4 可以看出，双重选择法对芽的增殖生长有明显的影响。

表15.4 双重选择对芽的增殖生长的影响

指标	经双重选择的嫩梢	中等水平的嫩梢
芽/个	12.3±5.1	6.8±2.3
芽长度/cm	26.5±4.7	9.4±2.6
芽生物量/g	1.46±0.5	0.79±0.4

植物生长调节物质对愈伤组织的形成有显著的影响，BA 与 NAA 二者在一定范围内既能形成绿色、光亮、致密的愈伤组织，又能使芽的增殖最大。超过此范围，虽然，愈伤组织的量仍在增加，但芽的增殖减少，因此，如何提高具有分化能力的愈伤组织量也是提高芽的增殖的关键所在。本研究发现 BA 比 NAA 对四倍体刺槐无性系茎基部的愈伤组织影响更大，这一点与 Woo 等（1995）的结果相同。Woo 等（1995）认为 $AgNO_3$ 能减少单宁渗漏到培养基里，同时减少乙烯的释放，阻止了茎基部愈伤组织的形成和促使茎增殖。本试验不定芽诱导的最佳 $AgNO_3$ 浓度是 10 mg/L。植物组织培养生产中存在的问题是对于试管苗不加选择地继代培养，结果浪费了许多繁殖材料，增殖率难以达到最高，从试验结果可看出，对利用茎基部愈伤组织再生的植物，可采用愈伤组织和嫩梢双重选择法来提高不定芽的增殖率。

NAA 在 0.1 mg/L，BA 在 0.5 mg/L 时，产生致密的愈伤组织，芽的增殖最多。对愈伤组织和芽的增殖生长的影响来说，MS 好于 1/2MS 和 1/4MS。随 $AgNO_3$ 浓度的升高愈伤组织的量减少，芽的增殖生长增加，$AgNO_3$ 浓度在 10 mg/L 时，形成的愈伤组织、芽的增殖生长最高，超过此浓度，愈伤组织的量和芽的增殖都减少。双重选择法对芽的增殖生长有明显的影响。继代培养一年，小植株染色体数目没有发生变化，因此，利用离体茎基部愈伤组织再生方法快速繁殖四倍体刺槐无性系是切实可行的。

第二节　遗传转化体系的建立

遗传转化体系的建立和优化是获得转基因新种质的基础和前提条件，目前刺槐的遗传转化主要以发根农杆菌和根癌农杆菌介导完成，受体为愈伤组织、原生质体、胚状体及直接分化芽。Han 等（1993）用发根农杆菌 R1601（携带 *NPT II* 基因）转化刺槐下胚轴，生根率达到 42%。Igasaki 等（2000）用根癌农杆菌 LBA4404、EHA101、GV3101 分别侵染刺槐的叶片和茎段，发现用根癌农杆菌 GV3101 可获得最高的转化效率，叶片和茎段的转化率分别为 14%和 24%。这些为开展四倍体刺槐遗传转化体系建立和优化奠定了基础，山东省林业科学研究院先后开展了该方面的研究（洪春等，2007）。

关于刺槐的转基因技术研究，Davis 等（1989）将实生苗的下胚轴接种根癌农杆菌的研究表明，刺槐是农杆菌的宿主植物；在刺槐受伤子叶上接种携带双元载体 pGA472 的根癌农杆菌 A281，检测证明 *NPTII* 基因顺序整合到刺槐基因组中；Han 等（1993）将刺槐下胚轴接种到含发根农杆菌 R1601 的培养基上，检测表明 T-DNA 整合到了基因组中，并且导入基因得到了表达（皱叶和大量根的产生）。郭北海等将 *BADH* 基因转入小麦中，所得转基因植株的耐盐性也有一定提高。为了进一步提高四倍体刺槐的耐盐抗旱特性，山东林科院进行了农杆菌法介导的 *BADH* 基因转化研究。

一、卡那霉素对四倍体刺槐愈伤组织及不定芽诱导的影响

洪春等（2007）进行了有关试验。试材为四倍体刺槐组培苗，在继代培养基上 MS+BA 2.0 mg/L+ IBA 0.2 mg/L 培养 30 d 时的继代苗。在超净工作台上切取幼嫩的茎段制备外植体，切成长度约为 0.5 cm 长的无芽点切段，接种到不同培养基上，每个处理接种 6 瓶，每瓶接 6 个切段。培养基配方：CNB（MS 加一定浓度的 NAA 和 BA）、DN（MS 加一定浓度的 NAA、BA、ZT 和 2,4-D），所有培养基均附加 30 g/L 蔗糖，5.0 g/L 琼脂，pH 5.8 左右；昼/夜培养温度 24℃/18℃，昼/夜光照周期为 16/8h，光照强度 2000 lx。

（一）Kan 对茎段愈伤组织诱导的抑制作用

将材料接种于卡那霉素（kanamycin，Kan）浓度分别为 0 mg/L、10 mg/L、20 mg/L、40 mg/L、60 mg/L、80 mg/L、100 mg/L 的 CNB 培养基上，每 7 d 统计一次愈伤组织出愈情况［愈伤组织诱导率=（产生愈伤的茎段数÷接种的茎段总数）×100%］，结果见表 15.5。随着 Kan 浓度的提高，茎段形成愈伤组织的时间推迟，出愈率的

表15.5　Kan对茎段愈伤组织诱导的影响（洪春等，2007）（%）

Kan 浓度/(mg/L)	培养天数/d														
	7			14			21			28			35		
	出愈率	分化率	死亡率	出愈率	分化率	死亡率	出愈率	分化率	死亡率	出愈率	分化率	死亡率	出愈率	分化率	死亡率
0	15	0	0	89	0	0	89	91	0	89	91	0	89	91	0
10	15	15	0	0	85	0	0	89	68	0	89	82	3	89	82
20	12	12	0	0	80	0	0	89	52	0	89	70	10	89	70
40	8	8	0	0	71	0	0	85	20	0	85	36	35	85	36
60	4	4	0	0	65	0	0	80	2	0	80	2	100	80	0
80	4	4	0	0	65	0	0	80	0	0	80	0	0	80	0
100	4	4	0	0	65	0	0	80	0	0	80	0	0	80	0

影响不大；但对不定芽的诱导有很大的影响。当浓度为 20 mg/L 时，虽然出芽率有所下降，但死亡率较低；当浓度达到 40 mg/L 时，出芽率明显下降，死亡率达到 80%，且随浓度升高，不定芽的诱导和生长几乎完全受到抑制；当浓度达到 60 mg/L 时，愈伤组织很大、疏松，出芽率仅为 2%，且死亡率高达 100%。可见 40~60 mg/L 的 Kan 是刺槐遗传转化茎段较适宜的诱导筛选浓度。

（二）不同培养基对茎段愈伤组织诱导和芽分化的影响

将材料接种于不同的筛选培养基上。Ⅰ：不加 Kan 的 CNB 培养基（对照）；Ⅱ：不加 Kan 的 DN 培养基（对照）；Ⅲ：加有 Kan（50 mg/L）的 CNB 培养基；Ⅳ：加有 Kan（50 mg/L）的 DN 培养基；Ⅴ：先接种于 DN 培养基，10 d 后转入加有 Kan（50 mg/L）的 DN 培养基；Ⅵ：先接种于 CNB 培养基，10 d 后转入加有 Kan（50 mg/L）的 DN 培养基。第 20 d 时统计愈伤组织诱导率；第 50 d 时统计不定芽分化率，[分化率=（能分化出小芽的愈伤组织块数÷接种的愈伤组织块总数）×100%]，结果见表 15.6。

表15.6　3种培养基对愈伤组织诱导及不定芽的影响（洪春等，2007）

培养基编号	接种数/个	愈伤组织		形成芽	
		愈伤组织数/个	诱导率/%	出芽茎段数/个	分化率/%
Ⅰ	36	32	89	29	91
Ⅱ	36	14	39	13	93
Ⅲ	36	14	39	13	93
Ⅳ	36	32	89	0	0
Ⅴ	36	14	39	13	93
Ⅵ	36	32	89	30	94

将材料接入不加 Kan 的 CNB（Ⅰ）培养基中，芽的分化率较高，可达 91%。而将材料接入加有 Kan 的 DN（Ⅳ）培养基中，几乎没有芽的分化，这说明 Kan 添加于 DN 培养基中对四倍体刺槐不定芽的诱导有很大的影响；Kan 添加于 CNB 培养基不定芽的分化率高达 93%，对不定芽的诱导没有影响，但是其愈伤组织诱导率太低，仅为 39%。因此，当有 Kan 存在时，DN 培养基对愈伤组织的诱导率高，而 CNB 培养基对不定芽的诱导率高。综合各项结果，可以得出：先将材料接入不加 Kan 的 CNB 培养基中，10 d 后再转入加有 Kan 的 DN 培养基的愈伤组织诱导率和出芽率最高，分别高达 89% 和 94%，因此，Ⅵ培养基的两步诱导法为最佳方法。由此可见 40~60 mg/L 的 Kan 是刺槐遗传转化茎段较适宜的诱导筛选浓度。

（三）不同时间添加 Kan 对茎段愈伤组织和芽分化的影响

将材料接种于不同时间添加 Kan（50 mg/L）的 CNB 培养基上，添加时间分别为接种后 0 d、5 d、10 d、15 d、20 d。将材料接种于不同时间添加 Kan（50 mg/L）的 DN 培养基上，添加时间分别为接种后 0 d、5 d、10 d、15 d、20 d。结果如图 15.3 和图 15.4。

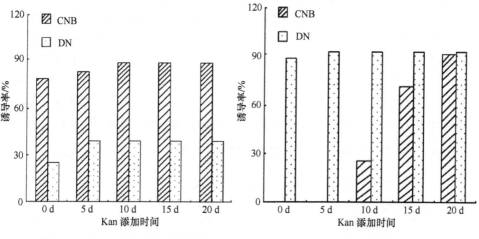

图15.3　不同时间添加Kan对茎段
愈伤组织诱导率的影响
为接种 30 天后的统计数据，图 15.4 同

图15.4　不同时间添加Kan对茎
段不定芽诱导率的影响

Kan 的添加时间对接种于 CNB 培养基上的茎段愈伤组织的形成影响不是很大，但是对不定芽的分化有很大的影响。第 0~5 d 时添加 Kan，接种于 CNB 培养基的茎段出芽率为 0%，延迟 10 d 添加时仅为 25%，当延迟 20 d 时，出芽率与未加 Kan 的相同，说明延迟 20 d 筛选效果不好，将会导致大量的假抗性苗和嵌合体产生；DN 培养基上不同时间添加 Kan，出芽率都高达 93%以上。根据此试验结果可以得出：CNB 培养基适宜诱导愈伤组织的形成，DN 培养基虽然愈伤组织诱导率相对较低，但其对不定芽的诱导率很高。因此，该试验再次充分证明了 CNB 和 DN 的两步诱导法为最佳方法。

在四倍体刺槐的遗传转化中，筛选再生培养基的 Kan 的使用量的适宜浓度为 40~60 mg/L。由于 Kan 在细胞分裂和分化等方面有一定的副作用，在对其浓度的选择上，还需考虑植物细胞在组织分化、生长发育等不同时期对 Kan 的敏感性以及其他影响因素的综合效应，本研究 Kan 的致死浓度为 50 mg/L。CNB 和 DN 都是四倍体刺槐再生的适宜培养基，但在进行遗传转化时，必须对材料进行筛选。如果把材料接入不加 Kan 的 CNB 培养基上，让其长出芽点后再进行筛选，这样假抗性苗和嵌合体相对增多，给后续工作带来了较大的困难。然而以 CNB 培养基培养 10 d 后，转入附加 50 mg/L Kan 的 DN 培养基上，通过两步诱导法弥补了以上缺点，既提高了芽分化率，又达到了筛选的目的。

二、四倍体刺槐茎段遗传转化体系优化

咸洋等（2009）以四倍体刺槐组培苗茎段为材料进行有关研究。菌株为根癌农杆菌 GV3101，携带 pCAM-BIA2300 质粒（含 *NPT II* 和 *betA* 基因）。所用培养基：YEB 液体培养基：Yeast Extract 1 g/L + Peptone 5 g/L + Beef Extract 5 g/L + $MgSO_4 \cdot 7H_2O$ 0.493 g/L；YEB 固体培养基：YEB Agar 15 g/L；四倍体刺槐再生培养基：MS+6-BA 1.1 mg/L+NAA 1.8 mg/L；四倍体刺槐共培培养基 MS+6-BA 1.1 mg/L+NAA 1.8 mg/L 培养基+Cef（头孢霉素）400 mg/L；四倍体刺槐筛选培养基 MS+6-BA 1.1 mg/L+NAA 1.8 mg/L 培养基+Cef 400 mg/L Kan 50 mg/L。

（一）As（乙酰丁香酮）用法对转化效率的影响

将四倍体刺槐组培苗茎段切伤，转移到菌液中，侵染 20~50 min。用无菌滤纸吸干菌液，接种于 MS+6-BA 1.1 mg/L+NAA 1.8 mg/L 培养基上，暗培养至周围有白色菌迹出现，用无菌水冲洗并用无菌滤纸吸净液滴，接种于含有抗菌素头孢噻肟钠（Cef）400 mg/L 的 MS+6-BA 1.1 mg/L+NAA 1.8 mg/L 培养基上。

方案 1　在菌液中加入 As：将菌液与 MS 液体培养基混合好后加入 As，使终浓度为 200 μmol/L；方案 2　共培养时加入 As：在共培养基中加入 As，终浓度为 200 μmol/L；方案 3　侵染前使用 As：划伤后用 200 μmol/L As 溶液浸泡伤口；对照侵染过程中不使用 As。研究其对转化效率的影响。分别于抗性筛选 30 d、60 d 后调查出芽情况。

在侵染过程的不同时间段加入 As 对转基因材料的出芽率有较大影响。在菌液中加入 As 筛选 30 d 后的出芽率为 46%，筛选 60 d 后的出芽率为 9%，都要低于对照；共培时加入 As 筛选 30 d 后的出芽率为 59%，与对照无差异，筛选 60 d 后的出芽率为 18%，明显高于对照（$P<0.01$）；用 As 溶液浸泡伤口筛选 30 d 后的出芽率为 67%，筛选 60 d 后的出芽率为 27%，均明显高于对照（$P<0.01$）。

（二）农杆菌活化方法对转化效率的影响

用二次活化法、离心重悬法及平板培养法 3 种方法对菌液进行活化。即分别用 3 种不同的方法准备用于转化的农杆菌。①二次活化法：挑一个白色单菌落加入到含卡那霉素（Kan）和利福平（rif）各 50 mg/L 的液体 YEB 中，培养 24 h。取 1 mL 菌液转接入 50 mL 含相同抗生素的液体 YEB 中，培养 12 h。将菌液与 MS 液体培养基按 1∶2 的比例混合，摇菌至 OD_{600} 为 0.3~0.6 用于侵染。②离心重悬法：将农杆菌培养至对数生长期时离心收集菌体，再加入 YEB 液体培养基重悬菌液并稀释至 OD_{600} 为 0.3~0.6 用于侵染。③平板培养法：从 -70℃ 取出保存的

菌株，在含有 Kan 和 rif 的 YEB 固体培养基上划线培养，长出菌落后挑取 20~40 个单菌落放入 20 mL 无菌水中，27℃，170 r/min 摇菌 30~60 min，直接用于侵染。结果表明 3 种活化方法所得分化率没有很大的差异，但出芽率差异较大，离心重悬法筛选 30 d 和 60 d 的出芽率分别为 42%和 9%，低于 2 次活化法的 60% 和 11%，而平板培养法筛选 30 d 和 60 d 的出芽率分别为 71%和 15%，明显高于 2 次活化法（$P<0.01$）。而且用平板培养法进行侵染后，再生芽生长状态较好，染菌情况也较轻。

（三）低温预培养对转化效率的影响

取生长旺盛的四倍体刺槐组培苗分别于 4℃暗培养 0h、24 h、48 h 后，再进行侵染。低温预培养对提高外植体的分化率有较大帮助，低温处理 1 d 和 2 d 后的外植体侵染后分化率分别为 79%和 80%，两者没有太大差异，但是与未经处理的外植体相比（分化率为 69%）却有明显提高（$P<0.01$）。筛选 30 d 后，低温预培的外植体出芽率比对照组有较明显提高（$P<0.05$），且抗性芽的生长状态明显优于对照。将上述四倍体刺槐茎段培养 3~7 d 后放在含 Kan 50 mg/L 的筛选培养基上，筛选出抗性株系。

本试验用 200 μmol/L As 溶液对制造好伤口的植物材料进行短时间的浸泡效果最明显。其原因在于提高伤口部位的 As 浓度，并与周围菌液产生浓度差，从而有利于农杆菌识别伤口和 T-DNA 的转移，提高了转化率。

对农杆菌实施了两次活化进一步提高了菌的活性，且还试用了平板培养法，并取得较好效果。在侵染过程中，一般要求农杆菌要培养至对数生长期，菌液的浓度控制在 OD_{600} 为 0.2~0.7。用二次活化法和离心重悬法都可达到这种浓度，但平板培养法则很难达到这种浓度，然而用这种方法却可以得到较高的出芽率。其原因可能有以下两点：①与 YEB 等液体培养基相比，无菌水中杂质少，水势低，在侵染时受体细胞的吸水作用会更加活跃，有助于农杆菌的吸附，从而提高转化效率；②由于此种方法菌液浓度比较低，侵染后农杆菌较容易抑制，有助于受体细胞的恢复及再生，减少了因农杆菌过量生长而死亡的再生芽数量。相对来说，用离心重悬法得到的出芽率偏低，原因可能是离心时对菌体造成了伤害降低了农杆菌的活力，致使转化率下降。

发现经低温预培养的外植体在筛选 30 d 后，出芽率与对照差异较大，对照为 59%，预培 1 d 为 62%，预培 2 d 为 64%，而且与未经处理的材料相比，经低温处理的材料在侵染后，愈伤组织的生长情况和出芽情况都比较好，低温预处理后得到的抗性芽比对照试验中的抗性芽更粗壮，颜色深绿，生长状态旺盛。说明低温预处理有利于提高植物材料的生理状态，有待于进一步研究以确定最佳处理时间和处理后对植物细胞感受态的影响。

在农杆菌介导的遗传转化方法中，农杆菌的活化状态和受体的状态都非常重要，直接影响转化效率。农杆菌的活化方法和 As 的应用可提高农杆菌侵染活性，低温预培养则是针对受体植物的生理状态，目的在于提高其感受态。

第三节　转基因植株的获得

夏阳等（2004）进行了有关研究。植物材料为韩国引进的饲料型四倍体刺槐优良品种。外植体采自田间优株新梢，表面灭菌后接种在启动培养基中，长出的嫩梢作为愈伤组织的诱导材料。启动培养基为 MS+6-BA 0.5 mg/L+NAA 0.08 mg/L，愈伤组织诱导培养基为 MS+KT 1.0 mg/L +NAA 0.5 mg/L，分化培养基为 MS+IBA 0.2 mg/L+6-BA 2.0 mg/L，诱导生根培养基是 MS+IBA 1.0 mg/L。选用含有双元载体 pBin438 的根癌农杆菌 LBA4404 菌系，该载体含有 CaMV35S 启动子、山波菜的甜菜碱醛脱氢酶基因（*BADH*），以及一个嵌合的 *NoSNpt-11* 基因和 *GUS* 基因。通过 GUS 组织化学染色分析获得的优化转化条件是：以愈伤组织作为侵染材料、液体诱导分化培养基活化农杆菌、转化培养基中乙酰丁香酮（acetosyringone，AS）浓度 20 mg/L、侵染的菌液浓度 OD_{600} 为 0.3~0.7、侵染时间 4~8 min、愈伤组织预培养 1~2 d、共培养 3~4 d。

愈伤组织侵染和共培养后，分别采用前期选择（共培养后立即筛选）、延迟选择（共培养后延迟 15 d 筛选）和后期选择（共培养后延迟 30 d 筛选）3 种方法进行转化体筛选。

将菌液分别加入含有不同浓度的羧苄青霉素（carbencillin，Carb）或头孢霉素（cefotaxime，Cef）的 YEB 液体培养基中，测定样品的 OD_{600} 值以确定抗菌素的抑菌效果。将愈伤组织接在含有不同浓度 Cef 和卡那霉素的诱导分化培养基上，分别于 30 d 和 40 d 后观察愈伤组织丛生芽的分化情况。转化后的外植体在含有 Kan 50 mg/L 的分化培养基上筛选 100~120 d（继代 3~4 次），对 Kan 抗性植株扩繁后进行分子检测。

一、选择方法对转化效率的影响

3 种 Kan 选择处理（前期、延迟 15 d 和延迟 30 d 选择）在选择培养 15 d 后，具有分化能力的愈伤组织比例（选择培养 15 d 后具有分化能力的愈伤组织数/侵染愈伤组织数×100%）分别为 17.5%、93.3% 和 95.1%；在选择培养 40 d 后，每块愈伤组织分化的抗性芽数分别为 0.037 个、0.65 个和 0.79 个；在 Kan 持续选择 60 d 后，抗性植株的发生率（第 1 次继代选择培养后成活的芽数/侵染愈伤组织数×100%）分别为 0.31%、13.3% 和 15.6%，愈伤组织死亡率（第 1 次继代选择培养后死亡的愈伤组织数/侵染愈伤组织总数×100%）明显增加，分别达到 21.5%、43.3% 和 55.1%，但成活愈伤组织上的抗性小苗率增加，分别为 1.1 个、4.1 个和 4.8 个。上述结果说明延迟筛选（15 d 或 30 d）能显著提高转化效率。但为了减少嵌合体植株的产生，以延迟 15 d 选择为宜。

二、侵染后选择条件的优化

当 Cef 浓度为 400 mg/L 时，农杆菌菌液的 OD_{600} 值为 0.012，平均每个愈伤组织块分化的芽数达 8.88 个，且生长完全正常；而当 Carb 浓度达到 500 mg/L 时，其 OD_{600} 值仍为 0.515，因此，选择 400 mg/L 的 Cef 作为抗菌素在共培养后去除或抑制农杆菌。当 Kan 浓度为 50 mg/L 时，愈伤组织上丛生芽的白化率达 97.3%，基本全部白化死亡，可作为筛选转化体的适宜最低选择压。

三、转基因植株的 PCR 和 PCR-Southern 检测

经过 Kan 连续继代选择 80~120 d 后，在 71 个愈伤组织块上获得了 277 个丛生芽（Kan 抗性小苗），继代扩繁 3~4 代后，用 SDS 法提取植物基因组 DNA，进行 PCR 和 PCR-Southern 检测，有 69 株小苗扩增出了与质粒一致的特异条带，阳性检测率为 25.6%，表明外源基因已经整合到这些植株的基因组 DNA 中。

四、NaCl 胁迫对丛生芽分化和生长的影响

将转化植株的愈伤组织块和分化 20 d 的小苗（高 2 cm 左右）分别接种到含有不同 NaCl 浓度（0.2%、0.3%、0.4%、0.5%、0.6%、0.7%、0.8%）的分化培养基上，每处理重复 5 次（瓶），每重复（瓶）3 个愈伤组织（或抗性小苗），培养 20 d 后，观察 NaCl 胁迫对丛生芽分化和生长的影响。

NaCl 胁迫试验表明，在 0.6%~0.7% NaCl 胁迫下，转基因植株丛生芽的分化未受到影响，在 0.8%时还可基本正常分化，而未转化植株在 0.5%分化即受到明显影响，转化植株的分化能力对 NaCl 的相对抗性提高 0.3%~0.4%。未转化植株的丛生芽生长在 0.3%NaCl 胁迫下即表现出生长量减少，并随 NaCl 浓度提高，出现嫩枝、叶片的黄化、干枯和死亡现象，生长量明显降低；而转基因植株丛生芽生长在 0.5% NaCl 时生长还基本正常。说明转化植株丛生芽的生长对 NaCl 的相对抗性提高了 0.2%~0.3%。

第十六章　四倍体刺槐扦插生根过程中蛋白组学研究

第一节　埋杆黄化催芽嫩枝插穗双向电泳体系建立

近年来，植物蛋白质组学研究已越来越受到人们的关注，并成为后基因组时代的重要研究手段之一。蛋白质组研究的技术主要有双向聚丙烯酰胺凝胶电泳、质谱分析、蛋白质芯片、蛋白质复合物的纯化、酵母双杂交和嗜菌体显示技术等。其中，双向电泳是蛋白质组学研究最常用、最有效的手段之一，可清楚、直观的呈现每个蛋白质的等电点和分子量及表达量，是其他分离方法所无法比拟的。在建立双向电泳基础上得到稳定的、可重复的双向电泳图像，进而到基质辅助激光解析电离–飞行时间质谱仪（MALDI-TOF-MS）或液相色谱–串联质谱连用（LC-MS/MS）分析，以及肽段指纹图谱分析与其数据库的蛋白质查询分析等。

本研究中四倍体刺槐嫩枝插穗，由于其蛋白质含量较低，且含有纤维、酚类、有机酸、脂类及其他次生代谢产物，这些物质常常会干扰韧皮部蛋白质的提取分离及电泳行为，加之扦插过程中采取插穗或多或少会带上杂质，使得双向电泳技术在扦插中插穗的蛋白质组研究中的应用受到一定影响，所以建立一套适用于扦插中插穗的蛋白质样品制备和双向电泳体系对于开展其蛋白质组学研究十分必要。本节利用 TCA/丙酮法及对双向电泳技术的程序改进和优化，建立了适合于四倍体刺槐嫩枝插穗的双向电泳电泳体系（孟丙南，2010）。

一、方法

试验材料取自河南省洛宁县吕村林场苗圃。四倍体刺槐 K4 无性系埋杆黄化催芽嫩枝插穗扦插生根过程中（见第四章），随机采取 10 个插穗，用蒸馏水反复洗净后，立即用消毒的手术刀剥取基部 2 cm 以下的韧皮部，称取、记录鲜重后，迅速投入到液氮中，带回实验室放入–80℃冰箱中保存。

本试验中采用改进的 TCA/丙酮法（Wang et al., 2003）提取蛋白质样品。具体方法如下。

取 2 g 插穗韧皮部在液氮中充分研磨至粉末状（研磨前加入 10%的 PVPP），并转移至无菌离心管中；加入 6 mL –20℃ 预冷的蛋白提取液（含 0.07% β-巯基乙醇的 10%TCA、丙酮溶液）。充分混合后–20℃静置 4~6 h，4℃，13 000 r/min 离心 25 min。弃上清。沉淀重悬浮于 6 mL –20℃预冷蛋白提取液（含 0.07% β-巯基乙醇的丙酮溶液）中，–20℃放置 1 h。4℃，20 000 r/min 离心 25 min，弃上清。重复上一步 2~3 次。将沉淀真空干燥后–70℃保存备用。

　　将上述方法制备的样品加入裂解液（8 mol/L Urea+2 mol/L Thiourea+4% CHAPS，60 mmol/L DTT，0.5% IPG buffer pH=4.7），振荡器震荡 2 min，28℃恒温水浴锅内放置 30 min，13 000 r/min 离心 30 min，取上清，13 000 r/min 离心 30 min，取上清即为待测蛋白质上样液。

　　参照 Bradford 法进行蛋白质定量（Bradford，1976）。Bradford 工作液由 100 mg 考马斯亮兰 G-250，溶于 50 mL95%的乙醇后，再加入 120 mL 85%的磷酸，用 MilliQ 超纯水水稀释至 1 L。用滤纸过滤，用棕色瓶保存于室温备用。用 BSA 做标准曲线。将 BSA 用 MilliQ 超纯水配制为 1 mg/mL 的标准溶液，吸取一定体积的标准溶液和样品液放入 5 mL 的离心管中，最大体积为 100 μL，不足 100 μL 的补加 MilliQ 超纯水至终体积为 100 μL，再加入 4 mL Bradford 工作液，混合均匀，在 2 min 内测 A_{595} 值，测定在 1 h 内完成。利用测得的 BSA 的光密度值绘制标准曲线，计算得到样品中蛋白质的含量。

（一）双向电泳

1. IPG 的水化和等电聚焦电泳（IEF）

　　从冰箱中取–20℃冷冻保存的水化上样缓冲液（表 16.1），放置室温溶解。使用前加入 DTT，每 1.5 mL 水化溶液中加入 7 mg DTT。载体两性电解质或 IPG 缓冲液现用现加。

表16.1　水化上样缓冲溶液

药品	浓度	质量
尿素	8 mol/L	48 g
硫脲	2 mol/L	15.23 g
CHAPS	2%	2 g
DTT	60 mmol/L	0.0469 g（现加）
Bio-Lyte	0.2%（m/V）	50 μL（40%）（现加）
溴酚蓝	0.001%	10 μL（1% 溴酚蓝）
MilliQ 水	—	定容至 100 mL

注：分装成 100 小管，每小管 1 mL，–20℃冰箱保存。

　　冰箱取–20℃冷冻保存的 IPG 胶条（根据试验的需要选择），于室温放置 10 min。18 cm 胶条的蛋白质上样量 1 mg，取含 1 15mg 蛋白质的蛋白液，加入上述适量的水化液总体积 340 μL。

用移液器沿着水化槽的边缘至左而右线性加入蛋白质样品。在槽两端各 1 cm 左右不加样，中间的样品液一定要连贯。注意：不能产生气泡，否则影响到胶条中蛋白质的分布。当所有的蛋白质样品都已经加入到水化槽中后，用镊子轻轻的去除预制 IPG 胶条上的保护层。分清胶条的正负极，轻轻地将 IPG 胶条胶面朝下置于水化槽中样品溶液上，使得胶条的正极（标有+）对应于聚焦盘的正极。确保胶条与电极紧密接触。不要使样品溶液弄到胶条背面的塑料支撑膜上，因为这些溶液不会被胶条吸收。同样还要注意不使胶条下面的溶液产生气泡。如果已经产生气泡，用镊子轻轻地提起胶条的一端，上下移动胶条，直到气泡被赶到胶条以外。为防止胶条水化过程中液体的蒸发，用移液器在每根胶条上缓慢的加入 2~3 mL 矿物油，沿着胶条，使矿物油一滴一滴慢慢加在塑料支撑膜上。对好正、负极，盖上水化槽盖子。

等电聚焦程序（IEF）参数设置具体如下（表 16.2）：50 V 低压水化 12 h；500 V，1 h；1000 V，1 h；5000 V 经 2 h 快速升至 8000 V，并维持电压不变，使总伏时达 60 000 Vhr。聚焦结束的胶条立即进行平衡、第二向 SDS-PAGE 电泳，否则将胶条置于样品水化槽中，−20℃冰箱保存。

表16.2　等电聚焦过程序参数设置

步骤	电压/V	设置	时间	作用
水化	50	—	12 h（17℃）	主动水化
S1	500	线性	1 h	除盐
S2	1000	快速	1 h	除盐
S3	5000	线性	2 h	升压
S4	8000	快速	60 000 Vhr	聚焦
S5	500	快速	任意时间	保持

2. 胶条平衡

胶条平衡缓冲液母液配方见表 16.3。

表16.3　胶条平衡缓冲液母液

药品	浓度	质量
尿素	6 mol/L	36 g
SDS	2%	2 g
Tris-HCl 1.5 mol/L（pH 8.8）	0.375 mol/L	25 mL
甘油	20%	20 mL
MilliQ 水	—	定容至 100 mL

注：分装成 10 管，每管 10 mL，−20℃冰箱保存。

胶条平衡缓冲液 I 中含胶条平衡缓冲液母液 10 mL，DTT 0.2 g，充分混匀，用时现配。胶条平衡缓冲液 II 中胶条平衡缓冲液母液 10 mL，加入碘乙酰胺 0.25 g，充分混匀，用时现配。

等电聚焦电泳结束后，用 MilliQ 超纯水将 IPG 胶条上的覆盖液轻轻洗掉，胶条胶面朝上放在干的厚滤纸上，将另一份滤纸用 MilliQ 超纯水浸湿，挤去多余水分，然后直接置于胶条上，轻轻吸干胶条上的矿物油及多余样品。这可以减少凝胶染色时出现的纵条纹。

将胶条转移至水化盘中，每个槽一根胶条，在有胶条的槽中加入 5 mL 平衡缓冲液 I。将样品水化盘放在水平摇床上缓慢摇晃 15 min。

第一次平衡结束后，彻底倒掉样品水化盘中的胶条平衡缓冲液 I。并用滤纸吸取胶条上多余的平衡液（将胶条竖在滤纸上，以免损失蛋白或损坏凝胶表面）。再加入胶条平衡缓冲液 II，继续在水平摇床上缓慢摇晃 15 min。第二次平衡结束后，彻底倒掉样品水化盘中的胶条平衡缓冲液 II。并用滤纸吸取胶条上多余的平衡液。注意：两次平衡过程需保持在 15 min 以内。

3. SDS-PAGE 电泳

从样品水化盘中取出平衡处理的 IPG 胶条，用镊子夹住胶条的一端使胶面完全浸没在 1×电泳缓冲液中。然后将胶条胶面朝上放在凝胶的长玻璃板上。将放有胶条的 12% SDS-PAGE 凝胶转移到灌胶架上，短玻璃板一面对着自己。用镊子轻轻地将胶条向下推，使之与聚丙烯酰胺凝胶胶面完全接触。注意胶条与聚丙烯酰胺凝胶胶面之间不能产生任何气泡。将琼脂糖封胶液进行加热溶解，待到 60℃ 左右用移液器加入封胶，注意其温度，温度过高则容易使蛋白变性，温度低则不能顺利封胶（表 16.4）。

表16.4　12%SDS-PAGE聚丙烯酰胺凝胶电泳配方（mL）

12% SDS-PAGE	不同体积凝胶液中各成分所需体积					
	5 mL	10 mL	20 mL	30 mL	40 mL	50 mL
水	1.6	3.3	6.6	9.9	13.2	16.5
30%丙烯酰胺溶液	2	4	8	12	16	20
1.5 mol/L Tris（pH 8.8）	1.3	2.5	5	7.5	10	12.5
10% SDS	0.05	0.1	0.2	0.3	0.4	0.5
10%过硫酸氨	0.05	0.1	0.2	0.3	0.4	0.5
TEMED	0.002	0.004	0.008	0.012	0.016	0.002

在琼脂糖封胶液完全凝固后，将凝胶转移至 PROTEAN II 电泳槽中。在电泳槽加电泳缓冲液后，接通电源，起始时用的低电流为 5（mA/gel/17 cm），待样品

完全走出 IPG 胶条，浓缩成一条线后，再加大电流 20~30（mA/gel/17 cm）待溴酚蓝指示剂达到底部边缘时即可停止电泳。电泳结束后，轻轻撬开两层玻璃取出凝胶，并切角以作记号。相同条件下重复 3 次双向电泳。

（二）染色

目前，2-DE 胶蛋白质点的染色方法有：①考马斯亮兰染色法；②银染法；③负染法；④荧光染色法；⑤放射性同位素标记法等。这几种检测方法的灵敏各不相同。虽然银染的灵敏度是考马斯亮兰染色法的 50 倍，但是银染不宜进行蛋白质点的质谱分析，故本试验采用了改良的考染法。

考马斯亮兰染色法具体方法如下：固定液（甲醇 400 mL，醋酸 100 mL，MilliQ 超纯水定容至 1 L）溶固定 30~45 min，考马斯亮兰染色 60 min（考马斯亮兰 G-250 1.2 g，磷酸 100 mL，$(NH_4)_2SO_4$ 100 g，200 mL 甲醇，MilliQ 超纯水定容至 1 L），脱色液（甲醇 230 mL，醋酸 70 mL，定容至 1 L）漂洗 30 min，漂洗数次直至背景清晰。

（三）凝胶图形扫描和分析

凝胶经考马斯亮兰染色后，用 GS-800 光密度扫描仪扫描成像，扫描分辨率 $10×10^{-6}$ m。PDQuest 双向电泳分析软件（BIO-RAD 公司，美国）对凝胶图谱进行点检测、背景扣除、标准化和蛋白质点匹配。

1. 点检测

对胶内蛋白质点的定位、性状的确定、极点的体积（丰度）和面积的计算，该步骤是后面各步骤的基础。可先设置软件自动执行的灵敏度和算子大小参数进行自动检测。在此基础上，进行手动检测，主要是对识别的点、污染造成的"假点"和距离接近的几个点识别成 1 个点等不足之处进行进一步的编辑。

2. 背景扣除

点检测操作完成后，所得到的蛋白质点的体积是一个绝对值，是由构成该蛋白质点的各像素吸光强度的值累加得到的，背景值也被累加在里面，所以其体积值比实际值高。选择软件提供的 4 种扣除模式中非点模式扣除模式进行操作即可扣除背景值的影响。

3. 标准化

对点的体积进行标准化处理，目的在于对不同凝胶上的同一蛋白质点进行准确客观的相对定量。软件提供 2 种可选模式，即基于全部点体积之和与基于某一点体积。因为某一点模式，该点必须是每块胶上都有，否则无法匹配。因此，选择了第一种模式，即基于全部点体积之和，以每一个点的体积除以总和，这种模式得到的值一般很小，可以乘以一个放大因子，比如放大因子为 100，所得到值即是点体积百分含量。

4. 蛋白质点匹配

蛋白质点匹配是图像分析中最重要的步骤。图像之间存在的偏差导致自动匹配的效果往往不好。因此，首先选择凝胶中一些对应关系确定无误的点作为种子使用点进行手动匹配，然后再选择自动匹配功能，软件会按照种子点匹配矢量的大小和方向对周围蛋白质点进行匹配。

在此基础上，即可以对凝胶上的蛋白质点进行比对分析，获取蛋白质点的有无、差异和蛋白质点表达量的差异。

二、 结果

（一）蛋白质含量测定

本试验中所绘制的 Bradford 法标准曲线如图 16.1 所示。试验中得出的蛋白质含量计算公式：$y=1.488x+0.04$，式中，y 代表蛋白质样品的浓度，x 代表蛋白质样品的吸光度，把吸光度值代入公式即可得出所测得样品蛋白质含量。试验中注意，只有 $R^2 \geq 0.9$ 才是有效的计算公式，标准曲线才可以使用。若配置的 Bradford 液使用完，需根据新配置 Bradford 液再次测定标准曲线和计算公式。

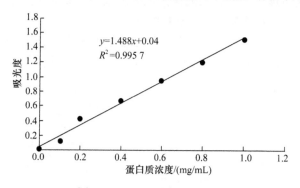

图16.1 Bradford法标准曲线

样品的蛋白质含量既是对样品蛋白质提取和制备过程的检测，又是下一步开展蛋白质双向电泳的基础。确定样品中蛋白质含量后，在双向电泳时可用通过加入适量的上样水化缓冲液来调整胶条中的蛋白质上样量。

（二）蛋白质上样量的确定

合适的蛋白质上样量是做出清晰胶条的基础。如图 16.2 所示，A 中上样量过大，则蛋白质点聚集在一起，不能达到有效分离蛋白质点的目的。而 B 中蛋白质上样量合适，做出的凝胶点清晰可辨。但如果上样量过低，则低丰度蛋白质点得不到表达，凝胶上的蛋白质较少。经过试验，适合于刺槐催芽嫩枝插穗的 17 cm 凝胶胶条上样量为 1.2~1.5 mg，每个 17 cm 电泳槽的上样量为 300 μL，蛋白质溶液的合适浓度为 0.4~0.5 mg/mL。

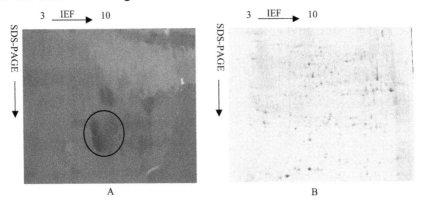

图16.2　不同上样量电泳效果

（三）IPG 胶条的选择

目前，双向电泳中一向使用的聚焦电泳胶条都是商品化胶条。如何选择合适长度和 pH 的胶条也需要在试验中不断探索。

如图 16.3 所示，A 和 B 同一样品相同浓度情况下不同长度 IPG 胶条的双向电泳图。比较可知，7 cm IPG 胶条的双向电泳图中蛋白质点数量少，比较集中；17 cm

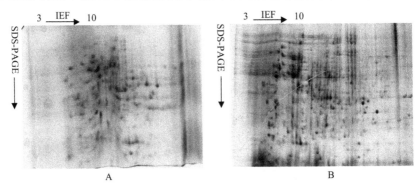

图16.3　不同长度IPG胶条的双向电泳图比较

A为7 cm IPG胶条，B为17 cm IPG胶条

IPG 胶条的蛋白质点数量多，相对比较分散清晰。一般情况下，7 cm IPG 胶条可作为试验初期摸索电泳条件和检测样品制备方法是否合理的一种方法。在确立了合适的试验方法之后，可利用 17 cm IPG 胶条进行试验，既节约了试验成本又提高了工作效率。

　　如图 16.4 所示，A 和 B 同一样品相同浓度情况下不同 pH IPG 胶条的双向电泳图。由于试验目的在于表达样品中的全蛋白，而不针对某一 pH 附近的蛋白进行分离，故不采用非线性胶条而选用线性胶条。试验中 IPG 胶条 pH 的确定，首先从宽范围开始，本试验中首先选择了 pH 3~10 的 IPG 胶条，电泳效果如图所示，可以看出，样品的蛋白质点基本集中在中间范围内，而凝胶两端分布的蛋白质点相对非常少，经长度测量可以确定本样品的蛋白质点分布范围在 pH 4~8，由此，本样品进一步选用了 pH 4~7 窄范围的 IPG 胶条。

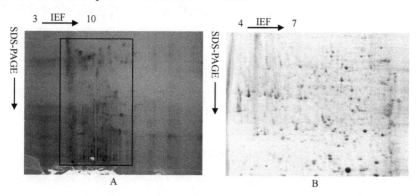

图16.4　不同pH IPG胶条的双向电泳图比较

三、结论

　　（1）蛋白质组双向电泳技术是受多种因素影响的多步骤试验，只有处理好样品的裂解、蛋白质的提取、溶解和变性、杂质的去除、胶条的水化、蛋白质的等电聚焦、胶条的平衡、SDS-PAGE 凝胶电泳、凝胶的染色等步骤，才有可能获得较高重现性、可比性和稳定性的 2-DE 胶图，蛋白质组双向电泳分离技术的实验条件才算成功建立（刘健平等，2003）。

　　（2）适合于刺槐黄化催芽嫩枝插穗皮部样品的裂解液配方：7 mol/L urea，2 mol/L Thiourea，4% CHAPS，100 mmol/L DTT，0.5% Bio-lyte Pharmalyte（Biolyte Pharmalyte pH 4~6 和 Biolyte PharmalytepH 5~7 体积比 1∶1）。IPG 胶条选择 BIO-RAD 的长度 17 cm，pH 4~7 的线性 IPG 胶条。适宜的上样量为 1.3 mg/胶条。

　　（3）蛋白质组学研究在功能基因组时代发挥着越来越重要的作用，双向电泳是其关键技术之一。改进和优化刺槐插穗韧皮部蛋白质的提取方法及电泳条件，得到了高分辨率和高重复性的双向电泳图谱。考染法染色后图谱检测到蛋白质点的范围在 576~846 点。

第二节　埋杆黄化催芽嫩枝扦插蛋白质组学分析

植物生长发育的过程中，基因在不同时期和不同的环境条件下表达，产生了相应的蛋白质。蛋白质是功能基因综合表达的产物，是生物功能的直接体现者，对植物的生长和发育有着直接的影响，它比基因更能体现植物生长发育的特点，因为仅有基因提供的信息并不能完全反映在一定时间和环境下基因的转录、翻译情况，蛋白质合成后的修饰加工、转运定位及之间的相互作用都直接体现生物学功能。通过比较出现在不同时期或同一时期不同状态下细胞和组织的蛋白质变化，尤其是蛋白质组的动态变化，能够直接发现植物生长发育过程中的变化特点，更容易掌握植物发育相关基因表达及其功能。

扦插生根是离体繁殖的一种，植物细胞或组织经历了一个去分化和再分化的过程，也就是说分化的植物细胞必须经过脱分化恢复分裂增生的能力，再开始新的分化发育进程，最终形成不定根和各种组织、器官的一个过程（许萍和张丕方，1996；哈特曼，1985）。这个过程也是一个经历时间长、发生事件多、形态和生理等变化剧烈的过程。鉴于扦插过程中的生理生化研究并不能全面深入的揭示扦插生根机理，因此，研究刺槐插穗生根过程中不同时期的蛋白质表达的特异性，开展其蛋白质组学研究，从而了解这些变化的分子机制，最终为刺槐无性系的扦插繁殖方法或技术的改良提供理论依据。

一、材料与方法

试验材料为四倍体刺槐 K4 无性系黄化催芽嫩枝和未黄化催芽嫩枝扦插生根过程中插穗韧皮部的样品。分别按生根过程中的 3 个时期，即插穗扦插开始的第 0 d（愈伤组织诱导期）、第 3 d（不定根原基形成期）和第 9 d（不定根伸长期）的样品进行双向电泳试验。

蛋白质样品制备、双向电泳操作具体步骤及考马斯亮蓝染色方法详见本章第一节。

凝胶经考马斯亮兰染色后，用 GS-800 光密度扫描仪扫描成像，扫描分辨率 10×10^{-6} m。PDQuest 双向电泳分析软件（BIO-RAD 公司，美国）对凝胶图谱进行点检测、背景扣除、标准化和蛋白质点匹配。获取不同时期蛋白质点的有无、差异和蛋白质点表达量的差异。

差异表达蛋白点质谱鉴定：获取相关对应的差异点，切出蛋白点后进行脱色、胶内胰酶酶切和肽段提取，然后用 MALDI-TOF-MS 进行肽质量指纹谱（peptide mass fingerprinting，PMF）分析。检索结果的可靠性用肽段匹配率、得分值（score）和匹配肽段在对应蛋白内的序列覆盖率进行评价。

（一）质谱样品制备

1. 切胶

将铺在玻璃板上的凝胶置于明亮的灯光下、白色背景上，用修剪过的 Eppendorf 吸头（直径 1.5 mm）挖取出蛋白质点，放入预先编号且加好 20 mL MilliQ H_2O 的 Eppendorf 管，用 MilliQ H_2O 反复洗 3~4 次，尽量除尽残留的 SDS。

2. 脱色

将清洗后的小胶块放入 0.5 mL 离心管，加入脱色液［25 mmol/L 碳酸氢铵（NH_4HCO_3）in 50%（V/V）acetonitrile（ACN）］ 100~200 μL，涡旋混合器振荡约 30 min，吸去脱色液。重复此操作直至胶块无色透明。

3. 干胶

将脱色后的胶块在真空干燥机（Thermo Savant SpeedVac Concentrator，USA）内干燥约 30 min，使胶块完全脱水体积缩小成近似球状（白色颗粒状）。

4. 酶切

所用的 Trypsin 为测序级（Roche，Switzerland），在干燥好的胶块上加入 3~7 mL Trypsin 酶液（0.01 μg/μL，在 25 mmol/L NH_4HCO_3 溶液内），4℃放置 1 h 使酶液完全被吸收，另补加 5 μL 25 mmol/L 的 NH_4HCO_3 溶液保湿，37℃温浴 15 h。

5. 肽段提取

收集酶切后的上清液，在胶块内加 50~100 μL 5%三氟乙酸（5% trifluroaceticacid，5%TFA）于 40℃放置 1 h，收集上清液；再加入 2.5%TFA、50%乙腈［2.5% TFA in 50%（V/V）CAN］50~100 μL 于 30℃放置 1 h，收集上清液；合并上清液并用真空干燥仪进行浓缩、干燥。置于 4℃备用。

6. 肽混合物的 PMF 分析

在干燥后的肽混合物内加入 2~7 μL 0.5% TFA，混匀后，取 1 μL 溶液和等体积饱和基质溶液混合，然后加至不锈钢靶上，在 N_2 流下吹干浓缩，以备用于质谱鉴定。

（二）质谱分析与数据库检索

点样方式：先点 0.5 μL 的样品于 MALDI 靶板上，自然干燥后，再点上 0.5 mL 0.5 g/L CHCA 溶液（溶剂，0.1% TFA + 50% ACN）中，在室温下自然干燥。另点

0.5 μL 0.5 g/L CHCA 溶液（未点样品）作为空白对照。

样品用 4700 串联飞行时间质谱仪进行质谱分析，激光源为 355 nm 波长的 Nd：YAG 激光器，加速电压为 20 kV，采用正离子模式和自动获取数据的模式采集数据。仪器先用 myoglobin 酶解肽段进行外标校正。基质和样品的 PMF 质量扫描范围为 700~3500 Da。进行完 MS 后，直接选择与对照基质的 PMF 图有差异的肽段离子进行 MS/MS 分析。

MS 采用 Reflector Positive 参数：CID（OFF），mass rang（700~3200 Da）Focus Mass（1200 Da）。

Fixed laser intensity（6000）Digitizer：Bin Size（1.0 ns）

MS/MS 采用 1KV Positive 参数：CID（ON），Precursor Mass Windows（Relative）80 resolution（FWHM）

Fixed laser intensity（7000）Digitizer：Bin Size（0.5 ns）

得到的 MS/MS，先查看 150 Da 以下的质量区，初步推断有哪些可能存在的残基。在采用仪器软件 4700 Explorer 自带的分析工具：De Novo Explorer 进行从头测序。

得到序列后，再采用软件 Data Explorer 将 MS/MS 图标上 a，b，c，x，y，z 等由母离子碎裂后得到的子离子。质谱使用 Trypsin 自身降解离子峰（m/z 为 842·5099、2211·1046）作为内标校正，将所得的肽质量指纹图谱（PMF）在 Mascot 进行搜索，肽片段的相对分子质量误差控制在万分之一，允许 1 个酶切位点未切，酶为 Trypsin，固定修饰只选择脲甲基半胱氨酸（carbamidomethyl，Cys），可变修饰不选择。

搜索参数设置：数据库为 NCBInr；检索种属为 Viridiplantae，数据检索的方式为 combined；最大允许漏切位点为 1；酶为 Trypsin。质量误差范围设置为 PMF 0.3 Da，MS/MS 0.4 Da；在数据库检索时，胰酶自降解峰和污染物质的峰都手工剔除（王贤纯等，2004）。

检索 NCBI EST 数据库，下载 Citrus 所有 EST 序列，这些核酸序列经过适当的格式转换，本地版 MASCOT 软件可以直接进行电子翻译和质谱匹配运算完成蛋白质鉴定。将 NCBInr 数据库检索后，无法得到结果的肽段再通过 EST 数据检索，方式为 combined；最大允许漏切位点为 1；酶为 Trypsin。

二、结果

（一）黄化催芽嫩枝插穗扦插生根过程双向电泳凝胶图分析

1. 黄化嫩枝扦插生根过程双向电泳分析

四倍体刺槐 K4 无性系黄化嫩枝插穗扦插生根过程中，第 0 d 蛋白质到第 3 d

的总蛋白点数目有所下降，第 3 d 到 9 d 总蛋白点数目增加（表 16.5，图 16.5~
图 16.7）。

表16.5　黄化嫩枝扦插生根过程总蛋白质点数量变化

不同阶段	总蛋白点数/个
愈伤组织诱导期（第 0 d）	651
根原基形成期（第 3 d）	576
不定根形成期（第 9 d）	829

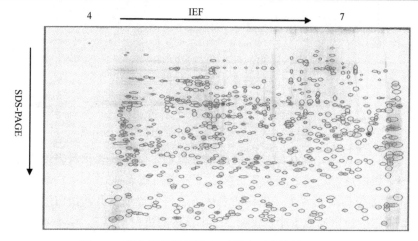

图16.5　黄化嫩枝扦插第0 d时蛋白质表达结果

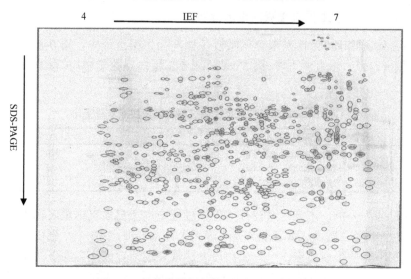

图16.6　黄化嫩枝扦插第3 d时蛋白质表达结果

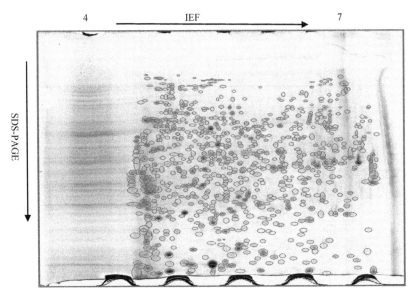

图16.7　黄化嫩枝扦插第9 d时蛋白质表达结果

通过匹配分析，黄化嫩枝扦插生根过程中，蛋白质表达量表现为先升高后下降 8 个，蛋白质表达量表现为先下降后上升蛋白质点 22 个，蛋白质表达量表现为逐渐下降的蛋白质点 4 个，蛋白质表达量表现为逐渐上升的蛋白质点 1 个，仅在第 0 d 表达的蛋白质点 5 个，仅在第 3 d 表达的蛋白质点 3 个，仅在第 9 d 表达的蛋白质点 5 个。

2. 未黄化嫩枝扦插生根过程双向电泳分析

四倍体刺槐 K4 无性系未黄化嫩枝插穗扦插生根过程中，第 0 d 蛋白质到第 3 d 的总蛋白点数量有所下降，第 3 d 到第 9 d 总蛋白点数量增加（表 16.6，图 16.8~图 16.10）。

表16.6　黄化嫩枝扦插生根过程总蛋白质点数量变化

不同阶段	总蛋白点数/个
愈伤组织诱导期（第 0 d）	846
根原基形成期（第 3 d）	653
不定根形成期（第 9 d）	748

通过匹配分析，未黄化嫩枝扦插生根过程中，蛋白质表达量表现为先升高后下降 19 个，蛋白质表达量表现为先下降后上升蛋白质点 12 个，蛋白质表达量表现为逐渐下降的蛋白质点 3 个，蛋白质表达量表现为逐渐上升的蛋白质点 0 个，仅在第 0 d 表达的蛋白质点 7 个，仅在第 3 d 表达的蛋白质点 2 个，仅在第 9 d 表达的蛋白质点 4 个。

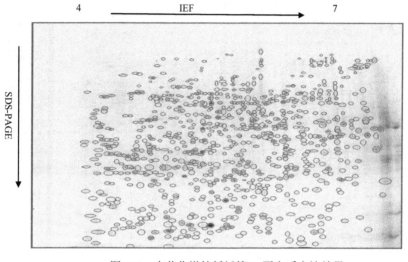

图16.8 未黄化嫩枝扦插第0 d蛋白质表达结果

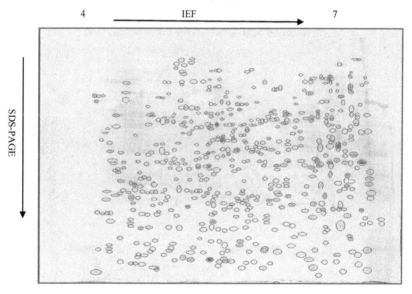

图16.9 未黄化嫩枝扦插第3 d蛋白质表达结果

3. 黄化与未黄化嫩枝扦插生根过程双向电泳分析

黄化与未黄化嫩枝扦插生根过程双向电泳分析如图16.11。通过匹配分析，黄化嫩枝插穗与未黄化嫩枝扦插生根过程中，第 0 d 时蛋白质表达量表现为下降蛋白质点 7 个，蛋白质表达量表现为上升蛋白质点 4 个，仅在黄化嫩枝插穗表达的蛋白质点 1 个，仅在未黄化嫩枝表达的蛋白质点 4 个；第 3 d 时蛋白质表达量表现为下降蛋白质点 6 个，蛋白质表达量表现为上升蛋白质点 9 个，仅在黄化嫩枝

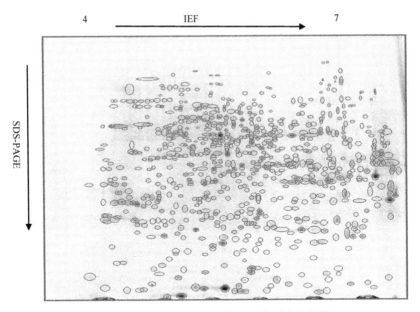

图16.10　未黄化嫩枝扦插第9 d蛋白质表达结果

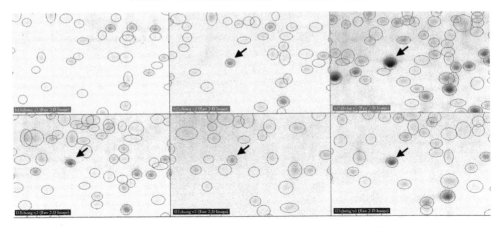

图16.11　黄化与未黄化嫩枝扦插蛋白质对比表达结果举例

插穗表达的蛋白质点2个，仅在未黄化嫩枝表达的蛋白质点3个；第9 d时蛋白质表达量表现为下降蛋白质点7个，蛋白质表达量表现为上升蛋白质点5个，仅在黄化嫩枝插穗表达的蛋白质点1个，仅在未黄化嫩枝表达的蛋白质点5个。

（二）MALDI-TOF-TOF MS分析及数据库检索

用PDQuest Advaned软件对所得到的四倍体刺槐黄化嫩枝插穗和未黄化嫩枝插穗不同发育时期蛋白的双向电泳图谱进分析，根据双向电泳图谱的匹配情况，对凝胶图谱中的表达丰度较高的40个差异蛋白质点经过胶内酶解、MALDI-TOF-TOF

MS 以及 MASCOT 搜索。这些蛋白质均获得高品质肽质量指纹（PMF）图 16.12 使用 MASCOT 的离子搜索模式搜索蛋白质 NCBInr 绿色植物蛋白质数据库，有 35 个蛋白质点得到可信的鉴定（表 16.7）。

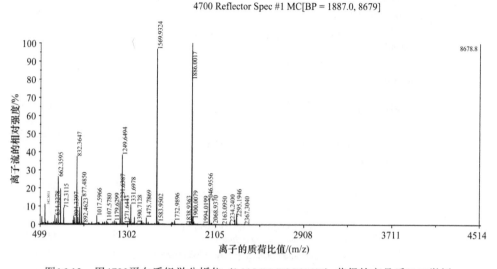

图16.12　用4700蛋白质组学分析仪（MALDI-TOF/TOF）获得的高品质PMF举例

把最强的离子流强度定为100%，其他离子流以其百分数表示

由表 16.7 可知，在鉴定的 35 个蛋白中，已知功能蛋白 13 个，未知蛋白或推测蛋白 22 个，这与树木蛋白数据库数据较少有很大关系。

三、结论

（1）四倍体刺槐无性系 K4 黄化嫩枝扦插生根过程中，第 0 d 到第 3 d 的总蛋白点数目有所减少，第 3 d 到第 9 d 总蛋白点数目增加。通过匹配分析，35 个蛋白质点的表达量在生根过程中发生变化，13 个蛋白质点仅在某一时期表达。

四倍体刺槐无性系 K4 未黄化嫩枝扦插生根过程中，第 0 d 到第 3 d 的总蛋白点数目有所减少，第 3 到第 9 d 总蛋白点数目增加。通过匹配分析，34 个蛋白质点的表达量在生根过程中发生变化，12 个蛋白质点仅在某一时期表达。

通过匹配分析，黄化嫩枝插穗与未黄化嫩枝扦插生根过程中，38 个蛋白质点在两个生根过程中表达量发生变化，16 个蛋白质点仅在某一过程表达。

（2）在对埋杆黄化催芽嫩枝扦插生根过程中的蛋白质组学研究中，经匹配差异点比较分析，初步确立了生根过程中 148 个特异蛋白点，并对其中 40 个特异蛋白点进行了 MALDI-TOF-TOF MS 质谱分析及其肽质量指纹数据的 Mascot 数据库比对检索，35 个蛋白质得到相关匹配的数据，13 个蛋白质得到准确的蛋白名称和

表16.7 蛋白质的质谱鉴定结果

蛋白序编号	登录号	名称	得分	序列覆盖率	分子量/等电点
001	gi|116061758	putative RNA-binding protein	92	28	72.4/8.51
002	gi|168009419	MM-ALDH	74	17	61.5/8.51
003	gi|108864006	signal recognition particle 54 kDa protein，chloroplast precursor，putative，expressed [Oryza sativa（japonica cultivar-group）]	80	19	53.3/9.37
004	gi|60650116	actin [Pyrus communis]	106	28	38.4/5.47
005	gi|242080859	hypothetical protein SORBIDRAFT_07g005770 [Sorghum bicolor]	82	21	71.8/6.17
006	gi|121761863	ribosomal protein S4 [Plagiomnium cf. tezukae Wyatt 1808]	83	12	23.5/10.39
007	gi|42521309	enolase [Glycine max]	87	15	47.7/5.31
008	gi|152143640	chloroplast photosynthetic water oxidation complex 33kDa subunit precursor [Morus nigra]	78	16	28.2/5.48
009	gi|270306046	unnamed protein product [Vitis vinifera]	98	16	43.2/9.36
010	gi|67079128	ribulose-1,5-bisphosphate carboxylase/oxygenase large subunit [Chasmanthium latifolium]	90	14	25.2/5.82
011	gi|255559120	cytosolic purine 5-nucleotidase，putative [Ricinus communis]	82	12	62.7/6.67
012	gi|166156335	maturase K [Protea neriifolia]	83	17	60.0/9.51
013	gi|147814811	hypothetical protein [Vitis vinifera]	104	25	78.8/6.23
014	gi|242081717	hypothetical protein SORBIDRAFT_07g022905 [Sorghum bicolor]	73	8	21.0/5.73
015	gi|168044879	predicted protein [Physcomitrella patens subsp. patens]	74	9	38.8/9.45
016	gi|13928452	14-3-3 protein [Vigna angularis]	108	21	29.2/4.66
017	gi|255559120	cytosolic purine 5-nucleotidase, putative [Ricinus communis]	82	12	62.7/6.67
018	gi|224141801	predicted protein [Populus trichocarpa]	84	18	60.9/7.04
019	gi|224055984	actin 1 [Populus trichocarpa]	130	26	41.7/5.31
020	gi|225448323	PREDICTED：hypothetical protein [Vitis vinifera]	126	28	41.6/5.31
021	gi|125563066	hypothetical protein OsI_30711 [Oryza sativa Indica Group]	78	25	88.7/9.13
022	gi|162463414	golgi associated protein se-wap41 [Zea mays]	88	18	41.2/5.75
023	gi|255554359	conserved hypothetical protein [Ricinus communis]	74	14	60.7/6.12
024	gi|225437076	PREDICTED：hypothetical protein isoform [Vitis vinifera]	82	16	63.9/7.18
025	gi|194466127	fructokinase [Arachis hypogaea]	76	11	20.1/5.07
026	gi|425194	heat shock protein [Spinacia oleracea]	112	25	70.8/5.15
027	gi|212276328	hypothetical protein LOC100191878 [Zea mays]	82	20	59.5/9.72
028	gi|224174082	4-coumarate-coa ligase [Populus trichocarpa]	86	14	16.6/9.03
029	gi|255618262	conserved hypothetical protein [Ricinus communis]	82	12	20.3/11.86
030	gi|116055419	unnamed protein product [Ostreococcus tauri]	89	22	52.5/9.06
031	gi|67079128	ribulose-1,5-bisphosphate carboxylase/oxygenase large subunit [Chasmanthium latifolium]	90	14	25.2/5.82
032	gi|79325139	glycine-rich protein [Arabidopsis thaliana]	77	16	60.5/5.28
033	gi|115486767	Os11g0701800	87	11	33.9/9.33
034	gi|224055984	actin [Populus trichocarpa]	188	31	41.7/5.31

功能，22 个仅为未知蛋白质或推测蛋白质，3 个蛋白质没有得到可靠的匹配的数据，也就无法进一步得到相关的蛋白质信息。

准确检索的 13 个蛋白质可分为核糖蛋白、代谢蛋白、信号蛋白、木质素合成蛋白和叶绿素蛋白等，它们参与了不定根形成的过程，为了解不定根的形成提供了新的线索。本研究只是对不定根形成过程中极小部分的蛋白质进行了分析，更多的蛋白质表达和功能有待于进一步发现，更加深入的蛋白质组研究将为我们提供更多的信息。

本节对四倍体刺槐埋杆黄化催芽的黄化嫩枝和未黄化嫩枝的扦插生根过程进行了蛋白质组学研究，确立了差异功能蛋白质点 148 个，并对其中表达丰度较高的 40 个点进行了蛋白质肽质量指纹谱（PMF）分析。通过 MASCOT 数据库搜索，明确鉴定了 13 个功能蛋白，其中包括核糖蛋白、代谢蛋白、信号蛋白、木质素合成蛋白和叶绿素蛋白等，它们参与了不定根形成的过程，为了解不定根的形成提供了新的线索。通过对这些蛋白质在生根过程中功能的分析，从蛋白质表达水平上探讨了扦插生根的分子调控机理。

参 考 文 献

白书农. 2003. 植物发育生物学. 北京：北京林业大学出版社：59-114.

毕君, 王振亮. 1995. 刺槐叶的营养成分与动态分析. 河北林业科技, (3)：11-13.

毕君, 王振亮, 刑格, 等. 1997. 刺槐饲料林经营技术研究. 河北林业科技, (1)：6-8.

蔡莉, 林建峰. 2003. 四倍体刺槐及其繁殖技术. (2)：27-28.

蔡雪, 申家恒. 1992. 甘草胚胎学研究. Journal of Integrative Plant Biology, 34 (9)：676-681.

常丽亚. 2005a. 四倍体刺槐引种适应性试验. 林业实用技术, (7)：22.

常丽亚. 2005b. 四倍体刺槐与普通刺槐生长量对比试验. 甘肃农业, (4)：14.

常旭虹, 赵广才, 张雯, 等. 2005. 作物残茬对农田土壤风蚀的影响. 水土保持学报, 19 (1)：28-31.

晁洪雨, 李福昌. 2007. 日粮 ADF 水平对肉兔胃肠道发育、免疫及屠宰性能的影响. 中国饲料, (6)：11-13, 23.

陈洪伟. 2004. 沙棘、柠条、红柳制浆性能的研究. 北京林业大学硕士研究生论文.

陈伟, 吕柳新, 叶陈亮, 等. 2000. 荔枝胚胎败育与胚珠内源激素关系的研究. 热带作物学报, 21 (3)：34-38.

戴丽, 孙鹏, 蒋晋豫, 等. 2012. 刺槐、红花刺槐、四倍体刺槐花粉体外萌发对比. 东北林业大学学报, 40 (1)：1-5.

邓秀新. 1995. 柑桔同源与异源四倍体花粉育性研究. 园艺学报, 22 (1)：16-20.

东北农学院. 1982. 家畜饲养学. 北京：农业出版社.

董丽芬, 邢世海, 张宗勤. 2003. 四倍体刺槐优良无性系间组织培养比较. 西北林学院学报, 15 (4)：41-43.

董世魁, 龙瑞军, 胡自治. 2000. 不同采食水平下舍饲干奶牦牛能量转化、氮、钙、磷代谢的研究. 草业学报, 9 (2)：32-37.

董尊, 岳树民, 隋志远. 2008. 四倍体刺槐根系营养袋育苗技术. 河北林业科技, (3)：60.

房桂干, 熊业海, 黄海涛. 1995. 杉木制 CMP 中试研究. 林产化学与工业, S1：62-66.

冯东勋, 赵保国. 1997. 利用必需氨基酸指数（EAAI）评价新饲料蛋白源. 中国饲料, (7)：10-13.

冯翊. 2000. 四倍体刺槐组培快繁技术的研究. 北京林业大学硕士研究生论文.

顾万春, 王全元, 张英脱, 等. 1990. 刺槐次生种源遗传差异及其选择评价. 林业科学研究, 3 (1)：70-75.

郭军战, 舒庆艳, 王丽玲, 等. 2012. 四倍体刺槐组织培养中的外植体选择和消毒研究. 西北林学院学报, 17 (1)：15-18.

郭素娟. 1997. 林木扦插生根的解剖学及生理学研究进展. 北京林业大学学报, 19 (4)：64-69.

郭彦军. 2000. 高寒草甸几种牧草和灌木缩合单宁含量动态及其饲用价值. 甘肃农业大学硕士研究生论文.

哈特曼 H.T., 凯斯特 D.E., 郑开文, 等（译）. 1985. 植物繁殖原理和技术. 北京：中国林业出版社.

韩雪梅, 屠骊珠. 1991. 沙冬青大、小孢子发生与雌、雄配子体发育. 内蒙古大学学报（自然科学版）, 22 (1)：119-216.

韩永昌, 李在千, 柳根玉, 1993. 我国刺槐和匈牙利种源刺槐的新品种保存, 交流资料.

郝晨. 2005. 饲料型四倍体刺槐生殖生物学特性的初步研究. 北京林业大学硕士研究生论文.

郝晨, 李云, 姜金仲, 等. 2006a. 四倍体刺槐大小孢子发育时期与花器形态的相关性. 核农学报, 20 (4)：292-295.

郝晨, 李云, 姜金仲, 等. 2007. 四倍体刺槐大小孢子发生和雌雄配子体发育. 北京林业大学学报, 29 (5)：13-17.

郝晨, 李云, 赵芳. 2006b. 植物三倍体培养与胚胎败育机理的研究进展. 河北果树研究, 21 (1)：18-22.

何立珍, 周朴华, 刘选明, 等. 1997. 南荻同源四倍体的研究. 遗传学报, 24 (6)：544-549.

何文林, 于帅昌, 肖和忠, 等. 2007. 红瑞木硬枝扦插技术的研究. 天津农学院学报, 14 (2)：23-26.

贺佳玉. 2008. 四倍体刺槐胚胎败育及其挽救技术研究. 北京林业大学硕士研究生论文.

贺佳玉, 李云, 姜金仲, 等. 2008a. 饲料型四倍体刺槐幼胚离体培养挽救技术研究. 河北果树研究, 23 (2)：114-117.

贺佳玉, 李云, 姜金仲, 等. 2008b. 植物胚败育机理及其离体培养挽救技术之研究进展. 中国农学通报, 24 (1)：141-146.

洪春, 夏阳, 刘翠兰, 等. 2007. Kan 对四倍体刺槐愈伤组织及不定芽诱导的研究. 山东林业科技, 173 (6)：13-15.

胡建忠, 闫晓玲. 2000. 沙棘饲料价值评价及开发利用探讨. 沙棘, 13 (4)：21-25.

胡适宜. 1983. 被子植物胚胎学. 北京：人民教育出版社.

胡文忠, 孙福林. 2003. 中国沙棘平茬复壮和施肥试验. 青海农林科技, （B08）：18-19.

胡兴宜, 张新叶, 杨彦伶, 等. 2004. 四倍体刺槐扦插试验初报. 湖北林业科技, （3）：23-25.

黄宝龙, 叶功富, 张水松, 等. 1998. 木麻黄人工林营养元素的动态特性. 南京林业大学学报, 22（2）：1-4.

黄禄君. 2009. 四倍体刺槐花序复化的 5-azaC 处理效应初步研究. 北京林业大学硕士研究生论文.

黄群策, 孙敬三, 白素兰. 1998. 同源四倍体水稻雌雄配子体多态性的研究. 杂交水稻, 14（1）：32-33.

黄卓烈, 李明, 谭绍满, 等. 2001. NAA 处理桉树插条后 IAAO 活性与生根的关系. 亚热带植物科学, 30（2）：1-5.

黄卓烈, 李明, 谭绍满, 等. 2003. 吲哚丁酸对桉树插条多酚氧化酶的影响及其与生根的关系. 广西植物, 23（1）：77-82.

姜丹, 胡瑞阳, 隋依含, 等. 2012. 刺槐子叶的不定芽诱导及植株再生. 东北林业大学学报, 40（10）：12-18.

姜金仲. 2009. 四倍体刺槐生殖器官发育与变异研究. 北京林业大学博士研究生论文.

姜金仲, 郝晨, 李云, 等. 2008a. 四倍体刺槐花器原基分化及其成熟表型变异. 林业科学, 44（6）：35-41.

姜金仲, 贺佳玉, 李云, 等. 2009. 刺槐同源四倍体种子胚变异及生活力分析. 核农学报, 23（3）：405-412.

姜金仲, 李云, 程金新. 2006a. 植物同源四倍体生殖特性及 DNA 遗传结构的变异. 遗传, 28（9）：1185-1190.

姜金仲, 李云, 贺佳玉, 等. 2008b. 刺槐同源四倍体种子促萌措施研究. 北京林业大学学报, 30（5）：79-82.

姜金仲, 李云, 贺佳玉, 等. 2011. 四倍体刺槐胚珠败育及其机制. 林业科学, 47（5）：40-45.

姜金仲, 李云, 沈峻岭. 2006b. 饲料型四倍体刺槐花器解剖构件组培养特性差异研究初报. 中国农学通报, 22（2）：128-132.

蒋华仁, 刘馆山. 1994. 同源四倍体大麦的产量性状和蛋白质含量研究. 四川农业大学学报, 12（3）：418-422.

孔凡德. 2002. 高水分黑麦草添加吸收剂或凋萎青贮对青贮料发酵品质和营养价值的影响. 浙江大学硕士研究生论文.

兰再平, 马可, 张怀龙, 等. 2007. 窄冠刺槐无性系的选育. 林业科学研究, 20（4）：520-523.

雷家军, 代汉萍. 2008. 中国分布四倍体野生草莓的调查研究. 果树学报, 25（3）：358-361.

李春燕, 马红梅. 2005. 林芝地区引种四倍体刺槐生长势初报. 林业科技, 30（1）：12-13.

李春燕, 王莉, 刘涛, 等. 2003. 高寒地区四倍体刺槐引种栽培试验. 中国野生植物资源, 22（3）：53-54.

李春燕, 王祥森. 2005. 林芝地区引种四倍体刺槐叶片营养成分初报. 中国林副特产, （2）：27-28.

李海民. 2004. 引种四倍体刺槐完全手册（四）. 中国花卉盆景, （1）：30.

李继华. 1987. 扦插的原理与应用. 上海：上海科学技术出版社.

李军, 王学春, 邵明安, 等. 2010. 黄土高原半干旱和半湿润地区刺槐林地生物量与土壤干燥化效应的模拟. 植物生态学报, （3）：330-339.

李梅兰. 2001. DNA 甲基化与白菜的生长转变. 浙江大学博士研究生论文.

李树贤, 吴志娟. 2002. 同源四倍体茄子品种新茄一号的选育. 中国农业科学, 35（6）：686-689.

李云, 冯大领. 2005. 木本植物多倍体育种研究进展. 植物学通报, 22（3）：375-382.

李云, 姜金仲. 2005. 饲料型四倍体刺槐引种现状. 东北林业大学学报, 33（增刊）：137-139.

李云, 姜金仲. 2006. 我国饲料型四倍体刺槐研究进展. 草业科学, 23（1）：41-46.

李云, 田砚亭, 钱永强, 等. 2004. NAA 和 IBA 对四倍体刺槐试管苗生根影响及不定根发育过程解剖观察. 林业科学, 40（3）：76-79.

李云, 王树芝, 田砚亭, 等. 2003. 四倍体刺槐离体培养及其不定根发育和叶片解剖观察. 中国水土保持科学, 1（1）：92-94.

李云, 张国君, 路超, 等. 2006. 四倍体刺槐不同生长时期和部位的叶片的饲料营养价值分析. 林业科学研究, 19（5）：580-584.

李忠, 张爱英, 李丰. 2003. 毛白杨硬枝扦插育苗试验报告. 宁夏农林科技, （3）：12-15.

李宗霆, 周燮. 1996. 植物激素及其免疫检测技术. 南京：江苏科学技术出版社.

梁海荣, 温阳, 杨立中. 2006. 四倍体刺槐嫩枝插穗生根的解剖学观察. 内蒙古林业科技, 32（4）：7.

刘秉正, 王幼民, 李凯荣, 等. 1987. 人工刺槐林改良土壤的初步研究. 西北林学院学报, （1）：48-57.

刘长宝, 秦永建, 曹帮华. 2008. 10 个刺槐无性系硬枝扦插技术研究. 山东林业科技, （5）：39-40.

刘芳, 敖常伟. 1999. 刺槐叶蛋白提取工艺条件的初步研究. 中南林学院学报, 19（1）：64-66.

刘桂丰, 杨传平, 曲冠正, 等. 2001. 落叶松杂种插穗生根过程中 4 种内源激素的动态变化. 东北林业大学学报, 29（6）：1-3.

刘海奎，张新建. 2001. 四倍体刺槐育苗技术. 山西林业，（3）：16.

刘建新. 1996. 青贮饲料质量评定标准（试行）. 中国饲料，（21）：5-7.

刘健平，陈国华，陈本美，等. 2003. 蛋白质组双向电泳实验中一些常见失误的分析. 生命科学研究，7（2）：177-180.

刘晶，魏绍成，李世钢. 2003. 柠条饲料生产的开发. 草业科学，20（6）：32-35.

刘世杰，马志德. 2006. 四倍体刺槐引种栽值试验分析. 山西林业，2（科技之窗）：35.

刘涛，李春燕，王莉. 2004. 西藏引种四倍体刺槐与普通刺槐营养成分对比分析. 中国野生植物资源，23（2）：46.

刘文彰，王双贵. 1991. 生长旺季槐叶片营养成分含量及其变化研究初报. 河北师范大学学报，（4）：43-46.

刘贤，韩鲁佳，原慎一郎，等. 2004. 不同添加剂对苜蓿青贮饲料品质的影响. 中国农业大学学报，9（3）：25-30.

刘孝义，王亚犁. 2007. 利用四倍体刺槐复合青贮饲料育肥肉羊试验. 中国草食动物，68.

刘勇，肖德兴，黄长干，等. 1997. 板栗嫩枝扦插生根解剖学特征研究. 园艺学报，24（1）：8-12.

路超. 2010. 同源四倍体刺槐花序变异表型观察研究. 北京林业大学博士研究生论文.

路超，崔彬彬，黄禄君，等. 2012. 同源四倍体刺槐花序变异表型观察与分析. 林业科学，48（2）：63-68.

路超，袁存权，李云，等. 2010. 3 种木本植物种子航天诱变研究初报. 核农学报，24（6）：1152-1157.

罗惠娣，牛西午，毛杨毅，等. 2005. 柠条的营养特点与利用方法研究. 中国草食动物，25（5）：36-39.

马红彬，李爱华. 2007. 饲料型四倍体刺槐代替紫花苜蓿饲喂育肥绵羊效果研究. 黑龙江畜牧兽医，（9）：53-54.

马世明，薛利忠，张利军. 2006. 四倍体刺槐栽培技术及实用价值. 科普长廊内蒙古林业，（11）：33.

马振华，赵忠，张晓鹏. 2007. 四倍体刺槐扦插生根过程中氧化酶活性的变化. 西北农林科技大学学报，35（7）：85-89.

孟丙南. 2010. 四倍体刺槐扦插技术优化及生根机理研究. 北京林业大学博士研究生论文.

孟丙南，彭祚登，张中林，等. 2010a. 四倍体刺槐硬枝沙藏结合生长调节物质处理扦插研究. 黑龙江农业科学，（8）：85-88.

孟丙南，张江涛，丁向阳，等. 2010b. 四倍体刺槐 K2 无性系嫩枝扦插技术研究. 林业科技，35（4）：1-4.

牛菊兰，马文生. 1995. 红豆草中单宁对过瘤胃蛋白的保护研究. 草业科学，（6）：60-62.

牛正田. 2002. 刺槐组培快繁及农杆菌介导的遗传转化. 北京林业大学硕士研究生论文.

潘红伟，杨敏. 2003. 刺槐的繁殖及适应性研究进展. 河北农业大学，26（5）：105-108.

庞惠仙，杨红明，马骏，等. 2006. 优良树种——饲料型四倍体刺槐. 云南林业，27（5）：29-30.

裴保华，郑钧宝. 1984. 用 NAA 处理毛白杨插穗对某些生理过程和生根的影响. 北京林学院学报，（2）：73-77.

乔转运. 2001. 我国引种四倍体刺槐和匈牙利刺槐获得成功. 农村百事通，（10）：15.

秦爱光. 2006. 农杆菌介导的 *DREB* 转录因子基因转化匈牙利速生型刺槐的研究. 北京林业大学硕士研究生论文.

冉玉娥，赵银芳，王青芸. 1996. 刺槐叶粉饲喂肉鸡效果试验. 江西农业大学学报，18（3）：363-366.

撒文清，魏安智，张睿，等. 2003. 四倍体刺槐嫁接苗培育技术. 陕西林业科技，（1）：77-79.

森下义郎，大山浪雄，李云森. 1988. 植物扦插理论与技术. 北京：中国林业出版社.

山东省林业研究所，山东农学院园林系. 1975. 刺槐. 北京：农业出版社.

尚忠海. 2008. 四倍体刺槐快速繁育技术研究. 安徽农业科学，36（6）：2315-2316.

沈俊岭. 2007. 速生型刺槐 AhDREB1 基因遗传转化的研究. 北京林业大学硕士研究生论文.

沈俊岭，赵芳，李云，等. 2006. 速生型刺槐遗传转化体系的建立. 核农学报，22（6）：477-481.

时建军. 2003. 青贮接种菌的研究. 中国饲料，（5）：15-17.

史志诚. 1988. 牛桦树叶中毒的发病机理研究. 畜牧兽医学报，（S1）：192-197.

宋金耀，何文林，李松波，等. 2001. 毛白杨嵌合体扦插生根相关理化特性分析. 林业科学，37（5）：64-67.

宋丽红，曹帮华. 2005. 光叶楮扦插生根的吲哚乙酸氧化酶、多酚氧化酶、过氧化物酶活性变化研究. 武汉植物学研究，23（4）：347-350.

宋庆安. 2012. 四倍体刺槐与刺槐光合速率日变化差异. 湖南林业科技，39（1）：14-16，转 40

宋希德，罗伟祥，马养民，等. 1995. 刺槐饲料林叶量及其营养成分动态. 西北林学院学报，10（4）：6-10.

孙媛丽，金荣荣. 2008. 不同倍性薄皮甜瓜种子和幼苗形态观察. 民营科技，4：110-111.

孙广春，张耀生，赵新全，等. 2007. 四倍体刺槐在青海东部的适应性. 安徽农业科学，35（12）：3542-3543.

孙吉茹，王敏，孙国东，等. 2005. 四倍体刺槐引种试验. 中国林业，3B：36.

孙满芝，王庆玲，乔元伟. 2001. 四倍体刺槐组培中生长调节物质应用的研究. 山东林业科技，（5）：17-19.

孙鹏，戴丽，胡瑞阳，等. 2012. 刺槐开花传粉及交配方式. 东北林业大学学报，40（1）：6-11.

孙鹏，李云，姜金仲，等. 2011. 植物同源四倍体花器官及种子变异研究进展. 植物研究，31（2）：249-256.

孙宇涵，姜金仲，李云，等. 2011. 四倍体刺槐种子形态及结构变异研究. 核农学报，25（4）：724-729.

谭素英，黄贞光，刘文革. 1998. 同源四倍体西瓜的胚胎发育研究. 中国西瓜甜瓜，1：2-5.

谭忠奇，林益明，向平，等. 2003. 5 种榕属植物不同发育阶段叶片的热值与灰分含量动态. 浙江林学院学报，20（3）：264-267.

汤伟华，张蜀宁，孔艳娥. 2008. 不结球白菜同源四倍体 Pol CMS 及其保持系花药发育的解剖学研究. 西北植物学报，28（4）：0704-0708.

田晋梅，谢海军. 2000. 豆科植物沙打旺、柠条、草木樨单独青贮及饲喂反刍家畜的试验研究. 黑龙江畜牧兽医，（6）：14-15.

田瑞霞，安渊，王文光，等. 2005. 紫花苜蓿青贮过程中 pH 和营养物质变化规律. 草业学报，14（3）：82-86.

宛敏谓，刘秀珍. 1979. 中国物候观测方法. 北京：科学出版社.

汪炳良，李水凤，曾广文，等. 2005. 5-azaC 对萝卜茎尖 DNA 甲基化和开花的影响. 核农学报，19（4）：265-268.

汪玉林，庞惠仙，杨红明，等. 2010. 四倍体刺槐在昆明地区引种栽培试验初报. 林业调查规划，35（1）：131-135.

王安友，任莉. 1996. 银杏叶营养元素季节性变化规律的研究. 林业科学研究，9（2）：133-137.

王成章，王恬. 2003. 饲料学. 北京：中国农业出版社：122-123.

王成章，杨雨鑫，胡喜峰，等. 2005. 不同苜蓿草粉水平对产蛋鸡蛋黄胆固醇含量影响的研究. 草业学报，14（2）：76-83.

王德艺，左占生，王皓杰. 1994. 刺槐萌条与根系年龄不同组合对林分结构及生物量的影响. 河北林学院学报，6（2）：110-116.

王峰，吕海军，温学飞，等. 2005. 提高柠条饲料利用率的研究. 草业科学，22（3）：35-39.

王峰，温学飞，张浩. 2004. 柠条饲料化技术及应用. 西北农业学报，13（3）：143-147.

王福青，王铭伦，丛明日，等. 2000. 花生雌雄两性细胞发育关系的研究. 植物学通报，17（4）：366-371.

王关林，方宏筠. 2002. 植物基因工程. 北京：科学出版社：345-346.

王改萍，彭方仁，李生平. 2006. 银杏叶片蛋白质含量动态变化的电泳分析. 南京林业大学学报，30（4）：114-118.

王华荣. 2008. 影响少球少毛悬铃木扦插繁殖因素的研究. 北方园艺，（1）：160-161.

王疆江，刘建新，王秋玉，等. 2009. 饲料型四倍体刺槐组培苗的遗传学鉴定. 黑龙江农业科学，（2）：7-8.

王金梅，李运起. 2003. 紫穗槐饲用价值及深加工技术. 黑龙江畜牧兽医，2006（11）：71-72.

王莉，李春燕. 2003. 无机盐质量浓度及激素配比对四倍体刺槐组织培养苗生根的影响. 江苏林业科技，30（6）：24-25.

王莉，李春燕，邢震，等. 2004. 培养基激素配比及琼脂用量对四倍体刺槐组培苗生根的影响. 林业科技，29（2）：1-2.

王连铮，王金陵. 1992. 大豆遗传学. 北京：科学出版社：409.

王树芝. 2000. 四倍体、宽叶刺槐无性系快速繁殖. 北京林业大学硕士研究生论文.

王树芝，田砚亭，李云. 2002. 四倍体刺槐无性系组织培养技术的研究. 核农学报，16（1）：40-44.

王树芝，田砚亭，罗晓芳. 1999. 刺槐宽叶和四倍体无性系的组织培养. 植物生理学通讯，35（3）：204-205.

王涛. 1989. 植物扦插繁殖技术. 北京：科学技术出版社.

王涛. 1991. ABT 生根粉与增产灵的作用原理及配套技术. 北京：中国林业出版社.

王侠礼，王嘉祥，钟士传. 2003a. 四倍体饲料型刺槐地膜覆盖插根繁殖技术. 山东林业科技，（5）：44-45.

王侠礼，钟士传，曹帮华，等. 2003b. 饲料型刺槐微体快繁技术的研究. 中国农学通报，19（3）：51-53.

王贤纯，范春明，唐新科，等. 2004. 牛血清白蛋白胰蛋白酶解产物的色谱-质谱联用分析及其三种数据库搜寻鉴定方法的比较. 中国生物化学与分子生物学报，20（3）：393-398.

王晓燕，申家恒. 1986. 黄芪花药壁发育及其花粉母细胞染色转移的细胞学观察. 西北植物学报，8（4）：207-211.

王秀芳，李悦. 2003. 区域化试验中饲料型四倍体刺槐生物量比较. 林业科技，28（2）：2-3.

韦小丽，殷建强. 2007. 窄冠速生刺槐扦插繁殖技术及苗期生长规律研究. 种子，26（8）：70-72.

魏跃，王开冻. 2007. 矮牵牛四倍体的诱导及其形态特征. 江苏农业科学，（3）：125-126.

温阳，王晶莹，阎栓喜，等. 2006. 饲料型四倍体刺槐引种及抗逆特性初探. 内蒙古林业科技，32（4）：2-5.

吴晓玲，李爱华，邓光存. 2006. 不同沉淀方法对四倍体刺槐叶蛋白营养成分的影响. 中国饲料，（21）：40-42.

吴晓玲，李爱华，王兴玲. 2007. 四倍体刺槐叶蛋白提取方法的研究. 黑龙江畜牧兽医，（9）：55-57.

席兴军. 2002. 添加剂对玉米秸秆青贮饲料质量影响的试验研究. 中国农业大学硕士研究生论文.

夏林喜，牛永波，李爱萍，等. 2006. 浅谈木本植物物候观测要求及各物候期观测标准. 山西气象，75（2）：47-48.

夏阳，梁慧敏，陈受宜，等. 2004. 四倍体刺槐转甜菜碱醛脱氢酶基因的研究. 中国农业科学，37（8）：1208-1211.

夏阳，梁慧敏，孙仲序，等. 2003. 四倍体刺槐转甜菜碱醛脱氢酶基因的研究. 山东林业科技，（3）：1-3.

咸洋，夏阳，庞彩红，等. 2009. 四倍体刺槐茎段遗传转化体系优化的研究. 山东林业科技，180（1）：1-4.

谢晓亮，温春秀. 2007. 不同板蓝根种质比较研究. 华北农学报，22（增刊）：126-130.

邢友武. 1998. 银杏扦插繁殖生理学与解剖学研究及其基因转化的初探. 北京林业大学硕士研究生论文.

徐利群，李丽丽，刘春铁，等. 2002. 四倍体刺槐嫁接育苗技术. 河北林业，（3）：29.

徐兆翮. 2009. 几个地区刺槐能源林栽植密度与生长时间的初步研究. 北京林业大学硕士研究生论文.

许明宪，黄尚志. 1962. 苹果花芽的生理分化和形态分化. 园艺学报，1（2）：137-140.

许萍，张丕方. 1996. 关于植物细胞脱分化的研究概况. 植物学通报，13（1）：20-24.

轩淑欣，张成合，申书兴，等. 2008. 二倍体和四倍体结球甘蓝减数分裂观察. 河北农业大学学报，31（2）：21-26.

许晓岗，汤庚国，谢寅峰. 2005. 海棠果插穗的内源激素水平及其与扦插生根的关系. 莱阳农学院学报，22（3）：195-199.

闫坤，赵楠. 2007. 地黄属种间亲缘关系研究. 西北植物学报，27（6）：1112-1120.

闫守伟，张素丽. 2007. 不同葡萄品种柱头、花柱发育与种子形成的关系. 西北植物学报，27（3）：435-441.

燕丽萍，夏阳，梁慧敏，等. 2007. 不同培养基对四倍体刺槐叶片不定芽诱导研究. 山东林业科技，（1）：23-24.

燕丽萍，夏阳，王太明，等. 2006. 四倍体刺槐立体茎段高效再生体系的建立. 山东林业科技，164（3）：1-3.

杨富裕，周禾，韩建国，等. 2004. 添加蔗糖对草木樨青贮品质的影响. 草业科学，21（3）：35-38.

杨俊宝，彭正松. 2005. 多倍体植物的表观遗传现象. 遗传，27（2）：335-342.

杨效民. 2003. 种植苜蓿与饲养奶牛. 黄牛杂志，29（3）：53-58.

杨兴芳，曹帮华，李寿冰，等. 2007. 四倍体刺槐硬枝扦插技术研究. 山东林业科技，169（2）：50-51.

杨月欣，王光亚，潘兴昌. 2002. 中国食物成分表. 北京：北京大学医学出版社：106-267.

杨志刚. 2002. 多花黑麦草春季青贮研究. 南京农业大学硕士研究生论文.

姚春丽，吴宁，谈滔，等. 2007. 不同树龄四倍体刺槐 SFP-AQ 制浆性能研究. 造纸科学与技术，26（1）：5-8.

姚占春，朴明花，马继峰. 2007. 饲料型四倍体刺槐嫩枝扦插试验初报. 吉林林业科技，36（6）：5-6，21.

叶景丰，姜忠灏. 2004. 四倍体刺槐组培瓶苗生根培养及生根苗移栽研究. 辽宁林业科技，（1）：15-16，42.

袁存权，李云，路超，等. 2010. 刺槐种子航天诱变生物学效应研究. 核农学报，24（6）：1141-1147.

袁存权，李允菲，杨妮娜，等. 2011. 刺槐 SRAP-PCR 反应体系优化及引物筛选. 分子植物育种（网络版），Vol. 9，1182-1888（10. 5376/mpb. cn. 2011. 09. 0025）.

张国君. 2010. 饲料型刺槐优良无性系选育及其栽培利用研究. 北京林业大学博士研究生论文.

张国君，李云，付元瑞，等. 2009a. 刺槐、柠条和紫穗槐青贮品质的比较. 西北林学院学报，. 24（1）151-156.

张国君，李云，何存成，等. 2009b. 四倍体刺槐不同叶龄叶片的营养及叶形变化. 林业科学，45（3）：62-67.

张国君，李云，姜金仲，等. 2007a. 饲料型四倍体刺槐青贮饲料研究初报. 西南林学院学报，27（6）：54-56.

张国君，李云，姜金仲，等. 2007b. 饲料型四倍体刺槐叶粉饲用价值的比较研究. 草业科学，24（1）：26-30.

张国君，李云，李方平，等. 2009c. 四倍体刺槐不同根龄幼林的生物量及叶片营养研究. 北京林业大学学报，31（3）37-41.

张国君，李云，刘书文，等. 2006. 不同时期四倍体刺槐叶片氨基酸营养及其生物量初步分析. 华北农学报，21（增刊）：86-90.

张国君，李云，孙宇涵. 2007c. 高蛋白木本饲料研究进展. 经济林研究，25（3）：81-85.

张国君，李云，徐兆翮，等. 2010. 栽培模式对四倍体刺槐生物量和叶片营养的影响. 北京林业大学学报，32（5）：102-106.

张国君，李云，徐兆翮，等. 2012a. 引种刺槐无性系形态及叶片营养的初步研究. 北京林业大学学报，34（2）：52-56.

张国君，李云，徐兆翮. 2007d. 刺槐饲料化技术研究进展. 河北林果研究，22（3）：252-256.

张国君，袁存权，汪洋，等. 2012b. 刺槐无性系叶片营养价值变异分析. 北京林业大学学报，34（4）：42-47.

张国君，张士权，孙宇涵，等. 2013. 刺槐优良无性系饲料特性区域化试验初报. 北京林业大学学报，35（5）：8-14.

张吉鹍，卢德勋. 2003. 试述反刍动物日粮中的纤维问题. 中国乳业，（7）：21-24.

张淑莲，左永忠. 1994. 枣树枝条解剖特点及提高生根率的研究. 河北农业大学学报，17（3）：19-22.

张蜀宁，万双粉，张伟，等. 2007. 同源四倍体青花菜花粉母细胞的减数分裂. 园艺学报，34（2）：387-390.

张文玺. 2002. 四倍体刺槐落户华池. 农业科技与信息，（3）：14.

张西秀. 2002. 四倍体刺槐的性状表现及繁殖技术. 林业科技开发，16（6）：47.

张怡. 2003. 刺槐新品种组织培养及抗旱性生理生化基础研究. 北京林业大学硕士研究生论文.

张颖. 2003. 提高四倍体刺槐荒山造林成活率的试验. 防护林科技, （1）: 18-19.

张颖. 2004. 四倍体刺槐嫁接繁育技术. 林业科技, 29（6）: 10-11.

赵宝军. 1997. 树莓花芽分化的研究. 北方园艺, 4: 35-37.

赵芳, 李云. 2004. 生长调节物质对速生型刺槐复叶离体再生的影响. 核农学报, 18（3）: 207-211.

赵兰勇, 梁玉堂, 王九龄. 1996. 稀土在刺槐苗木上的应用研究. 山东农业大学学报, 27（4）: 431-439.

赵晓明, 乔永刚. 2007. 秋水仙素诱导鲁梅克斯四倍体的研究. 中国草地学报, 29（3）: 109-111.

赵永广, 张朋, 冯仰廉. 1998. 常用精料干物质和脂肪在瘤胃中降解规律的研究. 中国畜牧杂志, 34（3）: 6-8.

郑会超, 刘建新, 吴跃明, 等. 2004. 单宁对反刍动物营养代谢的影响. 黄牛杂志, 11（6）: 23-25.

郑均宝, 梁海永, 王进茂, 等. 1999. 杨和苹果离体茎尖培养和愈伤组织分化与内源 IAA、ABA 的关系. 植物生理学报, 25（1）: 80-86.

郑均宝, 刘玉军, 裴保华, 等. 1991. 几种木本植物插穗生根与内源 IAA, ABA 的关系. 植物生理学报, 17（3）: 313-316.

郑均宝, 蒋湘宁. 1989. NAA 处理杨树插穗与乙烯释放. 河北林果研究, （03）: 4-8.

郑晓中, 冯仰廉. 2000. 日粮油脂对反刍动物营养调控的研究进展. 中国粮油学报, 15（1）: 54-58.

郑亚琴. 2005. 不同激素配方对四倍体刺槐组织培养的影响分析. 种子, 24（7）: 76-77.

中国农科院畜牧所. 1979. 猪鸡饲料成份及营养价值表. 北京: 农业出版社: 36.

中国饲料数据库情报网中心. 2008. 中国饲料成分及营养价值表（第19版）. 中国饲料, （21）: 36-41.

中国饲料数据库情报中心. 2000. 中国饲料成分及营养价值表. 中国饲料, 23: 24-291.

钟士传. 2005. 有机物和激素对四倍体刺槐微体快繁的影响. 林业科技, 30（1）: 8, 17.

周进, 李春燕, 王莉. 2003. 西藏四倍体刺槐引种栽培试验初探. 西藏科技, （11）: 14-16.

周克夫, 张凯, 戎文婷, 等. 2006. 应用 SSR 分子标记比较（佳禾早占）水稻组培苗与种植苗的性状差异. 植物研究, 26（6）: 703-707.

周全良, 许明怡, 李丰, 等. 1996. 刺槐优良无性系硬枝扦插繁殖技术研究. 宁夏农林科技, （5）: 14-19.

朱必才, 高立荣. 1988. 同源四倍体荞麦的研究. 遗传, 10（6）: 6-8.

朱必才, 田先华. 1992. 同源四倍体荞麦的细胞遗传学研究. 遗传, 14（1）: 1-4.

朱延林, 董铁民, 田野, 等. 1998. 刺槐自由授粉子代测定与无性系测定的比较研究. 林业科学, 34（5）: 45-52.

朱燕, 夏玉宇. 2003. 饲料品质检验. 北京: 化学工业出版社: 169-170.

Addlestone B J, Mueller J P, Luginbuhl J M. 1999. The establishment and early growth of three leguminous tree species for use in silvopastoral systems of the southeastern USA. Agroforestry Systems, 44（2-3）: 253-265.

Adisa C, Alain D, Saida O, et al. 2005. DNA methylating and demethylating treatments modify phenotype and cell wall differentiation state in sugarbeet cell lines. Plant Physiology and Biochemistry, 43: 681-691.

Ainalis A B, Tsiouvaras C N. 1998. Forage production of woody fodder species and herbaceous vegetation in a silvopastoral system in northern Greece. Agroforestry Systems, 42（1）: 1-11.

AOAC International. 2000. Official methods of analysis of association of official analytical chemists international, 17th ed. AOAC, Gaithersburg, M D.

Arrillaga I, Merkle S A. 1993. Regenrating plants from *in vitro* culure of black locust cotyledon and leaf explants. Hortscience, 28（9）: 942-945.

Ayers A C, Barrett R P, Cheeke P R. 1996. Feeding value of tree leaves（hybrid poplar and black locust）evaluated with sheep, goats and rabbits. Animal Feed Science and Technology, 57（1）: 51-62.

Baertsche S R, Yokoyama M T, Hanover J W. 1986. Short rotation, hardwood tree biomass as potenlial ruminant feed-chemical compositon, nylon bag ruminal degradation and ensilement of selected species. Journal of Animal Science, 63（6）: 2028-2043.

Bagatharia S B, Chanda S V. 1998. Changes in peroxidase and IAA oxidase activities during cell elongation in Phaseolus hypocotyls. Acta Physiologiae Plantarum, 20（1）: 9-13.

Barrett R P. 1993. Agronomic methods for growing black locust（*Robinia pseudoacacia* L.）as a perennial forage crop. Michigan State University.

Barry T N, McNeil D M, McNabb W C. 2001. Plant secondary compounds: their impact on forage nutritive value and upon animal production. *In*: Gomide J A, Mattos W R S, da Silva S C. Proceedings of the XIX international grasslands congress. Sao Paulo, Brazil: 445-452.

Bassey M E, Etuk E U I, Ibe M M, et al. 2001. *Diplazium sammatii: Athyriaceae* ('Nyama Idim'): age-related nutritional and antinutritional analysis. Plant Foods for Human Nutrition, 56 (1): 7-12.

Benavente E, Sybenga J. 2004. The relation between pairing preference and chiasma frequency in tetrasomics of rye. Genome (Ottawa), 47 (1): 122-133.

Bencat T. 1992. Nutrient content of *Robinia pseudoacacia* leaves in Slovakia. Nitrogen Fixing Tree Research Reports, 10: 190.

Bender J. 1998. Cytosine methylation of repeated sequences in eukaryotes: the role of DNA pairing. Trends Biochem Sci, 23 (7): 252-256.

Berbel A, Navarro C, Ferrandiz C, et al. 2001. Analysis of PEAM4, the pea API functional homologue, supports a model for API-like genes controlling both floral meristem and floral organ identity in different plant species. Plant J, 25: 441-451.

Bhagwat A S, Richard J. 1987. Roberts genetic analysis of the 5-azacytidine sensitivity of *Escherichia coli* K-121. Journal of bacteriology, 169 (4): 1537-1546.

Bradford M M. 1976. A rapid and sensitive method for the quantitation of microgram quantities of protein utilizing the principle of protein-dye binding. Analytical Biochemistry, 72: 248-254.

Bradley D, Ratcliffe O, Vincent C, et al. 1997. Inflorescence commitment and architecture in *Arabidopsis*. Science, 275 (5296): 80-83.

Bretagnolle F, Lumaret R. 1995. Bilateral polyloidization in *Dactylis glomerata* L-subsp. Lusitanica-occurrence, morphological and genetic characteristics of first polyploids. Euphytica, 84: 197-207.

Burgers W A, Fuks F, Kouzarides T. 2002. DNA methyltransferases get connected to chromatin. Trends Genent, 18: 275-277.

Burn J E, Bagnall D J, Metzger J D, et al. 1993. DNA methylation, vernalization, and the initiation of flowering. National Acad Sciences USA, 90: 287-291.

Burner D M, Carrier D J, Belesky D P, et al. 2008. Yield components and nutritive value of *Robinia pseudoacacia* and *Albizia julibrissin* in Arkansas, USA. Agroforesry Systems, 72 (1): 51-62.

Burner D M, Pote D H, Ares A. 2005. Management effects on biomass and foliar nutritive value of *Robinia pseudoacacia* and *Gleditsia triacanthos* f. *inermis* in Arkansas, USA. Agroforestry Systems, 65 (3): 207-214.

Burner D M, Pote D H, Ares A. 2006. Foliar and shoot allometry of pollarded black locust, *Robinia pseudoacacia* L. Agroforestry Systems, 68 (1): 37-42.

Castilho A, Neves N, Rufini-Castiglione M, et al. 1999. 5-Methylcytosine distribution and genome organization in Triticale before and after treatment with 5-azacytidine. Journal of Cell Science, 112 (Pt23): 4397-4404.

Cheeke P R, Goeger M P, Arscott G H. 1983. Utilization of black locust (*Robinia pseudoacacia*) leaf meal by chicks. Nitrogen Fixing Tree Research Reports, 1: 41.

Cheeke P R, Harris D J, Patton N M. 1984. Utilization of black locust (*Robinia pseudoacacia*) leaf meal by rabbits. Nitrogen Fixing Tree Research Reports, 2: 31.

Cheeke P R. 1992. Black locust forage as an animal feedstuff. *In*: Hanover J W, Miller K, Plesko S. Proceeding of international conference on black locust: biology, culture, & utilization, 17-21 June 1991. E. Lansing, MI: 252-258.

Coblentz W K, Fritz J O, Fick W H, et al. 1998. In situ dry matter, nitrogen, and fibre degradation of alfalfa, red cloyer and eastern gamagrass at four maturities. Journal of Dairy Science, 81 (1): 150-161.

Coen E S, Meyerowitz E M. 1991. The war of the whorls: genetic interactions controlling flower development. Nature (London), 353: 31-37.

Comai L. 2000. Genetic and epigenetic interactions in allopolyploid plants. Plant Mol Biol, 43: 387-399.

Cooper G O. 1938. Cytological investigations of *Pisum sativum*. Bot Gax, 99: 584-591.

Cowey C B, Tacon A G J. 1983. Fish nutrition-relevance to invertebrates. *In*: Pruder G D, Langdon C J, Conklin D E, Proceedings, second international conference on aquaculture nutrition: biochemical and physiological approaches to shellfish nutrition, louisiana state university, division of continuing education. LA: Baton Rouge: 13-30.

D'Mello J P F. 1992. Nutritional potentialities of fodder trees and fodder shrubs as protein sources in monogastric nutrition. *In*: Speedy A., Pugliese P. L. (Eds.), Legume Trees and Other Trees as Protein Sources for Livestock,

Proceedings of the FAO Expert Consultation, FAO Animal Production and Health Paper, 14-18 October 1991. Kuala Lumpur, Malaysia: 102, 115-127.

Dancea Z, Orban C, Macri A, et al. 2005. Investigations on the impact of acacia leaves in the feed of laying hens. Bulletin USAMV-CN, 62: 614.

Davis G L. 1996. Systematic embryology of the angiosperms. New York: John Wiley and Sons Inc, 22 (3): 33-39.

Dini-Papanastasi O, Panetsos C. 2000. Relation between growth and morphological traits and genetic parameters of *Robinia pseudoacacia* var. *monophylla* Carr. in northern Greece. Silvae Genetica, 49 (1): 37-44.

Dini-Papanastasi O, Papachristou T G. 1999. Selection of *Robinia pseudoacacia* var. *monophylla* for increased feeding value in the Mediterranean environment. *In*: Papanastasis V, Frame J, Nastis A (Eds.), Grasslands and Woody Plants in Europe. International Symposium, Thessaloniki, 27~29 May 1999. EGF, vol. 4, Grassland Science in Europe: 51-56.

Dini-Papanastasi O. 2004. Contribution to the selection of productive progenies of *Robinia pseudoacacia* var. *monophylla* Carr. from young plantations in Northern Greece. Forest Genetics, 11 (2): 113-123.

Eigel R A, Robert F W, Stanley B C. 1980. Biomass and nutrient accumulation in young black locust stands established by direct seeding on surface mines in eastern Kentucky. *In*: Harold E Garrett, Gene S Cox (Eds.), Central Hardwood Forestry Conference III. Columbia: University of Missouri: 337-346.

Elizalde J C, Merchen N R, Faulkner D B. 1999. In situ dry matter and crude protein degradation of fresh forages during the spring growth. Journal of Dairy Science, 82 (9): 1978-1990.

Estell R E, Fredrickson E L, Havstad K M. 1996. Chemical composition of *Flourensia cernua* at four growth stages. Grass and Forage Science, 51 (4): 434-441.

FAO/WHO. 1973. Energy and protein requirements. Report of Joint FAO/WHO. World Health Organization, Geneva, 63.

Fei S Z, Read P E, Riordan T P. 2000. Improvement of embryogenic callus induction and shoot regeneration of buffalograss by silver nitrate. Plant cell, tissue and organ culture, 60: 197-203

Finnegan E J, Peacock W J, Dennis E S. 1996. Reduced DNA methylation in *Arabidopsis thaliana* results in abnormal plant development. Proc Natl Acad Sci USA, 93: 8449-8454.

Finnegan E J, Peacock W J, Dennis E S. 2000. DNA methylation, a key regulation of plant development and other processes. Cur Opion in Genet and Develop, 10: 217-223.

Fraga M F, Canal M J, Rodriguez R. 2002a. Phase 2 change related epigenetic and physiological changes in *Pinus radiata* D. Don. Planta, 215 (4): 672-678.

Fraga M F, Rodriguez R, Canal M J. 2002b. Genomic DNA methylation-demethylation during aging and reinvigoration of Pinus radiata. Tree Physiol, 22 (11): 813-816.

Fryrear D W, Lyles L. 1997. Wind erosion research accomplishments and needs. Transactions of the ASAE, 20 (5): 916-918.

Fu X, Kohli A, Twyman RM, et al. 2000. Alternative silencing effect involve distinct types of non-spreading cytosine methylation at a three-gene, single-copy transgenic locus in rice. Mol Gener Genet, 263: 106-118.

Gebrehiwot L, Beuselinck P R, Roberts C A. 2002. Seasonal variations in condensed tannin concentration of three lotus species. Agronomy Journal, 94 (5): 1059-1065.

Greub L J, Cosgrove D R. 2006. Judging crop quality, Part II: Score sheets for evaluating haylage and corn silage. NACTA J, 50: 46-51.

Hammerle J R. 1969. An engineering appraisal of egg shell strength evaluation techniques. Poultry Science, 48 (12): 1708-1717.

Han K H, Keathley D E, Davis J M, et al. 1993. Regeneration of a transgenic woody legume *Robinia pseudoacacia* L, black locust) and morphological alterations induced by *Agrobacterium rhizogenes*-mediated transformation. Plant Sci, 88: 149-157.

Harris D J, Cheeke P R, Patton N M. 1984. Evaluation of black locust leaves for growing rabbits. Journal of Applied Rabbit Research, 7 (1): 7-9.

Hassan I A G, Elzubeir E A, Tinay A H E I. 2003. Growth and apparent absorption of minerals in broiler chicks fed diets with low or high tannin contents. Tropical Animal Health and Production, 35 (2): 189-196.

Hayashi T, Suitani Y, Murakami M, et al. 1986. Protein and amino acid composition of five species of marine phytoplankton. Bulletin of the Japanese Society of Scientific Fisheries，52（2）：337-343.

Heslop-harrison J. 1966. Cytoplasmic connections between angiosperm meiocytes. Ann. Bot，30：221-229.

Hinesley L E，Blazich F A. 1981. Influence of postseverance treatments on the rooting capacity of Fraser fir stem cuttings. Can. J. For. Res. 11：316-323.

Horigome T，Ohkuma T，Muta M. 1984. Effect of condensed tannin of false acacia leaves on protein digestibility，as measured with rats. Japanese Journal of Zootechnical Science，55：299-306（In Japanese with English abstract）.

Horton G M J，Christensen D A. 1981. Nutitional value of black locust tree leaf meal（*Robinia pseudoacacia*）and alfalfa meal. Canadian Journal of Animal Science，61：503-506.

Hu R Y，Zhang G J，Li Y，et al. 2011. Effects of cultivation measures on biomass in tetraploid *Robinia pseudoacacia*. 经济林研究，29（4）：46-53.

Hy-Line International. 2009. Hy-line variety brown commercial management guide 2009-2011. Hy-Line International，West Des Moines，IA.

Igasaki T，Mohri H，Ichikawa K，et al. 2000. Agrobacterium tumefaciens mediated transformation of *Robinia pseudoacacia*. Plant Cell Reports，19：448-453.

Jackson F S，Barry T N，Carlos L，et al. 1996. The extractable and bound condensed tannin content of leaves from tropical tree，shrub and forage legumes. Journal of the Science of Food and Agriculture，71（1）：103-110.

James L W，James B R，Scott A T，et al. 1997. The genetic control of flowering time in pea. Trend Plant Sci，2（11）：412-418.

Jeddelon J A，Stokes T L，Richards E J. 1999. Maintenance of genomic methylation requires a SWI2/SNF2-like protein. Nat. Genet.，22（1）：94-97.

Jérôme O，Jean-Marc O，Gilles B. 2002. Seasonal and spatial patterns of foliar nutrients in cork oak（*Quercus suber* L.）growing on siliceous soils in provence（France）. Plant Ecology，164（2）：201-211.

Jiang J Z，Li Y，Wang C Y，et al. 2012. Development and matured structure variation of ovule from autotetraploid of *Robinia pseudoacacia*. Advanced Materials Research，518-523：5267-5275.

Jiang J Z，Sun P，Li Y，et al. 2009. Ruminal *in situ* disappearance kinetics of six nutritive ingredients in leaves and stems of young tetraploid black locust in growing steers. Forestry Studies in China，11（3）：168-173.

John A. 1979. Propagation of hybrid larch by summer and winter cuttings. Silveve Genetica，（28）：5-6.

Kabasa J D，Opuda-Asibo J，Thinggaard G. 2004. The role of bioactive tannins in the postpartum energy retention and productive performance of goats browsed in a natural rangeland. Tropical Animal Health and Production，36（6）：567-579.

Kakutani T，Jeddeloh J A，Flowers S K，et al. 1996. Developmental abnormalities and epimutations associated with DNA hypomethylation mutations. Proc Natl Acad Sci USA，93：12406-12411.

Kamalak A，Canbolat O，Gurbuz Y，et al. 2005. Chemical composition and its relationship to *in vitro* gas production of several tannin containing trees and shrub leaves. Asian-Australian Journal of Animal Science，18（2）：203-208.

Karachi M. 1998. Variation in the nutritional value of leaf and stem fractions of nineteen leucaena lines. Animal Feed Science and Technology，70（4）：305-314.

Keresztesi B. 1988. The black locust. Akademiai Kiado，Budapest，Hungary.

Khazaal K A，Parissi Z，Tsiouvaras C，et al. 1996. Assessment of phenolics-related antinutritive levels using the *in vitro* gas production technique：a comparison between different types of polyvinylpyrrolidone or polyethylene glycol. Journal of the Science of Food and Agriculture，71（4）：405-414.

Khosla P K，Toky O P，Bisht R P，et al. 1992. Leaf dynamics and protein content of six important fodder trees of the western Himalaya. Agroforestry Systems，19（2）：109-118.

Kim C S. 1973. Morphological and cytological characteristics of a spontaneous tetraploid of Robinia pseudoacacia （Abstract）. The Research Report of the Institute of Forest Genetics，No. 10：57-65，Republic of Korea.

Kim C S. 1973. Studies on the Colchitetraploids of *Robinia pseudoacacia* L. The Research Report of the Institute of Forest Genetics，No. 12：7-108，Republic of Korea.

Kim C S，Lee S K. 1973. Study on characteristics of selected thornless black locust. The Research Report of the Institute of Forest Genetics，No. 11：1-12，Republic of Korea.

King G J. 1995. Morphological development in brassica oleraceais modulated by *in vivo* treatment with 5-azacytidine.

Jourm Horticul Sci，70（2）：333-342.

Kinoshita T，Miura A，Choi Y，et al. 2004. One-way control of FWA imprinting in *Arabidopsis endosperm* by DNA methylation. Science，303（5657）：521-523.

Koornneef M Alonso-Blanco C，Blankestijn-de Vries H，et al. 1998. Genetic interactions among late-flowering mutants of *Arabidopsis*. Genetics，148（2）：885-892.

Kubis S E，Castilho A M，Vershinin A V，et al. 2003. Retroelements，transposons and methylation status in the genome of oil palm （*Elaeis guineensis*）and the relationship to somaclonal variation. PlantMol. Biol. ，52（1）：69 -79.

Kung L J，Grieve D B，Thomas J W，et al. 1984. Added ammonia or microbial inocula for fermentation and nitrogenous compounds of alfalfa ensiled at various percents of dry matter. Journal of Dairy Science，67（1）：299-306.

Kung L J，Sheprerd A C，Smagala A M，et al. 1998. The effect of preservatives based on propionic acid on the fermentation and aerobic stability of corn silage and a total mixed ration. Journal of Dairy Science，81（5）：1322-1330.

Leopold A C，Nooden L O. 1984. Hormonal regulatory system in plants. *In*：Scott T K ed. Hormonal regulation of development II. Berlin：Springer-Verlag：10-11.

Li Y，Zhang G J，Jiang J Z. 2009. Tetraploid black locust，a promising tree resource for biomass energy and forage. In Vitro Cell Dev. Biol. -Plant，45（4）：505-505.

Liljegren S J，Gustafson-Brown C，Pinyopich A，et al. 1999. Interactions among APETALA1，LEAFY，and TERMINAL FLOWER1 specify meristem fate. Plant Cell，11：1007-1018.

Lin Y M，Liu J W，Xiang P，et al. 2007. Tannins and nitrogen dynamics in mangrove leaves at different age and decay stages（Jiulong River Estuary，China）. Hydrobiologia，583（1）：285-295.

Luque A，Barry T N，McNabb T N，et al. 2000. The effect of grazing *Lotus corniculatus* during late summer-autumn on reproductive efficiency and wool production in ewes. Australian Journal of Agricultural Research，51（3）：385-391.

Makkar H P S，Singh B，Negi S S. 1989. Relationship of rumen degradability with microbial colonization cell wall constituents and tannin levels in some tree leave. Animal Production，49（2）：299-303.

Mandal L. 1997. Nutritive values of tree leaves of some tropical species for goats. Small Ruminant Research，24（2）：95-105.

Manning K，Tör M，Poole M，et al. 2006. A naturally occurring epigenetic mutation in a gene encoding an SBP-box transcription factor inhibits tomato fruit ripening. *Nature genetics*，38（8），948-952.

Martienssen R A，Colot V. 2001. DNA methylation and epigenetic inheritance in plants and filamentous fungi. Science，203：1070-1074.

McDonald P，Whittenbury R. 1973. The ensilage process. *In*：Butler G W，Baily R E（Eds.）. Chemistry and Biochemistry of Herbage. London：Academic Press：33-58.

Min B R，Hart S P. 2003. Tannins for suppression of internal parasites. Journal of Animal Science，81（E Suppl. 2）：E102-E109.

Min B R，McNabb W C，Barry T N，et al. 1999. The effect of condensed tannins in *Lotus corniculatus* upon reproductive efficiency and wool production in sheep during late summer and autumn. Journal of Agricultural Science（Cambridge），132（3）：323-334.

Mitchell H H，Block R J. 1946. Some relationships between the amino acid contents of proteins and their nutritive values for the rat. Journal of Biological Chemistry，163（3）：599-620.

Molan A L. 2003. Effects of condensed tannins and crude sesquiterpene lactones extracted from chicory on the motility of larvae of deer lungworm and gastrointestinal nematodes. Parasitology International，52（3）：209-218.

Moseley G，Jones E L，Ramanathan V. 1988. The nutritional evaluation of Italian tyegrass cultivars fed as silage to sheep and cattle. Grass and Forage Science，43（3）：291-295.

Murai T，Akiyama T，Nose T. 1984. Effect of amino acid balance on efficiency in utilization of diet by fingerling carp. Bulletin of the Japanese Society of Scientific Fisheries，50（5）：893-897.

Muraoka H，Uchida M，Mishio M，et al. 2002. Leaf photosynthetic characteristics and net primary production of the polar willow（*Salix polaris*）in a high arctic polar semi-desert，Ny-Ålesund，Svalbard. Canadian Journal of Botany，80（11）：1193-1202.

Ng H H，Bird A P. 1999. DNA methylation and chromatin modification. Curr Opin Genet Dev，9：158-163.

Niklas K J. 1995. Size-dependent allometry of tree height，diameter，and trunk taper. Annals of Botany，75（3）：217-227.

Nozomi Y，Hatsumi K，Takashi T，et al. 2005. Formation of embryogenic cell clumps from carrot epidermal cells is suppressed by 5-azacytidine，a DNA methylation inhibitor. Journal of Plant Physiology. Stuttgart，162（Iss. 1）：47-55.

Okamoto H，Hirochika H. 2001. Silencing of transposable elements in plants. Trends Plant Sci，69（11）：527-534.

Oliveira G，Martins-Louçâo M，Correia O A，et al. 1996. Nutrient dynamics in crown tissues of cork oak（*Quercus suber* L.）. Trees-Structure and Function，10（4）：247-254.

Orskov E R，MCDonald I. 1979. The estimation of protein degradability in the rumen from incubation measurements weighted according to rate of passage. Journal of Agriculture Science（Cambridge），92（2）：499-503.

Oser B L. 1951. Method for integrating essential amino acid content in the nutritional evaluation of protein. Journal of the American Dietetic Association，27（5）：396-402.

Paal. A. 1919. Uber phototropische reizleitung. Jb. Wiss. Bot. 58，406-458.

Papachristou T G，Papanastasis V P. 1994. Forage value of *Mediterranean deciduous* woody species and its implication to management of silvo-pastoral systems for goats. Agroforestry Systems，27：269-283.

Papachristou T G，Platis P D，Papanastasis V P，et al. 1999. Use of deciduous woody species as a diet supplement for goats grazing *Mediterranean shrublands* during the dry season. Animal Feed Science and Technology，80（3-4）：267-279.

Papanastasis V P，Platis P D，Dini-Papanastasi O. 1997. Productivity of deciduous woody and fodder species in relation to air temperature and precipitation in a *Mediterranean environment*. Agroforestry Systems，37（2）：187-198.

Papanastasis V P，Tsiouvaras C N，Dini-Papanastasi O，et al. 1999. Selection and utilization of cultivated fodder trees and shrubs in the *Mediterranean Region*. （Compiled by Papanastasis V P）. Options Méditerranéennes. Série B：Etudes et Recherches，No. 23：93.

Papanastasis V P，Yiakoulaki M D，Decandia M，et al. 2008. Integrating woody species into livestock feeding in the *Mediterranean areas* of Europe. Animal Feed Science and Technology，140（1-2）：1-17.

Park Y D，Papp I，Moscone E A，et al. 1996. Gene silencing mediated by promoter homology occurs at the level of transcription and results in meiotically heritable alterations in methylation and gene activity. Plant J，9（2）：183-194.

Paterson R T，Roothaert R L，Kiruiro E. 2000. The feeding of leaf meal of *Calliandra calothyrsus* to laying hens. Tropical Animal Health and Production，32（1）：51-61.

Peiretti P G，Gai F. 2006. Chemical composition，nutritive value，fatty acid and amino acid contents of *Galega officinalis* L. during its growth stage and in regrowth. Animal Feed Science and Technology，130（3-4）：257-267.

Penaflorida V. 1989. An evaluation of indigenous protein sources as potential component in the diet formulation for tiger prawn，*Penaeus monodon*，using essential amino acid index（EAAI）. Aquaculture，83（3-4）：319-330.

Platis P D，Papachristou T G，Papanastasis V P. 2004. Productivity of five deciduous woody fodder species under three cutting heights in a *Mediterranean environment*. Options Méditerranéennes，62：365-368.

Puchala R，Min B R，Goetsch A L. 2005. The effect of a condensed tannin-containing forage on methane emission by goats. Journal of Animal Science，83（1）：182-186.

Raharjo Y C，Cheeke P R，Patton N M. 1990. Effect of cecotrophy on the nutrient digestibility of alfalfa and black locust leaves. Journal of Applied Rabbit Research，13（2）：56-61.

Ramsey J，Schemske D W. 2002. Neopolyploidy in flowering plants. Annual Review of Ecology and Systematic，33：589-639.

Ratcliffe O J，Amaya I，Vincent C A，et al. 1998. A common mechanism controls the life cycle and architecture of plants. Development，125：1609-1615.

Ratcliffe O J，Bradley D J，Coen E S. 1999. Separation of shoot and floral identity in Arabidopsis. Development，126：1109-1120.

Reed A J，Singletary G W. 1989. Plant Physiol，91：986-992.

Repetto J L，González J，Cajarville C，et al. 2003. Relationship between ruminal degradability and chemical composition of dehydrated lucerne. Animal Research，52（1）：27-36.

Robbins C T，Mole S，Hagerman A E，et al. 1987. Role of tannins in different plants against ruminants：reduction in dry matter digestion. Ecology，68（6）：1606-1615.

Robert B，Caritat A，Bertoni G，et al. 1996. Nutrient content and seasonal fluctuations in the leaf component of cork oak（*Quercus suber* L.）litterfall. Vegetatio，122（1）：29-35.

Rook A J，Gill M. 1990. Prediction of the voluntary intake of grass silages by beef cattle. 1. Linear regression analyses.

Animal Production, 50: 425-438.

Sano H, Kamada I, Youssefian S, et al. 1990. A single treatment of rice seedling with 5-azacytidine induces heritable dwarfism and undermethylation of genomic DNA. Molecular Genetics and Genomics, 220 (3): 441-447.

Schranz M E, Osborn T C. 2000. Novel flowering time variation in the resynthesized ployploid Brassica napus. Journal of Heredity, 91: 242-246.

Schranz M E, Osborn T C. 2004. De novo variation in life-history traits and responses to growth conditions of resynthesized polyploidy *Brassica napus* (Brassicaceae). Am J Bot, 91: 174-183.

Schultz E A, Haughn G W. 1991. LEAFY, a homeotic gene that regulates inflorescence development in Arabidopsis. Plant Cell, 3: 771-781.

Shirke P A. 2001. Leaf photosynthesis, dark respiration and fluorescene as influenced by leaf age in an evergreen tree, *Prosopis juliflora*. Photosynthetica, 39 (2): 305-311.

Singh B, Makkar H P S, Negi S S. 1989. Rate and extent of digestion and potentially digestible dry matter and cell wall of various leaves. Journal of Dairy Science, 72 (12): 3233-3239.

Soppe W J, Jacobsen S E, Alonso-Blanco C, et al. 2000. The late flowering phenotype of fwa mutants is caused by gain-of-function epigenetic alleles of a homeodomain gene. Mol Cell, 6 (4): 791-802.

Steen R W J, Gordon F J, Dawson L E R, et al. 1998. Factors affecting the intake of grass silage by cattle and prediction of silage intake. Animal Science, 66: 115-127.

Sun P, Dai L, Sun Y, et al. 2012. The reason why low fruit set was harvested when hybridization of black locust was carried out. In Vitro Cell. Dev. Biol. -Animal, 48 (Suppl 1): S83-S84.

Takada K, Nakazato T, Honda H, et al. 1981. Feeding value of leaf meal of acacia in poultry feed. Nutritional Abstracts Review, B51: 6709.

Tel-Zur N, Abbo S, Mizrahi Y. 2005. Cytogenetics of semi-fertile triploid and aneuploid intergeneric vine cacti hybrids. Journal of Heredity, 96 (2): 124-131.

Tiwari A K, Singh P, Biswas J C. 1996. Effect of feeding robinia leaves on immune-response in broiler rabbits. Indian Journal of Animal Nutrition, 13 (4): 234-237.

Unruh Snyder L J, Mueller J P, Luginbuhl J M, et al. 2004. The influence of spacing and coppice height on herbage mass and other growth characteristics of *Robinia pseudoacacia* in a south-eastern USA silvopastoral system. *In*: Mosquera-Losada M R, Rigueiro-Rodriguez. Silvopastoralism and sustainable management, proceedings of an international congress held in lugo. Spain: 206-208.

Unruh Snyder L J, Mueller J P, Luginbuhl J M, et al. 2007. Growth characteristics and allometry of *Robinia pseudoacacia* as a silvopastoral system component. Agroforestry Systems, 70 (1): 41-51.

Van Soest P J, Robertson J B, Lewis B A. 1991. Symposium: carbohydrate methodology, metabolism, and nutritional implications in dairy cattle methods for dietary fiber, neutral detergent fiber, and nonstarch pilysaccharides in relation to animal nutrition. Journal of Dairy Science, 74 (10): 3583-3597.

Vanzant E S, Cochran R C, Titgemeyer E. 1998. Standardization of in situ techniques for ruminant feedstuff evaluation. Journal of Animal Science, 76 (10): 2717-2729.

Vijaya S, Charles K P, Dhananjay S. 2006. Phosphorus nutrition and tolerance of cotton to water stress I. Seed cotton yield and leaf morphology. Field Crops Research, 96 (2-3): 191-198.

Wagendorp A, Herrewegh A, Driehuis F. 2002. Bacterial spores in silage and raw milk. Antonia van leeuwenhok.

Wang W, Scali M, Vignani R, et al. 2003. Protein extraction for two-dimensional electrophoresis from olive leaf, a plant tissue containing high levels of initerfering compounds. Electrophoresis, 24: 2369-2375.

Weigel D, Alvarez J, Smyth D R, et al. 1992. LEAFY controls floral meristem identity in Arabidopsis. Cell, 69 (5): 843-854.

Weigel D, Nilsson O. 1995. A developmental switch sufficient for flower initiation in diverse plants. Nature, 377: 495-500.

Wilson R P, Poe W E. 1985. Relationship of whole body and egg essential amino acid patterns to amino acid requirement patterns in channel catfish (*Ictalurus punctatus*), Comparative Biochemistry and Physiology, 80B: 385-388.

Winters A L, Merry R J, Muller M, et al. 1998. Degradation of fructans by epiphytic and inoculant lactic acid bacteria during ensilage of grass. Journal of Applied Microbiology, 84: 304-312.

Woo J H, Choi M S, Park Y G. 1995. Plant regeneration from callus cultures of black locust (*Robinia pseudoacacia* L.). Journal of Korean Forestry Society, 84 (2): 145-150.

World Agroforestry Center. Agroforestry database. 2009-10-23. http: //www. worldagroforestry. org/Sites/TreeDBS/aft/ speciesPrinterFriendly. asp?Id=1454

Xi X Y. 1991. Development and structure of pollen and embryo sac in peanut (*Arachis hypogaea* L.). Bot Gax, 152: 164-172.

Yu F, McNabb W C, Barry T N, et al. 1995. Effect of condensed tannin in cottonseed hulls upon the *in vitro* degradation of cottonseed kernel proteins by rumen microorganisms. Journal of the Science of Food and Agriculture, 69 (2): 223-234.

Yuan C Q, Li Y F, Sun P, et al. 2012. Assessment of genetic diversity and variation of *Robinia pseudoacacia* seeds induced by short-term spaceflight based on two molecular marker systems and morphological traits. Genetics and Molecular Research. 11 (4): 4268-4277.

Zakharov A F, Egolina N A. 1972. Differential spiralization along mammalian mitotic chromosomes. I. BUdR-revealed differentiation in Chinese hamster chromosomes. Chromosoma, 38: 341-365.

Zaragoza J. Munoz-Bertomeu I. 2004. Arrillaga, regeneration of herbicide-tolerant black locust transgenic plants by SAAT. Plant Cell Rep. 22: 832-838.

Zhang G J, Li Y, Sun Y H, et al. 2013a. The effect of tetraploid *Robinia pseudoacacia* leaf meal on performance, egg quality, and nutrient digestibility in laying hens. Journal of Animal and Feed Sciences, 22: 354-359

Zhang G J, Li Y, Xu Z H, et al. 2012. The chemical composition and ruminal degradation of the protein and fiber tetraploid *Robinia pseudoacacia* harvested at different growth stages. Journal of Animal Feed and Sciences, 21: 176-186.

Zhang G J, Mi W J, Li Y, et al. 2010. Effects of different supplements on tetraploid black locust (*Robinia pseudoacacia* L.) silage. Forestry studies in China, 12 (4): 176-183.

Zhang G J, Shen J J, Zhao L M, et al. 2013b. Morphology and keaf nutrition of introduced *Robinia pseudoacacia* clones. Forest Science and Practice, 15 (1): 24-31.